高职高专建筑工程类专业"十三五"规划教材

GAOZHI GAOZHUAN JIANZHUGONGCHENGLEI ZHUANYE SHISANWU GUIHUA JIAOCAI

工程建设法规

GONGCHENGJIANSHEFAGUI

◎主　编　李海霞　罗少卿
◎副主编　何立志　卢　滔
　　　　　刘剑勇　李　惠

中南大学出版社
www.csupress.com.cn

内容简介

本书按照高职高专建筑类专业本课程的教学基本要求，参照相关的职业(执业)资格考试大纲，结合我国工程建设领域内现行的法律法规进行编写。全书共 10 章，内容包括：绪论，工程建设法规入门基础知识，建设工程从业资格法规，建设工程承发包法规与招标投标法规，建设工程合同法规，建设工程质量管理法规，建设工程安全生产管理法规，建设工程造价管理法规，建设工程绿色施工法规，建设工程纠纷处理法规，有关工程建设的其他法规。

本书内容全面、新颖，具有较好的系统性和实用性，语言通俗易懂，既可作为高职高专院校土建类、工程管理类、工程经济类及其相关专业的教材和指导书，也可作为工程建设领域从业人员学习工程建设法规知识的参考书，还可为职业(执业)资格考试人员提供参考。本书配有多媒体教学电子课件。

图书在版编目(CIP)数据

工程建设法规 / 李海霞，罗少卿主编. —长沙：中南
大学出版社，2014.7(2022.12 重印)
ISBN 978-7-5487-1125-4

Ⅰ. ①工… Ⅱ. ①李… ②罗… Ⅲ. ①建筑法-中国-
高等职业教育-教材 Ⅳ. ①D922.297

中国版本图书馆 CIP 数据核字(2014)第 155078 号

工程建设法规

李海霞　罗少卿　主编

□责任编辑　周兴武
□责任印制　唐　曦
□出版发行　中南大学出版社
　　　　　社址：长沙市麓山南路　　　　　邮编：410083
　　　　　发行科电话：0731-88876770　　传真：0731-88710482
□印　　装　长沙创峰印务有限公司

□开　　本　787 mm×1092 mm　1/16　□印张 19.25　□字数 493 千字
□版　　次　2014 年 7 月第 1 版　　　□印次 2022 年 12 月第 6 次印刷
□书　　号　ISBN 978-7-5487-1125-4
□定　　价　48.00 元

图书出现印装问题，请与经销商调换

出版说明 INSTRUCTIONS

在新时期我国建筑业转型升级的大背景下，按照"对接产业、工学结合、提升质量，促进职业教育链深度融入产业链，有效服务区域经济发展"的职业教育发展思路，为全面推进高等职业院校建筑工程类专业教育教学改革，促进高端技术技能型人才的培养，我们通过充分地调研和论证，在总结吸纳国内优秀高职高专教材建设经验的基础上，组织编写和出版了本套基于专业技能培养的高职高专建筑工程类专业"十三五"规划教材。

近几年，我们率先在国内进行了省级高等职业院校学生专业技能抽查工作，试图采用技能抽查的方式规范专业教学，通过技能抽查标准构建学校教育与企业实际需求相衔接的平台，引导高职教育各相关专业的教学改革。随着此项工作的不断推进，作为课程内容载体的教材也必然要顺应教学改革的需要。本套教材以综合素质为基础，以能力为本位，强调基本技术与核心技能的培养，尽量做到理论与实践的零距离；充分体现了《关于职业院校学生专业技能抽查考试标准开发项目申报工作的通知》(湘教通〔2010〕238号)精神，工学结合，讲究科学性、创新性、应用性，力争将技能抽查"标准"和"题库"的相关内容有机地融入到教材中来。本套教材以建筑业企业的职业岗位要求为依据，参照建筑施工企业用人标准，明确职业岗位对核心能力和一般专业能力的要求，重点培养学生的技术运用能力和岗位工作能力。

本套教材的突出特点表现在：一、把建筑工程类专业技能抽查的相关内容融入教材之中；二、把建筑业企业基层专业技术管理人员岗位资格考试相关内容融入教材之中；三、将国家职业技能鉴定标准的目标要求融入教材之中。总之，我们期望通过这些行之有效的办法，达到教、学、做合一，使同学们在取得毕业证书的同时也能比较顺利地考取相应的职业资格证书和技能鉴定证书。

高职高专建筑工程类专业"十三五"规划教材

编 审 委 员 会

前 言 PREFACE

本教材以市场经济法律为基础，以《中华人民共和国建筑法》《中华人民共和国招标投标法》《中华人民共和国合同法》《建设工程安全生产管理条例》和《建设工程质量管理条例》为主线，结合其他相关的法律、行政法规、规定、司法解释，对接职（执）业资格考试的内容，分别就绪论、工程建设法规入门基础知识、建设工程从业资格法规、建设工程承发包法规与招标投标法规、建设工程合同法规、建设工程质量管理法规、建设工程安全生产管理法规、建设工程造价管理法规、建设工程绿色施工法规、建设工程纠纷处理法规、有关工程建设的其他法规等10章内容进行了较为系统的阐述。

本教材在编写过程中，充分总结和吸纳国内优秀高职高专同类教材的优点，参照职（执）业资格考试标准，把建筑业企业基层专业技术管理人员岗位资格考试等相关内容融入教材之中，突显出本教材的实用性。同时，本教材以最新颁布或修改的法律法规为蓝本，吸收最新的法律内容，尽量使学生接受新观点，阅读新内容，突出本教材的新颖性。

本教材由湖南工程职业技术学院李海霞和湖南城建职业技术学院罗少卿担任主编。绪论、第1章、第10章、附录由湖南工程职业技术学院李海霞编写，第6章由湖南城建职业技术学院罗少卿、湖南工程职业技术学院刘剑勇编写，第9章由湖南城建职业技术学院罗少卿编写，第2章由长沙职业技术学院杨建宇编写，第4章由湖南工程职业技术学院何立志、湖南城建职业技术学院肖洋编写，第3章由湖南软件职业学院李惠编写，第5章由常德职业技术学院卢滔编写，第7章由湖南工程职业技术学院戴海燕、常德职业技术学院彭鹏编写，第8章由常德职业技术学院付晓亮编写。全书由李海霞统稿。

在教材编写过程中，编者参阅了国内同行多部著作；同时也借鉴了高职高专兄弟院校部分教师的经验，在此一并表示衷心的感谢。由于编者水平有限，加上时间紧迫，书中难免有错误和不足之处，敬请读者、同行专家批评指正，以便再版时修订完善。

编 者

目 录 CONTENTS

绪 论

【教学目标】

了解工程建设法规体系的构成，熟悉工程项目的建设程序，掌握工程建设法规的概念及工程建设法律关系。

【职业资格考试要求】

工程建设法规的概念，工程建设法律关系，工程建设法规的调整对象，工程项目建设各阶段工作内容。

【涉及的主要法规】

法理学、《中华人民共和国建筑法》[①]。

0.1 工程建设法规课程简介

工程建设法规是一门理论性较强的土建类专业基础课程，在建筑工程技术、建筑工程管理、房地产经营与估价、工程造价、工程监理等专业的课程体系构架中处于重要地位。目前大多数高职院校在土建类专业中均开设了工程建设法规课程或相应课程。高职院校土建类专业学生对工程建设法规的掌握程度，直接影响其未来职业操守的形成、职业发展的取向、专业能力的塑造，关系到学生未来的职业成长。

工程建设法规课程的主要任务是培养学生了解和掌握建筑工程技术、建筑工程管理、房地产经营与估价、工程造价、工程监理专业所涉及的相关的工程建设法规，树立法律意识，从而达到掌握工程建设法规，遵守工程建设法规、应用工程建设法规的目的；培养学生在将来的实际工作中自觉抓住学习机会，获取相应的法律知识的基本技能；同时培养学生严谨细致、一丝不苟的工作作风，为学生继续学习后续课程和职业能力的培养打下基础。

0.2 工程建设法规概述

0.2.1 工程建设法规的概念

工程建设法规是国家权力机关或其授权的行政机关制定的，旨在调整国家及其有关机构、企事业单位、社会团体、公民之间在工程建设活动中或工程建设行政管理活动中发生的

---

① 《中华人民共和国建筑法》，在本书后面出现一律简称《建筑法》。

各种社会关系的法律、法规的统称。

工程建设法规是调整土木工程、线路管道、设备安装及装修工程等建设活动中发生的建设关系的法律法规的总称，其调整对象是建设行政管理关系以及与之密切联系的建设经济协作关系。

1. 建设行政管理关系

工程建设活动的内容包括工程建设的计划、立项、资金筹措、设计、施工、工程验收等。工程建设活动的行政管理关系是国家及其建设行政主管部门与建设单位、设计单位、施工单位、监理单位及其他有关单位之间的管理与被管理关系。它包括两个相关联的方面：一是提供指导、协调与服务；二是检查、监督、控制与调节。工程建设法规规范了工程建设活动管理中建设行政主管部门的权力和职责。

2. 建设经济协作关系

在工程建设活动中，各个经济活动主体为自身的经济利益，在工程建设法规允许的范围内建立建设工程经济协作关系。这种经济协作关系是平等、自愿、互利的横向协作关系，是通过法定的合同形式来确定的。

0.2.2　工程建设法律关系

工程建设法律关系是法律关系的一种，是在工程建设管理和协作过程中产生的由工程建设法规所确认和调整的权利义务关系。

1. 工程建设法律关系的主体

工程建设法律关系的主体是指参与工程建设活动，受工程建设法规调整，在法律上享有权利、承担义务的人。工程建设法律关系的主体有自然人、法人和其他组织。如施工企业工作人员、从事工程勘察设计的单位、从事工程施工的施工企业、从事房地产开发的企业、工程项目的投资者（建设单位）、国家机关等。

2. 工程建设法律关系的客体

工程建设法律关系的客体是指参加工程建设法律关系的主体之间权利义务所共同指向的对象。客体的表现形式一般有四种：财、物、行为和非物质财富。比如建设工程资金、为工程建设取得的贷款等就是财客体，建设工程材料、建设工程机械设备就是物客体，勘察设计、施工安装、检查验收等就是行为客体，建设工程设计方案、装潢设计等就是非物质财富客体。

3. 工程建设法律关系的内容

工程建设法律关系的内容指工程建设法律关系主体享有的权利和承担的义务。如在一个建设工程合同所确立的法律关系中，发包方的权利是获得符合法律规定和合同约定的完工的工程，其义务是按照约定的时间和数量支付承包方工程款；承包方的权利是按照约定的时间和数量得到工程款，其义务是按照法律的规定和合同的约定完成工程的施工任务。

4. 工程建设法律关系的产生、变更与消灭

工程建设法律关系不是从来就有的，而是由于一定的法律事实发生后才产生的，并且它也可以由于一定的法律事实的发生而改变或消灭。

工程建设法律关系的主体之间形成一定的权利义务关系，就产生了工程建设法律关系。如发包方和承包方签订了建设工程合同，双方产生了相应的权利义务，工程建设法律关系即告产生。

工程建设法律关系的主体、客体发生改变，必然导致其内容发生改变，此时工程建设法律关系就发生了变更。如在一个建设工程合同履行过程中，由于业主意图的改变，从而使设计方案变更，施工也随之变更，原来的工程建设法律关系的内容也就发生了变化。

工程建设法律关系主体之间的权利义务不复存在，工程建设法律关系即告消灭。消灭的原因可以是自然消灭、协议消灭或违约消灭。如一个建设工程合同履行完毕，发包方和承包方之间的工程建设法律关系就自然消灭；建设工程合同双方协商一致取消已经订立的合同，双方的工程建设法律关系就因协议而消灭。再如，建设工程合同的承包方可以因发包方不按合同支付工程款的违约行为而停止履行合同，该工程建设法律关系就因一方的违约而消灭。

0.2.3　我国工程建设法规体系的构成

我国的工程建设法规体系是以工程建设有关的法律为龙头，以工程建设行政法规为主干，以建筑部门规章、地方性法规和规章为枝干而构成的。根据其立法主体的不同，工程建设法规体系由以下几个主要部分构成。

1.工程建设有关的法律

法律是指由全国人民代表大会和全国人民代表大会常务委员会制定颁布的规范性法律文件。工程建设有关的法律主要包括《中华人民共和国建筑法》、《中华人民共和国土地管理法》、《中华人民共和国城乡规划法》、《中华人民共和国城市房地产管理法》以及其他行业中有关工程建设监督管理的法律法规，是工程建设法规的主要内容。

2.工程建设有关的行政法规

工程建设行政法规就是国家关于工程建设方面的行政法规，主要包括《建设工程质量管理条例》、《建设工程安全生产管理条例》、《建设工程勘察设计管理条例》、《生产安全事故报告和调查处理条例》、《对外承包工程管理条例》、《规划环境影响评价条例》、《国有土地上房屋征收与补偿条例》等。

3.工程建设有关的部门规章

工程建设部门规章是指住房和城乡建设部按照国务院规定的职权范围，独立或同国务院有关部门联合根据法律和国务院的行政法规、决定、命令，制定的规范工程建设活动的各项规章。工程建设部门规章主要包括《建筑业企业资质管理规定》、《建筑工程施工发包与承包计价管理办法》、《房屋建筑和市政基础设施工程施工图设计文件审查管理办法》、《中华人民共和国注册建筑师条例实施细则》、《省域城镇体系规划编制审批办法》、《建筑施工企业安全生产许可证管理规定》、《房屋建筑和市政基础设施工程施工分包管理办法》等。

4.工程建设有关的地方性法规和规章

工程建设有关的地方性法规，以湖南省为例主要包括《湖南省实施〈中华人民共和国城乡规划法〉办法》、《湖南省实施〈中华人民共和国招标投标法〉办法》等。建设工程有关的地方政府规章以湖南省为例，主要包括《湖南省城乡规划设计市场管理暂行办法》、《湖南省城市房地产开发经营管理办法》、《湖南省建设工程质量监督工作暂行规定》、《湖南省开发区管理办法》等。

5.工程建设技术规范

技术规范是有关使用设备工序，执行工艺过程以及产品、劳动、服务质量要求等方面的准则和标准。当这些技术规范在法律上被确认后，就成为技术法规。技术规范是标准文件的一种形式,是规定产品、过程或服务应满足技术要求的文件。它可以是一项标准(即技术标准)、一项标准的一部分或一项标准的独立部分。工程建设技术规范主要包括《房屋建筑与装饰工程工程量计算规范》、《建设工程监理规范》、《地下工程防水技术规范》、《建设工程施工现场消防安全技术规范》、《建筑边坡工程技术规范》、《建筑地基基础工程施工质量验收规范》、《建筑地面工程施工质量验收规范》等。

0.2.4　工程建设法规的基本原则

1. 法制统一原则

工程建设法规的立法坚持法制统一的基本要求,不仅是立法本身的要求,即规范化、科学化的要求,更主要的是便于实际操作。

2. 遵循科学技术规律,确保建设工程安全与质量的原则

工程建设法规的立法,提倡采用先进技术、先进设备、先进工艺、新型建筑材料和现代管理方式,努力提高建设活动的精细度和劳动生产率,确保工程建设的安全与质量。

3. 遵循市场经济规律原则

市场经济是指市场对资源配置起决定性作用的经济体制。工程建设法规规定建设市场主体的法律地位,保证它们在工程建设活动中的权利,确立建设市场体系的统一性和开放性。

4. 责权利相一致原则

工程建设法规主体享有的权利和履行的义务是统一的。任何一个主体享有建设法规规定的权利,同时必须履行法律规定的义务。

0.2.5　工程项目的建设程序

1. 工程项目建设程序的概念

工程项目建设程序是指工程项目从策划、评估、决策、设计、施工到竣工验收、投入生产或交付使用的整个建设过程中,各项工作必须遵循的先后工作次序。工程项目建设程序是工程建设过程客观规律的反映,是建设工程项目科学决策和顺利进行的重要保证。工程项目建设程序是人们长期在工程项目建设实践中得出来的经验总结,不能任意颠倒,但可以合理交叉。

2. 工程项目建设各阶段工作内容

(1)策划决策阶段

决策阶段,又称为建设前期工作阶段,主要包括编报项目建议书和可行性研究报告两项工作内容。

1)项目建议书

项目建议书是业主单位向国家提出的要求建设某一项目的建议文件,是对工程项目建设的轮廓设想。对于政府投资工程项目,编报项目建议书是项目建设最初阶段的工作。其主要作用是为了推荐建设项目,以便在一个确定的地区或部门内,以自然资源和市场预测为基础,选择建设项目。项目建议书经批准后,可进行可行性研究工作,但并不表明项目非上不可。因此,项目建议书不是项目的最终决策。

2)可行性研究

可行性研究是在项目建议书被批准后,对项目在技术上和经济上是否可行所进行的科学分析和论证。可行性研究报告的内容包括:①项目提出的背景、投资的必要性和研究工作依

据；②需求预测及拟建规模、产品方案和发展方向的技术经济比较和分析；③资源、原材料、燃料及公用设施情况；④项目设计方案及协作配套工程；⑤建厂条件与厂址方案；⑥环境保护、防震、防洪等要求及其相应措施；⑦企业组织、劳动定员和人员培训；⑧建设工期和实施进度；⑨投资估算和资金筹措方式；⑩经济效益和社会效益。

根据《国务院关于投资体制改革的决定》（国发〔2004〕20号），对于政府投资项目，须审批项目建议书和可行性研究报告。《国务院关于投资体制改革的决定》指出，对于企业不使用政府资金投资建设的项目，一律不再实行审批制，区别不同情况实行核准制和登记备案制。对于《政府核准的投资项目目录》以外的企业投资项目，实行备案制。

（2）勘察设计阶段

1）勘察过程

复杂工程分为初勘和详勘两个阶段，为设计提供实际依据。

2）设计过程

一般划分为两个阶段，即初步设计阶段和施工图设计阶段，对于大型复杂项目，可根据不同行业的特点和需要，在初步设计之后增加技术设计阶段。

初步设计是设计的第一步，如果初步设计提出的总概算超过可行性研究报告投资估算的10%以上或其他主要指标需要变动时，要重新报批可行性研究报告。初步设计经主管部门审批后，建设项目被列入国家固定资产投资计划，方可进行下一步的施工图设计。

施工图一经审查批准，不得擅自进行修改。否则必须重新报请原审批部门，由原审批部门委托审查机构审查后再批准实施。

（3）建设准备阶段

建设准备阶段主要内容包括：组建项目法人、征地、拆迁、"三通一平"乃至"七通一平"；组织材料、设备订货；办理建设工程质量监督手续；委托工程监理；准备必要的施工图纸；组织施工招投标，择优选定施工单位；办理施工许可证等。按规定做好施工准备，具备开工条件后，建设单位申请开工，进入施工安装阶段。

（4）施工阶段

建设工程具备了开工条件并取得施工许可证后方可开工。项目新开工时间，按设计文件中规定的任何一项永久性工程第一次正式破土开槽时间而定。不需开槽的以正式打桩作为开工时间。铁路、公路、水库等以开始进行土石方工程作为正式开工时间。分期建设的项目分别按各期工程开工的日期计算，如二期工程应根据工程设计文件规定的永久性工程开工的日期计算。施工安装活动应按照工程设计要求、施工合同条款及施工组织设计，在保证工程质量、工期、成本及安全、环保等目标的前提下进行，达到竣工验收标准后，由施工单位移交给建设单位。

（5）生产准备阶段

对于生产性建设项目，在其竣工投产前，建设单位应适时地组织专门班子或机构，有计划地做好生产准备工作，包括招收、培训生产人员；组织有关人员参加设备安装、调试、工程验收；落实原材料供应；组建生产管理机构，健全生产规章制度等。生产准备是由建设阶段转入经营的一项重要工作。

（6）竣工验收阶段

当工程项目按设计文件的规定内容和施工图纸的要求全部建完后，便可组织验收。工程竣工验收是全面考核建设成果、检验设计和施工质量的重要步骤，也是建设项目转入生产和使用的标志。验收合格后，建设单位编制竣工决算，项目正式投入使用。

(7)后评价阶段

建设项目后评价是工程项目竣工投产、生产运营一段时间后，对项目的立项决策、设计施工、竣工投产、生产运营等全过程进行系统评价的一种技术活动，是固定资产管理的一项重要内容，也是固定资产投资管理的最后一个环节。

【案例】

某建筑公司与某学校签订一教学楼施工合同，明确施工单位要保质保量保工期完成学校的教学楼施工任务。工程竣工后，承包方向学校提交了竣工报告。学校为了不影响学生上课，还没组织验收就直接投入了使用。使用过程中，校方发现教学楼存在质量问题，要求施工单位修理。施工单位认为工程未经验收，学校提前使用出现质量问题，施工单位不应再承担责任。

试问：

1. 本案中的建设工程法律关系三要素分别是什么？

2. 应如何具体地分析该工程质量问题的责任及责任的承担方式？为什么？

分析：

1. 本案中的建设工程法律关系主体是某建筑公司和某学校；客体是施工的教学楼；内容是主体双方各自应当享受的权利和应当承担的义务。具体而言：某学校按照合同的约定，承担按时、足额支付工程款的义务，在按合同约定支付工程款后，该学校就有权要求建筑公司按时交付质量合格的教学楼，建筑公司的权利是获取学校的工程款，在享受该项权利后，就应当承担义务，即按时交付质量合格的教学楼给学校，并承担保修义务。

2. 因为校方在未组织竣工验收的情况下就直接投入了使用，违反了工程竣工验收方面的有关法律法规，所以，一般质量问题应由校方承担。但是，若涉及结构等方面的质量问题，还是应按照造成质量缺陷的原因分解责任。因为承包方已向学校提交竣工报告，说明施工单位的自行验收已经通过，学校教学楼仅供学校日常教学使用，不存在不当使用问题，所以，该教学楼的质量缺陷是客观存在的。承包方应该承担维修义务，至于产生的费用应由有关责任方承担，协商不成，可请求仲裁或诉讼。

(上述案例源自：李海霞，屈冬梅，主编.建设工程法规[M].南京：南京大学出版社，2013)

【思考题】

1. 简述工程建设法规的概念。

2. 简述工程建设法规的法律关系的内容。

3. 简述我国工程建设法规体系的构成。

4. 简述工程项目的建设程序。

第1章 工程建设法规入门基础知识

【教学目标】

了解法律基础知识，熟悉行政法基础知识，掌握民事法律行为的成立要件，掌握代理权的行使，熟悉物权的种类以及物权的设立、变更、转让和消灭，掌握债的发生根据以及债的消灭。

【职业资格考试要求】

法律关系、诉讼时效、行政许可、行政处罚、民事法律行为的成立要件、委托代理、物权、债权。

【涉及的主要法规】

法理学、行政法、《中华人民共和国行政许可法》①、《中华人民共和国行政处罚法》②、《中华人民共和国民法通则》③、《中华人民共和国物权法》④。

1.1 法律基础知识

1.1.1 法的概念、特征以及作用

1. 法的概念

中文"法"字的来源，古代曾有神兽决狱的传说：相传在很久很久以前，有一个部落联盟生息在黄河流域。该部落联盟首领舜委任皋陶为司法官。皋陶正直无私，执法公正，非常受人爱戴。他在处理案件时，若有疑难，就令人牵出一头神兽，该神兽名廌，又名獬豸。因獬豸能辨曲直，见人争斗，即以角触不直者。

古代汉语中"法"的含义是复杂的多样的，其中最为主要的意义是：①法象征着公正、正直、普遍、统一，是一种规范、规则、常规、模范、秩序。②法具有公平的意义，是公平断讼的标准和基础。③法是刑，是惩罚性的，是以刑罚为后盾的。

法是由国家制定或认可，并由国家强制力保证其实施的，反映着统治阶级意志的规范体系，这一意志的内容是由统治阶级的物质生活条件决定的，它通过规定人们在相互关系中的权利与义务，确认、保护和发展对统治阶级有利的社会关系和社会秩序。

---

① 《中华人民共和国行政许可法》，在本书后面出现，一律简称《行政许可法》。
② 《中华人民共和国行政处罚法》，在本书后面出现，一律简称《行政处罚法》。
③ 《中华人民共和国民法通则》，在本书后面出现，一律简称《民法通则》。
④ 《中华人民共和国物权法》，在本书后面出现，一律简称《物权法》。

2. 法的基本特征

法具有以下四个基本特征。

(1)法是具有规范性、概括性和可预测性的社会规范

法的规范性是指法规定了人们在一定情况下可以做什么、应当做什么或不应当做什么，也就是为人们的行为规定了模式、标准和方向。法的概括性是指法的对象是抽象的、一般的人和事，在同样的情况和条件下，法律可以反复使用。法的可预测性是指人们通过法有可能预见到国家对自己和他人的行为的态度和产生的法律后果。

(2)法是国家制定或认可的社会规范

法的这一特征表明法具有国家意志的形式，使法区别于其他社会规范。制定和认可是国家创制法律规范的两种基本方式和途径。无论是制定还是认可，都与国家权力有着不可分割的联系，都体现着国家的意志。

(3)法是规定人们权利和义务的社会规范

法的核心内容在于规定人们在法律上的权利和义务。法律权利是指法律赋予人们的某种权能。法律义务是指法律规定人们必须履行的某种责任。法通过人们在一定社会关系中的权利和义务来确认、保护和发展有利于统治阶级的社会关系和社会秩序。

(4)法是以国家强制力为后盾，通过法律程序保证实施的社会规范

国家强制力是指国家通过军队、警察、法庭、监狱等物质形态体现出的国家暴力。法的实施要由国家强制力保证。如果没有国家强制力做后盾，那么，法律就变得毫无意义，违反法律的行为也将得不到惩罚，法律所体现的意志也就得不到贯彻和实现。任何社会规范的实施都需要某种力量作保证。但在所有的社会规范中，只有法是以国家强制力来保证实施的。

3. 法的作用

法的作用有法的规范作用和法的社会作用两种。

(1)法的规范作用

1)指引作用，是指法律具有指引人们如何行为的功能。法律规范可分为授权性规范和义务性规范两大类。这两类规范都体现了法律对每个人行为的指引。

2)评价作用，是指法可以为人们提供判断、衡量他人行为是否合法或违法以及违法的性质和程度的标准。

3)教育作用，是指通过法的实施对人们今后行为可发生的某种影响。有人因违法行为而受到制裁，固然对其他一般人有教育作用(严格地说，对那些企图违法的人来说，是一种警戒作用)，反过来，人们的合法的行为及其法律后果也同样对一般人的行为有重大示范作用。

4)预测作用，是指人们可以依据法律规范事先预计到人们相互间行为的结果。

5)强制作用，是指通过法的强制力来制裁、处罚违法犯罪行为，预防违法犯罪行为，增进全社会的安全感。

(2)法的社会作用

就阶级对立社会来说，法的社会作用大体可归纳为以下两大方面。

1)实现阶级统治的作用。一般地说，在阶级对立社会中，法的社会作用首先是实现统治阶级的阶级统治，即对敌对阶级实行专政并调整阶级内部或统治阶级和它的同盟者之间关系的作用。实现阶级统治，维护对统治阶级有利的社会关系和社会秩序，是法的主要目的或任务。

2）执行社会公共事务中的作用。阶级对立社会的法，从某种意义上说可分为两类：一种是实现阶级统治的法；另一种是执行社会公共事务的法，如环境保护法、交通管理法规、卫生法规以及很多技术法规等。后一种法律，从客观上说，是为了全社会的利益而不是统治阶级一个阶级的利益；它们的内容，即使在不同社会制度下，也是大体上类似的，是可以相互借鉴的。

1.1.2　法的渊源

法的渊源，指那些来源不同、因而具有法的不同效力意义和作用的法的外在表现形式。当代中国法律渊源是以宪法为核心的制定法形式。

1. 宪法

宪法是由全国人民代表大会依特别程序制定的具有最高效力的根本法。宪法是我国的根本大法，在我国法律体系中具有最高的法律地位和法律效力，是我国最高的法律渊源。宪法主要由两个方面的基本规范组成，一是《中华人民共和国宪法》，二是其他附属的宪法性文件，主要包括国家机关组织法、选举法、民族区域自治法、特别行政区基本法、国籍法、国旗法、国徽法、保护公民权利法及其他宪法性法律文件。

2. 法律

法律是指由全国人民代表大会和全国人民代表大会常务委员会制定颁布的规范性法律文件，即狭义的法律，其法律效力仅次于宪法。法律分为基本法律和一般法律(非基本法律、专门法)两类。基本法律是由全国人民代表大会制定的调整国家和社会生活中带有普遍性的社会关系的规范性法律文件的统称，如刑法、民法、诉讼法以及有关国家机构的组织法等法律。一般法律是由全国人民代表大会常务委员会制定的调整国家和社会生活中某种具体社会关系或其中某一方面内容的规范性文件的统称。其调整范围较基本法律小，内容较具体，如商标法、文物保护法等。

3. 行政法规

行政法规是国家最高行政机关国务院根据宪法和法律就有关执行法律和履行行政管理职权的问题，以及依据全国人大的特别授权所制定的规范性文件的总称。其法律地位和法律效力仅次于宪法和法律，但高于地方性法规。

4. 地方性法规

地方性法规是指依法由有地方立法权的地方人民代表大会及其常委会就地方性事务以及根据本地区实际情况执行法律、行政法规的需要所制定的规范性文件。有权制定地方性法规的地方人大及其常委会包括省、自治区、直辖市人大及其常委会，较大的市的人大及其常委会。较大的市，指省、自治区人民政府所在地的市，经济特区所在地的市和经国务院批准的较大市。地方性法规只在本辖区内有效。

5. 民族自治地方的自治条例和单行条例

民族自治地方人民代表大会制定的规范性文件称为民族自治地方的自治条例和单行条例。它同地方性法规具有同等的地位和法律效力。

6. 特别行政区的法律

特别行政区的法律包括全国人民代表大会制定的有关特别行政区基本法，以及由特别行政区有关立法机关以基本法为依据而制定的各种具有规范性的法律文件。

7. 我国缔结或加入的国际条约

我国同外国缔结的条约，包括双边条约、多边条约，有关贸易、经济、科技、文化交流等方面的协议，或我国加入的并已生效的国际条约，都是我国的法的渊源。

1.1.3　法的效力

1. 法的效力的概念

法的效力，即法律的约束力，指人们应当按照法律规定的那样行为，必须服从。通常，法的效力分为规范性法律文件的效力和非规范性法律文件的效力。规范性法律文件的效力，也叫狭义的法的效力，即指法律的生效范围或适用范围，即法律对什么人、什么事、在什么地方和什么时间有约束力。非规范性法律文件的效力，指判决书、裁定书、逮捕证、许可证、合同等的法律效力。这些文件在经过法定程序之后也具有约束力，任何人不得违反。但是，非规范性法律文件是适用法律的结果而不是法律本身，因此不具有普遍约束力。

2. 法的效力层次

法的效力层次是指规范性法律文件之间的效力等级关系。根据我国《立法法》的有关规定，我国法的效力层次可以概括为：①上位法的效力高于下位法，即规范性法律文件的效力层次决定于其制定主体的法律地位，行政法规的效力高于地方性法规的效力；②在同一位阶的法律之间，特别法优于一般法，即同一事项，两种法律都有规定的，优先适用特别法；③新法优于旧法。

3. 法的空间效力

法的空间效力，指法律在哪些地域有效力，适用于哪些地区。一般来说，一国法律适用于该国主权范围所及的全部领域，包括领土、领水及其底土和领空，以及作为领土延伸的本国驻外使馆、在外船舶及飞机。

4. 法的时间效力

法的时间效力，指法律何时生效、何时终止效力以及法律对其生效以前的事件和行为有无溯及力。

（1）法的生效时间

①自法律公布之日起生效；②由该法律规定具体生效时间；③规定法律公布后符合一定条件时生效。

（2）法的终止生效时间

法律终止生效，即法律被废止，法律效力的消灭。它一般分为明示的废止和默示的废止两类。

（3）法的溯及力

法的溯及力，也称法律溯及既往的效力，是指法律对其生效以前的事件和行为是否适用。如果适用，就具有溯及力；如果不适用，就没有溯及力。法律是否具有溯及力，不同法律规范之间的情况是不同的。从我国目前有关法律溯及既往的原则的规定，一般采用"不溯及既往"的原则。

5. 法的对象效力

法的对象效力，是指法律对谁有效力，适用于哪些人。在世界各国的法律实践中先后采用过四种对人的效力的原则，即属人主义，属地主义，保护主义，以属地原则为主、与属人主义、保护主义相结合的原则这四种原则。根据我国法律，对人的效力包括对中国公民的效力和对外国人、无国籍人的效力两个方面。

（1）属人主义，即法律只适用于本国公民，不论其身在国内还是国外，非本国公民即使身在该国领域内也不适用。

（2）属地主义，法律适用于该国管辖地区内的所有人，不论是否是本国公民，都受法律约束和法律保护，本国公民不在本国，则不受本国法律的约束和保护。

（3）保护主义，即以维护本国利益作为是否适用本国法律的依据，任何侵害了本国利益的人，不论其国籍和所在地域，都要受该国法律的追究。

（4）以属地主义为主，与属人主义、保护主义相结合，即既要维护本国利益，坚持本国主权，又要尊重他国主权，照顾法律适用中的实际可能性。我国采用的是第四种原则。

1.1.4　法律关系

1. 法律关系的概念

法律关系是法律在调整人们行为的过程中形成的特殊的权利和义务关系，或者说，法律关系是指被法律规范所调整的权利与义务关系。法律关系是以法律为前提而产生的社会关系，没有法律的规定，就不可能形成相应的法律关系。法律关系是以国家强制力作为保障的社会关系，当法律关系受到破坏时，国家会动用强制力进行矫正或恢复。法律关系由三要素构成，即法律关系的主体、法律关系的客体和法律关系的内容。

2. 法律关系的主体

法律关系主体是法律关系的参加者，是指参加法律关系，依法享有权利和承担义务的当事人。法律关系主体强调的是能够参与法律关系的主体，包括国家、机构和组织（法人）、公民（自然人）。

（1）国家机关

国家机关可分为国家权力机关和国家行政机关。国家权力机关是指全国人民代表大会及其常务委员会和地方各级人民代表大会及其常务委员会。国家行政机关是依照国家宪法和法律设立的依法行使国家行政职权，组织管理国家行政事务的机关。

（2）机构和组织（法人）

法人，相对于自然人而言。《民法通则》第三十七条规定，法人应当具备下列条件：依法成立；有必要的财产或者经费；有自己的名称、组织机构和场所；能够独立承担民事责任。

法律关系的主体必须具有权利能力和行为能力。法人的权利能力和行为能力是同时产生和同时消灭的，其范围是由法人成立的宗旨和业务范围决定的。法人一经依法成立，就同时具有权利能力和行为能力，法人一经依法撤销，其权利能力和行为能力也就同时消灭。

（3）公民（自然人）

自然人，是在自然状态下出生的人。公民属于政治学或公法上的概念，具有某一特定国家国籍的自然人叫做公民。所有的公民都是自然人，但并不是所有的自然人都是某一特定国家的公民。

公民的权利能力可以分为一般权利能力和特殊权利能力。公民的一般权力能力是一国所有公民均具有的权利能力，不能被任意剥夺或者解除；公民的特殊权利能力是公民在特定条件下具有的法律资格。这种资格并不是每个公民都可以享有，而只授予某些特定的法律主体。

公民的行为能力，是由法律予以规定的。世界各国的法律，一般都把本国公民划分为完全行为能力人、限制行为能力人和无行为能力人。

1)完全行为能力人。这是指达到一定法定年龄、智力健全、能够对自己的行为负完全责任的自然人（公民）。

2)限制行为能力人。这是指行为能力受到一定限制，只具有部分行为能力的公民。例如，《民法通则》规定，10周岁以上的未成年人，不能完全辨认自己行为的精神病人，是限制行为能力人；《刑法》将已满14周岁不满16周岁的公民视为限制行为能力人（不完全的刑事责任能力人）。

3)无行为能力人。这是指完全不能以自己的行为行使权利、履行义务的公民。在民法上，不满10周岁的未成年人，完全的精神病人是无行为能力人；在刑法上，不满14周岁的未成年人和精神病人，也被视为无刑事责任能力人。

3. 法律关系的内容

法律关系的内容是指法律关系主体之间在法律上的权利和义务。这种权利和义务为法律规范所规定，得到国家的确认和保护。法律权利是指法律赋予法律关系主体的某种利益或行为自由。但是需要注意，公民在行使自己的权利的时候，不得侵犯其他公民的合法权利。法律义务是指法律规定法律关系主体必须履行的某种责任或行为界限。

从宏观方面讲，可以把权利与义务的关系概括为：历史进程中曾有的离合关系，逻辑结构上的对立统一关系，总体数量上的等值关系，功能上的互补关系，运行中的制约关系，价值意义上的主次关系。

4. 法律关系的客体

法律关系的客体是法律关系主体之间权利和义务所指向的对象，包括物、人身、精神产品、行为。

（1）物

法律意义上的物是指法律关系主体支配的、在生产上和生活上所需要的客观实体。它可以是天然物，也可以是生产物；可以是活动物，也可以是不活动物。在我国，大部分天然物和生产物可以成为法律关系的客体。但以下几种物不得进入国内商品流通领域，成为私人法律关系的客体：①人类公共之物或国家专有之物，如海洋、山川、水流、空气；②文物；③军事设施、武器（枪支、弹药等）；④危害人类之物（如毒品、假药、淫秽书籍等）。

（2）人身

人身是由各个生理器官组成的生理整体（有机体）。它是人的物质形态，也是人的精神利益的体现。

（3）精神产品

精神产品是人通过某种物体（如书本、砖石、纸张、胶片、磁盘）或大脑记载下来并加以流传的思维成果。精神产品不同于有体物，其价值和利益在于物中所承载的信息、知识、技术、标识（符号）和其他精神文化。我国法学界常称为"智力成果"或"无体财产"。

（4）行为

这种客体一般情况下发生于债。比如说合同的标的就是行为，当事人之间签订合同之后，要相互履行约定的义务，而此种履行义务的行为其实就是合同的标的。

5.法律关系的产生、变更和消灭

法律关系处在不断地生成、变更和消灭的运动过程中。它的形成、变更和消灭,需要具备一定的条件。其中最主要的条件有二:一是法律规范,二是法律事实。

所谓法律事实,就是法律规范所规定的、能够引起法律关系产生、变更和消灭的客观情况或现象。法律事实按是否包含当事人的意志分为法律事件和法律行为两类。法律事件是法律规范规定的、不以当事人的意志为转移而引起法律关系形成、变更或消灭的客观事实。法律事件又分成社会事件(如政变、游行示威)和自然事件(如地震、海啸)两种。法律行为可以作为法律事实而存在,能够引起法律关系形成、变更和消灭。因为人们的意志有善意与恶意、合法与违法之分,故其行为也可以分为善意行为、合法行为与恶意行为、违法行为。

1.1.5　法律责任

1.法律责任的概念

法律责任是指因违反了法定义务或契约义务,或不当行使法律权利、权力所产生的,由行为人承担的不利后果。就其性质而言,法律关系可以分为法律上的功利关系和法律上的道义关系,与此相适应,法律责任方式也可以分为补偿性方式和制裁性方式。

2.法律责任的承担方式

根据我国法律规定,法律主体承担法律责任的方式主要有当事人自治、功利补偿、法律强制、法律制裁四种方式。

3.法律责任的种类

(1)根据法律责任所依据的法律的不同性质,可将法律责任分为违宪责任、民事责任、行政责任、刑事责任等。

(2)根据主观过错在责任认定中的作用,可将法律责任分为过错责任、无过错责任和公平责任。

(3)根据法律责任的承担方式,可将法律责任分为补偿性的法律责任、强制性的法律责任和惩罚性的法律责任三种。

1.1.6　诉讼时效

1.诉讼时效的概念

诉讼时效是指民事权利受到侵害的权利人在法定的时效期间内不行使权利,当时效期间届满时,即丧失了请求人民法院依诉讼程序强制义务人履行义务权利的制度。在法律规定的诉讼时效期间内,权利人提出请求的,人民法院就强制义务人履行所承担的义务。而在法定的诉讼时效期间届满之后,权利人行使请求权的,人民法院就不再予以保护。

2.诉讼时效期间的种类

(1)普通诉讼时效期间

除了法律有特别的规定,民事权利适用普通诉讼时效期间。《民法通则》第一百三十五条规定:"向人民法院请求保护民事权利的诉讼时效期限为二年,法律另有规定的除外。"这表明,我国民事诉讼的一般诉讼时效为二年。

(2)特别诉讼时效期间

特别诉讼时效期间,指针对某些特定的民事法律关系而制定的诉讼时效。特殊时效优于普通时效，也就是说，凡有特殊时效规定的，适用特殊时效。我国《民法通则》第一百三十六条规定："下列时效为一年：①身体受到伤害要求赔偿的；②出售质量不合规格的商品未声明的；③延付或拒付租金的；④寄存财物被丢失或被损坏的。"这里主要考虑的是时间过长会使得这类案件在举证上发生困难，所以在规定的诉讼时效期间要短一些。

有的特别诉讼时效期间比普通诉讼时效期间要长，例如《合同法》第一百二十九条规定，因国际货物买卖合同和技术进口合同争议提起诉讼或者仲裁的期限为4年；《环境保护法》第四十二条规定，"因环境污染损害赔偿提起诉讼的时效期间为3年，从当事人知道或者应当知道受到污染损害起时计算"；及《海商法》第二百六十五条："有关船舶发生油污损害的请求权，时效期间为三年，自损害发生之日起计算；但是，在任何情况下时效期间不得超过从造成损害的事故发生之日起六年。"

（3）最长诉讼时效期间

《民法通则》第一百三十七条规定，从权利被侵害之日起超过20年的，人民法院不予保护。这里规定的是最长诉讼时效期间。

3. 诉讼时效期间的起算

根据《民法通则》第一百三十七条的规定，诉讼时效期间从权利人知道或者应当知道权利被侵害时起计算。

4. 诉讼时效期间的中止

时效期间的中止，就是时效期间的暂停计算。《民法通则》第一百三十九条规定，在诉讼时效期间的最后6个月内，因不可抗力或者其他障碍不能行使请求权的，诉讼时效中止。从中止时效的原因消除之日起，诉讼时效期间继续计算。诉讼时效的中止，需要具备两个条件：一是权利人因为不可抗力或者其他障碍，不能行使请求权；二是使权利人不能行使请求权的事由发生在诉讼时效期间的最后6个月。如果发生在6个月以上的时间，则不发生诉讼时效中止的效力。

5. 诉讼时效期间的中断

时效期间的中断，就是时效期间的重新计算。《民法通则》规定，诉讼时效因提起诉讼、当事人一方提出要求或者同意履行义务而中断，从中断时起，诉讼时效期间重新计算。

根据《民法通则》的规定，下列三种事由可以发生诉讼时效的中断。

（1）起诉

权利人根据法律的规定向人民法院提起诉讼，是诉讼时效中断的一个重要原因。从起诉之日起，诉讼时效中断。

（2）当事人一方提出请求

权利人向义务人请求履行民事权利，可以中断时效的进行。这里所说的提出请求，不属于向有关机关请求保护时提出的要求，而是指直接向义务人提出请求。这是诉讼时效中断最常见的原因。除了向义务人直接请求外，权利人向债务保证人、债务人的代理人或者财产代管人主张权利的，也可以认定诉讼时效中断。

（3）当事人一方同意履行义务

义务人通过一定的方式向权利人表示同意履行债务，也可以中断时效的履行，此种事实能够使得当事人之间的法律关系变得明确，所以法律规定了时效中断的法律后果。义务人虽然没有直接表示同意履行，但是明确承认了自己义务的存在，或者表示愿意分期履行义务，都可以发生相同的效力。

6.诉讼时效完成后的法律效果

（1）权利人的诉权消灭

权利为法律的保护对象，权利请求法律保护的途径为附着于权利之上的诉权，诉权即为请求法律保护权利之权，无诉权的权利为自然权利或裸体权利，没有法律的强制力为后盾。在我国目前，诉讼时效完成后，依据《民法通则》第一百三十五条和第一百三十八条的规定，可以得出诉权消灭的结论。因此权利人起诉后，人民法院经审查认定诉讼时效期间业已完成的，将驳回起诉。

（2）义务人的自愿履行

依据《民法通则》第一百三十八条的规定，超过诉讼时效期间，当事人自愿履行的，不受诉讼时效限制。因此，于诉讼时效完成后，义务人自愿履行其义务的，权利人可受领其履行而不构成不当得利。义务人于履行后反悔的，不得诉请权利人返还其所得。

【案例】

陆某在某百货商场购买"幸福"牌电饭煲一台，遗忘在商场门口，被王某拾得。王某拿至家中使用时，因电饭煲漏电发生爆炸，致其面部灼伤。王某向商场索赔，商场以王某不当得利为由不予赔偿。对此事件，下列哪项表述能够成立？

A.王某的损害赔偿请求权应以与致损事件相关的法律规定为依据

B.不法取得他人之物者应承担该物所致的损害

C.由王某对自己无合法根据占有物的行为承担损害后果，符合公平原则

D.按照风险责任原则，陆某作为缺陷商品的购买者应为王某的损害承担责任

分析：

根据《民法通则》第一百二十二条和《产品质量法》第四十三条的规定，因产品存在缺陷造成人身、他人财产损害的，生产者、销售者应当依法承担损害赔偿责任。法律权利的行使必须有法律依据。因此，选项A正确。

根据责任自负原则，行为人只对自己的违法行为承担法律责任，除非法律作特别规定。不法取得他人之物者应承担"不法取得"行为的法律责任，但对于该物本身所产生的损害，应由该物的生产者、销售者来承担责任，故选项B错误。

公平（公正）原则首先要求对任何违法、违约行为都应依法追究相应的责任。如果让不法取得他人之物者承担本应由他人承担的法律责任，当然不符合公平原则，故选项C错误。

风险责任是指财物意外毁损灭失的责任，并非财物致人损害责任。陆某作为缺陷商品的购买者，应当承担该缺陷商品意外毁损灭失的责任，而不是承担该商品致人损害的全部责任。据此，选项D错误。

（上述案例源自：李海霞，屈冬梅主编.建设工程法规[M].南京：南京大学出版社，2013）

1.2　行政法基础知识

1.2.1　行政法的概念

行政是指国家行政主体依法对国家和社会事务进行组织和管理的活动。行政具有国家意志性、执行性、法律性和强制性的特征。

行政法，是指行政主体在行使行政职权和接受行政法制监督过程中而与行政相对人、行政法制监督主体之间发生的各种关系，以及行政主体内部发生的各种关系的法律规范的总

称。它由规范行政主体和行政权设定的行政组织法、规范行政权行使的行政行为法、规范行政权运行程序的行政程序法、规范行政权监督的行政监督法和行政救济法等部分组成。其重心是控制和规范行政权，保护行政相对人的合法权益。

1.2.2 行政法的基本原则

1. 合法行政原则

依法行政原则，即行政机关必须依法行使行政权。该原则具体又可分为四项子原则：①法律优先原则，②法律保留原则，③职权法定原则，④责任政府原则。

2. 合理行政原则

行政行为应当具有理性基础，禁止行政主体的武断专横和随意。最低限度的理性，是行政行为应当具有一个有正常理智的普通人所能达到的合理与适当，并且能够符合科学公理和社会公德。规范的行政理性表现为以下三个原则：

(1)公平、公正原则，要平等对待行政相对人，不偏私，不歧视。

(2)考虑相关因素原则，行使行政自由裁量权时，只能考虑符合立法授权目的的各种因素，不得考虑不相关因素。

(3)比例原则，行政机关采取的措施和手段应当是必要、适当的；应当避免采用损害行政相对人权益的方式，如果为达到行政目的必须对相对人的权益形成不利影响，那么这种不利影响应当被限制在尽可能小的范围和限度内，并且两者应当处于适当的比例。

3. 程序正当原则

(1)行政公开原则，即除涉及国家秘密和依法受到保护的商业秘密、个人隐私外，行政机关实施行政管理应当公开，以实现公民的知情权、了解权。

(2)公众参与原则，即行政机关作出的重要规定或决定，应当听取公民、法人和其他组织的意见，特别是作出对行政相对人不利的决定，要听取他们的陈述和申辩——听证。

(3)回避原则，行政机关工作人员履行职责，与行政相对人存在利害关系的，应当回避。

4. 高效便民原则

(1)行政效率原则，其基本内容有二，首先是积极履行法定职责，其次是遵循法定时限。

(2)便利当事人原则，在行政活动中不增加相对人的程序负担，处处替相对人着想，方便相对人到行政机关办理相关事宜。

5. 诚实守信原则

(1)行政信息真实原则，行政机关公布的信息应当真实、准确、可信。不能提供虚假信息和材料。

(2)信赖保护原则，非因法定事由并经法定程序，行政机关不得撤销、变更已经生效的行政(许可)决定。

(3)行政允诺应予兑现，行政机关应作其诺言的"奴隶"。

6. 权责统一原则

(1)行政效能原则，行政机关依法履行经济、社会和文化事务管理职责，要有法律、法规赋予其相应的执法手段，保证政令有效。

(2)责任行政原则，行政机关违法或不当行使职权，应当依法承担法律责任。

1.2.3　行政主体

1.行政主体的概念

行政主体是指享有行政权力，能以自己的名义行使行政权，作出影响行政相对人权利义务的行政行为，并能独立承担由此产生的相应法律责任的社会组织。

2.行政主体的特征

(1)行政主体是享有国家行政权力，实施行政活动的组织。这是行政主体与其他国家机关、组织的区别所在。

(2)行政主体是能以自己的名义行使行政权的组织。这是行政主体与行政机关内部的组成机构和受行政机关委托执行某些行政管理任务的组织的区别。

(3)行政主体是能够独立对外承担其行为所产生的法律责任的组织。这是行政主体具有独立法律人格的具体表现，也是一个组织成为行政主体的必备条件。

3.我国行政主体的构成

在中国，行政主体包括国家行政机关和法律、法规授权的组织。

(1)行政机关包括中央行政机关和地方行政机关。

中央行政机关：国务院及国务院所属各工作部门(外交部、国防部、国家发展和改革委员会、教育部、科学技术部、工业和信息化部、国家民族事务委员会、公安部、国家安全部、监察部、民政部、司法部、财政部、人力资源和社会保障部、国土资源部、环境保护部、住房和城乡建设部、交通运输部、水利部、农业部、商务部、文化部、卫生部、国家人口和计划生育委员会、中国人民银行、审计署)。

地方行政机关：地方各级人民政府及其所属的各工作部门；地方各级人民政府的派出机关，如专员公署、区公所、街道办事处、驻外地办事处等。

(2)法律、法规授权的组织。

国家知识产权局专利申请委员会、国家工商行政管理商标评审委员会、消防机构、自治组织、公安派出所等。

1.2.4　行政行为

1.行政行为的概念

行政行为是指行政主体行使行政职权，作出的能够产生行政法律效果的行为。行政行为的概念包括以下几层含义：①行政行为是行政主体所为的行为；②行政行为是行使行政职权，进行行政管理的行为；③行政行为是行政主体实施的能够产生行政法律效果的行为。

2.行政行为的特征

(1)行政行为是执行法律的行为，任何行政行为均须有法律根据，具有从属法律性，没有法律的明确规定或授权，行政主体不得作出任何行政行为。

(2)行政行为具有一定的裁量性，这是由立法技术本身的局限性和行政管理的广泛性、变动性、应变性所决定的。

(3)行政主体在实施行政行为时具有单方意志性，不必与行政相对方协商或征得其同意，即可依法自主作出。即使是在行政合同行为中，在行政合同的缔结、变更、解除与履行等诸方面，行政主体均具有与民事合同不同的单方意志性。

（4）行政行为是以国家强制力保障实施的，带有强制性，行政相对方必须服从并配合行政行为。否则，行政主体将予以制裁或强制执行。这种强制性与单方意志性是紧密联系在一起的，没有行政行为的强制性，就无法实现行政行为的单方意志性。

（5）行政行为以无偿为原则，以有偿为例外。行政主体所追求的是国际和社会公共利益，其对公共利益的集合、维护和分配，应当是无偿的。当特定行政相对人承担了特别公共负担，或者分享了特殊公共利益时，则应该有偿的，这就是公平负担和利益负担的问题。

3.行政行为的种类

（1）抽象行政行为

抽象行政行为，是指行政机关针对不特定的对象，制定、发布能反复适用的行政规范性文件的行为。其范围包括行政立法行为和其他一般规范性文件的行为，具体是指制定行政法规、规章以及其他具有普遍约束力的决定、命令的行为。这一行政行为相对于行政机关针对某特定对象采取的行为，具有对象非特定性、效力的未来性和规范的反复适用性三个特征，因此被称为抽象行政行为。

（2）具体行政行为

具体行政行为，是指国家行政机关和行政机关工作人员、法律法规授权的组织、行政机关委托的组织或者个人在行政管理活动中行使行政职权，针对特定的公民、法人或者其他组织，就特定的具体事项，作出的有关该公民、法人或者其他组织权利义务的单方行为。简而言之，即指行政机关行使行政权力，对特定的公民、法人和其他组织作出的有关其权利义务的单方行为。具体行政行为的表现形式包括行政命令、行政征收、行政许可、行政确认、行政监督检查、行政处罚、行政强制、行政给付、行政奖励、行政裁决、行政合同、行政指导、行政赔偿等。

1.2.5　行政许可

1.行政许可的概念

行政许可，是依法申请的行政行为，是指在法律一般禁止的情况下，行政主体根据行政相对方的申请，赋予或确认行政相对方从事某种活动的法律资格或法律权利的一种具体行政行为。行政许可是对国家经济、政治等方面进行宏观调控的手段，同时具有维护社会经济秩序、保障社会公共利益的作用。

2.行政许可的特征

（1）行政许可是依法申请的行政行为。行政相对人针对特定的事项向行政主体提出申请，是行政主体实施行政许可行为的前提条件。无申请则无许可。

（2）行政许可的内容是国家一般禁止的活动。行政许可可以一般禁止为前提，以个别解禁为内容，即在国家一般禁止的前提下，对符合特定条件的行政相对人解除禁止使其享有特定的资格或权利，能够实施某项特定的行为。

（3）行政许可是行政主体赋予行政相对人某种法律资格或法律权利的具体行政行为。行政许可是针对特定的人、特定的事作出的具有授益性的一种具体行政行为。

（4）行政许可是一种外部行政行为。行政许可是行政机关针对行政相对人的一种管理行为，是行政机关依法管理经济和社会事务的一种外部行为。行政机关审批其他行政机关或者其直接管理的事业单位的人事、财务、外事等事项的内部管理行为不属于行政许可。

（5）行政许可是一种要式行政行为。行政许可必须遵循一定的法定形式，即应当是明示的书面许可，应当有正规的文书、印章等予以认可和证明。实践中最常见的行政许可的形式就是许可证和执照。

3.行政许可的种类

行政许可可分为普通许可、特许、认可、核准和登记。

（1）普通许可

普通许可是准许符合法定条件的相对人行使某种权利的行为。凡是直接关系国家安全、公共安全的活动，基于高度社会信用的行业的市场准入和法定经营活动，直接关系到人身健康、生命财产安全的产品、物品的生产及销售活动，都适用于普遍许可，如游行示威的许可，烟花爆竹的生产与销售的许可等。

普通许可有两个显著特征：一是对相对人行使法定权利附有一定的条件；二是一般没有数量控制。

（2）特许

特许是行政机关代表国家向被许可人授予某种权力或者对有限资源进行有效配置的管理方式。主要适用于有限自然资源的开发利用、有限公共资源的配置、直接关系公共利益的垄断性企业的市场准入，如出租车经营许可、排污许可等。

特许有两个主要特征：一是相对人取得特许后，一般应依法支付一定的费用，所取得的特许可以转让、继承；二是特许一般有数量限制，往往通过公开招标、拍卖等公开公平的方式决定是否授予特许。

（3）认可

认可是对相对人是否具有某种资格、资质的认定，通常采取向取得资格的人员颁发资格、资质证书的方式，如会计师、医师的资质。

认可有四个特征：一是主要适用于为公众提供服务、与公共利益直接有关，并且具有特殊信誉、特殊条件或特殊技能的自然人、法人或者其他组织的资格、资质的认定；二是一般要通过考试方式并根据考核结果决定是否认可；三是资格、资质是对人的许可，与人的身份相联系，但不能继承、转让；四是没有数量限制。

（4）核准

核准是行政机关按照技术标准、经济技术规范，对申请人是否具备特定标准、规范的判断和确定。主要适用于直接关系公共安全、人身健康、生命财产安全的重要设备设施的设计、建造、安装和使用，以及直接关系人身健康、生命财产安全的特定产品、物品的检验检疫，如电梯安装的核准、食用油的检验。

核准有三个显著特征：一是依据主要是专业性、技术性的；二是一般要根据实地验收、检测来决定；三是没有数量限制。

（5）登记

登记是行政机关对个人、企业是否具有特定民事权利能力和行为能力的主体资格和特定身份的确定，如法人或者其他组织的设立、变更、终止，工商企业注册登记，房地产所有权登记等。

登记有三个显著特征：一是未经合法登记的法律关系和权利事项，是非法的，不受法律保护；二是没有数量限制；三是对申请登记材料一般只进行形式审查，即可当场作出是否准予登记的决定。

1.2.6 行政处罚

1.行政处罚的概念

行政处罚是指具有行政处罚权的行政主体为维护公共利益和社会秩序，保护公民、法人或其他组织的合法权益，依法对行政相对人违反行政法律法规而尚未构成犯罪给予法律制裁的行政行为。

2.行政处罚的原则

（1）行政处罚法定原则

处罚法定原则是最基本的行政处罚原则，是依法行政原则在行政处罚领域的具体体现。其基本内涵就是处罚依据法定、处罚种类法定、处罚主体法定、处罚程序法定、处罚形式法定、处罚职权职责法定。

（2）处罚公开、公正、过罚相当原则

《行政处罚法》第四条规定：行政处罚遵循公正、公开的原则。设定和实施行政处罚必须以事实为依据，与违法行为的事实、性质、情节以及社会危害程度相当。

（3）处罚与教育相结合原则

《行政处罚法》第五条规定：实施行政处罚，应当坚持处罚与教育相结合。行政处罚的目的是纠正违法行为，减少和消除违法行为，教育当事人自觉守法，处罚只是手段而不是目的。

（4）保障相对人权益原则

《行政处罚法》第六条规定：公民、法人或者其他组织对行政机关所给予的行政处罚，享有陈述权、申辩权；对行政处罚不服的，有权依法申请行政复议或者提起行政诉讼。

（5）监督制约、职能分离原则

这一原则是指，对行政机关实施行政处罚时的内部活动和外部活动进行有效的监督和制约，防止暗箱操作和滥用处罚权。

（6）一事不二罚（款）原则

《行政处罚法》第二十四条规定：对当事人的同一个违法行为，不得给予两次以上罚款的行政处罚。《行政处罚法》首次确立该原则，严格来讲，在我国是实行一事不二罚（款）原则。

（7）适应违法行为原则

实施的行政处罚，必须与受罚人的违法行为的事实、性质、情节及社会危害程度相适应，亦即行政处罚的种类、轻重程度及其减免均应与违法行为相适应。

（8）民事刑事责任适用原则

民事刑事适用原则是指不免除民事责任、不取代刑事责任的原则。行政相对人因违法受到行政处罚，其违法行为对他人造成损害的，应当依法承担民事责任。违法行为严重构成犯罪的，应当依法追究刑事责任。不得以已给予行政处罚而免于追究其民事责任或刑事责任。

（9）申诉和赔偿原则

相对人对行政主体给予的行政处罚依法享有陈述权、申辩权；对行政处罚决定不服的，有权申请复议或者提起行政诉讼。

（10）处罚追究时效原则

自违法行为终止之日算起，二年内未追究责任的不再处罚。单行条例中另有规定的依规定。

3.行政处罚的种类

《行政处罚法》第八条规定，行政处罚的种类有：①警告；②罚款；③没收违法所得、没收非法财物；④责令停产停业；⑤暂扣或者吊销许可证、暂扣或者吊销执照；⑥行政拘留；⑦法律、行政法规规定的其他行政处罚。

【案例】

2008 年 11 月 19 日，李某与湖南金丰达置业发展有限公司(以下简称金丰达公司)签订了一份国有土地使用权转让合同，该公司将其位于滨江路 15 号门面地，面积 212.64 平方米，使用年限为 45 年的土地使用权转让给李某。尔后，绥宁县城乡规划勘测设计院为李某绘制了《李某住宅建设道路红线控制图》，同年 11 月 26 日，绥宁县城乡规划管理局在图上签署"同意"，并加盖了公章。2009 年 11 月 2 日，第三人袁某、向某与湖南金丰达置业发展有限公司签订了一份国有土地使用权转让合同，该公司将位于滨江路 14 号门面地，面积 144 平方米，使用年限为 50 年的土地使用权转让给第三人。绥宁县城乡规划勘测设计院为第三人绘制了《袁某、向某住宅建设道路红线控制图》，2009 年 11 月 15 日，绥宁县城乡规划管理局在该图上签署"同意，按此图控制设计建设，有效期六个月"的意见，并加盖绥宁县城乡规划管理局行政审批专用章，将李某的 68.64 平方米土地使用权规划给第三人使用，并于 2010 年 10 月 15 日向第三人颁发了绥规(2010)34 号"湖南省建设工程规划许可证"。综上，绥宁县城乡规划管理局为第三人颁发许可证，没有依照《中华人民共和国城乡规划法》第四十条、《湖南省实施〈中华人民共和国城乡规划法〉办法》第二十五条及《湖南省行政程序规定》的有关规定依法办理，程序违法，导致将李某 68.64 平方米的土地使用权规划给第三人使用，侵犯了李某的财产权。现向法院提起行政诉讼，请求撤销绥宁县城乡规划管理局为第三人颁发的绥规(2010)34 号建设工程规划许可证。

分析：

法院认为，根据《中华人民共和国城乡规划法》第十一条规定，绥宁县城乡规划管理局是绥宁县城市规划行政主管部门，核发建设工程规划许可证是其法定职责。县城乡规划管理局为第三人核发规划许可证，涉及李某利益，根据《中华人民共和国行政诉讼法》第二条"公民、法人或者其他组织认为行政机关和行政机关工作人员的具体行政行为侵犯其合法权益，有权依照本法向人民法院提起诉讼"的规定，原告可以向法院提起行政诉讼。

第三人在向绥宁县城乡规划管理局申请办理建设工程规划许可证时，仅提交国有土地使用权转让合同，没有提交使用土地的有关证明前置文件的情况下，县城乡规划管理局为其核发建设工程规划许可证，违反了《中华人民共和国城乡规划法》第四十条"申请办理建设工程规划许可证，应当提交使用土地的有关证明文件、建设工程设计方案等材料"。

县城乡规划管理局在为李某和第三人制作建设道路红线控制图时就已知道李某的 15 号门面地和第三人的 14 号门面地相邻，县城乡规划管理局为第三人颁发建设工程规划许可证，没有告知有利害关系的李某和第三人，其行为违反了《中华人民共和国行政许可法》第三十六条"行政机关对行政许可申请进行审查时，发现行政许可事项直接关系他人重大利益的，应当告知该利害关系人。申请人、利害关系人有权进行陈述和申辩。行政机关应当听取申请人、利害关系人的意见"。

综上，县城乡规划管理局为第三人核发的建设工程规划许可证，主要证据不足，在程序上违法，应当予以撤销。但鉴于第三人修建的房屋已竣工，撤销该规划许可，将给享有信赖利益的第三人的利益造成重大损失。据此，依照《中华人民共和国行政诉讼法》第五十四条第(二)项第 1、3 目，《最高人民法院关于执行若干问题的解释》第五十八条之规定，并经法院审判委员会研究决定，判决如下：

绥宁县城乡规划管理局为第三人袁某、向某核发绥规(2010)34 号湖南省建设工程规划许可证的具体行政行为违法。本案诉讼费 50 元，由被告负担。

1.3 民法基础知识

1.3.1 民法的概念

民法是调整平等主体的公民之间、法人之间、公民和法人之间的财产关系和人身关系的总和。民事活动应当遵循自愿、公平、等价有偿、诚实信用的原则。

1.3.2 民事法律行为

1. 民事法律行为的概念

在我国，1986的《民法通则》直接采用了民事法律行为和民事行为这两个概念。在制度设计规定上，规定民事法律行为是合法的行为。根据《民法通则》第五十四条规定，民事法律行为是公民或者法人设立、变更、终止民事权利和民事义务的合法行为。

2. 民事法律行为的成立要件

（1）行为主体具有相应的民事权利能力和行为能力

民事权利能力是指能够参加民事活动，享有民事权利和负担民事义务的法律资格。民事行为能力是指通过自己行为取得民事权利和负担民事义务的资格。民事法律行为主体只有取得了相应的民事权利能力和行为能力以后，作出的民事行为才能得到法律的认可。

（2）行为人意思表示真实

意思表示真实就是说行为人表现于外部的表示与其内在的真实意志相一致。即不存在认识错误、欺诈、胁迫等外在因素而使得表示意思与内心效果意思不一致。意思表示不真实的行为不是必然的无效行为，因其导致意思不真实的原因不同，可能会发生无效或者被撤销的法律后果。

（3）行为内容合法

根据《民法通则》的规定，行为内容合法表现为不违反法律和社会公共利益、社会公德。行为内容合法首先不得与法律、行政法规的强制性或禁止性规范相抵触。其次，行为内容合法还包括行为人实施的民事行为不得违背社会公德，不得损害社会公共利益。

（4）行为形式合法

民事法律行为的形式也就是行为人进行意思表示的形式。民事法律行为所采用的形式分为要式民事法律行为和不要式民事法律行为，凡属要式的民事法律行为，必须采用法律规定的特定形式才为合法。

1.3.3 代理

1. 代理的概念

代理指代理人在代理权限范围内，以被代理人的名义与第三人实施的民事法律行为，由此产生的法律后果由被代理人承担的一种法律制度。在代理关系中，代理他人实施民事法律行为的人称代理人，由他人代自己实施民事法律行为的人称被代理人，与代理人实施民事法律行为的人称第三人。

2. 代理的特征

（1）代理人必须以被代理人的名义进行活动

在代理关系中，代理人只有以被代理人的名义从事活动，才能为被代理人取得民事权利和履行民事义务。如果代理人以自己的名义进行民事活动，就不是代理活动，其法律后果由行为人自己承担。

（2）代理行为必须是具有法律意义的行为

代理人代被代理人实施的行为主要是法律行为。所以通过代理行为，必然在被代理人与第三人之间发生、变更或终止某种民事法律关系。如代签合同，代理变更合同内容或代理解除合同等。

（3）代理人必须在代理的权限内独立进行意思表示

代理人必须在被代理人的授权范围内或法律规定或指定的权限范围内进行民事活动，不得擅自变更或超越代理权限。但为了更好地完成代理事务，代理人在代理权限内可以根据代理活动的具体情况，有权向第三人作出意思表示，以维护被代理人的利益。

（4）代理的法律后果由被代理人承担

代理人以被代理人的名义，为被代理人的利益进行活动。因此，在代理活动中，代理人不因其所实施的民事法律行为直接取得任何个人利益，由代理行为产生的权利和义务应由被代理人本人承受。

3. 代理的种类

根据《民法通则》的规定，按代理权产生的依据不同，可将代理分为委托代理、法定代理、指定代理。

（1）委托代理

委托代理又称授权代理、意定代理，是指代理人按照被代理人的委托而进行的代理。根据《民法通则》的规定，授予代理权的形式可以用书面形式，也可以用口头形式，法律规定用书面形式的，应当用书面形式。

书面委托代理的授权委托书应当载明代理人的姓名或者名称、代理事项、权限和期间，并由委托人签名或者盖章。委托书授权不明的，被代理人应当向第三人承担民事责任，代理人负连带责任。

（2）法定代理

法定代理是指根据法律的直接规定而产生代理。如无民事行为能力人和限制民事行为能力人，其监护人因法律直接规定而成为被监护人的法定代理人，这种代理无须被代理人授权。

（3）指定代理

指定代理是根据人民法院或有关单位的指定而发生的代理，常发生在诉讼中。例如，《最高人民法院关于适用〈中华人民共和国民事诉讼法〉若干问题的意见》第六十七条规定，在诉讼中，无民事行为能力人、限制民事行为能力人的监护人是他的法定代理人。事先没有确定监护人的，可以由有监护资格的人协商确定，协商不成的，由人民法院在他们之间指定诉讼中的法定代理人。指定代理人按照人民法院或者指定单位的指定行使代理权。

4. 代理权的行使

（1）代理权行使的要求

1）代理人亲自行使代理权。

被代理人之所以委托特定的代理人为自己服务，是基于对该代理人知识、技能、信用的信赖。因此，代理人必须亲自实施代理行为。除非经被代理人同意或有不得已的事由发生，否则不得将代理事务委托他人处理。

2）代理人认真履行职责。

代理制度是为被代理人的利益而设，被代理人设立代理的目的，是为了利用代理人的知识和技能为自己服务，代理人的活动是为了实现被代理人的利益。因此，代理人行使代理权，应认真履行职责，处理好被代理人的事务。根据《民法通则》第六十六条规定，代理人不履行职责而给被代理人造成损害的，应当承担民事责任。代理人和第三人串通，损害被代理人的利益的，由代理人和第三人负连带责任。

（2）代理权行使的限制

1）自己代理，指代理人在代理权限内与自己为民事行为。在这种情况下，代理人同时为代理关系中的代理人和第三人，交易双方的交易行为实际上只由一个人实施。自己代理，除非事前得到被代理人的同意或事后得到其追认，否则法律不予承认。

2）双方代理，又称同时代理，指一个代理人同时代理双方当事人为民事行为的情况。对于双方代理，除非事先得到过双方当事人的同意或事后得到了其追认，否则法律应不予承认。

5.代理权的终止

（1）委托代理终止

《民法通则》规定，有下列情形之一的委托代理终止：①代理期间届满或者代理事务完成；②被代理人取消委托或者代理人辞去委托；③代理人死亡；④代理人丧失民事行为能力；⑤作为被代理人或者代理人的法人终止。

（2）法定代理或者指定代理终止

①被代理人取得或者恢复民事行为能力；②被代理人或者代理人死亡；③代理人丧失民事行为能力；④指定代理的人民法院或者指定单位取消指定；⑤由其他原因引起的被代理人和代理人之间的监护关系消灭。

6.无权代理与表见代理

（1）无权代理

无权代理，就是没有代理权的代理。无权代理并不是代理的一种形式，而是具备代理行为的表象但是欠缺代理权的行为。无权代理，通常有未授权代理、越权代理、代理权终止后代理的情形。

被代理人对无权代理人实施的行为如果予以追认，则无权代理可转化为有权代理，产生与有权代理相同的法律效力，并不会发生代理人的赔偿责任。如果被代理人不予追认的，对被代理人不发生效力，则无权代理人需承担因无权代理行为给被代理人和善意第三人造成的损失。

（2）表见代理

表见代理，指无权代理人的代理行为客观上存在相对人相信其有代理权的情况，且相对人主观上为善意且无过失，可以向被代理人主张代理的效力的代理。《合同法》第四十九条规定："行为人没有代理权、超越代理权或者代理权终止后以被代理人名义订立合同，相对人有理由相信行为人有代理权的，该代理行为有效。"表见代理的法律效力，在于使无权代理发生如同有权代理一样的效果。

表见代理对被代理人产生有权代理的效力，即在相对人与被代理人之间产生民事法律关系。被代理人受表见代理人与相对人之间实施的法律行为的约束，享有该行为设定的权利和履行该行为约定的义务。被代理人不能以无权代理为由抗辩。被代理人在承担表见代理行为所产生的责任后，可以向无权代理人追偿因代理行为而遭受的损失。

此外，本人知道他人以本人名义实施民事行为而不作否认表示的，视为同意。

7.代理制度中的民事法律责任

（1）委托书授权不明应承担的法律责任

委托书授权不明的，被代理人应当向第三人承担民事责任，代理人负连带责任。

（2）损害被代理人利益应承担的法律责任

代理人不履行职责而给被代理人造成损害的，应当承担民事责任。代理人和第三人串通，损害被代理人的利益的，由代理人和第三人负连带责任。

（3）第三人故意行为应承担的法律责任

第三人知道行为人没有代理权、超越代理权或者代理权已终止还与行为人实施民事行为给他人造成损害的，由第三人和行为人负连带责任。

（4）违法代理行为应承担的法律责任

代理人知道被委托代理的事项违法仍然进行代理活动的，或者被代理人知道代理人的代理行为违法不表示反对的，由被代理人和代理人负连带责任。

1.3.4 物权

1.物权的概念

物权，是民事权利主体在法律规定的范围内，直接支配一定的物，并排斥他人干涉的民事权利。物权是物质资料所有制和财产占有、支配关系的法律表现。它是同债权相对应的一种财产权，也是同债权、知识产权既有区别又有联系的一项法律制度。

《物权法》规定，本法所称物权，是指权利人依法对特定的物享有直接支配和排他的权利，包括所有权、用益物权和担保物权。

2.物权的法律特征

（1）物权的权利主体是特定的，而义务主体是不特定的，物权是一种"对世权"

物权的权利主体总是特定的。权利主体以外的一切人，都是物权关系的义务主体。因而，物权也被称为对世权。这就是说，社会上所有的人都负有不得侵犯他人的物权的义务。

（2）物权的客体是特定的独立之物

物权的客体主要是经过劳动加工后具有价值和使用价值的有体财产，也包括某些有体和无体自然财产，如自然资源、光、电、热、能等，而行为、精神财富和精神利益不能成为物权的客体。

（3）物权的内容是对物的直接管理和支配

对物的直接管理和支配意味着物权的权利主体实现其权利，只要符合法律规定，不需要他人积极地作出相应的协助行为。物权的义务主体的义务就在于不为一定的行为。义务人只要不干涉物权人行使其权利就是履行了义务。

（4）物权具有独占性和排他性

同一物上不能有内容互不相容的两个物权,因此物权有独占性。物权既是一种支配权,因而具有排他性,即排除他人干涉。

(5)物权具有追及力和优先权

所谓追及力,是指物权的标的物无论辗转落入何人之手,物权人都可以追及其物,向实际占有人主张其权利。所谓优先权,是指同一物上数种权利时,物权具有较其他权利优先行使的效力。在债权的标的上成立物权时,物权便具有优先于债权的权利;先设定的物权,优先于后设定的物权。

3.物权的种类

从理论上,物权有许多种类。其中所有权是物权的核心部分。按《民法通则》的规定,物权的具体形式有:

(1)财产所有权

1)财产所有权的概念和内容

财产所有权是指所有人依法对自己的财产享有占有、使用、收益和处分的权利。财产所有权是一种最基本的民事法律关系,它体现因物的占有、使用、收益和处分而在所有人和非所有人之间发生的法律关系,是人与人的关系。财产所有权由占有、使用、收益和处分四项权能构成,每项权能都有其相对的独立性和可分性以及特定的含义。

①占有。占有,就是所有权人对财产的实际控制和掌握。占有可以分为所有人的占有和非所有人的占有。所有人的占有是指所有人在事实上占据或控制属于自己所有的财产。就是财产所有者直接行使占有权的表现。如房屋所有人居住自己的房屋等。非所有人占有,又分为合法占有和非法占有。合法占有通常是财产所有人依法将占有权进行转让的结果,或是非所有人根据法律规定或者与所有人的约定而占有所有人的财产。非所有人的合法占有受法律保护。非法占有,是指非所有人没有法律上的根据而占有他人财产。非法占又分为善意占有和恶意占有两种。善意占有是指占有人不知道也不可能知道对财产的占有是非法的。恶意占有是指占有人知道或知道其占有财产是非法的,但为了某种私利仍占有他人的财产。

②使用。使用,是指所有人或占有人按照物的性能和用途加以利用,以发挥财产的使用价值。如职工用自己的工资购买生活资料,农民在承包的土地上种植农作物等。使用权既可以由所有人直接行使,也可以依法由非所有人行使。非所有人的合法使用,不仅包括使用权的取得是合法的,还包括使用的目的和方法也必须是合法的。滥用使用权或使用不当,使用人要承担法律责任。没有法律根据或未经所有人同意使用他人财产,是非法使用。对非法使用应当追究法律责任。

③收益。收益,是指财产所有人或占有人通过财产的占有、使用、经营、转让而取得经济效益。所有人本人行使使用权所得的利益全部归所有人所有。但收益权也可以随着占有、使用、经营等方式的变动,全部或部分转让给非财产所有人。收益又称为孳息,包括天然孳息(如家禽下蛋、家禽生崽、果树结果等)和法定孳息(如银行存款利息、出租房屋所得租金等)两种。

④处分。处分,是财产所有人对其财产在事实上和法律上的最终处置。因为处分涉及财产的命运和所有权的根本改变。而占有、使用、收益,通常并不发生所有权的根本改变。从这个意义上说,处分是所有权的主要权能,也是所有权中带有根本性的一项权能。经过处分,财产所有人通常就丧失了对该财产的所有权。

2）财产所有权的取得方式

所有权的取得方式分两种：一种是原始取得，另一种是继受取得。

①原始取得。即直接根据法律的规定，首次取得该项财产的所有权，或不依赖原有人的所有权和意志取得某项财产的所有权，其方法有以下几种：生产和扩大再生产，没收，收取孳息，无主财产的接受，添附。

②继受取得。即基于某种法律行为或法律事件的发生而从原所有人取得的所有权，其方法主要有买卖、互易、赠与、继承和遗赠等。

3）财产所有权的种类。

我国现阶段财产所有权的主要种类有国家财产所有权、劳动群众集体组织财产所有权、个人财产所有权。

（2）用益物权

用益物权是用益物权人对他人所有的不动产或者动产，依法享有占有、使用和收益的权利。用益物权包括土地承包经营权、建设用地使用权、宅基地使用权和地役权。

国家所有或者国家所有由集体使用以及法律规定属于集体所有的自然资源，单位、个人依法可以占有、使用和收益。此时，单位或者个人就成为用益物权人。因不动产或者动产被征收、征用，致使用益物权消灭或者影响用益物权行使的，用益物权人有权获得相应补偿。

（3）担保物权

担保物权是权利人在债务人不履行到期债务或者发生当事人约定的实现担保物权的情形，依法享有就担保财产优先受偿的权利，包括抵押权、质权、留置权、典权等。

4. 物权的设立、变更、转让和消灭

（1）不动产物权的设立、变更、转让和消灭

不动产物权的设立、变更、转让和消灭，经依法登记，发生效力；未经登记，不发生效力。依法属于国家所有的自然资源，所有权可以不登记。不动产登记，由不动产所在地的登记机构办理。不动产物权的设立、变更、转让和消灭，依照法律规定应当登记的，自记载于不动产登记簿时发生效力。不动产登记簿是物权归属和内容的根据。不动产登记簿由登记机构管理。

（2）动产物权的设立和转让

动产物权的设立和转让，自交付时发生效力。

1）动产物权设立和转让前，权利人已经依法占有该动产的，物权自法律行为生效时发生效力。

2）动产物权设立和转让前，第三人依法占有该动产的，负有交付义务的人可以通过转让请求第三人返还原物的权利代替交付。

3）动产物权转让时，双方又约定由出让人继续占有该动产的，物权自该约定生效时发生效力。

4）船舶、航空器和机动车等物权的设立、变更、转让和消灭，未经登记，不得对抗善意第三人。

5. 物权的保护

（1）物权受到侵害的，权利人可以通过和解、调解、仲裁、诉讼等途径解决。

（2）因物权的归属、内容发生争议的，利害关系人可以请求确认权利。

（3）无权占有不动产或者动产的，权利人可以请求返还原物。

（4）妨害物权或者可能妨害物权的，权利人可以请求排除妨害或者消除危险。

（5）造成不动产或者动产毁损的，权利人可以请求修理、重作、更换或者恢复原状。

（6）侵害物权，造成权利人损害的，权利人可以请求损害赔偿，也可以请求承担其他民事责任。

1.3.5　债权

1. 债权的概念与特征

（1）债权的概念

根据《民法通则》第八十一条规定："债是按照合同约定或者按照法律的规定，在当事人之间产生的特定的权利和义务关系。享有权利的人是债权人，负有义务的人是债务人。"

（2）债权的法律特征

在债的关系中，债权人享有的权利即为债权，债务人负有的义务即为债务。债权具有以下主要法律特征：

1）债权为请求权。债权人只能通过请求债务人履行债务，实现自己的利益，不能直接支配标的物。

2）债权为相对权。即债权只能存在于特定的当事人之间，债权人只能请求债务人履行债务，而不能要求债务人以外的人向自己履行义务。

3）债权的发生具有任意性与多样性。债可以依合法行为而发生，也可因不法行为而发生。对于合法行为设定的债权，法律并不特别规定其种类。

4）债权具有平等性和相容性。即在同一标的物上不仅可以成立内容相同的数个债权，并且数个债权效力平等，不存在优先性和排他性。

2. 债的发生根据

债的发生根据就是引起债产生的法律事实。主要包括以下几种：

（1）合同

合同是当事人之间设立、变更、终止民事关系的协议。当事人通过订立合同设立的以债权、债务为内容的民事关系，称为合同之债。合同是债发生的最常见的根据。当事人既可以通过合同设立债的关系，也可以通过合同变更或撤销债的关系。

（2）不当得利

不当得利是指没有合法根据，取得不应获得的利益而使他人受到损害的事实。在发生不当得利的事实时，当事人之间便发生债权、债务关系，受损害的一方有权请求取得利益的一方返还所得的利益，不当得利的一方应当将不当利益返还给受损害的一方。因不当得利发生的债，称为不当得利之债。

（3）无因管理

无因管理是指没有法定的或者约定的义务，为避免他人利益受损失而进行管理或者服务的义务。形成无因管理的，管理或服务者有权要求受益人偿付因无因管理而支付的必要费用。必要费用包括在管理或者服务过程中直接支出的费用，以及在该活动中受到的实际损失。

（4）侵权行为

侵权行为是指侵害他人财产或人身权利的不法行为。侵权行为一旦发生，依照法律规定，侵害人和受侵害人之间就产生债权、债务关系。由侵权行为产生的债叫侵权之债。受害人有权要求加害人赔偿损失，加害人必须依法承担民事责任。

3. 债的分类

（1）法定之债与意定之债

根据债发生的原因以及债的内容是否以当事人的意志来决定，可以将债权分为法定之债与意定之债。法定之债包括侵权损害赔偿之债、不当得利之债、无因管理之债及缔约过失之债；意定之债主要是指合同之债。

（2）特定物之债与种类物之债

根据标的物属性的不同，可以将债分为特定物之债与种类物之债。

（3）单一之债与多数人之债

根据债的主体双方人数的多少，可以将债分为单一之债与多数人之债。

（4）按份之债与连带之债

根据各方各自享有的权利或承担的义务及相互间关系，可以将债分为按份之债与连带之债。按份之债的各债务人只对自己分担的债务份额负清偿责任，债权人请求各债务人清偿全部债务。在连带责任中，连带债权人在任何一人接受了全部履行，或者连带债务人的任何一人清偿了全部债务时，虽然原债归于消灭，但连带债权人或连带债务人之间则会产生新的按份之债。

（5）主债与从债

根据两个债之间的关系，可以将债分为主债与从债。主债是从债存在的依据，从债的效力决定于主债的效力，主债消灭从债也随之消灭。

（6）财物之债与劳务之债

根据债务人的义务是提供财物还是提供劳务，可以将债分为财物之债与劳务之债。

4. 债的消灭

债的消灭，是指债因一定的法律事实的出现而使既存的债权债务关系在客观上不复存在。

（1）债因履行而消灭

债务人履行了债务，债权人的利益得到了实现，当事人间设立债的目的已经达到，债的关系也就自然消灭了。

（2）债因提存而消灭

提存是指债权人无正当理由拒绝接受履行或其下落不明或数人就同一债权主张权利，债权人一时无法确定，致使债务人一时难以履行债务，经公证机关证明或人民法院的裁决，债务人可以将履行的标的物提存有关部门保存的行为。提存是债务履行的一种方式，如果超过法律规定的期限，债权人仍不领取提存标的物的，应收归国库所有。

（3）债因免除而消灭

免除是指债权人放弃债权，从而解除债务人所承担的义务。债务人的债务一经债权人解除，债的关系自行解除。

（4）债因抵消而消灭

抵消是指同类已到履行期限的对等债务，因当事人相互抵充其债务而同时消灭。

（5）债因当事人死亡而解除

债因当事人死亡而解除仅指具有人身性质的合同之债，因为人身关系是不可继承和转让的。

（6）债因混同而消灭

混同是指某一具体之债的债权人和债务人合为一体。

【案例】

陈某以前曾经接受某建筑公司的委托去为其购买水泥，那个委托事项完成后，疏于管理，建筑公司没有收回委托书。一天，陈某经过一家水泥厂，发现水泥质量不错，他认为那个建筑公司也应该需要水泥，于是陈某在出示了没有收回的委托书后，擅自代替某建筑公司签订了水泥的购货合同。2006 年 6 月 2 日，水泥厂按照合同约定的日期将水泥运至合同中约定的地点并要求某建筑公司支付水泥款，但是，该建筑公司拒绝支付，你认为该建筑公司是否应该支付这笔水泥款？

分析：

应该支付。《合同法》第四十九条规定："行为人没有代理权、超越代理权或者代理权终止后以被代理人名义订立合同，相对人有理由相信行为人有代理权的，该代理行为有效。"

该代理称为表见代理，表见代理签订的合同是有效的合同。本案例中陈某出示了没有收回的委托书，使得水泥厂有理由相信他是有代理权的，符合表见代理的条件所签订的合同是有效的合同，该建筑公司必须要支付这笔水泥款。当然，过后，该建筑公司可以向陈某追偿。

（上述案例源自：李海霞，屈冬梅，主编.建设工程法规［M］.南京：南京大学出版社，2013）

【思考题】

1. 简述法的基本特征。
2. 法律关系的构成要素有哪些？
3. 简述法律责任的种类。
4. 简述诉讼期间的种类。
5. 简述行政法的基本原则。
6. 简述行政处罚的种类。
7. 什么是民事代理？代理的种类有哪些？
8. 什么是物权？什么是债权？
9. 简述债的发生根据。

第2章　建设工程从业资格法规

【教学目标】

了解工程监理企业资质管理规定，了解注册建筑师以及注册监理工程师的执业法规，熟悉建筑业企业资质管理规定及工程造价咨询企业资质管理规定，掌握注册建造师及注册造价工程师的执业法规。

【职业资格考试要求】

从业单位资质等级制度、从业人员执业资格制度、注册建造师的权利与义务、注册造价工程师的权利与义务。

【涉及的主要法规】

《建筑法》、《建筑业企业资质管理规定》、《工程监理企业资质管理规定》、《工程造价咨询企业管理办法》、《中华人民共和国注册建筑师条例》①、《注册建造师管理规定》、《注册监理工程师管理规定》、《注册造价工程师管理办法》、《注册结构工程师执业资格制度暂行规定》等。

2.1　建设工程从业资格法规概述

2.1.1　建设工程从业资格法律制度

建设工程从业资格法律制度是指在中华人民共和国境内从事建设工程活动的个人和单位，只有依法取得相应资格和资质后，才允许在法律法规所规定的范围内从事一定的建设活动的一系列法律法规。其本质上是一种准入制度。

1. 从业单位资质等级制度

《建筑法》第十三条规定："从事建筑活动的建筑施工企业、勘察单位、设计单位和工程监理单位，按照其拥有的注册资本、专业技术人员、技术装备和已完成的建筑工程业绩等资质条件，划分为不同的资质等级，经资质审查合格，取得相应等级的资质证书后，方可在其资质等级许可的范围内从事建筑活动。"

2. 从业人员执业资格制度

《建筑法》第十四条规定："从事建筑活动的专业技术人员，应当依法取得相应的执业资格证书，并在执业资格证书许可的范围内从事建筑活动。"

---

① 《中华人民共和国注册建筑师条例》，在本书后面出现，一律简称《注册建筑师条例》。

2.1.2 建设工程从业资格法规的立法概况

《建筑法》明确规定了我国工程建设实行执业单位资质管理和执业人员资格管理制度。除此之外，还颁发了大量行政法规、部门规章及规范性文件，对相关管理办法作出具体规定。

有关从业单位资质等级管理制度的法律法规有：《建设工程勘察和设计企业资质管理规定》、《建筑业企业资质等级标准》、《建筑业企业资质管理规定》、《工程监理企业资质管理规定》、《工程造价咨询企业管理办法》、《外商投资建筑业企业管理规定》等。

有关从业人员执业资格管理制度的法律法规有：《中华人民共和国注册建筑师条例》、《勘察设计注册工程师管理规定》、《注册结构工程师执业资格制度暂行规定》、《建造师执业资格制度暂行规定》、《注册建造师管理规定》、《注册土木工程师（岩土）执业资格制度暂行规定》、《注册监理工程师管理规定》、《注册造价工程师管理办法》、《注册安全工程师管理规定》等。

2.2 建设工程企业资质法规

2.2.1 从业单位资质管理的一般规定

所谓资质管理，是指资格认证、资质审查的管理，是建筑市场管理的一项重要内容。《建筑法》第十二条规定，从事建筑活动的建筑施工企业、勘察单位、设计单位和工程监理单位，应当具备下列条件：①有符合国家规定的注册资本；②有与其从事的建筑活动相适应的具有法定执业资格的专业技术人员；③有从事相关建筑活动所应有的技术装备；④法律、行政法规规定的其他条件。

2.2.2 建筑业企业资质管理规定

建筑业企业，是指从事土木工程、建筑工程、线路管道设备安装工程、装修工程的新建、扩建、改建活动的企业。

在中华人民共和国境内申请建筑业企业资质，实施对建筑业企业资质监督管理。

1. 资质序列、类别和等级

建筑业企业资质分为施工总承包、专业承包和劳务分包三个序列。

（1）取得施工总承包资质的企业（以下简称施工总承包企业），可以承接施工总承包工程。施工总承包企业可以对所承接的施工总承包工程内各专业工程全部自行施工，也可以将专业工程或劳务作业依法分包给具有相应资质的专业承包企业或劳务分包企业。

（2）取得专业承包资质的企业（以下简称专业承包企业），可以承接施工总承包企业分包的专业工程和建设单位依法发包的专业工程。专业承包企业可以对所承接的专业工程全部自行施工，也可以将劳务作业依法分包给具有相应资质的劳务分包企业。

（3）取得劳务分包资质的企业（以下简称劳务分包企业），可以承接施工总承包企业或专业承包企业分包的劳务作业。

施工总承包资质、专业承包资质、劳务分包资质序列按照工程性质和技术特点分别划分为若干资质类别。各资质类别按照规定的条件划分为若干资质等级。

2. 资质许可

(1)根据《建筑业企业资质管理规定》第九条的规定，下列建筑业企业资质的许可，由国务院建设主管部门实施：①施工总承包序列特级资质、一级资质；②国务院国有资产管理部门直接监管的企业及其下属一级的企业的施工总承包二级资质、三级资质；③水利、交通、信息产业方面的专业承包序列一级资质；④铁路、民航方面的专业承包序列一级、二级资质；⑤公路交通工程专业承包不分等级资质、城市轨道交通专业承包不分等级资质。

(2)根据《建筑业企业资质管理规定》第十条的规定，下列建筑业企业资质的许可，由企业工商注册所在地省、自治区、直辖市人民政府建设主管部门实施：①施工总承包序列二级资质(不含国务院国有资产管理部门直接监管的企业及其下属一层级的企业的施工总承包序列二级资质)；②专业承包序列一级资质(不含铁路、交通、水利、信息产业、民航方面的专业承包序列一级资质)；③专业承包序列二级资质(不含民航、铁路方面的专业承包序列二级资质)；④专业承包序列不分等级资质(不含公路交通工程专业承包序列和城市轨道交通专业承包序列的不分等级资质)。

(3)根据《建筑业企业资质管理规定》第十一条的规定，下列建筑业企业资质的许可，由企业工商注册所在地设区的市人民政府建设主管部门实施：①施工总承包序列三级资质(不含国务院国有资产管理部门直接监管的企业及其下属一层级的企业的施工总承包三级资质)；②专业承包序列三级资质；③劳务分包序列资质；④燃气燃烧器具安装、维修企业资质。

3. 监督管理

县级以上人民政府建设主管部门和其他有关部门应当依照有关法律法规和《建筑业企业资质管理规定》，加强对建筑业企业资质的监督管理。上级建设主管部门应当加强对下级建设主管部门资质管理工作的监督检查，及时纠正资质管理中的违法行为。

建设主管部门、其他有关部门履行监督检查职责时，有权采取下列措施：①要求被检查单位提供建筑业企业资质证书、注册执业人员的注册执业证书，有关施工业务的文档，有关质量管理、安全生产管理、档案管理、财务管理等企业内部管理制度的文件；②进入被检查单位进行检查，查阅相关资料；③纠正违反有关法律、法规和本规定及有关规范和标准的行为。

建设主管部门、其他有关部门依法对企业从事行政许可事项的活动进行监督检查时，应当将监督检查情况和处理结果予以记录，由监督检查人员签字后归档。

4. 法律责任

(1)申请人隐瞒有关情况或者提供虚假材料申请建筑业企业资质的，不予受理或者不予行政许可，并给予警告，申请人在1年内不得再次申请建筑业企业资质。

(2)以欺骗、贿赂等不正当手段取得建筑业企业资质证书的，由县级以上地方人民政府建设主管部门或者有关部门给予警告，并依法处以罚款，申请人3年内不得再次申请建筑业企业资质。

(3)建筑业企业未按照本规定及时办理资质证书变更手续的，由县级以上地方人民政府建设主管部门责令限期办理；逾期不办理的，可处以1000元以上1万元以下的罚款。

5. 房屋建筑工程施工总承包企业资质管理规定

(1)资质分级

房屋建筑工程施工总承包企业资质分为特级、一级、二级、三级。

（2）资质标准

1）特级资质标准：①企业注册资本金 3 亿元以上；②企业净资产 3.6 亿元以上；③企业近 3 年年平均工程结算收入 15 亿元以上；④企业其他条件均达到一级资质标准。

2）一级资质标准

①企业近 5 年承担过下列 6 项中的 4 项以上工程的施工总承包或主体工程承包，工程质量合格：a. 25 层以上的房屋建筑工程；b. 高度 100 米以上的构筑物或建筑物；c. 单体建筑面积 3 万平方米以上的房屋建筑工程；d. 单跨跨度 30 米以上的房屋建筑工程；e. 建筑面积 10 万平方米以上的住宅小区或建筑群体；f. 单项建安合同额 1 亿元以上的房屋建筑工程。

②企业经理具有 10 年以上从事工程管理工作经历或具有高级职称；总工程师具有 10 年以上从事建筑施工技术管理工作经历并具有本专业高级职称；总会计师具有高级会计职称；总经济师具有高级职称。

企业有职称的工程技术和经济管理人员不少于 300 人，其中工程技术人员不少于 200 人；工程技术人员中，具有高级职称的人员不少于 10 人，具有中级职称的人员不少于 60 人。企业具有的一级资质项目经理不少于 12 人。

③企业注册资本金 5000 万元以上，企业净资产 6000 万元以上。

④企业近 3 年最高年工程结算收入 2 亿元以上。

⑤企业具有与承包工程范围相适应的施工机械和质量检测设备。

3）二级资质标准

①企业近 5 年承担过下列 6 项中的 4 项以上工程的施工总承包或主体工程承包，工程质量合格：a. 12 层以上的房屋建筑工程；b. 高度 50 米以上的构筑物或建筑物；c. 单体建筑面积 1 万平方米以上的房屋建筑工程；d. 单跨跨度 21 米以上的房屋建筑工程；e. 建筑面积 5 万平方米以上的住宅小区或建筑群体；f. 单项建安合同额 3000 万元以上的房屋建筑工程。

②企业经理具有 8 年以上从事工程管理工作经历或具有中级以上职称；技术负责人具有 8 年以上从事建筑施工技术管理工作经历并具有本专业高级职称；财务负责人具有中级以上会计职称。

企业有职称的工程技术和经济管理人员不少于 150 人，其中工程技术人员不少于 100 人；工程技术人员中，具有高级职称的人员不少于 2 人，具有中级职称的人员不少于 20 人。企业具有的二级资质以上项目经理不少于 12 人。

③企业注册资本金 2000 万元以上，企业净资产 2500 万元以上。

④企业近 3 年最高年工程结算收入 8000 万元以上。

⑤企业具有与承包工程范围相适应的施工机械和质量检测设备。

4）三级资质标准

①企业近 5 年承担过下列 5 项中的 3 项以上工程的施工总承包或主体工程承包，工程质量合格：a. 6 层以上的房屋建筑工程；b. 高度 25 米以上的构筑物或建筑物；c. 单体建筑面积 5000 平方米以上的房屋建筑工程；d. 单跨跨度 15 米以上的房屋建筑工程；e. 单项建安合同额 500 万元以上的房屋建筑工程。

②企业经理具有 5 年以上从事工程管理工作经历；技术负责人具有 5 年以上从事建筑施工技术管理工作经历并具有本专业中级以上职称；财务负责人具有初级以上会计职称。企业有职称的工程技术和经济管理人员不少于 50 人，其中工程技术人员不少于 30 人；工程技术人员中，

具有中级以上职称的人员不少于 10 人。企业具有的三级资质以上项目经理不少于 10 人。

③企业注册资本金 600 万元以上，企业净资产 700 万元以上。

④企业近 3 年最高年工程结算收入 2400 万元以上。

⑤企业具有与承包工程范围相适应的施工机械和质量检测设备。

（3）承包工程范围

1）特级企业：可承担各类房屋建筑工程的施工。

2）一级企业：可承担单项建安合同额不超过企业注册资本金 5 倍的下列房屋建筑工程的施工：①40 层及以下、各类跨度的房屋建筑工程；②高度 240 米及以下的构筑物；③建筑面积 20 万平方米及以下的住宅小区或建筑群体。

3）二级企业：可承担单项建安合同额不超过企业注册资本金 5 倍的下列房屋建筑工程的施工：①28 层及以下、单跨跨度 36 米及以下的房屋建筑工程；②高度 120 米及以下的构筑物；③建筑面积 12 万平方米及以下的住宅小区或建筑群体。

4）三级企业：可承担单项建安合同额不超过企业注册资本金 5 倍的下列房屋建筑工程的施工：①14 层及以下、单跨跨度 24 米及以下的房屋建筑工程；②高度 70 米及以下的构筑物；③建筑面积 6 万平方米及以下的住宅小区或建筑群体。

2.2.3　工程监理企业资质管理规定

1. 工程监理企业资质等级及标准

工程监理企业资质分为综合资质、专业资质和事务所资质。其中，专业资质按照工程性质和技术特点划分为若干工程类别。

综合资质、事务所资质不分级别。专业资质分为甲级、乙级；其中，房屋建筑、水利水电、公路和市政公用专业资质可设立丙级。

（1）综合资质标准

1）具有独立法人资格且注册资本金不少于 600 万元。

2）企业技术负责人应为注册监理工程师，并具有 15 年以上从事工程建设工作的经历或者具有工程类高级职称。

3）具有 5 个以上工程类别的专业甲级工程监理资质。

4）注册监理工程师不少于 60 人，注册造价工程师不少于 5 人，一级注册建造师、一级注册建筑师、一级注册结构工程师或者其他勘察设计注册工程师合计不少于 15 人次。

5）企业具有完善的组织结构和质量管理体系，有健全的技术、档案等管理制度。

6）企业具有必要的工程试验检测设备。

7）申请工程监理资质之日前一年内没有《工程监理企业资质管理规定》第十六条禁止的行为。

8）申请工程监理资质之日前一年内没有因本企业监理责任造成重大质量事故。

9）申请工程监理资质之日前一年内没有因本企业监理责任发生三级以上工程建设重大安全事故或者发生两起以上四级工程建设安全事故。

（2）专业资质标准

1）甲级

①具有独立法人资格且注册资本金不少于 300 万元。

②企业技术负责人应为注册监理工程师，并具有 15 年以上从事工程建设工作的经历或者具有工程类高级职称。

③注册监理工程师、注册造价工程师、一级注册建造师、一级注册建筑师、一级注册结构工程师或者其他勘察设计注册工程师合计不少于 25 人次；其中，相应专业注册监理工程师不少于"专业资质注册监理工程师人数配备表"（附表 1）中要求配备的人数，注册造价工程师不少于 2 人。

④企业近 2 年内独立监理过 3 个以上相应专业的二级工程项目，但是，具有甲级设计资质或一级及以上施工总承包资质的企业申请本专业工程类别甲级资质的除外。

⑤企业具有完善的组织结构和质量管理体系，有健全的技术、档案等管理制度。

⑥企业具有必要的工程试验检测设备。

⑦申请工程监理资质之日前一年内没有《工程监理企业资质管理规定》第十六条禁止的行为。

⑧申请工程监理资质之日前一年内没有因本企业监理责任造成重大质量事故。

⑨申请工程监理资质之日前一年内没有因本企业监理责任发生三级以上工程建设重大安全事故或者发生两起以上四级工程建设安全事故。

2）乙级

①具有独立法人资格且注册资本金不少于 100 万元。

②企业技术负责人应为注册监理工程师，并具有 10 年以上从事工程建设工作的经历。

③注册监理工程师、注册造价工程师、一级注册建造师、一级注册建筑师、一级注册结构工程师或者其他勘察设计注册工程师合计不少于 15 人次。其中，相应专业注册监理工程师不少于"专业资质注册监理工程师人数配备表"（表 2 - 1）中要求配备的人数，注册造价工程师不少于 1 人。

表 2 - 1　专业资质注册监理工程师人数配备表

单位：人

序号	工程类别	甲级	乙级	丙级
1	房屋建筑工程	15	10	5
2	冶炼工程	15	10	
3	矿山工程	20	12	
4	化工石油工程	15	10	
5	水利水电工程	20	12	5
6	电力工程	15	10	
7	农林工程	15	10	
8	铁路工程	23	14	
9	公路工程	20	12	5
10	港口与航道工程	20	12	

续表 2 - 1

序号	工程类别	甲级	乙级	丙级
11	航天航空工程	20	12	
12	通信工程	20	12	
13	市政公用工程	15	10	5
14	机电安装工程	15	10	

注：表中各专业资质注册监理工程师人数配备是指企业取得本专业工程类别注册的注册监理工程师人数。

④有较完善的组织结构和质量管理体系，有技术、档案等管理制度。

⑤有必要的工程试验检测设备。

⑥申请工程监理资质之日前一年内没有《工程监理企业资质管理规定》第十六条禁止的行为。

⑦申请工程监理资质之日前一年内没有因本企业监理责任造成重大质量事故。

⑧申请工程监理资质之日前一年内没有因本企业监理责任发生三级以上工程建设重大安全事故或者发生两起以上四级工程建设安全事故。

3）丙级

①具有独立法人资格且注册资本金不少于 50 万元。

②企业技术负责人应为注册监理工程师，并具有 8 年以上从事工程建设工作的经历。

③相应专业的注册监理工程师不少于"专业资质注册监理工程师人数配备表"（表 2 - 1）中要求配备的人数。

④有必要的质量管理体系和规章制度。

⑤有必要的工程试验检测设备。

（3）事务所资质标准

1）取得合伙企业营业执照，具有书面合作协议书。

2）合伙人中有 3 名以上注册监理工程师，合伙人均有 5 年以上从事建设工程监理的工作经历。

3）有固定的工作场所。

4）有必要的质量管理体系和规章制度。

5）有必要的工程试验检测设备。

2. 工程监理企业的业务范围

（1）综合资质，可以承担所有专业工程类别建设工程项目的工程监理业务。

（2）专业甲级资质，可承担相应专业工程类别建设工程项目的工程监理业务。

（3）专业乙级资质，可承担相应专业工程类别二级以下（含二级）建设工程项目的工程监理业务。

（4）专业丙级资质，可承担相应专业工程类别三级建设工程项目的工程监理业务。

（5）事务所资质，可承担三级建设工程项目的工程监理业务，但是，国家规定必须实行强制监理的工程除外。

3. 工程监理企业的资质申请和审批

申请综合资质、专业甲级资质的，应当向企业工商注册所在地的省、自治区、直辖市人民政府建设主管部门提出申请。专业乙级、丙级资质和事务所资质由企业所在地省、自治区、直辖市人民政府建设主管部门审批。专业乙级、丙级资质和事务所资质许可延续的实施程序由省、自治区、直辖市人民政府建设主管部门依法确定。

申请工程监理企业资质，应当提交以下材料：①工程监理企业资质申请表（一式三份）及相应电子文档；②企业法人、合伙企业营业执照；③企业章程或合伙人协议；④企业法定代表人、企业负责人和技术负责人的身份证明、工作简历及任命（聘用）文件；⑤工程监理企业资质申请表中所列注册监理工程师及其他注册执业人员的注册执业证书；⑥有关企业质量管理体系、技术和档案等管理制度的证明材料；⑦有关工程试验检测设备的证明材料。

取得专业资质的企业申请晋升专业资质等级或者取得专业甲级资质的企业申请综合资质的，除前款规定的材料外，还应当提交企业原工程监理企业资质证书正、副本复印件，企业《监理业务手册》及近两年已完成代表工程的监理合同、监理规划、工程竣工验收报告及监理工作总结。

2.2.4 工程造价咨询企业资质管理规定

工程造价咨询企业，是指接受委托，对建设项目投资、工程造价的确定与控制提供专业咨询服务的企业。工程造价咨询企业应当依法取得工程造价咨询企业资质，并在其资质等级许可的范围内从事工程造价咨询活动。

1. 资质等级与标准

工程造价咨询企业资质等级分为甲级、乙级。

（1）甲级资质

甲级工程造价咨询企业资质标准如下：①已取得乙级工程造价咨询企业资质证书满3年；②企业出资人中，注册造价工程师人数不低于出资人总人数的60%，且其出资额不低于企业注册资本总额的60%；③技术负责人已取得造价工程师注册证书，并具有工程或工程经济类高级专业技术职称，且从事工程造价专业工作15年以上；④专职从事工程造价专业工作的人员（以下简称专职专业人员）不少于20人，其中，具有工程或者工程经济类中级以上专业技术职称的人员不少于16人，取得造价工程师注册证书的人员不少于10人，其他人员具有从事工程造价专业工作的经历；⑤企业与专职专业人员签订劳动合同，且专职专业人员符合国家规定的职业年龄（出资人除外）；⑥专职专业人员人事档案关系由国家认可的人事代理机构代为管理；⑦企业注册资本不少于人民币100万元；⑧企业近3年工程造价咨询营业收入累计不低于人民币500万元；⑨具有固定的办公场所，人均办公建筑面积不少于10平方米；⑩技术档案管理制度、质量控制制度、财务管理制度齐全；⑪企业为本单位专职专业人员办理的社会基本养老保险手续齐全；⑫在申请核定资质等级之日前3年内无《工程造价咨询企业管理办法》第二十七条禁止的行为。

（2）乙级资质

乙级工程造价咨询企业资质标准如下：①企业出资人中，注册造价工程师人数不低于出资人总人数的60%，且其出资额不低于注册资本总额的60%；②技术负责人已取得造价工程师注册证书，并具有工程或工程经济类高级专业技术职称，且从事工程造价专业工作10年以上；③专职专业人员不少于 12 人，其中，具有工程或者工程经济类中级以上专业技术职称的人员不少于 8 人，取得造价工程师注册证书的人员不少于 6 人，其他人员具有从事工程造价专业工作的经历；④企业与专职专业人员签订劳动合同，且专职专业人员符合国家规定的职业年龄(出资人除外)；⑤专职专业人员人事档案关系由国家认可的人事代理机构代为管理；⑥企业注册资本不少于人民币 50 万元；⑦具有固定的办公场所，人均办公建筑面积不少于 10 平方米；⑧技术档案管理制度、质量控制制度、财务管理制度齐全；⑨企业为本单位专职专业人员办理的社会基本养老保险手续齐全；⑩暂定期内工程造价咨询营业收入累计不低于人民币 50 万元；⑪申请核定资质等级之日前无《工程造价咨询企业管理办法》第二十七条禁止的行为。

2. 工程造价咨询企业的业务范围

工程造价咨询企业依法从事工程造价咨询活动，不受行政区域限制。

(1)甲级工程造价咨询企业可以从事各类建设项目的工程造价咨询业务。

(2)乙级工程造价咨询企业可以从事工程造价 5000 万元人民币以下的各类建设项目的工程造价咨询业务。

3. 工程造价咨询企业的资质申请和审批

申请甲级工程造价咨询企业资质的，应当向申请人工商注册所在地省、自治区、直辖市人民政府建设主管部门或者国务院有关专业部门提出申请。申请乙级工程造价咨询企业资质的，由省、自治区、直辖市人民政府建设主管部门审查决定。其中，申请有关专业乙级工程造价咨询企业资质的，由省、自治区、直辖市人民政府建设主管部门商同级有关专业部门审查决定。

申请工程造价咨询企业资质，应当提交下列材料并同时在网上申报：①《工程造价咨询企业资质等级申请书》；②专职专业人员(含技术负责人)的造价工程师注册证书、造价员资格证书、专业技术职称证书和身份证；③专职专业人员(含技术负责人)的人事代理合同和企业为其交纳的本年度社会基本养老保险费用的凭证；④企业章程、股东出资协议并附工商部门出具的股东出资情况证明；⑤企业缴纳营业收入的营业税发票或税务部门出具的缴纳工程造价咨询营业收入的营业税完税证明，企业营业收入含其他业务收入的，还需出具工程造价咨询营业收入的财务审计报告；⑥工程造价咨询企业资质证书；⑦企业营业执照；⑧固定办公场所的租赁合同或产权证明；⑨有关企业技术档案管理、质量控制、财务管理等制度的文件；⑩法律、法规规定的其他材料。

新申请工程造价咨询企业资质的，不需要提交前款第⑤项、第⑥项所列材料。

工程造价咨询企业资质有效期为 3 年。

【案例】

某 29 层写字楼工程建设项目，其初步设计已经完成，建设用地和筹资也已落实，某 300 人的建筑工程公司，凭借 150 名工程技术人员，10 名国家一级资质的项目经理的雄厚实力，以及近 5 年来的优秀业绩，与另一个一级企业联合，通过竞标取得了该项目的总承包任务，并签订了工程承包合同，开工前，承包单位做了详细的施工实施规划，内容包括：

1. 工程概况。包括：工程地点、建设地点及环境特征、施工条件、项目管理特点及总体要求、施工项目的目录清单。

2.施工部署。包括：项目的质量、安全、进度成本目标，拟投入的最高人数和平均人数、分包计划、劳动力使用计划、材料供应计划、机械设备供应计划，施工程序，项目管理总体安排。

3.施工项目组织构架。包括：对专业性施工任务的组织方案(如怎样进行分包、材料和设备的供应方式等)、项目经理部的人选方案。

4.施工进度计划。施工进度计划说明、施工进度计划图(表)、施工进度管理规划。

5.劳动力供应计划。包括：管理人员、技术工人、特种岗位人员、安全员等。

6.施工准备工作计划。包括：施工准备工作组织和时间安排、技术准备和编制质量计划、施工现场准备、作业队伍和管理人员准备、物资准备、资金准备。

7.施工平面图。包括：施工平面图说明、施工平面图、施工平面图管理规划。

8.技术组织措施计划。包括：保证进度目标的措施、保证质量和安全目标的措施、保证成本目标的措施、保证季节施工的措施、保护环境的措施、文明施工措施。

9.文明施工及环境保护规划。包括：文明施工和环境保护特点、组织体系、内容及其技术组织措施。

10.项目通信管理。包括：信息流通系统、信息中心的建立规划、项目管理软件的选择与使用规划、信息管理实施规划。

11.技术经济指标分析。包括：规划指标、规划指标水平高低的分析和评价、实施难点的对策。规划指标包括：总工期、质量标准、成本指标、资源消耗指标、其他指标(如机械化水平等)。

问题：该项目由该企业承包是否可行？为什么？

分析：

该项目由该企业承包不可行，因为该企业资质不符合规定。

根据规定，29~40层的高层建筑应该有一级企业承包。一级企业的标准是：

1.企业近5年承担过下列6项中的4项以上工程的施工总承包或主体工程承包，工程质量合格：(1)25层以上的房屋建筑工程；(2)高度100 m以上的构物或建筑物；(3)单体建筑面积30000 m²以上的房屋建筑工程；(4)单跨跨度30 m以上的房屋建筑工程；(5)建筑面积100000 m²以上的住宅小区或建筑群体；(6)单项建安合同额1亿元以上的房屋建筑工程。

2.企业经理具有10年以上从事工程管理工作经历或具有高级职称，总工程师具有10年以上从事建筑技术管理工作经历并具有本专业高级职称，总会计师具有高级会计职称，总经济师具有高级职称。

3.企业有职称的工程技术和经济管理人员不少于300人，其工程技术人员不少于200人；工程技术人员中具有高级职称的人员不少于10人，具有中级职称的人员不少于60人。企业具有的一级资质项目经理不少于12人。

4.注册资本金5000万元以上，企业净资产6000万元以上，企业近3年最高年工程结算收入2亿元以上，企业具有与承包工程范围相适应的施工机械和质量检测设备。

可见，该企业的工程技术人员不足200名，10名一级资质项目经理不满足12名的要求。该企业属于二级企业，即使与另一个一级企业联合，也应该按照二级企业的标准承接业务。

(上述案例源自：李海霞，屈冬梅，主编.建设工程法规[M].南京：南京大学出版社，2013)

2.3　建设工程从业人员执业资格法规

执业资格制度是指对具备一定专业学历、资历的从事建筑活动的专业技术人员，通过考试和注册确定其执业的技术资格，获得相应建筑工程文件签字权的一种制度。在技术要求较高的行业实行专业技术人员执业资格制度已成为国际惯例。

目前，我国对从事建筑活动的专业技术人员已建立起注册建筑师、注册工程师(包括注册结构工程师、注册土木工程师、注册电气工程师、注册设备工程师、注册化工工程师等)、注册建造师、注册监理工程师、注册造价工程师等执业资格制度。

从事建筑工程活动的人员，要通过国家任职资格考试、考核，由建设行政主管部门注册并颁发资格证书。建筑工程从业者资格证件，严禁出卖、转让、出借、涂改、伪造。违反上述规定的，将视具体情节，追究法律责任。建筑工程从业者资格的具体管理办法，由国务院建设行政主管部门另行规定。

2.3.1 注册建造师

1. 注册建造师的概念

注册建造师，是指通过考核认定或考试合格取得中华人民共和国建造师资格证书，并按照《注册建造师管理规定》注册，取得中华人民共和国建造师注册证书和执业印章，担任施工单位项目负责人及从事相关活动的专业技术人员。建造师分为一级建造师和二级建造师。

2. 注册建造师的考试

一级建造师执业资格实行统一大纲、统一命题、统一组织的考试制度，由人力资源和社会保障部、住房和城乡建设部共同组织实施，原则上每年举行一次考试。

二级建造师执业资格实行全国统一大纲，各省、自治区、直辖市命题并组织考试的制度。住房和城乡建设部负责拟定二级建造师执业资格考试大纲，人力资源和社会保障部负责审定考试大纲。各省、自治区、直辖市人事厅(局)，建设厅(委)按照国家确定的考试大纲和有关规定，在本地区组织实施二级建造师执业资格考试。

(1)一级建造师的考试条件

具备下列条件之一者，可以申请参加一级建造师执业资格考试：

1)取得工程类或工程经济类大学专科学历，工作满6年，其中从事建设工程项目施工管理工作满4年。

2)取得工程类或工程经济类大学本科学历，工作满4年，其中从事建设工程项目施工管理工作满3年。

3)取得工程类或工程经济类双学士学位或研究生班毕业，工作满3年，其中从事建设工程项目施工管理工作满2年。

4)取得工程类或工程经济类硕士学位，工作满2年，其中从事建设工程项目施工管理工作满1年。

5)取得工程类或工程经济类博士学位，从事建设工程项目施工管理工作满1年。

(2)二级建造师的考试条件

凡遵纪守法并具备工程类或工程经济类中等专科以上学历并从事建设工程项目施工管理工作满2年，可报名参加二级建造师执业资格考试。具体的报考条件参照各省、自治区、直辖市有关部门确定的相关规定执行。

(3)考试合格证书颁发

参加一级建造师执业资格考试合格，由各省、自治区、直辖市颁发人力资源和社会保障部统一印制的，人力资源和社会保障部与住房和城乡建设部用印的中华人民共和国一级建造师执业资格证书。该证书在全国范围内有效。

二级建造师执业资格考试合格者，由省、自治区、直辖市人事部门颁发由人力资源和社会保障部、住房与城乡建设部统一格式的中华人民共和国二级建造师执业资格证书。该证书在所在行政区域内有效。

3．注册建造师的注册

（1）申请初始注册时应当具备以下条件：①经考核认定或考试合格取得资格证书；②受聘于一个相关单位；③达到继续教育要求；④没有《注册建造师管理规定》第十五条所列情形。

《注册建造师管理规定》第十五条所列不予注册的情形如下：①不具有完全民事行为能力的；②申请在两个或者两个以上单位注册的；③未达到注册建造师继续教育要求的；④受到刑事处罚，刑事处罚尚未执行完毕的；⑤因执业活动受到刑事处罚，自刑事处罚执行完毕之日起至申请注册之日止不满5年的；⑥因前项规定以外的原因受到刑事处罚，自处罚决定之日起至申请注册之日止不满3年的；⑦被吊销注册证书，自处罚决定之日起至申请注册之日止不满2年的；⑧在申请注册之日前3年内担任项目经理期间，所负责项目发生过重大质量和安全事故的；⑨申请人的聘用单位不符合注册单位要求的；⑩年龄超过65周岁的；⑪法律、法规规定不予注册的其他情形。

（2）注册建造师的注册程序

1）一级建造师的注册程序

取得一级建造师资格证书并受聘于一个建设工程勘察、设计、施工、监理、招标代理、造价咨询等单位的人员，应当通过聘用单位向单位工商注册所在地的省、自治区、直辖市人民政府建设主管部门提出注册申请。

省、自治区、直辖市人民政府建设主管部门受理后提出初审意见，并将初审意见和全部申报材料报国务院建设主管部门审批；涉及铁路、公路、港口与航道、水利水电、通信与广电、民航专业的，国务院建设主管部门应当将全部申报材料送同级有关部门审核。符合条件的，由国务院建设主管部门核发中华人民共和国一级建造师注册证书，并核定执业印章编号。

2）二级建造师的注册程序

取得二级建造师资格证书的人员申请注册，由省、自治区、直辖市人民政府建设主管部门负责受理和审批，具体审批程序由省、自治区、直辖市人民政府建设主管部门依法确定。对批准注册的，核发由国务院建设主管部门统一样式的中华人民共和国二级建造师注册证书和执业印章，并在核发证书后30日内送国务院建设主管部门备案。

4．注册建造师的执业

（1）注册建造师的执业范围

注册建造师应当在其注册证书所注明的专业范围内从事建设工程施工管理活动，具体执业按照《注册建造师执业管理办法（试行）》附件《注册建造师执业工程范围》执行。未列入或新增工程范围由国务院建设主管部门会同国务院有关部门另行规定。

大中型工程施工项目负责人必须由本专业注册建造师担任。一级注册建造师可担任大、中、小型工程施工项目负责人，二级注册建造师可以承担中、小型工程施工项目负责人。

一级注册建造师可在全国范围内以一级注册建造师名义执业。通过二级建造师资格考核认定，或参加全国统考取得二级建造师资格证书并经注册的人员，可在全国范围内以二级注册建造师名义执业。工程所在地各级建设主管部门和有关部门不得增设或者变相设置跨地区承揽工程项目执业准入条件。

注册建造师不得同时担任两个及以上建设工程施工项目负责人。发生下列情形之一的除外：①同一工程相邻分段发包或分期施工的；②合同约定的工程验收合格的；③因非承包方原因致使工程项目停工超过 120 天（含），经建设单位同意的。

注册建造师担任施工项目负责人期间原则上不得更换。如发生下列情形之一的，应当办理书面交接手续后更换施工项目负责人：①发包方与注册建造师受聘企业已解除承包合同的；②发包方同意更换项目负责人的；③因不可抗力等特殊情况必须更换项目负责人的。

建设工程合同履行期间变更项目负责人的，企业应当于项目负责人变更 5 个工作日内报建设行政主管部门和有关部门及时进行网上变更。

（2）注册建造师的权利

①使用注册建造师名称；②在规定范围内从事执业活动；③在本人执业活动中形成的文件上签字并加盖执业印章；④保管和使用本人注册证书、执业印章；⑤对本人执业活动进行解释和辩护；⑥接受继续教育；⑦获得相应的劳动报酬；⑧对侵犯本人权利的行为进行申述。

（3）注册建造师的义务

①遵守法律、法规和有关管理规定，恪守职业道德；②执行技术标准、规范和规程；③保证执业成果的质量，并承担相应责任；④接受继续教育，努力提高执业水准；⑤保守在执业中知悉的国家秘密和他人的商业、技术等秘密；⑥与当事人有利害关系的，应当主动回避；⑦协助注册管理机关完成相关工作。

5. 法律责任

（1）隐瞒有关情况或者提供虚假材料申请注册的，建设主管部门不予受理或者不予注册，并给予警告，申请人 1 年内不得再次申请注册。

（2）以欺骗、贿赂等不正当手段取得注册证书的，由注册机关撤销其注册，3 年内不得再次申请注册，并由县级以上人民政府建设主管部门处以罚款。其中，没有违法所得的，处以 1 万元以下的罚款；有违法所得的，处以违法所得 3 倍以下且不超过 3 万元的罚款。

（3）未取得注册证书和执业印章，担任大中型建设工程项目施工单位项目负责人，或者以注册建造师的名义从事相关活动的，其所签署的工程文件无效，由县级以上地方人民政府建设主管部门或者其他有关部门给予警告，责令停止违法活动，并可处以 1 万元以上 3 万元以下的罚款。

（4）未办理变更注册而继续执业的，由县级以上地方人民政府建设主管部门或者其他有关部门责令限期改正；逾期不改正的，可处以 5000 元以下的罚款。

（5）注册建造师在执业活动中有下列行为之一的，由县级以上地方人民政府建设主管部门或者其他有关部门给予警告，责令改正，没有违法所得的，处以 1 万元以下的罚款；有违法所得的，处以违法所得 3 倍以下且不超过 3 万元的罚款。

1）不履行注册建造师义务；

2）在执业过程中，索贿、受贿或者谋取合同约定费用外的其他利益；

3）在执业过程中实施商业贿赂；

4）签署有虚假记载等不合格的文件；

5）允许他人以自己的名义从事执业活动；

6）同时在两个或者两个以上单位受聘或者执业；

7）涂改、倒卖、出租、出借或以其他形式非法转让资格证书、注册证书和执业印章；

8）超出执业范围和聘用单位业务范围内从事执业活动；

9）法律、法规、规章禁止的其他行为。

2.3.2 注册造价工程师

1. 注册造价工程师的概念

注册造价工程师，是指通过全国造价工程师执业资格统一考试或者资格认定、资格互认，取得中华人民共和国造价工程师执业资格（以下简称执业资格），并按照《注册造价工程师管理办法》注册，取得中华人民共和国造价工程师注册执业证书（以下简称注册证书）和执业印章，从事工程造价活动的专业人员。

2. 注册造价工程师的考试

（1）注册造价工程师的考试条件

凡中华人民共和国公民，遵纪守法并具备以下条件之一者，均可参加造价工程师执业资格考试：

1）工程造价专业大专毕业后，从事工程造价业务工作满5年；工程或工程经济类大专毕业后，从事工程造价业务工作满6年。

2）工程造价专业本科毕业后，从事工程造价业务工作满4年；工程或工程经济类本科毕业后，从事工程造价业务工作满5年。

3）获上述专业第二学士学位或研究生班毕业和取得硕士学位后，从事工程造价业务工作满3年。

4）获上述专业博士学位后，从事工程造价业务工作满2年。

根据《关于同意香港、澳门居民参加内地统一组织的专业技术人员资格考试有关问题的通知》（国人部发〔2005〕9号），凡符合造价工程师执业资格考试相应规定的香港、澳门居民均可按照文件规定的程序和要求报名参加考试。

（2）考试合格证书颁发

造价工程师执业资格考试合格者，由各省、自治区、直辖市人事（职改）部门颁发人力资源和社会保障部统一印制的、人力资源和社会保障部与住房和城乡建设部用印的造价工程师执业资格证书。该证书在全国范围内有效。

3. 注册造价工程师的注册

注册造价工程师实行注册执业管理制度。取得执业资格的人员，经过注册方能以注册造价工程师的名义执业。

（1）注册造价工程师的注册条件

1）取得执业资格；

2）受聘于一个工程造价咨询企业或者工程建设领域的建设、勘察设计、施工、招标代理、工程监理、工程造价管理等单位；

3）无《注册造价工程师管理办法》第十二条规定不予注册的情形。

《注册造价工程师管理办法》第十二条　有下列情形之一的，不予注册：①不具有完全民事行为能力的；②申请在两个或者两个以上单位注册的；③未达到造价工程师继续教育合格标准的；④前一个注册期内工作业绩达不到规定标准或未办理暂停执业手续而脱离工程造价业务岗位的；⑤受刑事处罚，刑事处罚尚未执行完毕的；⑥因工程造价业务活动受刑事处罚，自刑事处罚执行完毕之日起至申请注册之日止不满 5 年的；⑦因前项规定以外原因受刑事处罚，自处罚决定之日起至申请注册之日止不满 3 年的；⑧被吊销注册证书，自被处罚决定之日起至申请注册之日止不满 3 年的；⑨以欺骗、贿赂等不正当手段获准注册被撤销，自被撤销注册之日起至申请注册之日止不满 3 年的；⑩法律、法规规定不予注册的其他情形。

（2）注册造价工程师的注册程序

取得执业资格的人员申请注册的，应当向聘用单位工商注册所在地的省、自治区、直辖市人民政府建设主管部门或者国务院有关部门提出注册申请。准予注册的，由注册机关核发注册证书和执业印章。

注册证书和执业印章是注册造价工程师的执业凭证，应当由注册造价工程师本人保管、使用。造价工程师注册证书由注册机关统一印制。

4. 注册造价工程师的执业

（1）注册造价工程师的执业范围

1）建设项目建议书、可行性研究投资估算的编制和审核，项目经济评价，工程概、预、结算、竣工结（决）算的编制和审核；

2）工程量清单、标底（或者控制价）、投标报价的编制和审核，工程合同价款的签订及变更、调整、工程款支付与工程索赔费用的计算；

3）建设项目管理过程中设计方案的优化、限额设计等工程造价分析与控制，工程保险理赔的核查；

4）工程经济纠纷的鉴定。

（2）注册造价工程师的权利

1）使用注册造价工程师名称；

2）依法独立执行工程造价业务；

3）在本人执业活动中形成的工程造价成果文件上签字并加盖执业印章；

4）发起设立工程造价咨询企业；

5）保管和使用本人的注册证书和执业印章；

6）参加继续教育。

（3）注册造价工程师的义务

1）遵守法律、法规、有关管理规定，恪守职业道德；

2）保证执业活动成果的质量；

3）接受继续教育，提高执业水平；

4）执行工程造价计价标准和计价方法；

5）与当事人有利害关系的，应当主动回避；

6）保守在执业中知悉的国家秘密和他人的商业、技术秘密。

5. 法律责任

（1）隐瞒有关情况或者提供虚假材料申请造价工程师注册的，不予受理或者不予注册，并给予警告，申请人在 1 年内不得再次申请造价工程师注册。

（2）聘用单位为申请人提供虚假注册材料的，由县级以上地方人民政府建设主管部门或者其他有关部门给予警告，并可处以 1 万元以上 3 万元以下的罚款。

（3）以欺骗、贿赂等不正当手段取得造价工程师注册的，由注册机关撤销其注册，3 年内不得再次申请注册，并由县级以上地方人民政府建设主管部门处以罚款。其中，没有违法所得的，处以1万元以下罚款；有违法所得的，处以违法所得3倍以下且不超过3万元的罚款。

（4）未经注册而以注册造价工程师的名义从事工程造价活动的，所签署的工程造价成果文件无效，由县级以上地方人民政府建设主管部门或者其他有关部门给予警告，责令停止违法活动，并可处以1万元以上3万元以下的罚款。

（5）未办理变更注册而继续执业的，由县级以上人民政府建设主管部门或者其他有关部门责令限期改正；逾期不改的，可处以5000元以下的罚款。

（6）注册造价工程师有《注册造价工程师管理办法》第二十条规定行为之一的，由县级以上地方人民政府建设主管部门或者其他有关部门给予警告，责令改正，没有违法所得的，处以1万元以下罚款，有违法所得的，处以违法所得3倍以下且不超过3万元的罚款。

2.3.3　注册监理工程师

1. 注册监理工程师的概念

注册监理工程师，是指经考试取得中华人民共和国监理工程师资格证书（以下简称资格证书），并按照本规定注册，取得中华人民共和国监理工程师注册执业证书（以下简称注册证书）和执业印章，从事工程监理及相关业务活动的专业技术人员。

2. 注册监理工程师的考试

（1）注册监理工程师的考试条件

凡中华人民共和国公民，具有工程技术或工程经济专业大专（含）以上学历，遵纪守法并符合以下条件之一者，均可报名参加监理工程师执业资格考试：

1）具有按照国家有关规定评聘的工程技术或工程经济专业中级专业技术职务，并任职满3年；

2）具有按照国家有关规定评聘的工程技术或工程经济专业高级专业技术职务。

对从事工程建设监理工作并同时具备下列4项条件的报考人员可免试工程建设合同管理和工程建设质量、投资、进度控制2个科目。

1）1970年（含）以前工程技术或工程经济专业大专（含）以上毕业；

2）具有按照国家有关规定评聘的工程技术或工程经济专业高级专业技术职务；

3）从事工程设计或工程施工管理工作15年（含）以上；

4）从事监理工作1年（含）以上。

根据《关于同意香港、澳门居民参加内地统一组织的专业技术人员资格考试有关问题的通知》（国人部发〔2005〕9号），凡符合监理工程师执业资格考试相应规定的香港、澳门居民均可按照文件规定的程序和要求报名参加考试。

（2）考试合格证书颁发

监理工程师执业资格考试合格者，由各省、自治区、直辖市人事（职改）部门颁发人力资源和社会保障部统一印制的、人力资源和社会保障部与住房和城乡建设部用印的中华人民共和国监理工程师执业资格证书。该证书在全国范围内有效。

3. 注册监理工程师的注册

注册监理工程师实行注册执业管理制度。取得资格证书的人员，经过注册方能以注册监理工程师的名义执业。注册监理工程师依据其所学专业、工作经历、工程业绩，按照《工程监理企业资质管理规定》划分的工程类别，按专业注册。每人最多可以申请两个专业注册。

（1）申请初始注册，应当具备以下条件：①经全国注册监理工程师执业资格统一考试合格，取得资格证书；②受聘于一个相关单位；③达到继续教育要求；④没有《注册监理工程师管理规定》第十三条所列情形。

《注册监理工程师管理规定》第十三条所列不予初始注册、延续注册或者变更注册的情形如下：①不具有完全民事行为能力的；②刑事处罚尚未执行完毕或者因从事工程监理或者相关业务受到刑事处罚，自刑事处罚执行完毕之日起至申请注册之日止不满 2 年的；③未达到监理工程师继续教育要求的；④在两个或者两个以上单位申请注册的；⑤以虚假的职称证书参加考试并取得资格证书的；⑥年龄超过 65 周岁的；⑦法律、法规规定不予注册的其他情形。

（2）注册监理工程师的注册程序

取得资格证书的人员申请注册，由省、自治区、直辖市人民政府建设主管部门初审，国务院建设主管部门审批。

取得资格证书并受聘于一个建设工程勘察、设计、施工、监理、招标代理、造价咨询等单位的人员，应当通过聘用单位向单位工商注册所在地的省、自治区、直辖市人民政府建设主管部门提出注册申请；省、自治区、直辖市人民政府建设主管部门受理后提出初审意见，并将初审意见和全部申报材料报国务院建设主管部门审批；符合条件的，由国务院建设主管部门核发注册证书和执业印章。

4. 注册监理工程师的执业

（1）注册监理工程师的执业范围

从事工程监理执业活动的，应当受聘并注册于一个具有工程监理资质的单位。注册监理工程师可以从事工程监理、工程经济与技术咨询、工程招标与采购咨询、工程项目管理服务以及国务院有关部门规定的其他业务。

（2）注册监理工程师的权利

1）使用注册监理工程师称谓；

2）在规定范围内从事执业活动；

3）依据本人能力从事相应的执业活动；

4）保管和使用本人的注册证书和执业印章；

5）对本人执业活动进行解释和辩护；

6）接受继续教育；

7）获得相应的劳动报酬；

8）对侵犯本人权利的行为进行申诉。

（3）注册监理工程师的义务

1）遵守法律、法规和有关管理规定；

2）履行管理职责，执行技术标准、规范和规程；

3）保证执业活动成果的质量，并承担相应责任；

4）接受继续教育，努力提高执业水准；

5）在本人执业活动所形成的工程监理文件上签字、加盖执业印章；

6）保守在执业中知悉的国家秘密和他人的商业、技术秘密；

7）不得涂改、倒卖、出租、出借或者以其他形式非法转让注册证书或者执业印章；

8）不得同时在两个或者两个以上单位受聘或者执业；

9）在规定的执业范围和聘用单位业务范围内从事执业活动；

10）协助注册管理机构完成相关工作。

5. 法律责任

（1）隐瞒有关情况或者提供虚假材料申请注册的，建设主管部门不予受理或者不予注册，并给予警告，1年之内不得再次申请注册。

（2）以欺骗、贿赂等不正当手段取得注册证书的，由国务院建设主管部门撤销其注册，3年内不得再次申请注册，并由县级以上地方人民政府建设主管部门处以罚款，其中没有违法所得的，处以1万元以下罚款，有违法所得的，处以违法所得3倍以下且不超过3万元的罚款；构成犯罪的，依法追究刑事责任。

（3）未经注册，擅自以注册监理工程师的名义从事工程监理及相关业务活动的，由县级以上地方人民政府建设主管部门给予警告，责令停止违法行为，处以3万元以下罚款；造成损失的，依法承担赔偿责任。

（4）未办理变更注册仍执业的，由县级以上地方人民政府建设主管部门给予警告，责令限期改正；逾期不改的，可处以5000元以下的罚款。

（5）注册监理工程师在执业活动中有下列行为之一的，由县级以上地方人民政府建设主管部门给予警告，责令其改正，没有违法所得的，处以1万元以下罚款，有违法所得的，处以违法所得3倍以下且不超过3万元的罚款；造成损失的，依法承担赔偿责任；构成犯罪的，依法追究刑事责任：①以个人名义承接业务的；②涂改、倒卖、出租、出借或者以其他形式非法转让注册证书或者执业印章的；③泄露执业中应当保守的秘密并造成严重后果的；④超出规定执业范围或者聘用单位业务范围从事执业活动的；⑤弄虚作假提供执业活动成果的；⑥同时受聘于两个或者两个以上的单位，从事执业活动的；⑦其他违反法律、法规、规章的行为。

2.3.4 注册建筑师

国家对从事人类生活与生产服务的各种民用与工业房屋及群体的综合设计、室内外环境设计、建筑装饰装修设计，建筑修复、建筑雕塑、有特殊建筑要求的构筑物的设计，从事建筑设计技术咨询，建筑物调查与鉴定，对本人主持设计的项目进行施工指导和监督等专业技术工作的人员，实施注册建筑师执业资格制度。

1. 注册建筑师的概念

注册建筑师，是指依法取得注册建筑师证书并从事房屋建筑设计及相关业务的人员。注册建筑师分为一级注册建筑师和二级注册建筑师。

2. 注册建筑师的考试

（1）一级注册建筑师考试的条件

根据《注册建筑师条例》第八条的规定，符合下列条件之一的，可以申请参加一级注册建筑师考试：

1）取得建筑学硕士以上学位或者相近专业工学博士学位，并从事建筑设计或者相关业务2年以上的；

2）取得建筑学学士学位或者相近专业工学硕士学位，并从事建筑设计或者相关业务3年以上的；

3）具有建筑学专业大学本科毕业学历并从事建筑设计或者相关业务 5 年以上的，或者具有建筑学相近专业大学本科毕业学历并从事建筑设计或者相关业务 7 年以上的；

4）取得高级工程师技术职称并从事建筑设计或者相关业务 3 年以上的，或者取得工程师技术职称并从事建筑设计或者相关业务 5 年以上的；

5）不具有前四项规定的条件，但设计成绩突出，经全国注册建筑师管理委员会认定达到前四项规定的专业水平的。

（2）二级注册建筑师考试的条件

根据《注册建筑师条例》第九条的规定，符合下列条件之一的，可以申请参加二级注册建筑师考试：

1）具有建筑学或者相近专业大学本科毕业以上学历，从事建筑设计或者相关业务 2 年以上的；

2）具有建筑设计技术专业或者相近专业大专毕业以上学历，并从事建筑设计或者相关业务 3 年以上的；

3）具有建筑设计技术专业 4 年制中专毕业学历，并从事建筑设计或者相关业务 5 年以上的；

4）具有建筑设计技术相近专业中专毕业学历，并从事建筑设计或者相关业务 7 年以上的；

5）取得助理工程师以上技术职称，并从事建筑设计或者相关业务 3 年以上的。

（3）考试合格证书的颁发

经一级注册建筑师考试，全部科目在有效期内考试合格，由全国注册建筑师管理委员会核发中华人民共和国一级注册建筑师执业资格考试合格证书。

经二级注册建筑师考试，全部科目在有效期内考试合格，由省、自治区、直辖市注册建筑师管理委员会核发中华人民共和国二级注册建筑师执业资格考试合格证书。

3.注册建筑师的注册

（1）注册的条件

注册建筑师考试合格，取得相应的注册建筑师资格的，除《注册建筑师条例》第十三条规定的不予注册的情形外，均可申请注册。

不予注册的情形有：①不具有完全民事行为能力的；②因受刑事处罚，自刑罚执行完毕之日起至申请注册之日止不满 5 年的；③因在建筑设计或者相关业务中犯有错误受行政处罚或者撤职以上行政处分，自处罚、处分决定之日起至申请注册之日止不满 2 年的；④受吊销注册建筑师证书的行政处罚，自处罚决定之日起至申请注册之日止不满 5 年的；⑤有国务院规定不予注册的其他情形的。

（2）注册的申请程序与机构

具有注册建筑师资格者申请注册，按下列程序办理：①申请人向聘用单位提交申请报告、填写注册建筑师注册申请表；②聘用单位审核同意签字盖章后，连同《注册建筑师条例实施细则》第十九条规定的其他材料一并上报有关部门；③申请一级注册建筑师注册的有关材料，按隶属关系分别报国务院有关部负责勘察设计工作的部门或省、自治区、直辖市注册建筑师管理委员会进行汇总，并签署意见后，送交全国注册建筑师管理委员会审核；④申请二级注册建筑师注册的有关材料报地、市建设行政主管部门进行汇总，并签署意见后，送交省、自治区、直辖市注册建筑师管理委员会审核；⑤注册建筑师管理委员会审核认定该申请注册者《注册建筑师条例》第十三条规定的不予注册的情形，即可为其办理注册手续。

全国注册建筑师管理委员会，对批准注册的一级注册建筑师核发中华人民共和国一级注册建筑师证书和中华人民共和国一级注册建筑师执业专用章。

省、自治区、直辖市注册建筑师管理委员会，对批准注册的二级注册建筑师核发中华人民共和国二级注册建筑师证书和中华人民共和国二级注册建筑师执业专用章。

4. 注册建筑师的执业

（1）注册建筑师的执业范围：①建筑设计；②建筑设计技术咨询；②建筑物调查与鉴定；④对本人主持设计的项目进行施工指导和监督；⑤国务院建设行政主管部门规定的其他业务。

注册建筑师执行业务，应当加入建筑设计单位。建筑设计单位的资质等级及其业务范围，由国务院建设行政主管部门规定。一级注册建筑师的执业范围不受建筑规模和工程复杂程度的限制。二级注册建筑师的执业范围不得超越国家规定的建筑规模和工程复杂程度。

（2）注册建筑师的权利

1）专有名称权

注册建筑师有权以注册建筑师的名义执行注册建筑师业务。非注册建筑师不得以注册建筑师的名义执行注册建筑师业务。二级注册建筑师不得以一级注册建筑师的名义执行业务，也不得超越国家规定的二级注册建筑师的执业范围执行业务。

2）设计文件签字权

国家规定的一定跨度、跨径和高度以上的房屋建筑，应当由注册建筑师进行设计。

3）独立设计权

任何单位和个人修改注册建筑师的设计图纸，应当征得该注册建筑师同意；但是，因特殊情况不能征得该注册建筑师同意的除外。

（3）注册建筑师的义务：①遵守法律、法规和职业道德，维护社会公共利益；②保证建筑设计的质量，并在其负责的设计图纸上签字；③保守在执业中知悉的单位和个人的秘密；④不得同时受聘于两个以上建筑设计单位执行业务；⑤不得准许他人以本人名义执行业务。

5. 法律责任

（1）以不正当手段取得注册建筑师考试合格资格或者注册建筑师证书的，由全国注册建筑师管理委员会或者省、自治区、直辖市注册建筑师管理委员会取消考试合格资格或者吊销注册建筑师证书；对负有直接责任的主管人员和其他直接责任人员，依法给予行政处分。

（2）未经注册擅自以注册建筑师名义从事注册建筑师业务的，由县级以上人民政府建设行政主管部门责令停止违法活动，没收违法所得，并可以处以违法所得 5 倍以下的罚款；造成损失的，应当承担赔偿责任。

（3）注册建筑师有下列行为之一的，由县级以上人民政府建设行政主管部门责令停止违法活动，没收违法所得，并可以处以违法所得 5 倍以下的罚款；情节严重的，可以责令停止执行业务或者由全国注册建筑师管理委员会或者省、自治区、直辖市注册建筑师管理委员会吊销注册建筑师证书：①以个人名义承接注册建筑师业务、收取费用的；②同时受聘于两个以上建筑设计单位执行业务的；③在建筑设计或者相关业务中侵犯他人合法权益的；④准许他人以本人名义执行业务的；⑤二级注册建筑师以一级注册建筑师的名义执行业务或者超越国家规定的执业范围执行业务的。

（4）因建筑设计质量不合格发生重大责任事故，造成重大损失的，对该建筑设计负有直接责任的注册建筑师，由县级以上人民政府建设行政主管部门责令停止执行业务；情节严重的，由全国注册建筑师管理委员会或者省、自治区、直辖市注册建筑师管理委员会吊销注册建筑师证书。

（5）违反《注册建筑师条例》规定，未经注册建筑师同意擅自修改其设计图纸的，由县级以上人民政府建设行政主管部门责令纠正；造成损失的，应当承担赔偿责任。

（6）违反《注册建筑师条例》规定，构成犯罪的，依法追究刑事责任。

2.3.5　注册结构工程师

1. 注册结构工程师的概念

注册结构工程师，是指取得中华人民共和国注册结构工程师执业资格证书和注册证书，从事房屋结构、桥梁结构及塔架结构等工程设计及相关业务的专业技术人员。注册结构工程师分为一级注册结构工程师和二级注册结构工程师。

2. 注册结构工程师的考试

全国注册结构工程师执业资格考试分为一级和二级，一级注册结构工程师执业资格考试又分为基础考试和专业考试，二级只设专业考试。

（1）全国一级注册结构工程师执业资格考试基础科目考试报考条件

注册结构工程师考试，实行分级考试制。对于备考一级资格证书的人员，只有通过基础考试，并从事结构工程设计或相关业务满规定年限，方可申请参加专业考试。限于篇幅这里仅列出一级结构工程师基础考试的报考条件。

1）结构工程专业工学硕士毕业及以上学位获得者，建筑工程（不含岩土工程）专业工学学士学位获得者，其他相近专业，如建筑工程的岩土工程、交通土建工程、矿井建设、水利水电建筑工程、港口航道及治河工程、海岸与海洋工程、农业建筑与环境工程、建筑学工程力学等专业取得工学学士以上学位或本科毕业者均可直接报考，不受专业工作年限限制。

2）上述专业专科毕业的，或其他工科专业工学学士或本科毕业及以上学位获得者，专业工作年限满 1 年的，也可直接报考。

3）不具备上述规定学历人员，1971 年（含 1971 年）以后毕业的，从事建筑工程设计累计15 年以上，且具备以下条件之一，也可申报一级注册结构工程师资格考试基础科目的考试：

①作为专业负责人或主要设计人，完成建筑工程分类标准三级以上项目 4 项（全过程设计），其中二级项目不少于 1 项。

②作为专业负责人或主要设计人，完成中型工业建筑工程以上项目 4 项（全过程设计），其中大型项目不少于 1 项。

（2）考试内容

1）基础考试内容

一级注册结构工程师基础考试的内容覆盖面很广，但深度不大，主要内容集中在高等数学、流体力学、普通物理、计算机应用基础、普通化学、电工电子技术、理论力学、工程经济、材料力学、土木工程材料、工程测量、职业法规、土木工程施工与管理、土力学与地基基础、结构设计、结构力学、结构试验等科目。考试题目全部为单项选择题。

2）专业考试内容

一级注册结构工程师专业考试设6个专业（科目）的考试题，其中，钢筋混凝土结构试题15道，钢结构试题14道，砌体结构与木结构试题14道，地基与基础试题14道，高层建筑与横向作用试题15道，桥梁结构试题8道；二级注册结构工程师资格考试设5个专业（科目）的试题，其中，钢筋混凝土结构试题18道，钢结构试题16道，砌体结构与木结构试题18道，地基与基础试题16道，高层建筑与横向作用试题16道。

全国一级、二级注册结构工程师专业考试为开卷考试，考试时允许考生携带出版社正规出版的各种专业规范和参考书进入考场。一级、二级注册结构工程师专业考试时间为8小时，上、下午各4小时，且为非滚动管理考试。

3. 注册结构工程师的注册

注册结构工程师资格考试合格者，由省、自治区、直辖市人事（职改）部门颁发人力资源和社会保障部统一印制、加盖住房和城乡建设部和人力资源和社会保障部印章的中华人民共和国注册结构工程师执业资格证书。取得注册结构工程师执业资格证书者，要从事结构工程设计业务的，须申请注册。申请人，分别由全国注册结构工程师管理委员会和省、自治区，直辖市注册结构工程师管理委员会核发由住房和城市建设部统一制作的注册结构工程师注册证书。注册结构工程师注册有效期为2年，有效期届满需要继续注册的，应当在期满前30日内办理注册手续。

有下列情形之一的，不予注册：①不具备完全民事行为能力的；②因受刑事处罚，自处罚完毕之日起至申请注册之日止不满5年的；③因在结构工程设计或相关业务中犯有错误受到行政处罚或者撤职以上行政处分，自 处罚、处分决定之日起至申请注册之日止不满2年的；④受吊销注册结构工程师注册证书处罚，自处罚决定之日起至申请注册之日止不满5年的；⑤住房和城乡建设部和国务院有关部门规定不予注册的其他情形的。

4. 注册结构工程师的执业

注册结构工程师执行业务，应当加入一个勘察设计单位。注册结构工程师的执业范围如下：①结构工程设计；②结构工程设计咨询；③建筑物、构建物、工程设施等调查和鉴定；④对本人主持设计的项目进行施工指导和监督；⑤住房和城乡建设部和国务院有关部门规定的其他业务。

一级注册结构工程师的执业范围不受工程规模及工程复杂程度的限制。

5. 注册结构工程师的权利义务

（1）注册结构工程师的权利：①注册结构工程师有权以注册结构工程师的名义执行注册结构工程师业务。非注册结构工程师不得以注册结构工程师的名义执行注册结构工程师业务；②国家规定的一定跨度、高度等以上的结构工程设计，应当由注册结构工程师主持设计；③任何单位和个人修改注册结构工程师的设计图纸，应当征得该注册结构工程师同意；但是因特殊情况不能征得该注册结构工程师同意的除外。

（2）注册结构工程师的义务：①遵守法律、法规和职业道德，维护社会公众利益；②保证工程设计的质量，并在其负责的设计图纸上签字盖章；③保守在执业中知悉的单位和个人的秘密；④不得同时受聘于两个以上勘察设计单位执行业务；⑤不得准许他人以本人名义执行业务。

注册结构工程师按规定接受必要的继续教育，定期进行业务和法规培训，并作为重新注册的依据。

【案例】

下列哪种情况，可以以建造师名义从事建设工程施工项目的管理工作(　　　　)。

A.张某已经通过建造师执业资格认证

B.李某已经取得建造师执业资格证书，并且经过注册登记

C.王某已经通过建造师执业资格考试

D.丁某是建筑行业专家，从事过建造师考试大纲及师资培训工作

分析：

注册建造师，是指通过考核认定或考试合格取得中华人民共和国建造师资格证书，并按照规定注册，取得中华人民共和国建造师注册证书和执业印章，担任施工单位项目负责人及从事相关活动的专业技术人员。因此答案是B。

【思考题】

1.从事建设活动的建筑施工企业、勘察单位、设计单位和工程监理单位，应当具备哪些条件？

2.简述房屋建筑工程施工总承包一级资质企业的资质标准及承接业务的范围。

3.简述甲级工程造价咨询企业的资质标准。

4.注册建造师、注册造价工程师的执业范围包括哪些？

第3章 建设工程承发包法规与招标投标法规

【教学目标】

掌握建设工程发包与承包方式及其相关规则，了解建设工程招标及投标的概念，掌握建设工程招标投标的原则、程序，熟悉并掌握建设工程开标、评标、中标的程序及相关规定，了解建设工程招标投标中的行政监督，熟悉建设工程招标投标的法律责任。

【职业资格考试要求】

建设工程发包的方式，建设工程总承包制度、分包制度和联合承包制度，建设工程发包承包的行为规范，招标投标活动的基本原则，强制招标工程建设项目的界定，招标方式，招标人、投标人的资格条件，招标文件、投标文件的编制，开标、评标和中标，招标程序和招标代理，招标投标备案制度，建设工程招标投标的法律责任。

【涉及的主要法规】

《建筑法》、《中华人民共和国招标投标法》[①]、《中华人民共和国招标投标法实施条例》[②]、《建筑工程方案设计招标投标管理办法》、《工程建设项目招标范围和规模标准规定》、《工程建设项目施工招标投标办法》、《工程建设项目勘察设计招标投标办法》、《工程建设项目货物招标投标办法》、《对外承包工程管理条例》。

3.1 建设工程发包与承包法规

3.1.1 建设工程发包与承包的概念

建设工程发包与承包是发包方与承包方之间进行的交易活动，是建筑业适应市场经济的产物。建设工程勘察、设计、施工、安装单位要通过参加市场竞争来承揽建设工程项目。

建设工程发包是指建设工程的建设单位将建设工程任务（包括勘察、设计、施工等）的全部或部分通过招标或其他方式，交付给具有从事相应建设活动的法定从业资格的单位完成，并按合同约定支付报酬的行为。

建设工程承包是指具有从事建设活动的法定从业资格的单位，通过投标或其他方式承揽建设工程任务，并签订合同，确定双方的权利与义务，按约定取得报酬的行为。

---

① 《中华人民共和国招标投标法》，在本书后面出现，一律简称《招标投标法》。
② 《中华人民共和国招标投标法实施条例》，在本书后面出现，一律简称《招标投标法实施条例》。

3.1.2　建设工程发包法规

1. 建设工程发包的方式

《建筑法》第十九条规定："建筑工程依法实行招标发包,对不适用于招标发包的可以直接发包。"建设工程的发包方式可分为招标发包和直接发包两种。

（1）招标发包

招标发包是指建设单位通过招标确定承包单位的一种发包方式。招标发包又有两种方式:一种是公开招标发包,另一种是邀请招标发包。全部或者部分使用国有资金投资或者国家融资的建设工程,应当依法采用招标方式发包。任何单位和个人不得将依法必须进行招标的项目化整为零或者以其他任何方式规避招标。

（2）直接发包

直接发包是指发包方直接与承包方签订承包合同的一种发包方式。根据《建筑法》、《招标投标法》和《招标投标法实施条例》,下列工程可以直接发包:①涉及国家安全、国家秘密、抢险救灾或者属于利用扶贫资金实行以工代赈、需要使用农民工等特殊情况,不适宜进行招标的工程项目;②需要采用不可替代的专利或者专有技术的工程项目;③采购人依法能够自行建设、生产或者提供的工程项目;④已通过招标方式选定的特许经营项目,投资人依法能够自行建设、生产或者提供的;⑤需要向原中标人采购工程、货物或者服务,否则将影响施工或者功能配套要求的;⑥国家规定的其他特殊情形。

2. 建设工程发包的行为规范

建设工程发包单位必须依照法律、法规规定的发包要求发包建设工程。

（1）建设工程实行招标发包的,发包单位应当将建设工程发包给依法中标的承包单位。建筑工程实行直接发包的,发包单位应当将建筑工程发包给具有相应资质条件的承包单位。

（2）发包单位应当按照合同的约定,及时拨付工程款项。

（3）发包单位及其工作人员在建设工程发包中不得收受贿赂、回扣或者索取其他好处。

（4）发包单位应当依照法律、法规规定的程序和方式进行招标并接受有关行政主管部门的监督。

（5）禁止将建筑工程肢解发包。

（6）发包单位不得指定承包单位购入用于工程的建筑材料、建筑构配件和设备或者指定生产厂、供应商。

3.1.3　建设工程承包法规

1. 建设工程承包的方式

建设工程承包方式即建设工程承发包双方之间经济关系的形式。建设工程承发包制度是我国建筑经济活动中的一项基本制度。建设工程承包方式按承发包中相互结合的关系,可分为总承包、分承包、独家承包、联合承包等。

总承包,也称"总包",指由一个施工单位全部、全过程承包一个建设工程的承包方式;分包,也称"二包",指总包单位将总包工程中若干专业性工程项目分包给专业施工企业施工的方式;独家承包,指承包单位必须依靠自身力量完成施工任务,而不实行分包的承包方式;联合承包,指由两个或两个以上承包单位联合承包一项建设工程,由参加联合的各单位统一与发包单位签订承包合同，共同对发包单位负责的承包方式。

我国《建筑法》提倡对建筑工程实行总承包。实行建设工程总承包制度有利于充分发挥在建设工程方面具有较强技术力量和组织管理能力企业的专业优势，综合协调工程建设中的各种关系，加强对工程建设的统一指挥和组织管理，保证工程质量，提高投资效益。

（1）建设工程的总承包

建设工程总承包，是指发包单位将建设工程的勘察、设计、施工、设备采购一并发包给一个工程总承包单位，由总承包单位直接向发包单位负责。总承包单位可以自己负责整个建设工程的全过程，也可以依法分包给若干个专业分包单位完成。建设工程总承包单位可以将承包工程中的部分工程发包给具有相应资质条件的分包单位。除总承包合同中约定的分包外，必须经建设单位认可。

（2）分项总承包

分项总承包，是指建设工程的发包单位将建设工程勘察、设计、施工、设备采购的一项或者多项发包给一个总承包单位。

（3）联合承包

《建筑法》第二十七条规定，大型建筑工程或者结构复杂的建筑工程，可以由两个以上的承包单位联合共同承包。共同承包的各方对承包合同的履行承担连带责任。两个以上不同资质等级的单位实行联合共同承包的，应当按照资质等级低的单位的业务许可范围承揽工程。

联合承包的工程范围是大型建筑工程或者结构复杂的建筑工程。大型建筑工程或者结构复杂的建筑工程范围，参照国务院、地方政府或国务院有关部门确定的标准。大型工程以建筑面积或工程造价划分，结构复杂工程以结构的专业性强弱划分。中型建筑工程或结构不复杂的工程，不能联合承包。

2. 建设工程承包的行为规范

（1）禁止承包单位以虚假、欺诈手段承揽工程

《建筑法》第二十六条规定：承包建筑工程的单位应当持有依法取得的资质证书，并在其资质等级许可的业务范围内承揽工程。禁止建筑施工企业超越本企业资质等级许可的业务范围或者以任何形式用其他建筑施工企业的名义承揽工程。禁止建筑施工企业以任何形式允许其他单位或者个人使用本企业的资质证书、营业执照，以本企业的名义承揽工程。

（2）禁止承包单位将承包的工程违法分包

《建筑法》第二十九条规定：建筑工程总承包单位可以将承包工程中的部分工程发包给具有相应资质条件的分包单位；但是，除总承包合同中约定的分包外，必须经建设单位认可。施工总承包的，建筑工程主体结构的施工必须由总承包单位自行完成。

建筑工程总承包单位按照总承包合同的约定对建设单位负责，分包单位按照分包合同的约定对总承包单位负责。总承包单位和分包单位就分包工程对建设单位承担连带责任。

禁止总承包单位将工程分包给不具备相应资质条件的单位。禁止分包单位将其承包的工程再分包。

《建设工程质量管理条例》对违法分包的界定如下：①总承包单位将建设工程分包给不具备相应资质条件的单位的；②建设工程总承包合同中未有约定，又未经建设单位认可，承包单位将其承包的部分建设工程交由其他单位完成的；③施工总承包单位将建设工程主体结构的施工分包给其他单位的；④分包单位将其承包的建设工程再分包的。

（3）禁止转包

转包，是指承包单位承包建设工程后，不履行合同约定的责任和义务，将其承包的全部建设工程转给他人或者将其承包的全部建设工程肢解以后以分包的名义分别转给其他单位承包的行为。

禁止承包单位将其承包的全部建筑工程转给他人，禁止承包单位将其承包的全部建筑工程肢解以后以分包的名义分别转包给他人。

建设工程合同的签订，往往建立在发包人对承包人工作能力的全面考察的基础上，特别是采用招标方式签订的合同，发包方是按照公开、公平、公正的原则，经过一系列严格程序后，择优选定中标人作为承包人，与其订立合同的。转包合同的行为，损害了发包人的合法权益。

3. 对外承包工程

《对外承包工程管理条例》第二条对对外承包工程进行了界定。对外承包工程，是指中国的企业或者其他单位承包境外建设工程项目的活动。国家鼓励和支持开展对外承包工程，提高对外承包工程的质量和水平。国务院有关部门制定和完善促进对外承包工程的政策措施，建立健全对外承包工程服务体系和风险保障机制。

（1）对外承包工程资格

《对外承包工程管理条例》第八条规定，申请对外承包工程资格，应当具备下列条件：①有法人资格，工程建设类单位还应当依法取得建设主管部门或者其他有关部门颁发的特级或者一级（甲级）资质证书；②有与开展对外承包工程相适应的资金和专业技术人员，管理人员中至少 2 人具有 2 年以上从事对外承包工程的经历；③有与开展对外承包工程相适应的安全防范能力；④有保障工程质量和安全生产的规章制度，最近 2 年内没有发生重大工程质量问题和较大事故以上的生产安全事故；⑤有良好的商业信誉，最近 3 年内没有重大违约行为和重大违法经营记录。

申请对外承包工程资格，中央企业和中央管理的其他单位应当向国务院商务主管部门提出申请，中央单位以外的单位应当向所在地省、自治区、直辖市人民政府商务主管部门提出申请；申请时应当提交申请书和符合《对外承包工程管理条例》第八条规定条件的证明材料。国务院商务主管部门或者省、自治区、直辖市人民政府商务主管部门应当自收到申请书和证明材料之日起 30 日内，会同同级建设主管部门进行审查，作出批准或者不予批准的决定。予以批准的，由受理申请的国务院商务主管部门或者省、自治区、直辖市人民政府商务主管部门颁发对外承包工程资格证书；不予批准的，书面通知申请单位并说明理由。

省、自治区、直辖市人民政府商务主管部门应当将其颁发对外承包工程资格证书的情况报国务院商务主管部门备案。

国务院商务主管部门和省、自治区、直辖市人民政府商务主管部门在监督检查中，发现对外承包工程的单位不再具备《对外承包工程管理条例》规定条件的，应当责令其限期整改；逾期仍达不到《对外承包工程管理条例》规定条件的，吊销其对外承包工程资格证书。

（2）对外承包工程的行为规范

1）对外承包工程的单位不得以不正当的低价承揽工程项目、串通投标，不得进行商业贿赂。

2）对外承包工程的单位应当与境外工程项目发包人订立书面合同，明确双方的权利和义务，并按照合同约定履行义务。

3）对外承包工程的单位应当加强对工程质量和安全生产的管理，建立健全并严格执行工程质量和安全生产管理的规章制度。

4）对外承包工程的单位将工程项目分包的，应当与分包单位订立专门的工程质量和安全生产管理协议，或者在分包合同中约定各自的工程质量和安全生产管理责任，并对分包单位的工程质量和安全生产工作统一协调、管理。

对外承包工程的单位不得将工程项目分包给不具备国家规定的相应资质的单位，工程项目的建筑施工部分不得分包给未依法取得安全生产许可证的境内建筑施工企业。分包单位不得将工程项目转包或者再分包。对外承包工程的单位应当在分包合同中明确约定分包单位不得将工程项目转包或者再分包，并负责监督。

5）从事对外承包工程外派人员中介服务的机构应当取得国务院商务主管部门的许可，并按照国务院商务主管部门的规定从事对外承包工程外派人员中介服务。

对外承包工程的单位通过中介机构招用外派人员的，应当选择依法取得许可并合法经营的中介机构，不得通过未依法取得许可或者有重大违法行为的中介机构招用外派人员。

6）对外承包工程的单位应当依法与其招用的外派人员订立劳动合同，按照合同约定向外派人员提供工作条件和支付报酬，履行用人单位义务。

7）对外承包工程的单位应当有专门的安全管理机构和人员，负责保护外派人员的人身和财产安全，并根据所承包工程项目的具体情况，制定保护外派人员人身和财产安全的方案，落实所需经费。

对外承包工程的单位应当根据工程项目所在国家或者地区的安全状况，有针对性地对外派人员进行安全防范教育和应急知识培训，增强外派人员的安全防范意识和自我保护能力。

8）对外承包工程的单位应当为外派人员购买境外人身意外伤害保险。对外承包工程的单位应当按照国务院商务主管部门和国务院财政部门的规定，及时存缴备用金，用于支付对外承包工程的单位拒绝承担或者无力承担的费用。

9）对外承包工程的单位与境外工程项目发包人订立合同后，应当及时向中国驻该工程项目所在国使馆（领馆）报告。对外承包工程的单位应当接受中国驻该工程项目所在国使馆（领馆）在突发事件防范、工程质量、安全生产及外派人员保护等方面的指导。

对外承包工程的单位应当定期向商务主管部门报告其开展对外承包工程的情况，并按照国务院商务主管部门和国务院统计部门的规定，向有关部门报送业务统计资料。

10）对外承包工程的单位应当制定突发事件应急预案；在境外发生突发事件时，应当及时、妥善处理，并立即向中国驻该工程项目所在国使馆（领馆）和国内有关主管部门报告。

3.1.4　建设工程发包与承包的法律责任

（1）发包单位将工程发包给不具有相应资质条件的承包单位的，或者违反规定将建筑工程肢解发包的，责令改正，处以罚款。

（2）超越本单位资质等级承揽工程的，责令停止违法行为，处以罚款，可以责令停业整顿，降低资质等级；情节严重的，吊销资质证书；有违法所得的，予以没收。

（3）未取得资质证书承揽工程的，予以取缔，并处罚款；有违法所得的，予以没收。以欺骗手段取得资质证书的，吊销资质证书，处以罚款；构成犯罪的，依法追究刑事责任。

（4）建筑施工企业转让、出借资质证书或者以其他方式允许他人以本企业的名义承揽工程的，责令改正，没收违法所得，并处罚款，可以责令停业整顿，降低资质等级；情节严重的，吊销资质证书。对因该项承揽工程不符合规定的质量标准造成的损失，建筑施工企业与使用本企业名义的单位或者个人承担连带赔偿责任。

（5）承包单位将承包的工程转包的，或者违反《建筑法》规定进行分包的，责令改正，没收违法所得，并处罚款，可以责令停业整顿，降低资质等级；情节严重的，吊销资质证书。承包单位有前款规定的违法行为的，对因转包工程或者违法分包的工程不符合规定的质量标准造成的损失，与接受转包或者分包的单位承担连带赔偿责任。

（6）在工程发包与承包中索贿、受贿、行贿，构成犯罪的，依法追究刑事责任；不构成犯罪的，分别处以罚款，没收贿赂的财物，对直接负责的主管人员和其他直接责任人员给予处分。对在工程承包中行贿的承包单位，除依照前款规定处罚外，可以责令停业整顿，降低资质等级或者吊销资质证书。

【案例】

施工单位拿到工程后，又将工程转包给私人包工头，结果造成了拖欠工人工资，施工单位对私人包工头拖欠的工人工资是否要承担法律责任呢？江苏省海安县人民法院审结的一起建设工程合同工程款纠纷案件对此作出了肯定的回答。

2002 年 3 月 18 日，被告建筑公司与某房地产开发公司签订工程承包协议一份，约定：房产公司将其所开发的某新村的一幢工程发包给建筑公司承建。同年 5 月 10 日，建筑公司又与挂靠在公司名下从事建筑业的徐某协商，约定：建筑公司将其所承包的上述工程转包给徐某组织人员施工，工程的一切债权债务均由徐某负责等。同年 10 月，徐某又将上述工程的瓦工施工工程分包给原告顾某组织人员施工。2003 年 3 月，顾某完成了施工任务。2004 年 3 月 25 日，徐某与顾某结账，应支付顾某人工工资 6460.05 元。此后，顾某多次向徐某追要欠款未果，引起诉讼。

海安县法院经审理后认为，建筑公司与房产公司订立的建设工程施工合同符合法律的有关规定，应当认定合法有效。建筑公司将其承接的工程转包给徐某施工，该转包行为违反了法律规定，是无效的。徐某在施工期间又将瓦工工程分包给顾某，也违反了法律规定，鉴于徐某与顾某就完成的工程量已经进行了结算，其应当承担给付欠款的责任。建筑公司与徐某之间形成的挂靠关系，违反了法律的禁止性规定，其应当对徐某履行无效合同产生的法律后果承担连带责任。法院遂依照《中华人民共和国民法通则》以及《中华人民共和国建筑法》的有关规定，判决被告徐某向原告顾某给付工程款 6460.05 元，被告建筑公司承担连带责任。

3.2　建设工程招标

建设工程招标投标是在市场经济条件下进行建设工程、货物买卖、财产租售和中介服务等经济活动的一种竞争和交易形式，且已逐渐成为建设市场的主要交易方式，其特征是引入竞争机制以求达成交易协议和订立合同。它兼有经济活动和民事法律行为两种性质。

《招标投标法》第五条规定：招标投标活动应当遵循公开、公平、公正和诚实信用的原则。

3.2.1　强制招标工程建设项目的界定

1. 必须进行招标的工程建设项目的具体范围和规模标准

《招标投标法》第三条规定，在中华人民共和国境内进行下列工程建设项目包括项目的勘察、设计、施工、监理以及与工程建设有关的重要设备、材料等的采购，必须进行招标：

（1）大型基础设施、公用事业等关系社会公共利益、公众安全的项目；

（2）全部或者部分使用国有资金投资或者国家融资的项目；

（3）使用国际组织或者外国政府贷款、援助资金的项目。

前款所列项目的具体范围和规模标准，由国务院发展计划部门会同国务院有关部门制订，报国务院批准。

为了确定必须进行招标的工程建设项目的具体范围和规模标准，规范招标投标活动，根据《招标投标法》第三条的规定，原国家发展计划委员会制定了《工程建设项目招标范围和规模标准规定》。

（1）关系社会公共利益、公众安全的基础设施项目的范围包括：①煤炭、石油、天然气、电力、新能源等能源项目；②铁路、公路、管道、水运、航空以及其他交通运输业等交通运输项目；③邮政、电信枢纽、通信、信息网络等邮电通信项目；④防洪、灌溉、排涝、引（供）水、滩涂治理、水土保持、水利枢纽等水利项目；⑤道路、桥梁、地铁和轻轨交通、污水排放及处理、垃圾处理、地下管道、公共停车场等城市设施项目；⑥生态环境保护项目；⑦其他基础设施项目。

（2）关系社会公共利益、公众安全的公用事业项目的范围包括：①供水、供电、供气、供热等市政工程项目；②科技、教育、文化等项目；③体育、旅游等项目；④卫生、社会福利等项目；⑤商品住宅，包括经济适用住房；⑥其他公用事业项目。

（3）使用国有资金投资项目的范围包括：①使用各级财政预算资金的项目；②使用纳入财政管理的各种政府性专项建设基金的项目；③使用国有企业事业单位自有资金，并且国有资产投资者实际拥有控制权的项目。

（4）国家融资项目的范围包括：①使用国家发行债券所筹资金的项目；②使用国家对外借款或者担保所筹资金的项目；③使用国家政策性贷款的项目；④国家授权投资主体融资的项目；⑤国家特许的融资项目。

（5）使用国际组织或者外国政府资金的项目的范围包括：①使用世界银行、亚洲开发银行等国际组织贷款资金的项目；②使用外国政府及其机构贷款资金的项目；③使用国际组织或者外国政府援助资金的项目。

（6）《工程建设项目招标范围和规模标准规定》第二条至第六条规定范围内的各类工程建设项目，包括项目的勘察、设计、施工、监理以及与工程建设有关的重要设备、材料等的采购，达到下列标准之一的，必须进行招标：①施工单项合同估算价在200万元人民币以上的；②重要设备、材料等货物的采购，单项合同估算价在100万元人民币以上的；③勘察、设计、监理等服务的采购，单项合同估算价在50万元人民币以上的；④单项合同估算价低于第①、②、③项规定的标准，但项目总投资额在3000万元人民币以上的。

2. 例外情形

（1）可以不进行勘察设计招标的项目范围

《工程建设项目勘察设计招标投标办法》第四条规定，按照国家规定需要履行项目审批、核准手续的项目，有下列情形之一的，经项目审批、核准部门、核准，项目的勘察设计可以不进行招标：①涉及国家安全、国家秘密、抢险救灾或者属于利用扶贫资金实行以工代赈、需要使用农民工等特殊情况，不适宜进行招标；②主要工艺、技术采用不可替代的专利或者专有技术，或者其建筑艺术造型有特殊要求；③采购人依法能够自行勘察、设计；④已通过招标方式选定的特许经营项目投资人依法能够自行勘察、设计；⑤技术复杂或专业性强，能够满足条件的勘察设计单位少于三家，不能形成有效竞争；⑥已建成项目需要改、扩建或者技术改造，由其他单位进行设计影响项目功能配套性；⑦国家规定的其他特殊情形。

（2）可以不进行施工招标的建设项目范围

《工程建设项目施工招标投标办法》第十二条规定，依法必须进行施工招标的工程建设项目有下列情形之一的，可以不进行施工招标：①涉及国家安全、国家秘密、抢险救灾或者属于利用扶贫资金实行以工代赈、需要使用农民工等特殊情况，不适宜进行招标；②施工主要技术采用不可替代的专利或者专有技术；③已通过招标方式选定的特许经营项目投资人依法能够自行建设；④采购人依法能够自行建设；⑤在建工程追加的附属小型工程或者主体加层工程，原中标人仍具备承包能力，并且其他人承担将影响施工或者功能配套要求；⑥国家规定的其他情形。

3.2.2　建设工程招标的条件

建设工程招标必须具备一定的条件。《招标投标法》第九条对招标项目应满足的基本条件作出了总体规定：招标项目按照国家有关规定需要履行项目审批手续的，应当先履行审批手续，取得批准；招标人应当有进行招标项目的相应资金或者资金来源已经落实，并应当在招标文件中如实载明。

（1）根据《工程建设项目勘察设计招标投标办法》，依法必须进行勘察设计招标的工程建设项目，在招标时应当具备下列条件：①招标人已经依法成立；②按照国家有关规定需要履行项目审批、核准或者备案手续的，已经审批、核准或者备案；③勘察设计有相应资金或者资金来源已经落实；④所必需的勘察设计基础资料已经收集完成；⑤法律法规规定的其他条件。

（2）根据《工程建设项目施工招标投标办法》，依法必须招标的工程建设项目，应当具备下列条件才能进行施工招标：①招标人已经依法成立；②初步设计及概算应当履行审批手续的，已经批准；③有相应资金或资金来源已经落实；④有招标所需的设计图纸及技术资料。

（3）根据《工程建设项目货物招标投标办法》，依法必须招标的工程建设项目，应当具备下列条件才能进行货物招标：①招标人已经依法成立；②按照国家有关规定应当履行项目审批、核准或者备案手续的，已经审批、核准或者备案；③有相应资金或者资金来源已经落实；④能够提出货物的使用与技术要求。

3.2.3　建设工程招标的方式

《招标投标法》第十条规定，招标分为公开招标和邀请招标。只有不属于法律规定必须招标的项目，才可以采用直接委托方式。

1. 公开招标

公开招标，是指招标人以招标公告的方式邀请不特定的法人或者其他组织投标。招标人是依法提出招标项目、进行招标的法人或者其他组织。依法必须进行招标的项目的招标公告，应当通过国家指定的报刊、信息网络或者其他媒介发布。

(1)《工程建设项目勘察设计招标投标办法》规定，依法应当公开招标的勘察设计项目有：全部使用国有资金投资或者国有资金投资占控股或者主导地位的工程建设项目，以及国务院发展和改革部门确定的国家重点项目和省、自治区、直辖市人民政府确定的地方重点项目。

(2)《工程建设项目施工招标投标办法》规定，依法应当公开招标的建设工程项目有：国务院发展计划部门确定的国家重点建设项目，省、自治区、直辖市人民政府确定的地方重点建设项目，全部使用国有资金投资或者国有资金投资占控股或者主导地位的工程建设项目。

(3)《工程建设项目货物招标投标办法》规定，依法应当公开招标采购的建设工程货物有：国务院发展计划部门确定的国家重点建设项目和省、自治区、直辖市人民政府确定的地方重点建设项目的货物采购。

2. 邀请招标

邀请招标，是指招标人以投标邀请书的方式邀请特定的法人或者其他组织投标。为了保证邀请招标的竞争性，《招标投标法》规定，招标人采用邀请招标方式的，应当向 3 个以上具备承担招标项目的能力，资信良好的特定法人或者其他组织发出投标邀请书。

(1)《工程建设项目勘察设计招标投标办法》规定，依法必须进行勘察设计招标的工程建设项目，在下列情况下可以进行邀请招标：①项目的技术性、专业性较强，或者环境资源条件特殊，符合条件的潜在投标人数量有限的；②如采用公开招标，所需费用占工程建设项目总投资的比例过大的；③建设条件受自然因素限制，如采用公开招标，将影响项目实施时机的。

招标人采用邀请招标方式的，应保证有 3 个以上具备承担招标项目勘察设计的能力，并具有相应资质的特定法人或者其他组织参加投标。

(2)《工程建设项目施工招标投标办法》规定，对于应当公开招标的建设工程招标项目，有下列情形之一的，经批准可以进行邀请招标：①项目技术复杂或有特殊要求，只有少量几家潜在投标人可供选择的；②受自然地域环境限制的；③涉及国家安全、国家秘密或者抢险救灾，适宜招标但不宜公开招标的；④拟公开招标的费用与项目的价值相比，不值得的；⑤法律、法规规定不宜公开招标的。

(3)《工程建设项目货物招标投标办法》规定，依法应当公开招标的项目，有下列情形之一的，可以邀请招标：①技术复杂、有特殊要求或者受自然环境限制，只有少量潜在投标人可供选择；②采用公开招标方式的费用占项目合同金额的比例过大；③涉及国家安全、国家秘密或者抢险救灾，适宜招标但不宜公开招标。

3.2.4 建设工程招标的程序

1. 成立招标组织，由招标人自行招标或招标人委托招标

(1)招标人自行招标

招标人是依照法律规定，提出招标项目、进行招标的法人或者其他组织。招标人具有编制招标文件和组织评标能力的，可以自行办理招标事宜。招标人具有编制招标文件和组织评标能力，具体包括：①具有法人资格；②具有与招标项目规模和复杂程度相适应的工程技术、概预

算、财务和工程管理等方面专业技术力量；③有从事同类工程建设招标的经验；④设有专门的招标机构或者有 3 名以上专职招标业务人员；⑤熟悉和掌握《招标投标法》及有关法规、规章。

（2）招标人委托招标

招标人不具备自行招标能力的，必须委托具备相应资质的招标代理机构代为办理招标事宜。招标人有权自行选择招标代理机构，委托其办理招标事宜。任何单位和个人不得强制其委托招标代理机构办理招标事宜。

招标代理机构是依法设立、从事招标代理业务并提供相关服务的社会中介组织。招标代理机构应当具备下列条件：①有从事招标代理业务的营业场所和相应资金；②有能够编制招标文件和组织评标的相应专业力量；③有可以作为评标委员会成员人选的技术、经济等方面的专家库。

从事工程建设项目招标代理业务的招标代理机构，其资格由国务院或者省、自治区、直辖市人民政府的建设行政主管部门认定。具体办法由国务院建设行政主管部门会同国务院有关部门制定。从事其他招标代理业务的招标代理机构，其资格认定的主管部门由国务院规定。招标代理机构与行政机关和其他国家机关不得存在隶属关系或者其他利益关系。

招标代理机构应当在招标人委托的范围内承担招标事宜。招标代理机构可以在其资格等级范围内承担下列招标事宜：①拟订招标方案，编制和出售招标文件、资格预审文件；②审查投标人资格；③编制标底；④组织投标人踏勘现场；⑤组织开标、评标，协助招标人定标；⑥草拟合同；⑦招标人委托的其他事项。

招标代理机构不得无权代理、越权代理，不得明知委托事项违法而进行代理。招标代理机构不得接受同一招标项目的投标代理和投标咨询业务；未经招标人同意，不得转让招标代理业务。

工程招标代理机构与招标人应当签订书面委托合同，并按双方约定的标准收取代理费；国家对收费标准有规定的，依照其规定。

2. 招标公告的发布或投标邀请书的发出

（1）招标公告的发布

招标人采用公开招标方式的，应当发布招标公告。依法必须进行招标的项目的招标公告，应当通过国家指定的报刊、信息网络或者其他媒介发布。

招标公告应当载明招标人的名称和地址、招标项目的性质、数量、实施地点和时间以及获取招标文件的办法等事项。

（2）投标邀请书的发出

招标人采用邀请招标方式的，应当向 3 个以上具备承担招标项目的能力、资信良好的特定的法人或者其他组织发出投标邀请书。

投标邀请书应当载明招标人的名称和地址、招标项目的性质、数量、实施地点和时间以及获取招标文件的办法等事项。

3. 资格审查

资格审查分为资格预审和资格后审。资格预审，是指在投标前对潜在投标人进行的资格审查。资格后审，是指在开标后对投标人进行的资格审查。进行资格预审的，一般不再进行资格后审，但招标文件另有规定的除外。

资格审查应主要审查潜在投标人或者投标人是否符合下列条件：①具有独立订立合同的权利；②具有履行合同的能力，包括专业、技术资格和能力，资金、设备和其他物质设施状况，管理能力，经验、信誉和相应的从业人员；③没有处于被责令停业，投标资格被取消，财产被接管、冻结，破产状态；④在最近三年内没有骗取中标和严重违约及重大工程质量问题；⑤法律、行政法规规定的其他资格条件。

资格审查时，招标人不得以不合理的条件限制、排斥潜在投标人或者投标人，不得对潜在投标人或者投标人实行歧视待遇。任何单位和个人不得以行政手段或者其他不合理方式限制投标人的数量。

经资格预审后，招标人应当向资格预审合格的潜在投标人发出资格预审合格通知书，告知获取招标文件的时间、地点和方法，并同时向资格预审不合格的潜在投标人告知资格预审结果。资格预审不合格的潜在投标人不得参加投标。经资格后审不合格的投标人的投标应作废标处理。

4. 招标文件和标底的编制

（1）招标文件的编制

招标文件是招标活动中最重要的法律文件，在整个招标活动中起着至关重要的作用。招标人应当根据招标项目的特点和需要编制招标文件。招标文件应当包括招标项目的技术要求、对投标人资格审查的标准、投标报价要求和评标标准等所有实质性要求和条件以及拟签订合同的主要条款。招标文件一般包括下列内容：①投标邀请书；②投标人须知；③合同主要条款；④投标文件格式；⑤采用工程量清单招标的，应当提供工程量清单；⑥技术条款；⑦设计图纸；⑧评标标准和方法；⑨投标辅助材料。

招标人应当在招标文件中规定实质性要求和条件，并用醒目的方式标明。

国家对招标项目的技术、标准有规定的，招标人应当按照其规定在招标文件中提出相应要求。招标项目需要划分标段、确定工期的，招标人应当合理划分标段、确定工期，并在招标文件中载明。

招标文件不得要求或者标明特定的生产供应者以及含有倾向或者排斥潜在投标人的其他内容。招标人应当确定投标人编制投标文件所需要的合理时间；但是，依法必须进行招标的项目，自招标文件开始发出之日起至投标人提交投标文件截止之日止，最短不得少于20日。

招标文件应当规定一个适当的投标有效期，以保证招标人有足够的时间完成评标和与中标人签订合同。投标有效期从投标人提交投标文件截止之日起计算。

在原投标有效期结束前，出现特殊情况的，招标人可以书面形式要求所有投标人延长投标有效期。投标人同意延长的，不得要求或被允许修改其投标文件的实质性内容，但应当相应延长其投标保证金的有效期；投标人拒绝延长的，其投标失效，但投标人有权收回其投标保证金。因延长投标有效期造成投标人损失的，招标人应当给予补偿，但因不可抗力需要延长投标有效期的除外。

（2）标底的编制

招标人可根据项目特点决定是否编制标底。编制标底的，标底编制过程和标底必须保密。招标项目编制标底的，应根据批准的初步设计、投资概算，依据有关计价办法，参照有关工程定额，结合市场供求状况，综合考虑投资、工期和质量等方面的因素合理确定。标底由招标人自行编制或委托中介机构编制。一个工程只能编制一个标底。任何单位和个人不得强制招标人编制或报审标底，或干预其确定标底。招标项目可以不设标底，进行无标底招标。

5. 招标文件的发售

招标人应当按招标公告或者投标邀请书规定的时间、地点出售招标文件或资格预审文件。自招标文件或者资格预审文件出售之日起至停止出售之日止，最短不得少于 5 个工作日。

招标人可以通过信息网络或者其他媒介发布招标文件，通过信息网络或者其他媒介发布的招标文件与书面招标文件具有同等法律效力，但出现不一致时以书面招标文件为准。招标人应当保持书面招标文件原始正本的完好。

对招标文件或者资格预审文件的收费应当合理，不得以营利为目的。对于所附的设计文件，招标人可以向投标人酌收押金；对于开标后投标人退还设计文件的，招标人应当向投标人退还押金。

招标文件或者资格预审文件售出后，不予退还。招标人在发布招标公告、发出投标邀请书后或者售出招标文件或资格预审文件后不得擅自终止招标。

6. 招标文件的答疑

招标人对已发出的招标文件进行必要的澄清或者修改的，应当在招标文件要求提交投标文件截止时间至少 15 日前，以书面形式通知所有招标文件收受人。该澄清或者修改的内容为招标文件的组成部分。

对于潜在投标人在阅读招标文件和现场踏勘中提出的疑问，招标人可以书面形式或召开投标预备会的方式解答，但需同时将解答以书面方式通知所有购买招标文件的潜在投标人。该解答的内容为招标文件的组成部分。

7. 投标文件的签收

招标人收到投标文件后，应当向投标人出具标明签收人和签收时间的凭证，在开标前任何单位和个人不得开启投标文件。在招标文件要求提交投标文件的截止时间后送达的投标文件，为无效的投标文件，招标人应当拒收。招标人应当如实记载投标文件的送达时间和密封情况，并存档备查。

3.2.5　施工招标无效的情形

《工程建设项目施工招标投标办法》第七十三条规定，招标人或者招标代理机构有下列情形之一的，有关行政监督部门责令其限期改正，根据情节可处 3 万元以下的罚款；情节严重的，招标无效：①未在指定的媒介发布招标公告的；②邀请招标不依法发出投标邀请书的；③自招标文件或资格预审文件出售之日起至停止出售之日止，少于 5 个工作日的；④依法必须招标的项目，自招标文件开始发出之日起至提交投标文件截止之日止，少于 20 日的；⑤应当公开招标而不公开招标的；⑥不具备招标条件而进行招标的；⑦应当履行核准手续而未履行的；⑧不按项目审批部门核准内容进行招标的；⑨在提交投标文件截止时间后接收投标文件的；⑩投标人数量不符合法定要求不重新招标的。

被认定为招标无效的，应当重新招标。

【案例】

某建设项目概算已批准，项目已列入地方年度固定资产投资计划，并得到规划部门批准，根据有关规定采用公开招标，招标程序如下：

1. 向建设部门提出招标申请；

2. 得到批准后，编制招标文件，招标文件中规定外地区单位参加投标需垫付工程款，垫付比例可作为评标条件，本地区单位不需要垫付工程款；

3. 对申请投标单位发出招标邀请函(4家)；

4. 投标文件递交；

5. 由地方建设行政主管部门指定有经验的专家与本单位人员共同组成评标委员会，为得到有关领导支持，各级领导占评标委员会的1/2；

6. 召开投标预备会，由地方政府领导主持会议；

7. 投标单位报送投标文件时，A单位在投标截止时间之前3小时，在原报方案的基础上，又补充了降价方案，被招标方拒绝；

8. 由地方建设行政主管部门主持，公证处人员派人监督，召开开标会，会议上只宣读三家投标单位的报价(另一家投标单位退标)；

9. 由于未进行资格预审，故在评标过程中进行资格审查；

10. 评标后评标委员会将中标结果直接通知了中标单位；

11. 中标单位提出因主管领导生病等原因2个月后再签订承包合同。

以上程序有哪些不妥？请改正。

分析：

1. 第2条不公正。

2. 第5条评标专家从专家库中抽取，技术与经济专家之和占总人数的2/3。

3. 第6条召开投标预备会应由招标单位代表主持。

4. 第7条不应拒绝。

5. 第8条应宣读退标单位名称。

6. 第10条评标完成后，评标委员会应当向招标人提交书面评标报告和中标候选人名单，不直接通知中标单位。

7. 第11条中标单位接到中标通知后应在30天内与招标单位签订承包合同，不能以不正当理由推迟签约时间。

3.3 建设工程投标

3.3.1 投标人

1. 投标人的概念

投标人是响应招标、参加投标竞争的法人或者其他组织。依法招标的科研项目允许个人参加投标的，投标的个人适用《招标投标法》有关投标人的规定。投标人应当具备承担招标项目的能力；国家有关规定对投标人资格条件或者招标文件对投标人资格条件有规定的，投标人应当具备规定的资格条件。投标人参加依法必须进行招标的项目的投标，不受地区或者部门的限制，任何单位和个人不得非法干涉。

在其本国注册登记，从事建筑、工程服务的国外设计企业参加投标的，必须符合中华人民共和国缔结或者参加的国际条约、协定中所做的市场准入承诺以及有关勘察设计市场准入的管理规定。

招标人的任何不具独立法人资格的附属机构(单位)，或者为招标项目的前期准备或者监理工作提供设计、咨询服务的任何法人及其任何附属机构(单位)，都无资格参加该招标项目的投标。

法定代表人为同一个人的两个及两个以上法人，母公司、全资子公司及其控股公司，都不得在同一货物招标中同时投标。

2.联合体投标

联合体投标，是两个以上法人或者其他组织组成一个联合体，以一个投标人的身份共同投标。联合体各方均应当具备承担招标项目的相应能力；国家有关规定或者招标文件对投标人资格条件有规定的，联合体各方均应当具备规定的相应资格条件。由同一专业的单位组成的联合体，按照资质等级较低的单位确定资质等级。

联合体各方必须指定牵头人，授权其代表所有联合体成员负责投标和合同实施阶段的主办、协调工作，并应当向招标人提交由所有联合体成员法定代表人签署的授权书。

联合体投标的，应当以联合体各方或者联合体牵头人的名义提交投标保证金。以联合体中牵头人名义提交的投标保证金，对联合体各成员具有约束力。

联合体参加资格预审并获通过的，其组成的任何变化都必须在提交投标文件截止之日前征得招标人的同意。如果变化后的联合体削弱了竞争力，含有事先未经过资格预审或者资格预审不合格的法人或者其他组织，或者使联合体的资质降到资格预审文件中规定的最低标准以下，招标人有权拒绝。

联合体各方应当签订共同投标协议，明确约定各方拟承担的工作和责任，并将共同投标协议连同投标文件一并提交招标人。联合体中标的，联合体各方应当共同与招标人签订合同，就中标项目向招标人承担连带责任。

联合体各方不得再单独以自己名义，或者参加另外的联合体投同一个标。招标人接受联合体投标并进行资格预审的，联合体应当在提交资格预审申请文件前组成。资格预审后联合体增减、更换成员的，其投标无效。

招标人不得强制投标人组成联合体共同投标，不得限制投标人之间的竞争。

3.3.2　投标文件

1.投标文件的编制

投标人应当按照招标文件的要求编制投标文件。投标文件应当对招标文件提出的实质性要求和条件作出响应。

招标项目属于建设施工的，投标文件的内容应当包括拟派出的项目负责人与主要技术人员的简历、业绩和拟用于完成招标项目的机械设备等。

施工投标文件一般包括下列内容：①投标函；②投标报价；③施工组织设计；④商务和技术偏差表。

投标人根据招标文件载明的项目实际情况，拟在中标后将中标项目的部分非主体、非关键性工作进行分包的，应当在投标文件中载明。

2.投标文件的提交

投标人应当在招标文件要求提交投标文件的截止时间前，将投标文件密封送达投标地点。在招标文件要求提交投标文件的截止时间后送达的投标文件，为无效的投标文件，招标人应当拒收。

提交投标文件的投标人少于三个的，招标人应当依法重新招标。重新招标后投标人仍少于三个的，属于必须审批的工程建设项目，报经原审批部门批准后可以不再进行招标；其他工程建设项目，招标人可自行决定不再进行招标。

3. 投标文件补充、修改和撤回

投标人在招标文件要求提交投标文件的截止时间前，可以补充、修改或者撤回已提交的投标文件，并书面通知招标人。补充、修改的内容为投标文件的组成部分。

投标截止后，投标人不得补充、修改、替代或者撤回其投标文件。投标人补充、修改、替代投标文件的，招标人不予接受；投标人撤回投标文件的，其投标保证金将被没收。

在开标前，招标人应妥善保管好已接收的投标文件、修改或撤回通知、备选投标方案等投标资料。

投标人撤回已提交的投标文件，应当在投标截止时间前书面通知招标人。招标人已收取投标保证金的，应当自收到投标人书面撤回通知之日起 5 日内退还。投标截止后投标人撤销投标文件的，招标人可以不退还投标保证金。

4. 招标人不予受理的投标文件

未通过资格预审的申请人提交的投标文件，以及逾期送达或者不按照招标文件要求密封的投标文件，招标人应当拒收。

3.3.3　投标保证金

投标保证金，是投标人保证其在投标有效期内不随意撤回投标文件或中标后提交履约保证和签署合同而提交的担保金。

招标人可以在招标文件中要求投标人提交投标保证金。投标保证金除现金外，可以是银行出具的银行保函、保兑支票、银行汇票或现金支票。

投标保证金一般不得超过投标总价的 2%，但最高不得超过 80 万元人民币。投标保证金有效期应当超出投标有效期 30 天。

投标人应当按照招标文件要求的方式和金额，将投标保证金随投标文件提交给招标人。

投标人不按招标文件要求提交投标保证金的，该投标文件将被拒绝，作废标处理。

3.3.4　投标人的禁止行为

1.《中华人民共和国招标投标法实施条例》规定，禁止投标人相互串通投标。

（1）投标人相互串通投标的情形：①投标人之间协商投标报价等投标文件的实质性内容；②投标人之间约定中标人；③投标人之间约定部分投标人放弃投标或者中标；④属于同一集团、协会、商会等组织成员的投标人按照该组织要求协同投标；⑤投标人之间为谋取中标或者排斥特定投标人而采取的其他联合行动。

有下列情形之一的，视为投标人相互串通投标：①不同投标人的投标文件由同一单位或者个人编制；②不同投标人委托同一单位或者个人办理投标事宜；③不同投标人的投标文件载明的项目管理成员为同一人；④不同投标人的投标文件异常一致或者投标报价呈规律性差异；⑤不同投标人的投标文件相互混装；⑥不同投标人的投标保证金从同一单位或者个人的账户转出。

（2）招标人与投标人串通投标的情形：①招标人在开标前开启投标文件并将有关信息泄

露给其他投标人；②招标人直接或者间接向投标人泄露标底、评标委员会成员等信息；③招标人明示或者暗示投标人压低或者抬高投标报价；④招标人授意投标人撤换、修改投标文件；⑤招标人明示或者暗示投标人为特定投标人中标提供方便；⑥招标人与投标人为谋求特定投标人中标而采取的其他串通行为。

（3）投标人不得以低于成本的报价竞标，也不得以其他方式弄虚作假，骗取中标。

投标人以其他方式弄虚作假的行为有：①使用伪造、变造的许可证件；②提供虚假的财务状况或者业绩；③提供虚假的项目负责人或者主要技术人员简历、劳动关系证明；④提供虚假的信用状况；⑤其他弄虚作假的行为。

（4）投标人以他人名义投标的情形：使用通过受让或者租借等方式获取的资格、资质证书投标的，属于《招标投标法》第三十三条规定的以他人名义投标。

2.《工程建设项目施工招标投标办法》第四十六条、四十七条、四十八条对投标人的禁止行为进行了明确的规定。

（1）禁止投标人之间串通投标

下列行为均属投标人串通投标报价：①投标人之间相互约定抬高或压低投标报价；②投标人之间相互约定，在招标项目中分别以高、中、低价位报价；③投标人之间先进行内部竞价，内定中标人，然后再参加投标；④投标人之间其他串通投标报价的行为。

（2）禁止投标人与招标人之间串通投标

下列行为均属招标人与投标人串通投标：①招标人在开标前开启投标文件并将有关信息泄露给其他投标人，或者授意投标人撤换、修改投标文件；②招标人向投标人泄露标底、评标委员会成员等信息；③招标人明示或者暗示投标人压低或抬高投标报价；④招标人明示或者暗示投标人为特定投标人中标提供方便；⑤招标人与投标人为谋求特定中标人中标而采取的其他串通行为。

（3）投标人不得以他人名义投标

以他人名义投标，指投标人挂靠其他施工单位，或从其他单位通过转让或租借的方式获取资格或资质证书，或者由其他单位及其法定代表人在自己编制的投标文件上加盖印章和签字等行为。

【案例】

某投资公司建设一幢办公楼，采用公开招标方式选择施工单位，投标保证金有效期时间同投标有效期。提交投标文件截止时间为 2003 年 5 月 30 日。该公司于 2003 年 3 月 6 日发出招标公告，后有 A、B、C、D、E 等 5 家建筑施工单位参加了投标，E 单位由于工作人员疏忽于 6 月 2 日提交投标保证金。开标会于 6 月 3 日由该省建委主持，D 单位在开标前向投资公司要求撤回投标文件。经过综合评选，最终确定 B 单位中标。双方按规定签订了施工承包合同。

问题：

1. E 单位的投标文件按要求如何处理？为什么？

2. 对 D 单位撤回投标文件的要求应当如何处理？为什么？

3. 上述招标投标程序中，有哪些不妥之处？请说明理由。

分析：

1. E 单位的投标文件应当被认为是无效投标而拒绝。因为招标文件规定的投标保证金是投标文件的组成部分，因此，对于未能按照要求及时提交投标保证金的，招标单位视为不响应招标而予以拒绝。

2. 对 D 单位撤回投标文件的要求，应当没收其投标保证金。因为，投标行为是一种要约，在投标有效期内撤回其投标文件，应视为违约行为。

3. 提交投标文件的截止时间，与举行开标会的时间不是同一时间。按照《招标投标法》的规定，开标应当在招标文件确定的提交投标文件截止时间的同一时间公开进行。开标应当由招标人或者招标代理人主持，省建委作为行政管理机关只能监督招投标的活动，不能作为开标会的主持者。

3.4 建设工程开标、评标、中标

3.4.1 建设工程开标

1. 开标的概念

开标是由投标截止之后，招标人按招标文件所规定的时间和地点，开启投标人提交的投标文件，公开宣布投标人的名称、投标价格及投标文件的其他主要内容的活动。

2. 开标的规则

（1）开标应当在招标文件确定的提交投标文件截止时间的同一时间公开进行，开标地点应当为招标文件中预先确定的地点。开标由招标人主持，邀请所有投标人参加。

（2）开标时，由投标人或者其推选的代表检查投标文件的密封情况，也可以由招标人委托的公证机构检查并公证；经确认无误后，由工作人员当众拆封，宣读投标人名称、投标价格和投标文件的其他主要内容。

（3）招标人在招标文件要求的提交投标文件的截止时间前收到的所有投标文件，开标时都应当当众予以拆封、宣读。开标过程应当记录，并存档备查。

3.4.2 建设工程评标

评标就是由评标委员会依据招标文件的要求和规定，对投标文件进行审查、评审和比较。

1. 评标委员会

（1）评标委员会的组成

评标委员会依法组建，负责评标活动，向招标人推荐中标候选人或者根据招标人的授权直接确定中标人。评标委员会由招标人负责组建。

依法必须进行招标的项目，其评标委员会由招标人的代表和有关技术、经济等方面的专家组成，成员人数为 5 人以上单数，其中技术、经济等方面的专家不得少于成员总数的三分之二。

（2）评标委员会专家的选取

评标委员会专家，由招标人从国务院有关部门或者省、自治区、直辖市人民政府有关部门提供的专家名册或者招标代理机构的专家库内的相关专业的专家名单中确定；一般招标项目可以采取随机抽取方式，特殊招标项目可以由招标人直接确定。

评标专家应符合下列条件：①从事相关专业领域工作满 8 年并具有高级职称或者同等专业水平；②熟悉有关招标投标的法律法规，并具有与招标项目相关的实践经验；③能够认真、公正、诚实、廉洁地履行职责。

有下列情形之一的，不得担任评标委员会成员：①投标人或者投标人主要负责人的近亲属；②项目主管部门或者行政监督部门的人员；③与投标人有经济利益关系，可能影响对投标公正评审的；④曾因在招标、评标以及其他与招标投标有关活动中从事违法行为而受过行政处罚或刑事处罚的。

评标委员会成员有前款规定情形之一的，应当主动提出回避。与投标人有利害关系的人不得进入相关项目的评标委员会，已经进入的应当更换。评标委员会成员的名单在中标结果确定前应当保密。

（3）评标委员会及成员的权利、义务与责任

1）评标委员会的权利

①独立评审权。评标委员会的评标活动不受外界的非法干预与影响。

②要求澄清权。评标委员会可以要求投标人对投标文件中含义不明确的内容做必要的澄清或者说明，以确认其正确内容，但不得超出投标文件的范围或改变投标文件的实质内容。

③推荐权或确定权。评标委员会可在评标报告中推荐 1～3 个中标候选人或根据招标人的授权在评标报告中直接确定中标人。

④否决权。评标委员会经评审，认为所有投标都不符合招标文件的要求，可以否决所有投标。这时，强制招标的项目应重新招标。

2）评标委员会的义务

①评标委员会完成评标后向招标人提出书面评标报告，并抄送有关行政监督部门。评标报告应当如实记载以下内容：a. 基本情况和数据表；b. 评标委员会成员名单；c. 开标记录；d. 符合要求的投标一览表；e. 废标情况说明；f. 评标标准、评标方法或者评标因素一览表；g. 经评审的价格或者评分比较一览表；h. 经评审的投标人排序；i. 推荐的中标候选人名单与签订合同前要处理的事宜；j. 澄清、说明、补正事项纪要。

②必须严格按照招标文件确定的评标标准和方法评标，对投标文件进行评审和比较；设有标底的，应当参考标底。

3）评标委员会成员的责任

①评标委员会成员应当客观、公正地履行职务，遵守职业道德，对所有的评审意见承担个人责任。

②评标委员会成员不得私下接触投标人，不得收受投标人的财物或其他好处。

③不得透露对投标文件的评审和比较，中标候选人的推荐情况以及与评标有关的其他情况。

2. 评标标准

2001 年 7 月 5 日原国家计委、建设部等七部委联合发布了《评标委员会和评标方法暂行规定》。根据该暂行规定及有关规定，评标应遵守如下法律规定：评标委员会应当根据招标文件规定的评标标准和方法，对投标文件进行系统的评审和比较；招标文件中没有规定的标准和方法不得作为评标的依据；招标文件中规定的评标标准和评标方法应当合理，不得含有倾向或者排斥潜在投标人的内容，不得妨碍或者限制投标人之间的竞争。

评标方法包括经评审的最低投标价法、综合评估法或者法律、行政法规允许的其他评标方法。

3. 应作为废标处理的几种情况

《工程建设项目施工招标投标办法》第五十条规定，有下列情形之一的，评标委员会应当否决其投标：①投标文件未经投标单位盖章和单位负责人签字；②投标联合体没有提交共同

投标协议；③投标人不符合国家或者招标文件规定的资格条件；④同一投标人提交两个以上不同的投标文件或者投标报价，但招标文件要求提交备选投标的除外；⑤投标报价低于成本或者高于招标文件设定的最高投标限价；⑥投标文件没有对招标文件的实质性要求和条件作出响应；⑦投标人有串通投标、弄虚作假、行贿等违法行为。

4. 评标的规则

（1）投标文件中有含义不明确的内容、明显文字或者计算错误，评标委员会认为需要投标人作出必要澄清、说明的，应当书面通知该投标人。投标人的澄清、说明应当采用书面形式，并不得超出投标文件的范围或者改变投标文件的实质性内容。评标委员会不得暗示或者诱导投标人作出澄清、说明，不得接受投标人主动提出的澄清、说明。

（2）评标完成后，评标委员会应当向招标人提交书面评标报告和中标候选人名单。中标候选人应不超过 3 个，并标明排序。

（3）评标报告应当由评标委员会全体成员签字。对评标结果有不同意见的评标委员会成员应当以书面形式说明其不同意见和理由，评标报告应当注明该不同意见。评标委员会成员拒绝在评标报告上签字又不书面说明其不同意见和理由的，视为同意评标结果。

3.4.3 建设工程中标

1. 中标的条件

《招标投标法》第四十一条规定，中标人的投标应当符合下列条件之一：

（1）能够最大限度地满足招标文件中规定的各项综合评价标准；

（2）能够满足招标文件的实质性要求，并且经评审的投标价格最低，但是投标价格低于成本的除外。

2. 中标通知书的发出

中标人确定后，招标人应当向中标人发出中标通知书，并同时将中标结果通知所有未中标的投标人。中标通知书对招标人和中标人具有法律效力。中标通知书发出后，招标人改变中标结果的，或者中标人放弃中标项目的，应当依法承担法律责任。

招标人和中标人应当自中标通知书发出之日起 30 日内，按照招标文件和中标人的投标文件订立书面合同。招标人和中标人不得再行订立背离合同实质性内容的其他协议。招标人与中标人签订合同后 5 个工作日内，应当向未中标的投标人退还投标保证金。

3. 履约保证金

招标文件要求中标人提交履约保证金或者其他形式履约担保的，中标人应当提交；拒绝提交的，视为放弃中标项目。招标人要求中标人提供履约保证金或其他形式履约担保的，招标人应当同时向中标人提供工程款支付担保。招标人不得擅自提高履约保证金，不得强制要求中标人垫付中标项目建设资金。

4. 中标无效的情形

根据《招标投标法》的规定，中标无效有如下几种情况：

（1）招标代理机构违反《招标投标法》规定，泄露应当保密的与招标投标活动有关的情况和资料的，或与招标人、投标人串通损害国家利益、社会公共利益或者他人的合法权益，影响中标结果的，中标无效；

（2）依法必须进行招标的项目的招标人向他人透露已获取招标文件的潜在投标人的名

称、数量或者可能影响公平竞争的有关招标投标的其他情况的，或者泄露标底的，影响中标结果的，中标无效；

（3）投标人相互串通投标或者与招标人串通投标的，投标人以向招标人或者评标委员会成员行贿的手段谋取中标的，中标无效；

（4）投标人以他人名义投标或者以其他方式弄虚作假，骗取中标的，中标无效；

（5）依法必须进行招标的项目，招标人违反法律规定，与投标人就投标价格、投标方案等实质性内容进行谈判，影响中标结果的，中标无效；

（6）招标人在评标委员会依法推荐的中标候选人以外确定中标人的，或依法必须进行招标的项目的所有投标被评标委员会否决后自行确定中标人的，中标无效。

【案例】

2008 年 10 月，杭州市某建设工程在市建设工程交易中心开标评标。洪某、范某、吴某、周某四位专家，在对投标文件商务标的评审过程中，未按招标文件的要求进行评审，以"投标文件中工程量清单封面没有盖投标单位及其法人代表章"为由，将两家投标单位随意废标，导致评标结果出现重大偏差，该项目因而不得不重新评审，严重影响了招标人正常招标流程和整个项目的进度。

处理：

为严肃评标纪律，端正评标态度，维护招标投标评审工作的科学性与公正性，杭州市建设委员会根据《工程建设项目施工招标投标办法》第七十八条规定，作出了"给予洪某、范某、吴某、周某等四位专家警告，并进行通报批评"的行政处理决定。

分析：

本案例中，有一个重要的事实是"两家投标单位的投标函和标书封面均已盖投标单位及其法人代表章、相关造价专业人员也已签字盖章"。而根据《建设工程工程量清单计价规范》和杭州市招标投标的相关规定，"投标函和标书封面已盖投标单位及其法人代表章、相关造价专业人员也已签字盖章"的投标文件，实质上已经响应了招标文件的第 19.3 条款"投标文件封面、投标函均应加盖投标人印章并经法定代表人或其委托代理人签字或盖章"的要求，属于有效书。评审过程中两位商务专家未能仔细领会招标文件的相关规定，在明知"投标文件商务报价书和投标函均已盖投标单位及其法人代表章、相关造价专业人员也已签字盖章"的前提下，仍随意将两家投标单位废标的行为是草率和不负责任的。由此导致的项目重评，既影响了项目的正常开工，给招标单位带来了损失，也引发了多家投标单位的质疑和投诉，在社会上产生了一些负面影响。根据《招标投标法》第四十四条第一款规定，"评标委员会成员应当客观、公正地履行职务，遵守职业道德，对所提出的评审意见承担个人责任"。作为评标专家这一特殊的群体，洪某等四人的行为违反了《招标投标法》第四十四条第一款的相关规定，应该为自己的行为承担责任，为自己的过失"买单"。

3.5　建设工程招标投标中的行政监督

《招标投标法》第七条规定：招标投标活动及其当事人应当接受依法实施的监督。有关行政监督部门依法对招标投标活动实施监督，依法查处招标投标活动中的违法行为。对招标投标活动的行政监督及有关部门的具体职权划分，由国务院规定。

3.5.1　招标备案

1. 招标备案的有关规定

《招标投标法》第十二条第三款规定：依法必须进行招标的项目，招标人自行办理招标事宜的，应当向有关行政监督部门备案。

《施工招标投标管理办法》第十二条规定：招标人自行办理施工招标事宜的，应当在发布招标公告或者发出投标邀请书的5日前，向工程所在地县级以上地方人民政府建设行政主管部门备案，并报送下列材料：

（1）按照国家有关规定办理审批手续的各项批准文件；

（2）《施工招标投标管理办法》第十一条所列条件的证明材料，包括专业技术人员的名单、职称证书或者执业资格证书及其工作经历的证明材料；

（3）法律、法规、规章规定的其他材料。

招标人不具备自行办理施工招标事宜条件的，建设行政主管部门应当自收到备案材料之日起5日内责令招标人停止自行办理施工招标事宜。

2. 招标备案的材料

根据上述规定，招标人自行办理招标事宜的，应当在发布招标公告或发出投标邀请书5日前，向工程所在地县级以上地方人民政府建设行政主管部门备案，并报送下列材料：

（1）国家有关规定办理审批手续的各项批准文件；

（2）专门的施工招标组织机构和与工程规模、复杂程度相适应并具有同类工程施工招标经验、熟悉有关工程施工招标法律法规的工程技术、概预算及工程管理的专业人员的证明材料，包括专业技术人员的名单、职称证书或者执业资格证书及其工作经历的证明材料；

（3）法律、法规、规章规定的其他材料。

例如某省建设行政主管部门规定，在招标备案时应报送下列资料：

（1）建设工程项目的年度投资计划和工程项目报建备案登记表；

（2）建设工程施工招标备案登记表；

（3）项目法人单位的法人资格证书和授权委托书；

（4）招标公告或投标邀请书；

（5）招标单位有关工程技术、概预算、财务以及工程管理等方面专业技术人员名单、职称证书或执业资格证书及其主要工作经历的证明材料；

（6）如委托工程招标代理机构招标，委托方和代理方签订的"工程招标代理委托合同"。

建设行政主管部门自收到备案材料之日起5个工作日内没有提出异议，招标人可发布招标公告或发出投标邀请书。如招标人不具备自行办理施工招标事宜条件的，建设行政主管部门应当自收到备案材料之日起5日内，责令招标人停止自行办理招标事宜。

3.5.2 对招标有关文件的核查备案

建设行政主管部门核查的内容主要包括以下方面。

1. 对招标文件的核查

（1）招标文件的组成是否包括招标项目的所有实质性要求和条件，以及拟签订合同的主要条款，能使投标人明确承包工作范围和责任，并能够合理预见风险编制投标文件；

（2）招标项目需要划分标段时，承包工作范围的合同界限是否合理；

（3）招标文件是否有限制公平竞争的条件。

2. 对投标人资格审查文件的核查

（1）不得以不合理条件限制或排斥潜在投标人；

（2）不得对潜在投标人实行歧视待遇；

（3）不得强制投标人组成联合体投标。

3.5.3　对投标活动的监督

全部使用国有资金投资或者国有资金投资占控股或者主导地位，依法必须进行施工招标的工程项目，应当进入有形建筑市场进行招标投标活动。

3.5.4　查处招标投标活动中的违法行为

《招标投标法》明确提出，国务院规定的有关行政监督部门有权依法对招标投标活动中的违法行为进行查处。视情节和对招标的影响程度，承担后果责任的形式可以为：判定招标无效，责令改正后重新招标；对单位负责人或其他直接责任者给予行政或纪律处分；没收非法所得，并处以罚金；构成犯罪的，依法追究刑事责任。

3.5.5　中标后向有关行政监督部门提交书面报告

《招标投标法》第四十七条规定：依法必须进行招标的项目，招标人应当在确定中标人之日起 15 日内，向有关行政监督部门提交招标投标情况的书面报告。书面报告至少应包括下列内容：招标范围，招标方式和发布招标公告的媒介，招标文件中投标人须知、技术条款、评标标准和方法、合同主要条款等内容，评标委员会的组成和评标报告，中标结果。

3.6　建设工程招标投标的法律责任

在建设工程招投标过程中，招标人、投标人及相关参与人违反了法定义务，应承担相应的法律责任。《招标投标法》、《招标投标法实施细则》中有关于法律责任的具体规定为：

必须进行招标的项目而不招标的，将必须进行招标的项目化整为零或者以其他任何方式规避招标的，责令限期改正，可以处项目合同金千分之五以上千分之十以下的罚款；对全部或者部分使用国有资金的项目，可以暂停项目执行或者暂停资金拨付；对单位直接负责的主管人员和其他直接责任人员依法予以处分。

3.6.1　招标人的法律责任

招标人以不合理的条件限制或者排斥潜在投标人的，对潜在投标人实行歧视待遇的，强制要求投标人组成联合体共同投标的，或者限制投标人之间竞争的，责令改正，可以处 1 万元以上 5 万元以下的罚款。

招标人有下列行为之一的，属于以不合理条件限制、排斥潜在投标人或者投标人：①就同一招标项目向潜在投标人或者投标人提供有差别的项目信息；②设定的资格、技术、商务条件与招标项目的具体特点和实际需要不相适应或者与合同履行无关；③依法必须进行招标的项目以特定行政区域或者特定行业的业绩、奖项作为加分条件或者中标条件；④对潜在投标人或者投标人采取不同的资格审查或者评标标准；⑤限定或者指定特定的专利、商标、品牌、原产地或者供应商；⑥依法必须进行招标的项目非法限定潜在投标人或者投标人的所有制形式或者组织形式；⑦以其他不合理条件限制、排斥潜在投标人或者投标人。

依法必须进行招标的项目的招标人向他人透露已获取招标文件的潜在投标人的名称、数量或者可能影响公平竞争的有关招标投标的其他情况的，或者泄露标底的，给予警告，可以并处 1 万元以上 10 万元以下的罚款；对单位直接负责的主管人员和其他直接责任人员依法给予处分；构成犯罪的，依法追究刑事责任。前款所列行为影响中标结果的，中标无效。

招标人有下列情形之一的，由有关行政监督部门责令改正，可以处 10 万元以下的罚款：①依法应当公开招标而采用邀请招标；②招标文件、资格预审文件的发售、澄清、修改的时限，或者确定的提交资格预审申请文件、投标文件的时限不符合《招标投标法》和本条例规定；③接受未通过资格预审的单位或者个人参加投标；④接受应当拒收的投标文件。

招标人有前款第一项、第三项、第四项所列行为之一的，对单位直接负责的主管人员和其他直接责任人员依法给予处分。

依法必须进行招标的项目的招标人不按照规定组建评标委员会，或者确定、更换评标委员会成员违反《招标投标法》和相关条例规定的，由有关行政监督部门责令改正，可以处 10 万元以下的罚款，对单位直接负责的主管人员和其他直接责任人员依法给予处分；违法确定或者更换的评标委员会成员作出的评审结论无效，依法重新进行评审。

依法必须进行招标的项目的招标人与投标人就投标价格、投标方案等实质性内容进行谈判的，给予警告，对单位直接负责的主管人员和其他直接责任人员依法给予处分。前款所列行为影响中标结果的，中标无效。

招标人在评标委员会依法推荐的中标候选人以外确定中标人的，依法必须进行招标的项目在所有投标被评标委员会否决后自行确定中标人的，中标无效。责令改正，可以处中标项目金额千分之五以上千分之十以下的罚款；对单位直接负责的主管人员和其他直接责任人员依法给予处分。

招标人与中标人不按照招标文件和中标人的投标文件订立合同的，或者招标人、中标人订立背离合同实质性内容的协议的，责令改正；可以处中标项目金额千分之五以上千分之十以下的罚款。

3.6.2　投标人的法律责任

投标人相互串通投标或者与招标人串通投标的，投标人以向招标人或者评标委员会成员行贿的手段谋取中标的，中标无效，处中标项目金额千分之五以上千分之十以下的罚款，对单位直接负责的主管人员和其他直接责任人员处单位罚款数额百分之五以上百分之十以下的罚款；有违法所得的，并处没收违法所得；情节严重的，取消其 1 年至 2 年内参加依法必须进行招标的项目的投标资格并予以公告，直至由工商行政管理机关吊销营业执照；构成犯罪的，依法追究刑事责任。给他人造成损失的，依法承担赔偿责任。

投标人有下列行为之一的，属于上述规定的情节严重行为，由有关行政监督部门取消其 1 年至 2 年内参加依法必须进行招标的项目的投标资格：①以行贿谋取中标；②3 年内 2 次以上串通投标；③串通投标行为损害招标人、其他投标人或者国家、集体、公民的合法利益，造成直接经济损失 30 万元以上；④其他串通投标情节严重的行为。

投标人自本条第二款规定的处罚执行期限届满之日起 3 年内又有该款所列违法行为之一的，或者串通投标、以行贿谋取中标情节特别严重的，由工商行政管理机关吊销营业执照。

投标人以他人名义投标或者以其他方式弄虚作假，骗取中标的，中标无效，给招标人造成损失的，依法承担赔偿责任；构成犯罪的，依法追究刑事责任。

依法必须进行招标的项目的投标人有前款所列行为尚未构成犯罪的，处中标项目金额千分之五以上千分之十以下的罚款，对单位直接负责的主管人员和其他直接责任人员处单位罚款数额百分之五以上百分之十以下的罚款；有违法所得的，并处没收违法所得；情节严重的，取消其 1 年至 3 年内参加依法必须进行招标的项目的投标资格并予以公告，直至由工商行政管理机关吊销营业执照。

投标人有下列行为之一的，属于上述规定的情节严重行为，由有关行政监督部门取消其 1 年至 3 年内参加依法必须进行招标的项目的投标资格：①伪造、变造资格、资质证书或者其他许可证件骗取中标；②3 年内 2 次以上使用他人名义投标；③弄虚作假骗取中标给招标人造成直接经济损失 30 万元以上；④其他弄虚作假骗取中标情节严重的行为。

投标人自本条第二款规定的处罚执行期限届满之日起 3 年内又有该款所列违法行为之一的，或者弄虚作假骗取中标情节特别严重的，由工商行政管理机关吊销营业执照。

出让或者出租资格、资质证书供他人投标的，依照法律、行政法规的规定给予行政处罚；构成犯罪的，依法追究刑事责任。

3.6.3　其他相关参与人的责任

1. 招标代理机构的法律责任

招标代理机构泄露应当保密的与招标投标活动有关的情况和资料的，或者与招标人、投标人串通损害国家利益、社会公共利益或者他人合权益的，处 5 万元以上 25 万元以下的罚款，对单位直接负责的主管人员和其他接责任人员处单位罚款数额百分之五以上百分之十以下的罚款；有违法所得的，并处没收违法所得；情节严重的，暂停直至取消招标代理资格；构成犯罪的，依法追究刑事责任。给他人造成损失的，依法承担赔偿责任。前款所列行为影响中标结果的，中标无效。

招标代理机构在所代理的招标项目中投标、代理投标或者向该项目投标人提供咨询的，接受委托编制标底的中介机构参加受托编制标底项目的投标或者为该项目的投标人编制投标文件、提供咨询的，依照《招标投标法》第五十条的规定追究法律责任。

2. 评标委员会成员的法律责任

评标委员会成员有下列行为之一的，由有关行政监督部门责令改正；情节严重的，禁止其在一定期限内参加依法必须进行招标的项目的评标；情节特别严重的，取消其担任评标委员会成员的资格：①应当回避而不回避；②擅离职守；③不按照招标文件规定的评标标准和方法评标；④私下接触投标人；⑤向招标人征询确定中标人的意向或者接受任何单位或者个人明示或者暗示提出的倾向或者排斥特定投标人的要求；⑥对依法应当否决的投标不提出否决意见；⑦暗示或者诱导投标人作出澄清、说明或者接受投标人主动提出的澄清、说明；⑧其他不客观、不公正履行职务的行为。

评标委员会成员收受投标人的财物或者其他好处的，评标委员会成员或者参加评标的有关工作人员向他人透露对投标文件的评审和比较、中标候选人的推荐以及与评标有关的其他情况的，给予警告，没收收受的财物，可以并处 3000 元以上 5 万元以下的罚款，对有所列违法行为的评标委员会成员取消担任评标委员会成员的资格，不得再参加任何依法必须进行招标的项目的评标；构成犯罪的，依法追究刑事责任。

3. 中标人的法律责任

中标人将中标项目转让给他人的，将中标项目肢解后分别转让给他人的，违反《招标投标法》规定将中标项目的部分主体、关键性工作分包给他人的，或者分包人再次分包的，转让、分包无效，处转让、分包项目金额千分之五以上千分之十以下的罚款；有违法所得的，并处没收违法所得；可以责令停业整顿；情节严重的，由工商行政管理机关吊销营业执照。

中标人不履行与招标人订立的合同的，履约保证金不予退还，给招标人造成的损失超过履约保证金数额的，还应当对超过部分予以赔偿；没有提交履约保证金的，应当对招标人的损失承担赔偿责任。

中标人不按照与招标人订立的合同履行义务，情节严重的，取消其 2 年至 5 年内参加依法必须进行招标的项目的投标资格并予以公告，直至由工商行政管理机关吊销营业执照。

因不可抗力不能履行合同的，不适用前两款规定。

4. 有关行政监督部门的法律责任

有关行政监督部门不依法履行职责，对违反《招标投标法》和《招标投标法实施条例》的行为不依法查处，或者不按照规定处理投诉、不依法公告对招标投标当事人违法行为的行政处理决定的，对直接负责的主管人员和其他直接责任人员依法给予处分。

项目审批、核准部门和有关行政监督部门的工作人员徇私舞弊、滥用职权、玩忽职守，构成犯罪的，依法追究刑事责任。

5. 国家工作人员的法律责任

国家工作人员利用职务便利，以直接或者间接、明示或者暗示等任何方式非法干涉招标投标活动，有下列情形之一的，依法给予记过或者记大过处分；情节严重的，依法给予降级或者撤职处分；情节特别严重的，依法给予开除处分；构成犯罪的，依法追究刑事责任：①要求对依法必须进行招标的项目不招标，或者要求对依法应当公开招标的项目不公开招标；②要求评标委员会成员或者招标人以其指定的投标人作为中标候选人或者中标人，或者以其他方式非法干涉评标活动，影响中标结果；③以其他方式非法干涉招标投标活动。

【案例】

某公路路基工程具备招标条件，决定进行公开招标。招标人委托某招标代理机构 K 进行招标代理。招标方案由 K 招标代理机构编制，经招标人同意后实施。招标文件规定本项目采取公开招标、资格后审方式选择承包人，同时规定投标有效期为 90 日。2012 年 10 月 12 日下午 4：00 点整为投标截止时间，2012 年 10 月 14 日下午 2：00 点在某某会议室召开开标会议。

2012 年 9 月 15 日，K 招标代理机构在国家指定媒介上发布招标公告。招标公告内容如下：

1. 招标人的名称和地址；

2. 招标代理机构的名称和地址；

3. 招标项目的内容、规模及标段的划分情况；

4. 招标项目的实施地点和工期；

5. 对招标文件收取的费用。

2012 年 9 月 18 日，招标人开始出售招标文件。2012 年 9 月 22 日，有两家外省市的施工单位前来购买招标文件，被告知招标文件已停止出售。

截至 2012 年 10 月 12 日下午 4：00 即投标文件递交截止时间，共有 48 家投标单位提交了投标文件。在招标文件规定的时间进行开标，经招标人代表检查投标文件的密封情况后，由招标代理机构当众拆封，宣读投标人名称、投标价格、工期等内容，并由投标人代表对开标结果进行了签字确认。

随后，招标人依法组建的评标委员会对投标人的投标文件进行了评审，最后确定了A、B、C三家投标人分别为某合同段第一、第二、第三中标候选人。招标人于2012年10月28日向A投标人发出了中标通知书，A中标人于当日确认收到此中标通知书。此后，自10月30日至11月30日招标人又与A投标人就合同价格进行了多次谈判，于是A投标人将价格在正式报价的基础上下浮了0.5%，最终双方于12月3日签订了书面合同。

问题：

本案招投标程序有哪些不妥之处？为什么？

分析：

本案招标程序中，存在以下不妥之处：

1. 开标时间2012年10月14日下午2:00与提交投标文件的截止时间2012年10月12日下午4:00不一致不妥。《招标投标法》第三十四条规定，开标应当在招标文件确定的提交投标文件截止时间的同一时间公开进行。

2. 招标公告的内容不全。《工程建设项目施工招标投标办法》第十四条规定，除已明确的内容外，还应载明以下事项：招标项目的资金来源、获取招标文件的时间和地点、对投标人的资质等级要求等。

3. 招标文件停止出售的时间不妥。《工程建设项目施工招标投标办法》第十五条规定，自招标文件开始出售之日起至停止出售止，最短不得少于5个工作日。

4. 由招标人代表检查投标文件的密封情况不妥。《招标投标法》第三十六条规定，开标时，由投标人或者其推选的代表检查投标文件的密封情况，也可以由招标人委托的公证机构检查并公证。

5. 中标通知书发出后，招标人与中标人A就合同价格进行谈判不妥。《招标投标法》第四十六条规定，招标人和中标人应当自中标通知书发出之日起30日内，按照招标文件和中标人的投标文件订立书面合同。招标人和中标人不得再行订立背离合同实质性内容的其他协议。这里的合同价格属于《招标投标法》第四十三条界定的实质性内容。

6. 招标人和中标人签订书面合同的期限和合同价格不妥。《招标投标法》第四十六条规定，招标人和中标人应当自中标通知书发出之日起30日内，按照招标文件和中标人的投标文件订立书面合同。本案例中通知书于10月28日发出，直至12月3日才签订了书面合同，已超过了法律规定的30日期限。

中标人的中标价格属于合同实质性内容，其中标价就是签约合同价。本案中将其下浮0.5%后作为签约合同价，违反了《招标投标法》。

【思考题】

1. 简述建设工程发包的方式及行为规范。
2. 简述建设工程承包的行为规范及对外承包工程的行为规范。
3. 何谓违法分包？何谓转包？法律为什么要禁止违法分包和转包？
4. 简述强制招标的范围。
5. 简述建设工程招标的条件。
6. 简述投标文件的组成。
7. 简述废标的几种情形。
8. 简述评标委员会的组成。
9. 简述中标通知书的法律效力。
10. 简述建设工程招标人的法律责任。
11. 简述建设工程投标人的法律责任。

第4章 建设工程合同法规

【教学目标】

了解合同的概念、种类以及《中华人民共和国合同法》①的基本原则，熟悉建设工程合同的订立、效力、变更、转让及终止，掌握建设工程合同的履行、违约责任以及建设工程合同的担保。

【职业资格考试要求】

合同的概念、种类，《合同法》的基本原则，建设工程合同的概念、类型、要约、承诺，建设工程勘察合同的内容，建设工程施工合同的内容，建设工程合同的缔约过失责任，建设工程合同生效的要件，导致建设工程合同无效的法定情形，合同中的无效免责条款，无效建设工程合同的情形，可变更、可撤销建设工程合同的情形，撤销权的行使，效力待定建设工程合同的类型，建设工程合同履行的原则，建设工程合同条款约定不明确的履行问题，建设工程合同履行中的抗辩权、代位权和撤销权，勘察合同承包人与发包人的义务，设计合同发包人和承包人的义务，建设工程施工合同中承包人的义务，建设工程施工合同中发包人的义务，建设工程合同变更，建设工程合同转让的概念，建设工程合同解除的情形，承担违约责任的基本形式，建设工程勘察、设计合同的违约责任，建设工程施工合同的违约责任，《担保法》规定的担保形式。

【涉及的主要法规】

《合同法》、《建设工程勘察设计合同管理办法》、《中华人民共和国担保法》②、《建筑法》、《最高人民法院关于审理建设工程施工合同纠纷案件适用法律问题的解释》。

4.1 《合同法》概述

4.1.1 合同的概念

《合同法》第二条规定，合同是平等主体的自然人、法人、其他组织之间设立、变更、终止民事权利义务关系的协议。婚姻、收养、监护等有关身份关系的协议，适用其他法律的规定。

从合同的概念可以看出合同必定是平等主体之间设立的一种法律关系。自然人与自然人之间、自然人与法人之间、法人与法人之间是平等主体。自然人与自然人、自然人与法人、法人与法人之间设立的这种权利义务关系，主要与财产有关。

---

① 《中华人民共和国合同法》，在本书后面出现，一律简称《合同法》。
② 《中华人民共和国担保法》，在本书后面出现，一律简称《担保法》。

4.1.2　合同的种类

1. 双务合同和单务合同

根据当事人双方权利义务的分担方式，可把合同分为双务合同与单务合同。

双务合同，是指当事人双方相互享有权利、承担义务的合同。如买卖、互易、承揽、运送、保险等合同等为双务合同。单务合同，是指当事人一方只享有权利，另一方只承担义务的合同。如赠予合同就是单务合同。

2. 有偿合同与无偿合同

根据当事人取得权利是否以偿付为代价，可以将合同分为有偿合同与无偿合同。

有偿合同，是指当事人一方享有合同规定的权益，必须向对方偿付相应代价的合同。无偿合同，是指当事人一方只享有合同规定的权益，不必向对方偿付任何代价的合同。

3. 有名合同与无名合同

根据法律是否设有规范并赋予一个特定名称为标准，合同可分为有名合同与无名合同。

有名合同，又称典型合同，是指法律设有规范，并赋予一定的名称的合同。如《合同法》规定的买卖、借款、租赁、建设工程合同等 15 大类合同均为有名合同。无名合同，又称非典型合同，是指法律尚未特别规定，未赋予一定名称的合同。

4. 诺成合同与实践合同

根据合同的成立是否以交付标的物为要件，可将合同分为诺成合同与实践合同。诺成合同，又称不要物合同，是指当事人意思表示一致即可成立的合同。实践合同，又称要物合同，是指除当事人意思表示一致外，还须交付标的物方能成立的合同。换句话说，这种合同是在当事人达成合意之后，还必须由当事人交付标的物和完成其他给付以后才能成立。

5. 要式合同与不要式合同

根据合同的成立是否需要特定的形式，可将合同分为要式合同与不要式合同。要式合同，是指法律要求必须具备一定的形式和手续的合同，如书面合同属于要式合同。不要式合同，是指法律不要求必须具备一定形式和手续的合同，如口头合同。

6. 主合同与从合同

根据合同间是否有主从关系，可将合同分为主合同与从合同。主合同，是指不依赖其他合同的存在即可独立存在的合同。从合同，是指须以其他合同的存在为前提而存在的合同。

7. 为订约当事人利益的合同与为第三人利益的合同

根据订立的合同是为谁的利益，可将合同分为为订约当事人利益的合同与为第三人利益的合同。为订约当事人利益的合同，是指仅为了订约当事人自己享有合同权利和直接取得利益的合同。为第三人利益的合同，是指订约的一方当事人不是为了自己，而是为第三人设定权利，使其获得利益的合同。

8. 格式合同与非格式合同

格式合同，又称定型化合同、标准合同、定式合同，是指当事人一方为了重复使用而预先拟定，并在订立合同时未与对方协商的条款。采用格式条款订立的合同就是格式合同，如：保险合同、商品房买卖合同、银行借贷等。非格式合同，是指合同条款全部由双方当事人在订立合同时协商确定的合同。

4.1.3 《合同法》的基本原则

《合同法》的基本原则为平等、自愿、公平、诚实信用以及保护公序良俗原则。这些原则是《合同法》的基本准则，它适用于《合同法》的各个方面，自然也适用于建设工程合同的各个方面。

1. 平等原则

《合同法》规定，合同当事人的法律地位平等，一方不得将自己的意志强加给另一方。这一原则包括三方面的内容：①合同当事人的法律地位一律平等。不论所有制性质、单位大小和经济实力强弱，其法律地位都是平等的。②合同中的权利义务对等。就是说，享有权利的同时就应当承担义务，而且彼此的权利、义务是对等的。③合同当事人必须就合同条款充分协商，在互利互惠基础上取得一致，合同方能成立。任何一方都不得将自己的意志强加给另一方，更不得以强迫、命令、胁迫等手段签订合同。

2. 自愿原则

《合同法》规定，当事人依法享有自愿订立合同的权利，任何单位和个人不得非法干预。自愿原则贯穿于合同活动的全过程，包括订不订立合同自愿、与谁订立合同自愿，合同内容由当事人在不违法的情况下自愿约定，在合同履行过程中当事人可以协议补充、协议变更有关内容，双方也可以协议解除合同，可以约定违约责任，以及自愿选择解决争议的方式。

3. 公平原则

《合同法》规定，当事人应当遵循公平原则确定各方的权利和义务。公平原则主要包括：①订立合同时，要根据公平原则确定双方的权利和义务，不得欺诈，不得假借订立合同恶意进行磋商；②根据公平原则确定风险的合理分配；③根据公平原则确定违约责任。

4. 诚实信用原则

《合同法》规定，当事人行使权利、履行义务应当遵循诚实信用原则。诚实信用原则主要包括：①订立合同时，不得有欺诈或其他违背诚实信用的行为；②履行合同义务时，当事人应当根据合同的性质、目的和交易习惯，履行及时通知、协助、提供必要条件、防止损失扩大、保密等义务；③合同终止后，当事人应当根据交易习惯，履行通知、协助、保密等义务，也称为后契约义务。

5. 保护公序良俗原则

《合同法》规定，当事人订立、履行合同，应当遵守法律、行政法规，尊重社会公德，不得扰乱社会经济秩序，损害社会公共利益。

如果《合同法》有规定或者合同有约定，首先按照合同约定进行；当《合同法》没有规定，合同又没有约定的情况下，双方当事人又达不成协议，可以按照合同的基本原则解决。

4.2 建设工程合同的概念

4.2.1 建设工程合同的定义

建设工程合同是《合同法》分则中 15 大类合同中的一种，因此，《合同法》中总则的规定适用于建设工程合同。

《合同法》规定，建设工程合同是承包人进行工程建设、发包人支付价款的合同。建设工程合同实质上是一种特殊的承揽合同。《合同法》第十六章"建设工程合同"中规定："本章没有规定的，适用承揽合同的有关规定。"建设工程合同可分为建设工程勘察合同、建设工程设计合同、建设工程施工合同。

4.2.2　建设工程合同的特点

1. 合同标的的特殊性

建设工程合同的标的涉及建设工程的产品及服务。建设工程具有产品固定、不能流动、产品多样、需单个完成、产品所用材料多、所需资金大、产品使用时间长、对社会影响极大的特点。

2. 合同主体的特殊性

《建筑法》对建设单位，勘察、设计单位，施工单位，监理单位的资质有严格的要求，只有经过建设行政主管部门的审查，具有相应资质等级，并经工商行政管理部门登记注册，领取法人营业执照的单位，才具有签订建设工程承包合同的民事权利能力和民事行为能力。

3. 合同形式的要式性

由于工程建设周期长，涉及因素多，专业技术性强，当事人之间的权利、义务关系十分复杂，建设工程合同必须采用书面形式。

4. 建设工程合同具有较强的国家管理性

由于建设工程对国家和社会生活方方面面影响较大，在建设合同的订立和履行上，就具有较强的国家干预色彩。

4.2.3　建设工程合同的类型

1. 根据工程建设的不同阶段，建设工程合同可以分为勘察合同、设计合同和施工合同

一项工程的建设需要经过勘察、设计、施工等若干过程才能最终完成，所以根据工程建设的不同阶段，建设工程合同可分为建设工程勘察合同、建设工程设计合同、建设工程施工合同。

2. 根据工程计价方式不同，建设工程合同可以分为固定价格合同、可调价格合同、工程成本加酬金合同

（1）固定价格合同

这种合同的工程价格在实施期间不因价格变化而调整。在工程价格中应考虑价格风险因素并在合同中明确固定价格包括的范围。当合同双方在约定价格固定的基础上，同时约定在图纸不变的情况下，工程量不做调整，则该合同就成了固定总价合同。

（2）可调价格合同

这种合同的工程价格在实施期间可随市场材料价格等因素变化而调整，调整的范围、方法、幅度在合同中明确约定。

（3）工程成本加酬金合同

这种合同的工程成本按现行计价依据以合同约定的办法计算，酬金按工程成本乘以通过竞争确定的费率计算，从而确定工程竣工结算价。

3.根据承发包的工程范围，可以分为建设工程总承包合同和分包合同

根据《建筑法》和《合同法》的相关规定，发包人可以将建设工程的勘察、设计、施工、安装和材料设备采购一并发包给一个工程承包单位，也可以将建设工程的勘察、设计、施工、安装和材料设备采购的一项或者多项发包给一个工程承包单位。工程总承包单位与建设单位之间签订的合同就是建设工程总承包合同。建设工程总承包单位经发包人同意，可以将承包工程中的部分工程分包给具有相应资质的分包单位，总承包单位与分包单位之间签订的合同即为分包合同。

4.3　建设工程合同的订立

4.3.1　建设工程合同订立的程序

合同的订立又称缔约，是当事人为设立、变更、终止财产权利义务关系而进行协商、达成协议的过程。《合同法》第十三条规定："当事人订立合同，采取要约、承诺方式。"依此规定，合同的订立包括要约和承诺两个阶段，当事人为要约和承诺的意思表示均为合同订立的程序。

1.要约

（1）要约的概念

要约指一方当事人向他人作出的以一定条件订立合同并表明一经对方同意即受其约束的意思表示。前者称为要约人，后者称为受要约人。

（2）要约的有效要件

1）要约必须是特定人的意思表示。

2）要约必须是向相对人发出的意思表示。

3）要约必须是具备合同成立必要内容的意思表示，即要约必须是对方经过同意即可成立合同的意思表示。

4）要约必须是表明一经对方同意即可成立合同的意思表示，即要约必须是将最终决定合同成立的权利交给对方的意思表示。

（3）要约生效的时间

要约在到达受要约人时生效，具体情形为：

1）以对话形式作出的要约，自受要约人了解时发生效力；

2）以书面形式作出的要约，自到达受要约人时发生效力；

3）采用数据电子形式作出的要约，收件人指定特定系统接收数据电文的，该数据电文进入该特定系统的时间视为要约生效时间，未指定特定系统的，该数据电文进入收件人的任何系统的首次时间视为要约生效时间。

（4）要约的法律效力

要约对要约人的法律效力主要是指在要约有效期限内，要约人不得随意改变要约的内容，不得任意撤销要约。

依据《合同法》的规定，要约人在受要约人承诺之前可以撤销要约，但是有下列情形之一的不得撤销，即撤销的意思表示不生效，对方进行承诺的，仍然成立合同：①要约人在要约中确定了承诺期限；②要约人明确表明要约不可撤销；③受要约人有理由认为要约是不可撤销的，并已经为履行合同做了准备工作。

（5）要约的撤回

撤回要约的通知应在要约到达受要约人之前或同时到达受要约人，如果要约已到达受要约人，该要约由于已经生效则不得撤回。但是，若该要约不是不可撤销的要约，则撤回的意思表示可以构成要约的撤销。

（6）要约邀请

要约邀请又称作要约引诱，是指行为人邀请他人向其发出要约的意思表示。

对要约邀请的同意，不构成承诺，不能成立合同。因此，区分一项意思表示是要约还是要约邀请意义至关重大。

1）法律有规定的，直接依据法律规定来认定。

价目表的寄送、拍卖广告、招标公告、招股说明书、商业广告属于要约邀请。下列情况例外：①商业广告的内容符合要约规定的，视为要约；②商品房的销售广告和宣传资料为要约邀请，但是出卖人就商品房开发规划范围内的房屋及相关设施所做的说明和允诺，并对商品房买卖合同的订立以及房屋价格的确定有重大影响的，应当视为要约。该说明和允诺即使未载入商品房买卖合同，亦应当视为合同内容，当事人违反的，应当承担违约责任。（《最高人民法院关于审理商品房买卖合同纠纷案件适用法律若干问题的解释》第三条）

2）法律没有规定的，要审查该意思表示是否完全符合要约的要件，凡不符合要约的要件，但又希望和他人订立合同的意思表示，即为要约邀请。具体为：①是否具备合同成立的全部必备条款，若具备则为要约，若不全具备则为要约邀请；②表意人是否表明受该意思表示的约束，如表明对方同意即成立合同的为要约，反之为要约邀请；③是否向特定之当事人作出，若向不特定多数人作出的意思表示则为要约邀请。但有例外，商业广告构成要约的以及悬赏广告两种。

2. 承诺

（1）承诺的概念

承诺是指受要约人同意接受要约的条件以缔结合同的意思表示。

（2）承诺的有效要件

1）承诺须由受要约人或其代理人作出。

2）承诺必须向要约人或其代理人作出。

3）承诺须在要约的有效期内作出。对此认定应依据如下情形具体确定：①要约规定承诺期限的，必须在承诺期限内到达；②要约没有规定承诺期限的，应当在合理的期限内到达。

4）承诺须与要约的实质内容一致：①受要约人对要约的内容进行实质性变更而进行承诺的为新要约。有关合同标的、数量、质量、价款或报酬、履行期限、履行地点和方式、违约责任和解除争议方法等的变更，是对要约内容有实质性变更；②非实质性变更的，除要约人及时表示反对或要约表明承诺不得对要约的内容作出任何变更的以外，该承诺有效，合同的内容以承诺的内容为准。

（3）承诺的方式

1）承诺应以通知的方式作出，但根据交易习惯或要约表明可以通过行为作出承诺的除外。

2）单纯的沉默不构成承诺。

例如：甲向乙发出要约，要求乙在16日内作出答复并表明若16日内乙未进行答复的视为接受，若乙未在16日内答复的，仍然不构成承诺，合同不能成立。

3）沉默作为承诺的情形

①法律有特别规定时。

例如：在试用买卖中，试用期间届满，买受人对是否购买标的物未做表示的，视为购买。（《合同法》第一百七十一条）

②当事人之间有特别约定时

如甲和乙事先约定甲对乙发出要约，若乙未在指定的期限内拒绝的视为接受，那么乙对甲的要约未表示拒绝的视为承诺。

（4）承诺的生效时间

1）要约有效期间的起算

①要约人对于要约有效期间起算有规定的，自其规定之日起算。

②没有规定的；a.以邮寄的方式发出要约的，以寄出时的邮戳日期为起算时间。b.以传真、电子邮件等即时通信方式发出的要约以到达的时间为起算时间。c.以电报发出的自交寄时起算。

2）承诺的生效时间

①承诺需要通知的，承诺在承诺期限内到达要约人时生效。其达到的认定与要约的认定完全相同，在此不再赘述。

②承诺不需要通知的，根据交易惯例或要约的要求作出承诺行为时生效。

（5）承诺的撤回

1）承诺可以撤回，但不能撤销，因为承诺一旦到达要约人合同即成立。

2）撤回承诺的通知应先于承诺到达要约人或与承诺同时到达要约人才能发生效力。

（6）承诺的迟到与迟延

1）承诺迟到。所谓承诺迟到是指迟发迟到的承诺。受要约人超过承诺期限发出承诺的，除要约人及时通知受要约人该承诺有效的以外，为新要约。（《合同法》第二十八条）

2）承诺迟延。所谓承诺迟延是指未迟发但是迟到的情形。受要约人在承诺期限内发出承诺，按照通常情形能够及时到达要约人，但因其他原因承诺到达要约人时超过承诺期限的，除要约人及时通知受要约人因承诺超过期限不接受该承诺的以外，该承诺有效。（《合同法》第二十九条）

4.3.2　建设工程合同的形式

《合同法》规定，当事人订立合同，有书面形式、口头形式和其他形式。

1.口头形式

凡当事人的意思表示采用口头形式而订立的合同，称为口头合同。以口头形式订立合同具有简便、迅速、易行的特点，是实际生活中大量存在的合同形式。如消费者在市场购物时与商店营业员之间产生的货物买卖合同关系，就是典型的口头合同。但是口头合同由于没有必要的凭证，一旦发生合同纠纷，往往举证困难，容易产生推卸责任、相互扯皮的现象，不易分清责任。

2. 书面形式

凡当事人的意思表示采用书面形式而订立的合同，称为书面合同。书面形式是指合同书、信件以及数据电文(包括电报、电传、传真、电子数据交换和电子邮件)等可以有形地表现所载内容的形式。书面形式的合同由于对当事人之间约定的权利义务都有明确的文字记载，能够提示当事人适时地正确履行合同义务，当发生合同纠纷时，也便于分清责任，正确、及时地解决纠纷。

建设工程合同为要式合同，必须采用书面形式，并参照国家推荐使用的示范文本(如《建设工程勘察合同〈示范文本〉》、《建设工程设计合同〈示范文本〉》、《建设工程施工合同〈示范文本〉》)签订。这是《建筑法》、《合同法》对建设工程合同形式上的要求，是国家对固定资产投资进行监督管理的需要，也是由建设工程合同履行的特点所决定的。

4.3.3　建设工程合同的内容

合同的内容，即合同当事人的权利、义务。除法律规定的以外，主要由合同的条款确定。

1. 合同的一般条款

合同的内容由当事人约定，一般包括以下条款：①当事人的名称或姓名和住所；②标的；③质量和数量；④价款或酬金；⑤履行的期限；⑥履行地点和方式；⑦违约责任；⑧解决争议的方法。

2. 建设工程勘察、设计合同应当具备的条款

依据《合同法》第二百七十四条的规定，建设工程勘察、设计合同除了具备一般合同应当具备的条款外，还应当具备下列条款：

(1)提交有关基础资料的期限

这是对勘察人、设计人提交勘察、设计成果时间上的要求，超过这一期限，应当承担违约责任。

(2)勘察或设计的质量要求

这是此类合同中最为重要的条款，也是勘察或设计所应承担的最重要的义务。

(3)勘察或设计费用

(4)其他协作条件

3. 建设工程施工合同应当具备的条款

依据《合同法》第二百七十五条规定，建设工程施工合同除了具备一般合同应当具备的条款外，还应当具备下列条款：

(1)工程范围

当事人应在合同中附上承揽工程项目一览表及其工程量，主要包括建筑栋数、结构、层数、资金来源、投资总额以及工程的批准文号等。

(2)建设工期

即建设工程的开工和竣工日期。

(3)中间交工工程的开工和竣工日期

中间交工工程是指需要在全部工程完成期限之前完工的工程。

(4)工程质量

发包人、承包人必须遵守《建设工程质量管理条例》的有关规定，保证工程质量符合工程

建设强制性标准。

（5）工程造价

工程造价在合同条款中的约定，是整个承发包合同最关键的主要条款，应作出周密、明确的约定。

（6）技术资料交付时间

发包人应当在合同约定的时间内向承包人按时提供与本工程项目有关的全部技术资料，否则造成的工期损失或者工程变更应由发包人负责。

（7）材料和设备供应责任

在工程建设过程中所需要的材料和设备由哪一方当事人负责提供，并应对材料和设备的验收程序加以约定。

（8）拨款和结算

拨款和结算即发包人向承包人拨付工程款和结算的方式和时间。

（9）竣工验收

竣工验收是工程建设的最后一道程序，是全面考核设计、施工的关键环节，合同双方还将在该阶段进行决算。竣工验收应当根据《建设工程质量管理条例》第十五条的有关规定执行。

（10）质量保修范围和质量保修期

合同当事人应当根据实际情况确定合理的质量保修范围和质量保修期，但不得低于《建设工程质量管理条例》规定的最低质量保修范围和保修期限。

除以上十项基本合同条款以外，当事人还可以约定其他协作条款，如施工准备工作的分工、工程变更时的处理办法等。

4.3.4　建设工程合同的缔约过失责任

1. 缔约过失责任的概念

缔约过失责任，是指在合同缔结过程中，当事人一方或双方因自己的过失而导致合同不成立、无效或被撤销，应对信赖其合同为有效成立的相对人赔偿基于此项信赖而发生的损害。

订立合同的当事人之间，在合同成立之前，原本无权利、义务关系，但自双方相互接触商定合同起，就会产生相互协助、相互保护、相互通知等义务，双方都应遵循诚实信用原则，尽量达成协议，促使合同成立。违反上述义务的当事人，必须对对方的损失承担赔偿责任，这就是缔约过失责任。

2. 缔约过失责任的构成

缔约过失责任是针对合同尚未成立应当承担的责任，其成立必须具备一定的要件，否则将极大地损害当事人协商订立合同的积极性。

（1）缔约一方受有损失；

（2）缔约当事人过错；

（3）合同尚未成立；

（4）缔约当事人的过错行为与该损失之间有因果关系。

3. 缔约过失责任的适用情形

《合同法》第四十二条规定，当事人在订立合同过程中有下列情形之一，给对方造成损失的，应当承担损害赔偿责任：①假借订立合同，恶意进行磋商；②故意隐瞒与订立合同有关的重要事实或者提供虚假情况；③有其他违背诚实信用原则的行为。

此外，《合同法》第四十三条规定，当事人在订立合同过程中知悉的商业秘密，无论合同是否成立，不得泄露或者不正当地使用。泄露或者不正当地使用该商业秘密给对方造成损失的，应当承担损害赔偿责任。

4.4　建设工程合同的效力

4.4.1　建设工程合同的成立

《合同法》规定：承诺生效时合同成立，承诺生效的地点为合同成立的地点。具体有以下几种情况：

（1）当事人采用合同书形式订立合同的，自双方当事人签字或者盖章时合同成立。当事人采用合同书形式订立合同的，双方当事人签字或者盖章的地点为合同成立的地点。

（2）采用合同书形式订立合同，在签字或者盖章之前，当事人一方已经履行主要义务，对方接受的，该合同成立。

（3）当事人采用信件、数据电文等形式订立合同的，在合同成立之前要求签订确认书的，签订确认书时合同成立。采用数据电文形式订立合同的，收件人的主营业地为合同成立的地点；没有主营业地的，其经常居住地为合同成立的地点。当事人另有约定的，按照其约定。

（4）法律、行政法规规定或者当事人约定采用书面形式订立合同，当事人未采用书面形式但一方已经履行主要义务，对方接受的，该合同成立。

通过直接发包方式订立的建设工程合同，自双方当事人签字或者盖章时合同成立，若当事人未采用书面形式但一方已经履行主要义务，对方接受的，该合同成立。若采用合同书形式订立合同，在签字或者盖章之前，当事人一方已经履行主要义务，对方接受的，该合同成立。

通过招标投标方式订立的建设工程合同的成立时间有两种观点：一种认为，自中标通知书发出之日合同成立；另一种认为，自双方在合同上签字或盖章时合同成立。本书采用第二种观点。

4.4.2　建设工程合同生效的要件

合同的效力，又称合同的法律效力，是指法律赋予依法成立的合同具有约束当事人各方乃至第三人的强制力。《合同法》第八条规定："依法成立的合同，对当事人具有法律约束力。""依法成立的合同，受法律保护。"已经成立的合同，必须具备一定的法律要件，才能产生法律约束力，合同有效要件是判断合同是否具有法律效力的标准。

1. 合同生效的要件

根据《民法通则》和《合同法》的有关规定，合同生效的要件有：

（1）行为人具有相应的行为能力

自然人签订合同，原则上须有完全行为能力，限制行为能力人和无行为能力人不得亲自缔约，由其法定代理人代为签订。但如下情况例外：①可独立签订接受奖励、赠予、报酬等纯获利益或被免除义务的合同；②限制行为能力人可以签订与其年龄、智力和精神健康状况相适应的合同；③可独立签订日常生活中的格式合同或事实合同，如利用自动售货机、乘坐交通工具、进入游园场所；④签订处分自由财产的合同，如学费、旅费等由法定代理人预定使用目的的财产和处分；⑤其他征得法定代理人同意的合同。

法人签订合同严格地受其宗旨、目的、章程及经营范围的制约，超过经营范围的合同无效。这种做法受到了学者的批评，而且有相当数量的判决甚至司法解释也已转变立场，认定在合同内容不违反强行性规范时合同有效。

（2）意思表示真实

意思表示真实是合同有效的重要构成要件。因为合同在本质上是当事人之间的一种合意，此种合意符合法律规定，依法律可以产生法律约束力；而当事人的意思表示能否产生此种约束力，则取决于此种意思表示是否同行为人的真实意思相符，也就是说意思表示是否真实。

（3）不违反法律、行政法规和社会公共利益

这里的"法律"是狭义的法律，即全国人民代表大会及其常务委员会依法通过的规范性文件。这里的"行政法规"是国务院依法制定的规范性文件。社会公共利益是一个抽象的概念，内涵丰富、范围宽泛，包含了政治基础、社会秩序、社会公共道德要求，可以弥补法律、行政法规明文规定的不足。

（4）合同标的确定和可能

合同标的是当事人权利和义务共同指向的对象。标的的确定与可能是合同有效的重要条件。

2.建设工程合同生效的要件

根据相关法律的基本原理和建设行业的有关规定，建设工程合同生效的要件为：

（1）合同的当事人即发包人和承包人应当符合法律和行政法规规定的条件，即合同的主体要件。

（2）发包人和承包人共同的意思表示一致，是建设工程合同生效的核心条件。

（3）合同的当事人即发包人和承包人在签订合同的过程中应当履行法律和行政法规规定的必须履行的程序。

（4）合同应当符合法律规定的形式要件。

（5）不违反法律和社会公共利益。

4.4.3 无效建设工程合同

1.无效合同的概念

无效合同是指由于存在无效事由，虽已成立但自始不具有法律约束力的合同，即当事人不受合同条款的约束，也不能请求法院保护合同的履行，同时，不管合同有没有实际履行，也不管当事人是否知道无效，合同自成立时就没有法律效力。

2.导致合同无效的法定情形

（1）一方以欺诈、胁迫的手段订立的损坏国家利益的合同

一方以欺诈、胁迫的手段订立的损坏国家利益的合同按无效合同处理,如果损害了集体利益或他人利益,按可撤销合同、可变更合同处理。例如,以国家禁止流通物为标的订立的合同是损害国家利益的合同

(2)恶意串通,损害国家、集体或者第三人利益的合同

这一无效的原因有主观和客观两个因素。主观因素为恶意串通,即当事人双方具有共同的目的,即通过订立合同损害国家、集体或第三人的利益。它可以表现为双方当事人事先达成的协议,也可以是一方当事人作出意思表示,对方当事人明知其目的非法而用默示的方式接受。它可以是双方当事人相互配合,也可以是双方共同的作为。客观因素为损害国家、集体或者第三人利益。

(3)以合法的形式掩盖非法的目的的合同

以合法的形式掩盖非法的目的的合同,是指当事人在订立的合同形式上是合法的,但缔约目的和内容上是非法的。例如订立联营合同,目的在于非法拆借资金。

(4)损害社会公共利益的合同

损害社会公共利益的合同,例如,以从事犯罪或帮助犯罪作为内容的合同,规避课税的合同,危害社会秩序的合同,对婚外同居人所作出的赠予和遗赠等违反道德的合同,危害家庭关系的合同,限制经济自由的合同,违反公平竞争的合同,违反劳动者保护的合同等。

(5)违反法律、行政法规的强制性规定的合同

这里所指的违反法律、行政法规的强制性规定,是指违反全国人民代表大会及其常务委员会颁布的强制性规定以及国务院颁布的行政法规中的强制性规范,不得任意扩大范围。从合同自身看,缔约目的、合同内容和形式违法了强制性规范,但有时形式违法不导致合同无效。

所谓强制性规定,与任意性规定相对,是指直接规定人们的意思表示或事实行为,不允许人们依其意思加以变更或排除其适用,否则,将受到法律制裁的法律规定。

3.合同中的无效免责条款

免责条款,是指当事人在合同中约定免除或者限制其未来责任的合同条款;免责条款无效,是指没有法律约束力的免责条款。

《合同法》规定,合同中的下列免责条款无效:

(1)造成对方人身伤害的。生命健康权是不可转让、不可放弃的权利,因此不允许当事人以免责条款的方式先约定免除这种责任。

(2)因故意或者重大过失造成对方财产损失的。财产权是一种重要的民事权利,不允许当事人预先约定免除一方故意或重大过失而给对方造成的损失,否则会给一方当事人提供滥用权力的机会。

4.无效建设工程合同的情形

(1)超越资质等级所订立的合同;

(2)应当办理而未办理招标投标手续所订立的合同;

(3)非法转包的合同;

(4)不符合分包条件而分包的合同;

(5)采取欺诈、胁迫的手段所签订的合同;

(6)损害国家和社会公共利益的合同;

（7）违法带资、垫资施工的合同；

（8）违反国家、部门或地方固定资产投资计划的合同；

（9）未取得建设工程规划许可证或者严重违反建设工程规划许可证的规定进行的建设，严重影响城乡规划的合同；

（10）未依法办理报建手续而签订的合同等。

4.4.4 可变更、可撤销的建设工程合同

1. 可变更、可撤销合同的概念

合同的变更、撤销，是指因意思表示不真实，法律允许撤销权人通过行使撤销权，使已经生效的合同效力归于消灭或使合同内容变更。

2. 可变更、可撤销合同的情形

根据《合同法》的规定，可变更或可撤销的合同有：①因重大误解订立的合同；②在订立合同是显失公平的合同；③一方以欺诈、胁迫的手段或者乘人之危，使对方在违背真实意思的情况下订立的合同。

3. 撤销权及其行使

撤销权是指撤销权人以其单方的意思表示使合同等法律行为溯及既往地消灭的权利。它在性质上属于形成权。

重大误解的合同与显失公平的合同，任何一方当事人，以欺诈、胁迫或乘人之危使对方在违背真实意思的情况下订立合同的，受损害方有权请求人民法院或者仲裁机构变更或者撤销合同。当事人请求变更的，人民法院或者仲裁机构不得撤销。

撤销权须在除斥期内行使。我国现行法律规定该除斥期间为1年，自撤销权人知道或者应当知道撤销事由之日起计算。但知道撤销事由后明确表示或以自己的行为放弃撤销权的，该撤销权消灭。

4. 合同被确认无效或被撤销的法律后果

《合同法》第五十六条规定："无效的合同或者被撤销的合同自始没有法律约束力。"因此合同被确认无效或被撤销后，自合同成立之日起就是没有效力的。

合同无效或者被撤销后，因该合同取得的财产应当予以返还；不能返还或者没有必要返还的，应当折价补偿。有过错的一方应当赔偿对方因此所受到的损失；双方都有过错，应当各自承担相应的责任。

当事人恶意串通，损害国家、集体或者第三人利益的，因此取得的财产收归国家所有或者返还集体、第三人。

4.4.5 效力待定的建设工程合同

1. 效力待定合同的概念

效力待定的合同是指合同成立之后，是否具有效力还未确定，有待于其他行为或者事实使之确定的合同。

2. 效力待定合同的类型

（1）限制行为能力人订立的合同

限制民事行为能力人订立的合同，经法定代理人追认后，该合同有效，但纯获利益的合

同或者与其年龄、智力、精神健康状况相适应而订立的合同，不必经法定代理人追认。

相对人可以催告法定代理人在一个月内予以追认。法定代理人未作表示的，视为拒绝追认。合同被追认之前，善意相对人有撤销的权利。撤销应当以通知的方式作出。

（2）无权代理人以被代理人名义订立的合同

行为人没有代理权、代理权终止以后以被代理人名义订立的合同，未经被代理人追认，对被代理人不发生法律效力，由行为人承担责任。

相对人可以催告被代理人在一个月内予以追认。被代理人未作表示的，视为拒绝追认。合同被追认之前，善意相对人有撤销的权利。撤销应当以通知的方式作出。

但是，行为人没有代理权、超越代理权或者代理权终止以后以被代理人名义订立的合同，善意相对人有理由相信行为人有代理权的，该代理行为有效。

3. 越权订立的合同

法人或者其他组织的法定代表人、负责人超越权限订立的合同，除相对人知道或者应当知道其超越权限以外，该代表行为有效。超越权限订立的合同是否有效取决于相对人是否知道行为人超越权限。如果明知道其超越权限还依然与之签订合同，合同就是无效的；如果不知道其越权而与之签订合同，则合同就是有效的。

4. 无处分权人擅自处分他人财产的合同

财产的处分权是财产所有权的一项重要权能，一般应由所有权人来行使，也可以授权他人行使。他人在处分所有人的财产时，必须经所有人的授权，否则构成无权处分行为。无权处分行为是对他人财产权的严重侵害。

《合同法》第五十一条规定："无处分权的人处分他人财产，经权利人追认或者无处分权的人订立合同后取得处分权的，该合同行为有效。"

但是，法人或者其他组织的法定代表人、负责人超越权限订立合同，除相对人知道或应当知道其超越权限以外，该代表行为有效。

【案例】

2003 年 3 月 6 日，龙跃实业有限责任公司（以下简称龙跃公司）慕名与当地名牌建筑企业凯瑞建筑公司（以下简称凯瑞公司）签订了建设工程施工合同。合同约定，凯瑞公司承建多功能酒楼，包工包料，合同总价款 2980 万元，开工前 7 日内，龙跃公司预付工程款 100 万元，工期 13 个月，2003 年 3 月 15 日开工，2004 年 4 月 14 日竣工，工程质量优良，力争创优，工程如能评为优，则龙跃公司在工程款之外奖励凯瑞公司 100 万元。为确保工程质量优良，龙跃公司与至诚监理公司（以下简称至诚公司）签订了建设工程监理合同。

合同签订后，凯瑞公司如期开工。但开工仅几天，至诚公司监理人员就发现施工现场管理混乱，遂当即要求凯瑞公司改正。一个多月后，至诚公司监理人员和龙跃公司派驻工地代表又发现工程质量存在严重问题。至诚公司监理人员当即要求凯瑞公司停工。

令龙跃公司不解的是，凯瑞公司明明是当地名牌建筑企业，所承建的工程多数质量优良，却为何在这项施工中出现上述问题？经过认真、细致地调查，龙跃公司和至诚公司终于弄清了事实真相。原来，龙跃公司虽然与凯瑞公司签订了建设工程合同，但实际施工人员是当地的一支没有资质的农民施工队（以下简称施工队）。施工队为了承揽建筑工程，千方百计地打通各种关节，挂靠了有资质的名牌建筑施工企业。为了规避相关法律、法规关于禁止挂靠的规定，该施工队与凯瑞公司签订了所谓的联营协议。协议约定，施工队可以借用凯瑞公司的营业执照和公章，以凯瑞公司的名义对外签订建设工程合同；合同签订后，由施工队负责施工，凯瑞公司对工程不进行任何管理，不承担任何责任，只提取工程价款 5% 的管理费。龙跃公司签施工合同时，见对方(实际是施工队的负责人)持有凯瑞公司的营业执照和公章，便深信不疑，因而导致了上述结果。龙跃公司认为凯瑞公司的行为严重违反了诚实信用原则和相关法律规定，双方所签订的建设工程合同应为无效，要求终止履行合同。但凯瑞公司则认为虽然是施工队实际施工，但合同是龙跃公司与凯瑞公司签订的，是双方真实意思的表示，合法有效，双方均应继续履行合同；而且，继续由施工队施工，本公司加强对施工队的管理。对此，龙跃公司坚持认为凯瑞公司的行为已导致合同无效，而且本公司已失去了对其的信任，所以坚决要求终止合同的履行。双方未能达成一致意见，龙跃公司遂诉至法院。

法院的认定与判决：

在法庭上，原告龙跃公司诉称，被告凯瑞公司与某农民施工队假联营真挂靠，并出借营业执照、公章给施工队的行为违反了相关法律规定，请求法院认定原告与被告所签合同无效，终止履行合同，判令被告返还原告预付的工程款100万元，并赔偿原告因签订和履行合同而支出的费用20万元。

被告辩称，原告龙跃公司与被告凯瑞公司签订的合同是双方真实意思的表示，合法有效，双方均应继续履行合同；并称，如果法院认定合同无效，被告亦不应返还原告预付的工程款，因为被告已完成工程的基础部分，所支出的费用为130万元，原告还应向被告支付30万元。

对此，原告请求法院指定建设工程鉴定部门对被告已完成的工程进行鉴定，如果合格，原告可以再向被告支付30万元，如果不合格亦不能修复，则被告应返还原告预付的工程款100万元，并拆除该工程，所需费用由被告自负。

法院指定建设工程鉴定部门对被告已完成的工程进行了鉴定，结果为不合格亦不能修复。被告申请法院重新鉴定。重新鉴定的结论同前。

法院经审理查明后认为，被告凯瑞公司与没有资质的某农民施工队假联营真挂靠，并出借营业执照、公章给施工队与原告签订合同的行为违反了我国《建筑法》、《合同法》等相关法律规定，原告龙跃公司与被告凯瑞公司签订的建设工程合同应当认定无效。被告已完成的工程经建设工程鉴定部门鉴定为不合格亦不能修复。所以，原告关于认定双方所签合同无效，被告返还原告预付工程款并赔偿原告损失的请求理由成立，符合法律规定，本院予以支持。被告关于其与原告签订的合同是双方真实意思的表示、合法有效的答辩与事实不符，本院不予采信；被告已完成的工程经建设工程鉴定部门鉴定为不合格亦不能修复，故被告关于不应返还原告预付的工程款及原告还应向其支付30万元的理由不能成立，本院不予支持。根据《中华人民共和国建筑法》第二十六条、《中华人民共和国合同法》第二十五条第(五)项、《最高人民法院关于审理建设工程施工合同纠纷案件适用法律问题的解释》第一条第(二)项之规定，判决原告与被告所签建设工程施工合同无效；被告返还原告预付的工程款100万元，并赔偿原告损失186754元，被告承担本案的全部诉讼费用16510元。

被告不服一审判决上诉，被二审法院依法驳回。

律师点评：

《建筑法》第二十六条规定："承包建筑工程的单位应当持有依法取得的资质证书，并在其资质等级许可的业务范围内承揽工程。

禁止建筑施工企业超越本企业资质等级许可的业务范围或者以任何形式用其他建筑施工企业的名义承揽工程。禁止建筑施工企业以任何形式允许其他单位或者个人使用本企业的资质证书、营业执照，以本企业的名义承揽工程。"

《合同法》第二十五条第(五)项规定，违反法律、行政法规的强制性规定的合同无效。

《最高人民法院关于审理建设工程施工合同纠纷案件适用法律问题的解释》第一条第(二)项规定，没有资质的实际施工人借用有资质的建筑施工企业名义签订的合同无效。

本案中，被告的行为违反了上述法律的强制性规定。

《合同法》第五十八条规定，合同无效或者被撤销后，因该合同取得的财产，应当予以返还；不能返还或者没有必要返还的，应当折价补偿。有过错的一方应当赔偿对方因此所受到的损失，双方都有过错的，应当各自承担相应的责任。

本案中，原告与被告所签建设工程施工合同无效，被告已完成的工程经建设工程鉴定部门鉴定为不合格亦不能修复。因此，被告应依上述法律规定返还原告预付的工程款 100 万元，并赔偿原告损失 186754 元。

综上，法院对本案的判决是正确的。

4.5　建设工程合同的履行

建设工程合同的履行是指工程建设项目的发包方和承包方根据合同规定的时间、地点、方式、内容及标准等要求，各自完成合同义务的行为。

4.5.1　建设工程合同履行的主体和原则

1. 合同履行的概念

合同的履行，指的是合同规定义务的执行。任何合同规定义务的执行，都是合同的履行行为。建设工程合同的履行，是指工程建设项目的发包方和承包方根据合同规定的时间、地点、方式、内容及标准等要求，各自完成合同义务的行为。

2. 合同履行的主体

合同履行主体不仅包括债务人，也包括债权人。因为，合同全面适当地履行的实现，不仅主要依赖于债务人履行债务的行为，同时还要依赖于债权人受领履行的行为。因此，合同履行的主体是指债务人和债权人。除法律规定、当事人约定、性质上必须由债务人本人履行的债务以外，履行也可以由债务人的代理人进行，但是代理只有在履行行为是法律行为时方可适用。同样，在上述情况下，债权人的代理人也可以代为受领。此外，必须注意的是，在某些情况下，合同也可以由第三人代替履行，只要不违反法律的规定或者当事人的约定，或者符合合同的性质，第三人也是正确的履行主体。不过，由第三人代替履行时，该第三人并不取得合同当事人的地位，第三人仅仅只是居于债务人的履行辅助人的地位。

《合同法》第六十四条规定，当事人约定由债务人向第三人履行债务的，债务人未向第三人履行债务或者履行债务不符合约定，应当向债权人承担违约责任。

《合同法》第六十五条规定，当事人约定由第三人向债权人履行债务的，第三人不履行债务或者履行债务不符合约定，债务人应当向债权人承担违约责任。

3. 合同履行的原则

（1）全面适当履行原则

《合同法》第六十条规定，当事人应当按照约定全面履行自己的义务。全面履行原则，又称适当履行原则或正确履行原则，是指当事人按照合同约定的标的、数量、质量、价款或者报酬等，在适当的履行期限、履行地点，以适当的履行方式，全面完成合同义务的履行原则。

（2）实际履行原则

实际履行原则是指合同当事人必须严格按照合同规定的标的履行自己的义务，未经权利人同意，不得以其他标的代替履行或者以支付违约金和赔偿金来免除合同规定的义务。

实际履行基本含义为两个方面：一是当事人应自觉按约定的标的履行，不得任意以其他标的代替约定标的，尤其不能简单地用货币代替合同规定的实物或行为；二是当事人一方不履行或不完全履行时，首先应承担按约履行的责任，不得以偿付违约金或赔偿损失来代替合同标的履行，对方当事人有权要求其实际履行。

（3）诚实信用原则

诚实信用原则的基本含义是，当事人在市场活动中应讲信用，恪守诺言，诚实不欺，在追求自己利益的同时不损害他人和社会利益，要求民事主体在民事活动中维持双方的利益以及当事人利益与社会利益的平衡。

诚实信用原则是《合同法》的基本原则，履行合同特别是履行内容十分复杂的建设工程合同合同，贯彻该原则尤为重要。当事人应当遵循诚实信用原则，根据合同的性质、目的和交易习惯履行通知、协助、保密等义务。

（4）当事人一方不得擅自变更合同的原则

合同依法成立，即具有法律约束力。因此，合同当事人任何一方均不得擅自变更合同。

4. 合同条款约定不明确的履行问题

合同条款约定不明是指所签订的合同中约定的条款不明确或者有空白点，使得当事人无法按照所签订的合同履约的法律事实。

（1）合同条款约定不明的处理原则

《合同法》第六十一条规定，合同生效后，当事人就质量、价款或者报酬、履行地点等内容没有约定或者约定不明确的，可以协议补充；不能达成补充协议的，按照合同有关条款或者交易习惯确定。

（2）解决合同条款约定不明的具体规定

《合同法》第六十二条规定，当事人就有关合同内容约定不明确，依照《合同法》第六十一条的规定仍不能确定的，适用下列规定：

1）质量要求不明确的，按照国家标准、行业标准履行；没有国家标准、行业标准的，按照通常标准或者符合合同目的的特定标准履行。

2）价款或者报酬不明确的，按照订立合同时履行地的市场价格履行；依法应当执行政府定价或者政府指导价的，按照规定履行。

3）履行地点不明确，给付货币的，在接受货币一方所在地履行；交付不动产的，在不动产所在地履行；其他标的，在履行义务一方所在地履行。

4）履行期限不明确的，债务人可以随时履行，债权人也可以随时要求履行，但应当给对方必要的准备时间。

5）履行方式不明确的，按照有利于实现合同目的的方式履行。

6）履行费用的负担不明确的，由履行义务一方负担。

此外，执行政府定价或者政府指导价的，在合同约定的交付期限内政府价格调整时，按照交付时的价格计价。逾期交付标的物的，遇价格上涨时，按照原价格执行；价格下降时，按照新价格执行。逾期提取标的物或者逾期付款的，遇价格上涨时，按照新价格执行；价格下降时，按照原价格执行。

4.5.2　建设工程合同履行中的抗辩权、代位权和撤销权

1. 抗辩权

抗辩权是与请求权相对应的权利，以对抗权利人行使请求权并否认其权利为目的，具有防御的性质。

（1）同时履行抗辩权

根据《合同法》六十六条规定，同时履行抗辩权，指当事人互负债务，没有先后履行顺序的，应当同时履行，一方在对方履行前有权拒绝其履行要求。一方在对方履行债务不符合约定时，有权拒绝其相应的履行要求。行使同时履行抗辩权必须符合下列条件：①须有同一双务合同互负债务；②须双方互负的债务均已届清偿期；③须对方未履行债务或未提出履行债务；④须对方的对待给付是可能履行的。

（2）先履行抗辩权

根据《合同法》六十七条规定，先履行抗辩权，指当事人互负债务，有先后履行顺序，先履行一方未履行的，后履行一方有权拒绝其履行要求。先履行一方履行债务不符合约定的，后履行一方有权拒绝其相应的履行要求。先履行抗辩权的发生，需具备以下条件：①需基于同一双务合同；②该合同需由一方当事人先为履行；③应当先履行的当事人不履行合同或者不适当履行合同。

（3）不安抗辩权

不安抗辩权，是指当事人互负债务，有先后履行顺序的，先履行的一方有确切证据表明另一方丧失履行债务能力时，在对方没有恢复履行能力或者没有提供担保之前，有权中止合同履行的权利。规定不安抗辩权是为了切实保护当事人的合法权益，防止借合同进行欺诈，促使对方履行义务。行使不安抗辩权必须符合下列条件：①双方当事人基于同一双务合同而互负债务；②债务履行有先后顺序，且由履行顺序在先的当事人行使；③履行顺序在后的一方履行能力明显下降，有丧失或者可能丧失履行债务能力的情形；④履行顺序在后的当事人未提供适当担保。

根据《合同法》第六十八条规定："应当先履行债务的当事人，有确切证据证明对方有下列情形之一的，可以中止履行：①经营状况严重恶化；②转移财产、抽逃资金，以逃避债务；③丧失商业信誉；④有丧失或者可能丧失履行债务能力的其他情况。当事人没有确切证据中止履行的，应当承担违约责任。"中止履行的一方，即行使不安抗辩权的一方负有对相对人欠缺信用、欠缺履行能力的举证责任。

《合同法》第六十九条规定："当事人依照本法第六十八条的规定中止履行的，应当及时通知对方。对方提供适当担保时，应当恢复履行。中止履行后，对方在合理期限内未恢复履行能力并且未提供适当担保的，中止履行的一方可以解除合同。"

2.代位权

（1）代位权的概念

《合同法》第七十三条规定，因债务人怠于行使其到期债权，对债权人造成损害的，债权人可以向人民法院请求以自己的名义代位行使债务人的债权，但该债权专属于债务人自身的除外。代位权的行使范围以债权人的债权为限。债权人行使代位权的必要费用，由债务人负担。

（2）代位权的成立要件

1）债权人对债务人的债权合法、确定，且必须已届清偿期。

2）债务人怠于行使其到期债权。

3）债务人怠于行使权利的行为已经对债权人造成损害。

4）债务人的债权不是专属于债务人自身的债权。

3. 撤销权

《合同法》第七十四条规定，因债务人放弃其到期债权或者无偿转让财产对债权人造成损害的，债权人可以请求人民法院撤销债务人的行为。债务人以明显不合理的低价转让财产，对债权人造成损害，并且受让人知道该情形的，债权人也可以请求人民法院撤销债务人的行为。

撤销权的行使范围以债权人的债权为限。债权人行使撤销权的必要费用由债务人负担。撤销权自债权人知道或者应当知道撤销事由之日起 1 年内行使。自债务人的行为发生之日起 5 年内没有行使撤销权的，该撤销权消灭。

4.5.3 建设工程勘察、设计合同的履行

建设工程勘察、设计合同是勘察合同和设计合同的统称，指工程的发包人或承包人与勘察人、设计人之间订立的，由勘察人、设计人完成一定的勘察设计工作，发包人或承包人支付相应价款的合同。

1. 勘察合同承包人与发包人的义务

在建设工程勘察合同中建设人的义务即是承包人的权利，承包人的义务即是建设人的权利。

（1）勘察合同发包人的义务

勘察合同发包人的义务指的是由其负责提供的资料的内容，技术要求、期限以及应承担的工作和服务项目。

1）在勘察工作开始前，发包人应当向承包人提交勘察或者设计的基础资料，即提交由设计人提供、经发包人同意的勘察范围，提出由发包人委托、设计人填写的勘察技术要求及其附图。

2）发包人应负责勘察现场的水、电、气的畅通供应，平整道路，现场清理等工作，以保证勘察工作的开展。

3）在勘察人员进入现场作业时，发包人应当负责提供必要的工作和生活条件。

4）支付勘察费。这是一个很重要的问题。勘察工作的取费标准是按照勘察工作的内容，如工程勘察、工程测量、工程地质、水文地质和工程物探等的工作量来决定的，其具体标准和计算办法要按照原国家建委颁发的《工程勘察取费标准》中的规定执行。

（2）勘察承包人的义务

承包人的义务是指承包人应当依据订立的合同和发包人的要求，通过自己的实际履行来完成其应负的职责，以求得发包人权利和目的实现。承包人应当按照规定的标准、规范、规程和条例，进行工程测量和工程地质、水文地质等勘察工作，并按合同规定的进度、质量要求提交勘察成果。对于勘察工作中的漏项应当及时予以勘察，对于由此多支的费用应自行负担并承担由此造成的违约责任。

2. 设计合同发包人和承包人的义务

（1）设计合同发包人的义务

1）如果委托初步设计，委托人应在规定的日期内向承包人提供经过批准的设计任务书或者可行性研究报告、选址报告以及原料或者经过批准的资源报告、燃料、水电、运输等方面的协议文件和能满足初步设计要求的勘察资料、需经科研取得的技术资料。

2）如果委托施工图设计，委托人应当在规定日期内向承包人提供经过批准的初步设计文件和能满足施工图设计要求的勘察资料、施工条件以及有关设备的技术资料。

3）发包人应及时向有关部门办理各设计阶段设计文件的审批工作。

4）明确设计范围和深度。

5）依照双方的约定支付设计费用。设计工程的取费标准，一般应根据不同行业、不同建设规模和工程内容的繁简程度制定不同的收费定额，再根据这些定额来计算收费的费用。原国家计委颁布了《工程设计收费标准》，目前工程设计费仍按此标准执行。设计合同生效后，发包人向承包人支付相当于设计费的20%作为定金，设计合同履行后，定金抵作设计费。设计费其余部分的支付由双方共同商定。对于超过设计范围的补充设计和增加设计深度以及减少已定的设计量，应对增加部分付出的劳务给予补偿，对于设计范围的减少应协商确定报酬的给付。对上述情况，还要考虑设计期限的增减。

6）委托配合引进项目的设计，从询价、对外谈判、国内外技术考察直到建成投产的各个阶段，都应当通知有关的设计单位参加，这样有利于设计任务的完成。

7）在设计人员进入施工现场开始工作时，发包人应提供必要的工作和生活条件。

8）发包人应当维护承包人的设计文件，不得擅自修改，也不得转让给第三方使用，否则要承担侵权责任。

9）合同中含有保密条款的，发包人应当承担设计文件的保密责任。

（2）设计合同承包人的义务

1）承包人要根据批准的设计任务书或者可行性研究报告或者上一阶段设计的批准文件，以及有关设计的技术经济文件、设计标准、技术规范、规程、定额等提出勘察技术要求和进行设计，并按合同规定的进度和质量要求，提交设计文件，设计文件包括概预算文件、材料设备清单等。

2）承包人对所承担的设计任务的建设项目应配合施工，施工前应技术交底，解决施工中的有关设计问题，负责设计变更和修改预算，参加隐蔽工程验收和工程竣工验收。

另外，勘察、设计人要对其勘察、设计的质量负责。《建筑法》第五十六条规定："建筑工程的勘察、设计单位必须对其勘察、设计的质量负责。勘察、设计文件符合有关法律、行政法规的规定和建筑工程质量、安全标准、建筑工程勘察、设计规范以及合同的约定。设计文件选用的建筑材料、建筑构配件和设备，应当注明其规格、型号、性能等技术指标，其质量要求必须符合国家规定的标准。"此外，《建筑法》第五十四条规定，建设单位不得以任何理由，要求建筑设计单位在工程设计中，违反法律、行政法规和建筑工程质量、安全标准，降低工程质量，建筑设计单位对建设单位违反规定提出的降低工程质量的要求，应当予以拒绝；《建筑法》第五十八条第二款规定："建筑施工企业必须按照工程设计图纸和施工技术标准施工，不得偷工减料。工程设计的修改由原设计单位负责，建筑施工企业不得擅自修改工程设计。"

3.设计的修改和终止

（1）设计文件批准后，不得任意修改和变更。如果必须修改，需经有关部门批准，其批准权限，视修改的内容所涉及的范围而定。

（2）委托人因故要求修改工程设计，经承包人同意后，除设计文件的提交时间另定外，委托方还应按承包人实际返工修改的工作量增付设计费。

（3）原定设计任务书或初步设计如有重大变更而需重做或修改设计时，须经设计任务书或初步设计批准机关同意，并经双方当事人协商后另订合同。委托人负责支付已经进行了的设计费用。

（4）委托方因故要求中途终止设计时，应及时通知承包人，已付的设计费不退，并按该阶段实际所耗工时，增付和结清设计费，同时解除合同关系。

4.勘察、设计费的数量与拨付办法

（1）勘察费

勘察工作的取费标准按照勘察工作的内容确定。其具体标准和计算办法依据国家有关规定执行，也可在国家指导下，承包人、发包人在合同中加以约定，勘察费用一般按实际完成的工作量收取。

勘察合同订立后，委托人应向承包人支付定金，定金金额为勘察费的30%；勘察工作开始后，委托人应向承包人支付勘察费的30%；全部勘察工作结束后，承包人按合同规定向委托人提交勘察报告书和图纸，委托人收取资料后，在规定的期限内按实际勘察工作量付清勘察费。对于特殊工程可适当提高勘察费用，其加收的额度为总价的20%～40%。

（2）设计费

设计工程的取费标准，一般应根据不同行业，不同建设规模和工程内容的繁简程度制定不同的收费定额，再根据这些定额来计算收取的费用。

设计合同订立后，委托人应向承包人支付相当于设计费的20%作为定金，设计合同履行后，定金抵作设计费。设计费用其余部分的支付由双方共同商定。

勘察、设计费根据国家有关规定，由委托人和承包人在合同中明确。合同双方不得违反国家有关最低收费标准的规定，任意压低勘察、设计费用。合同中还须明确勘察、设计费的支付期限。

4.5.4　建设工程施工合同的履行

建设工程施工合同是建设工程合同中的重要部分，是指施工人（承包人）根据发包人的委托，完成建设工程项目的施工工作，发包人接受工作成果并支付报酬的合同。

1.建设工程施工合同中承包人的义务

（1）按照施工合同和设计文件严格施工。严格按照工程设计图纸、施工技术标准和施工合同进行施工，不得擅自修改工程设计，不得偷工减料。对建筑材料、建筑构配件、设备和商品混凝土应当进行检验，未经检验或者检验不合格的，不得使用。因施工人原因致使建设工程质量不符合约定的，应当在合理期限内无偿修理或者返工、改建。

（2）接受发包人的必要监督。发包人在不妨碍承包人正常作业的情况下，可以随时对作业进度和工程质量进行检查。承包人应当进行协助和支持发包人的监督工作，接到整改指令后及时进行修复或返工。

（3）按期完成和交付合格工程。完成和交付合格工程是发包人的缔约目的，也是承包人取得工程款的前提。因承包人原因致使建设工程质量不符合约定的，发包人有权要求施工人在合理期限内无偿修理或者返工、改建。承包人拒绝的，发包人可以要求承包人支付修复费用或请求减少工程价款。经过修理或者返工、改建后，造成逾期交付的，施工人应当承担违约责任。

（4）保修责任和损害赔偿责任。建设工程实行质量保修制度，建筑工程竣工验收后，在保修范围和保修期限内出现质量问题的，承包人应当及时履行保修义务，因保修不及时造成人身或财产损害的，应当承担赔偿责任。因承包人原因致使建设工程在合理使用期限内造成人身和财产损害的，承包人应当承担赔偿责任。

2.建设工程施工合同中发包人的义务

（1）按照合同约定做好施工前准备工作，提供原材料、设备、场地、资金和技术资料。发包人未按照约定的时间和要求提供的，承包人可以顺延工程日期，并有权要求赔偿停工、窝工的损失。

（2）与承包人相互配合，保证工程建设顺利进行。因发包人原因致使工程中途停建、缓建的，发包人应当及时采取弥补措施以减少损失，并赔偿承包人因此造成的停工、窝工、倒运、机械设备调迁、材料和构件积压等实际损失的费用。

（3）组织工程验收。隐蔽工程在隐蔽以前，发包人接到通知后应对其及时检查，没有及时检查造成工期拖延的，承包人可以顺延工期，并有权要求赔偿停工、窝工的损失。建设工程竣工后，发包人应当根据施工图纸、施工验收规范和质量检验标准及时进行验收。建设工程竣工经验收合格后，方可交付使用；未经验收或者验收不合格的，不得交付使用。

（4）接受建设工程并且按照约定支付工程价款。建筑工程完成并经验收合格，发包人应当及时接受并支付工程价款。未支付价款的，经催告后在合理期限内仍未支付的，承包人可以根据《合同法》二百八十六条行使优先权，以工程折价或者拍卖的价款优先受偿。

【案例】

燕康股份有限公司（以下简称燕康公司）与蓝田建筑工程公司（以下简称蓝田公司）签订了建设工程施工合同。合同约定，蓝田公司承建燕康公司的综合楼，15层，框架结构，总建筑面积15000平方米，工期从2004年9月1日至2006年4月30日，合同价款27205000元，在工程施工期间，燕康公司根据工程进度，分期预付工程款，其一期预付款应于合同签订后十日内支付，工程竣工并经验收合格后，燕康公司按合同约定支付工程尾款。合同签订后，蓝田公司如期开工，但燕康公司并未按合同约定预付一期预付款。蓝田公司几次要求燕康公司按合同约定预付工程款。燕康公司均以资金紧张为由拒付。蓝田公司的资金亦十分紧张，只得贷款垫资施工。工程进行到5层时，燕康公司仍未按合同约定预付各期预付款，致蓝田公司再无资金继续施工。而且，时值春节前夕，因蓝田公司不能发放农民工工资，造成农民工波动，农民工多人有过激行为。蓝田公司陷入极度困难，无奈再次与燕康公司交涉，希望燕康公司按合同约定尽快预付工程款。但燕康公司依然拒付。山穷水尽的蓝田公司只得忍痛放弃这项工程，向燕康公司发出解除合同的书面通知，并要求对已完工程进行验收后，结算工程款。燕康公司则认为，本公司未按合同约定预付工程款实出于资金极度紧张，而并非有意拖欠，如资金状况好转便立即支付，不同意解除合同，也不同意对已完工程进行验收和结算工程款。蓝田公司与燕康公司多次交涉未果，遂诉至法院，请求法院判令解除双方所签合同，并对已完工程进行验收和结算工程款。

法院的认定与判决：

在庭审中，原告蓝田公司诉称，本公司与燕康公司签订的建设工程施工合同是双方真实意思的表示，合法有效。本公司已履行了部分合同义务，但被告燕康公司未按合同约定支付工程预付款，致本公司已无力继续施工，故请求法院判令解除双方所签合同，并对已完工程进行验收和结算工程款。

被告燕康公司辩称，本公司未按合同约定预付工程款实出于资金极度紧张，而并非有意拖欠，如资金状况好转便立即支付，不同意解除合同，也不同意对已完工程进行验收和结算工程款。

法院经审理查明后认为，原告蓝田公司与被告燕康公司签订的建设工程施工合同是双方真实意思的表示，合法有效。原告已履行了部分合同义务，但被告未按合同约定支付工程预付款，且经原告多次催告后仍未支付，致原告无力继续施工，原告关于解除双方所签合同，并对已完工程进行验收和结算工程款的请求符合法律规定，本院予以支持；鉴于已完工程尚未进行验收和结算，故裁定中止本案诉讼，原、被告双方于30日内对已完工程进行验收和结算后恢复诉讼。法院裁定下达后，原、被告双方于10日内对已完工程进行了验收，但又对其造价发生了争议，于是又共同指定某工程造价鉴定部门进行了鉴定，鉴定结果为已完工程造价9200000元。对该造价，双方均无异议。30日后，法院恢复诉讼。被告仍称资金紧张，难付工程款，请原告再宽限时日，而不同意解除合同。原告则坚持其诉讼请求。法院遂根据《合同法》第九十四条第（三）项和本条司法解释的规定，判决解除原、被告签订的建设工程施工合同，被告于本判决生效之日起30日内支付原告已完工程价款9200000元。

被告未上诉。

律师点评：

在建设工程施工合同履行过程中，时常会遇到发包人迟付或拒付合同约定的工程预付款问题。在当前建筑市场中建设方处于优势地位的情况下，承包人承揽工程极为困难。所以，一旦揽到工程，即使发包人利用优势地位迟付或拒付合同约定的工程预付款或要求承包人垫资施工，承包人也只得屈从，而且往往需向银行贷款，由此而造成资金的极度紧张，甚至陷入困境。即便如此，承包人也不愿解除合同，以避免更大的损失。但在承包人确实无力继续履行合同的情况下，如果不能解除合同，则几乎会使其陷入绝境。因此，最高人民法院根据《合同法》第九十四条第（三）项的规定，作出了本条司法解释。

《合同法》第九十四条第（三）项规定，当事人一方迟延履行主要债务，经催告后在合理期限内仍未履行的情形下，对方当事人可以解除合同。

本案中，原告蓝田公司已履行了部分合同义务，但被告燕康公司未按合同约定支付工程预付款，且经原告多次催告后仍未支付，致原告无力继续施工。所以，原告关于解除双方所签合同，并对已完工程进行验收和结算工程款的诉讼请求符合法律规定。法院根据《合同法》第九十四条第（三）项和本条司法解释的规定所作的上述判决是正确的。

4.6 建设工程合同的变更、转让与终止

4.6.1 建设工程合同的变更

1. 合同变更的一般规定

《合同法》第七十七条规定，当事人协商一致，可以变更合同。法律、行政法规规定变更合同应当办理批准、登记等手续的，依照其规定。第七十八条规定当事人对合同变更的内容约定不明确的，推定为未变更。

2. 建设工程合同变更

（1）建设工程合同变更的概念

建设工程合同变更，是指建设工程合同依法成立后，在尚未履行和尚未完全履行之时，因为当事人的协商或者法定原因而使合同权利义务改变的情形。

建设工程合同的变更，一般主要是在合同主体不变的情况下，对合同内容进行三个方面的变动：①标的条款的变更，主要包括标的本身、标的数量、质量、型号、规格以及标的其他方面的条款内容发生变更；②履行条款的变更，主要包括价款或报酬、履行期限、地点、方式和所附条件等条款内容的变更；③合同责任条款变更，主要是担保、违约责任形式、合同救济方式或争议解决方式等条款内容的变更。

（2）建设工程合同变更的事由

①当事人协商一致变更合同；②不可抗力情况的发生；③重大误解；④显失公平；⑤国家修改固定资产投资计划；⑥情势变更。

4.6.2 建设工程合同的转让

1. 合同转让的一般规定

合同的转让，准确地说是合同权利、义务的转让，是指在不改变合同关系内容的前提下，合同关系的一方当事人依法将其合同的权利、义务全部或部分地转让给第三人的现象。

（1）合同权利的转让

1）债权人可以将合同的权利全部或者部分转让给第三人，但有下列情形之一的除外：①根据合同性质不得转让；②按照当事人约定不得转让；③依照法律规定不得转让。

2）债权人转让权利的，应当通知债务人。未经通知，该转让对债务人不发生效力。债权人转让权利的通知不得撤销，但经受让人同意的除外。

3）债权人转让权利的，受让人取得与债权有关的从权利，但该从权利专属于债权人自身的除外。

4）债务人接到债权转让通知后，债务人对让与人的抗辩，可以向受让人主张。

5）债务人接到债权转让通知时，债务人对让与人享有债权，并且债务人的债权先于转让的债权到期或者同时到期的，债务人可以向受让人主张抵消。

（2）合同义务的转让

《合同法》规定，债务人将合同的义务全部或者部分转移给第三人的，应当经债权人同意。

债务人不论转移的是全部义务还是部分义务，都需要征得债权人同意。未经债权人同意，债务人转移合同义务的行为对债权人不发生效力。

（3）合同中权利和义务的一并转让

《合同法》规定，当事人一方经对方同意，可以将自己在合同中的权利和义务一并转让给第三人。

权利和义务一并转让又称为概括转让，是指合同一方当事人将其权利和义务一并转移给第三人，由第三人全部地承受这些权利和义务。权利、义务一并转让的后果，导致原合同关系的消灭，第三人取代了转让方的地位，产生出一种新的合同关系。只有经对方当事人同意，才能将合同的权利和义务一并转让。如果未经对方同意，一方当事人擅自一并转让权利和义务的，其转让行为无效，对方有权就转让行为对自己造成的损害，追究转让方的违约责任。

2. 建设工程合同的转让

（1）建设工程合同转让的概念

建设工程合同的转让是指建设工程合同权利人或义务人将其权利或义务的全部或部分，或者合同权利、义务一并让与合同外的第三人的情形。

（2）建设工程合同转让不同于一般合同转让

建设工程合同转让严格受到《建筑法》、《招标投标法》等法律、行政法规的规范。如我国建设工程合同权利和义务不能全部转让，建设工程合同部分转让的应当符合对分包的规定。

4.6.3　建设工程合同的终止

1. 合同终止的概念

合同终止，是指合同关系因法定事由或约定事由的出现而消灭，即合同中的民事权利义务停止的情形。

2. 合同终止的情形

（1）清偿

清偿也叫合同履行，是指合同义务已按照合同约定履行，合同关系因而终止的情形。合同当事人利益的实现为合同的本来目的。债务一经清偿，债权即因其达到目的而消灭。在双务合同场合，只有债务被清偿时，合同的权利义务才会终止。

（2）抵消

抵消是指两个以上的合同中，不同的合同债务相互抵消。作为一种合同终止的方法，抵消是当事人互负到期债务，并且该债务的标的物种类、品质相同时，任何一方将其债务与对方的债务在对等额内相互消灭（此为法定抵消），或者该债务的标的物种类、品质各不相同，经双方协商一致而在各自债务对等额内相互消灭（意定抵消）。

（3）提存

提存是指合同义务因合同权利人的原因而无法向其交付合同的标的物时，采取一定方法将标的物交存保管，以消灭合同的情形。

1）提存的原因

①债权人无正当理由拒绝受领；②债权人下落不明；③债权人死亡未确定继承人或者丧失民事行为能力未确定监护人；④法律规定的其他情形。

2）提存的标的物

提存的标的物，是指债务人依约定应当交付的标的物。提存的标的物，以适于提存者为限。标的物不适于提存或者提存费用过高的，债务人依法可以拍卖或者变卖标的物，提存所得的价款。

3）提存的效力

①标的物提存后，除债权人下落不明的以外，债务人应当及时通知债权人或者债权人的继承人、监护人。

②标的物提存后，毁损、灭失的风险由债权人承担。提存期间，标的物的孳息归债权人所有。提存费用由债权人负担。

③债权人可以随时领取提存物，但债权人对债务人负有到期债务的，在债权人未履行债务或者提供担保之前，提存部门根据债务人的要求应当拒绝其领取提存物。

④债权人领取提存物的权利，自提存之日起五年内不行使而消灭，提存物扣除提存费用后归国家所有。

（4）免除

免除是指合同权利人单方面抛弃其债权，以免去合同义务人履行负担而终止合同的情形。

（5）混同

混同是指合同当事人中的权利人、义务人因各种原因混同为同一个人，从而引起他们之间已存在的合同归于终止的情形。

（6）解除

合同解除是指合同成立之后，基于双方协商一致或者一方行使合同解除权，而使合同关系归于消灭的情形。

1）解除合同的条件

①约定解除合同的条件成立；②协商一致解除；③不可抗力事由的出现；④预期违约；⑤迟延履行或其他违约行为。

2）解除合同的方法

①协议解除，是指由合同各方当事人协商一致解除合同；②解除权行使解除，是指因不可抗力或一方违约等情形，使当事人一方依法取得合同解除权，行使合同解除权而使合同终止的情形。

3）解除合同的程序

《合同法》规定，主张解除合同的，应当通知对方，合同自通知到达对方时解除。对方有异议的，可以请求人民法院或者仲裁机构确认解除合同的效力。法律、行政法规规定解除合同应当办理批准、登记等手续的，依照其规定，当事人对异议期限有约定的依照约定，没有约定的，最长期3个月。

4）合同解除的法律后果

合同解除后，尚未履行的，终止履行；已经履行的，根据履行情况和合同性质，当事人可以要求恢复原状、采取其他补救措施，并有权要求赔偿损失。

5）建设工程合同解除的情形

①发包承包双方经协商一致的，可以解除合同；②由于发生不可抗力情况致使建设工程承包合同的目的不能实现，可以解除合同；③在合同履行期届满之前，一方当事人明确表示或者以自己的行为表明不履行主要债务的，对方可以解除合同；④一方当事人迟延履行主要债务，经催告后在合理期限内仍未履行的，对方可以解除合同；⑤当事人一方迟延履行债务或者有其他违约行为，致使不能实现合同目的的，可以解除合同；⑥国家取消固定资产投资计划的，可以解除合同。

（7）法律规定或者当事人约定终止的其他情形

【案例】

某公司为某单位建成了一栋住宅楼，且已竣工验收，但某单位仍欠某公司工程款30余万元未予清结。后因某公司需改制重组，欲将该项债权转让给K公司，经初步商议，K公司虽同意受让，可是某单位却表示反对，甚至认为施工合同的债权依法不得转让，故而转让一事暂停。建设施工合同的债权转让是否违法？

根据《合同法》第七十九条的规定，债权人可以将合同的权利全部或部分转让给第三人，但根据合同性质不得转让的，按照当事人约定不得转让的和依照法律规定不得转让的除外。法律、法规并不禁止建设工程施工合同项下的债权转让，只要建设工程施工合同的当事人没有约定合同项下的债权不得转让，债权人向第三人转让债权并通知债务人的，债权转让合法有效，而且债权人无须就债权转让事项征得债务人的同意。也就是说，只要债务人确认了所欠工程款的数额，只要向债务人发出了转移债务通知书，该项债权转让就是合法有效的。

上面这个案例属于一般合同债权，与建设工程承包合同转让还是有一定区别，承包合同涉及承包单位资质审查，分包只能是主体工程以外的非主体工程，如果允许随意转让合同，对工程质量等各方面都无法保证。

4.7 建设工程合同的违约责任

4.7.1 建设工程合同违约责任概述

违约责任，是合同当事人不履行合同义务或者履行合同义务不符合约定时，依法产生的法律责任。违约责任制度是合同法律制度的重要组成部分，是保障债权实现的重要措施。

1. 违约责任的构成要件

违约责任的构成要件包括主观要件和客观要件。

（1）主观要件是指合同当事人，在履行合同中不论其主观上是否存在过错，即主观上有无故意或过失，只要造成违约的事实，均应承担违约责任。只要造成违约的事实均应承担违约的法律责任。

（2）客观要件是指合同依法成立、生效后，合同当事人一方或者双方未按照法定或者约定全面地履行应尽的义务，也即出现了客观的违约事实，即应承担违约的法律责任。

2. 违约行为

违约行为是指合同当事人不履行合同义务或者履行合同义务不符合约定条件的行为。违约行为一般包括以下几种：

（1）不能履行。不能履行，又叫给付不能，是指债务人在客观上没有履行能力，或者法律禁止债务履行。

（2）迟延履行。迟延履行，又称债务人迟延、逾期履行，它是指债务人能够履行，但在履行期限届满时确未履行债务的现象。

（3）不完全履行。不完全履行，又称不完全给付或不适当履行，是指债务人虽然履行了债务，但其履行不符合债务的本旨。

（4）拒绝履行。拒绝履行，是债务人对债权人表示不履行合同。这种表示一般为明示的，也可以是默示的。

（5）债权人迟延。债权人迟延，或称受领迟延，是指债权人对于已提供的给付，未为受领给付完成所必要的协助的事实。

（6）预期违约。预期违约，又称先期违约，是指合同履行期到来之前，一方当事人向另一方明确和坚定地表示将不履行合同，或者以自己的行为或客观事实表明将不履行合同的情况。

3. 承担违约责任的基本形式

《合同法》第一百零七条规定："当事人一方不履行合同义务或者履行合同义务不符合约定的，应当承担继续履行、采取补救措施或者赔偿损失等违约责任。"只要当事人履行合同不符合约定，就要承担责任。

（1）继续履行

继续履行，《合同法》中也叫强制履行，学术上又称强制实际履行或者依约履行，是指合同当事人一方不履行合同义务或者履行合同义务不符合约定时，经另一方当事人的请求，法律强制其按照合同的约定继续履行合同的义务。

（2）采取补救措施

采取补救措施作为一种独立的违约责任形式，是指矫正合同不适当履行（质量不合格）、使履行缺陷得以消除的具体措施。这种责任形式，与继续履行(解决不履行问题)和赔偿损失具有互补性。《合同法》第一百一十一条规定，对违约责任没有约定或者约定不明确，依照本法第六十一条的规定仍不能确定的，受损害方根据标的的性质以及损失的大小，可以合理选择要求对方承担修理、更换、重作、退货、减少价款或者报酬等违约责任。

(3)赔偿损失

赔偿损失，也称损害赔偿，是指违约方不履行合同或不完全履行合同而给对方造成损失，依法或依约应向对方承担的补偿责任。赔偿损失的目的是补偿受害人因违约行为所遭受的损害，因而，从本质上讲，赔偿损失是交换关系在违约责任领域的特殊表现，是违约责任的最常见也是最重要的违约责任形式。

4.违约金

违约金责任是当事人事先约定的一方违约后应向对方支付一定数额金钱的责任形式。违约金责任主要以约定而产生。违约金具有惩罚与补偿双重性质。当当事人违反合同但未给对方造成经济损失时，违约金具有惩罚的性质；如果已经给对方造成经济损失，违约金具有补偿的性质。

约定的违约金低于造成的损失的，当事人可以请求人民法院或者仲裁机构予以增加；约定的违约金过分高于造成的损失的，当事人可以请求人民法院或者仲裁机构予以适当减少。当事人就迟延履行约定违约金的，违约方支付违约金后，还应当履行债务。

5.违约责任的免除

1.法定的免责

《合同法》第一百一十七条规定，因不可抗力不能履行合同的，根据不可抗力的影响，部分或者全部免除责任，但法律另有规定的除外。当事人迟延履行后发生不可抗力的，不能免除责任。不可抗力，在《民法通则》上是指"不能预见、不能避免和不能克服的客观情况"。不可抗力主要包括以下几种情形：①自然灾害，如台风、洪水、冰雹；②政府行为，如征收、征用；③社会异常事件，如罢工、骚乱。

2.约定的免责

免责条款，是限制或免除当事人未来违约责任的条款。免责条款必须由当事人明确订入合同并成为合同内容的组成部分，不允许采用默示方式作出或者事后推定；免责条款虽然订入合同，要实际发生免责效果，还必须符合法律规定的有效条件。

4.7.2 建设工程勘察、设计合同的违约责任

1.发包人的违约责任

(1)因发包人变更计划，提供的资料不准确，或者未按照期限提供必需的勘察、设计工作条件而造成勘察、设计的返工、停工或者修改设计，发包人应当按照勘察人、设计人实际消耗的工作量增付费用。

(2)建设工程勘察、设计的成果按期、按质、按量交付后，发包人要依照法律、法规的规定和合同的约定，按期、按量交付勘察、设计费。发包人未按合同规定或约定的日期交付费用时，应偿付逾期的违约金。

(3)发包人若不履行合同，定金不予返还。

2. 承包人的违约责任

（1）承包人不履行合同，应当双倍返还定金。

（2）因勘察、设计质量低劣引起返工，或未按期提交勘察、设计文件，拖延工期造成损失的，由承包方继续完善勘察、设计，并视造成的损失、浪费的大小，减收或免收勘察、设计费并赔偿损失。

（3）对因勘察、设计错误而造成重大质量事故的，承包人除免收损失部分的勘察、设计费外，还应支付与直接损失部分勘察、设计费相当的赔偿金。

4.7.3　建设工程施工合同的违约责任

1. 发包人的违约责任

（1）《合同法》第二百七十八条规定，隐蔽工程在隐蔽以前，承包人应当通知发包人检查。发包人没有及时检查的，承包人可以顺延工程日期，并有权要求赔偿停工、窝工等损失。在这里发包人承担违约责任的方式是赔偿损失，施工人有权要求工期和费用索赔。

（2）《合同法》第二百八十三条规定，发包人未按照约定的时间和要求提供原材料、设备、场地、资金、技术资料的，承包人可以顺延工程日期，并有权要求赔偿停工、窝工等损失。在这里发包人承担违约责任的方式是赔偿损失，施工人有权要求工期和费用索赔。

（3）《合同法》第二百八十四条规定，因发包人的原因致使工程中途停建、缓建的，发包人应当采取措施弥补或者减少损失，赔偿承包人因此造成的停工、窝工、倒运、机械设备调迁、材料和构件积压等损失和实际费用。在这里发包人承担违约责任的方式是采取补救措施和赔偿损失。

（4）《合同法》第二百八十六条规定，发包人未按照约定支付价款的，承包人可以催告发包人在合理期限内支付价款。发包人逾期不支付的，除按照建设工程的性质不宜折价、拍卖的以外，承包人可以与发包人协议将该工程折价，也可以申请人民法院将该工程依法拍卖。建设工程的价款就该工程折价或者拍卖的价款优先受偿。

2. 承包人的违约责任

（1）工程质量不符合合同约定，负责无偿修理或返工。由于修理或返工造成逾期交付的，偿付逾期违约金。

（2）不能按照协议书约定的竣工日期或工程师同意顺延的工期竣工，偿付逾期违约金。

【案例】

　　甲公司与乙勘察设计单位签订了一份勘察设计合同，合同约定：乙单位为甲公司筹建中的商业大厦进行勘察、设计，按照国家颁布的收费标准支付勘察设计费；乙单位应按甲公司的设计标准、技术规范等提出勘察设计要求，进行测量和工程地质、水文地质等勘察设计工作，并在2010年5月1日前向甲公司提交勘察成果和设计文件。合同还约定了双方的违约责任、争议的解决方式。甲公司同时与丙建筑公司签订了建设工程承包合同，在合同中规定了开工日期。但是，不料后来乙单位迟迟不能提交勘察设计文件。丙建筑公司按建设工程承包合同的约定做好了开工准备，如期进驻施工场地。在甲公司的再三催促下，乙单位迟延36天提交勘察设计文件。此时，丙公司已窝工18天。在施工期间，丙公司又发现设计图纸中的多处错误，不得不停工等候甲公司请乙单位对设计图纸进行修改。丙公司由于窝工、停工要求甲公司赔偿损失，否则不再继续施工。甲公司将乙单位起诉到法院，要求乙单位赔偿损失。

分析：

法院认定乙单位应承担违约责任。该案中乙单位不仅没有按照合同的约定提交勘察设计文件，致使甲公司的建设工期受到延误，还造成丙公司的窝工，而且勘察设计的质量也不符合要求，致使承建单位丙公司因修改设计图纸而停工、窝工。根据《合同法》，"勘察、设计的质量不符合要求或者未按照期限提交勘察、设计文件拖延工期，造成发包人损失的，勘察人、设计人应当继续完善勘察、设计，减收或者免收勘察、设计费并赔偿损失。"乙单位的上述违约行为已给甲公司造成损失，应负赔偿甲公司损失的责任。根据《合同法》第二百八十三条，甲公司因图纸不到位给丙公司造成的损失也应当予以赔偿。

4.8　建设工程合同的担保

合同履行的担保，是保证合同履行的一项法律制度，是合同当事人为全面履行合同及避免因对方违约遭受损失而设定的保障措施。

4.8.1　担保的原则

合同履行的担保是通过签订担保合同或是在合同中设立担保条款来实现。担保合同是从合同，被担保合同是主合同。担保合同将随着被担保合同的履行而消失。当被担保人不履行其义务且不承担相应责任时，担保人则应承担其担保责任。

《担保法》第三条规定，担保活动应当遵循平等、自愿、公平、诚实信用的原则。

担保合同是主合同的从合同，主合同无效，担保合同无效。担保合同另有约定的，按照约定。担保合同被确认无效后，债务人、担保人、债权人有过错的，应当根据其过错各自承担相应的民事责任。

《担保法》规定的担保形式主要有保证、抵押、质押、留置和定金 5 种。

4.8.2　保证

1. 保证的概念

保证是指保证人和债权人约定，当债务人不履行债务时，保证人按照约定履行债务或者承担责任的行为。保证人与债权人应当以书面形式订立保证合同。保证合同应当包括以下内容：①被保证的主债权种类、数额；②债务人履行债务的期限；③保证的方式；④保证担保的范围；⑤保证的期间；⑥双方认为需要约定的其他事项。

2. 保证人的主体资格

(1)具有代位清偿债务能力的法人、其他组织或者公民，可以做保证人。

(2)国家机关、学校、幼儿园、医院等以公益为目的的事业单位、社会团体和企业法人的分支机构、职能部门，不得做保证人。企业法人的分支机构有法人书面授权的，可以在授权范围内提供保证。

3. 保证责任

保证担保的范围包括主债务及利息、违约金、损害赔偿金和实现债权的费用。保证合同另有约定的，按照约定。当事人对保证担保的范围没有约定或者约定不明的，保证人应当对全部债务承担责任。

保证责任的内容包括代为履行和承担赔偿责任两种，具体应由当事人约定。代为履行即双方约定，在债务人不履行债务时，由保证人代其履行。只有在保证人履行不能时，才可以承担赔偿责任替代债务的实际履行。

保证期间，债权人依法将主债权转让给第三人的，保证人在原保证担保的范围内继续承担保证责任。债权人许可债务人转让债务的，应取得保证人的书面同意，保证人对未经其同意转让的债务，不再承担保证责任。债权人与债务人协议变更主合同的，应取得保证人的书面同意，未经保证人的书面同意，保证人不再承担保证责任。

保证人承担保证责任后，有权向债务人追偿。债务人破产的，保证人可以参加破产财产分配，预先行使追偿权。

4. 保证责任的方式

（1）一般保证责任

当事人在保证合同中约定，在债务人不能履行债务时，由保证人承担保证责任的，为一般保证。一般保证的保证人在主合同纠纷未经审判或者仲裁，并就债务人财产依法强制执行仍不能履行债务前，对债权人可以拒绝承担担保责任。

（2）连带责任保证

当事人在保证合同中约定保证人与债务人对债务承担连带责任的，为连带责任保证。在债务人未履行到期债务时，债权人可以要求债务人履行债务，也可以要求保证人在其保证责任范围内承担责任。

保证责任的具体方式由当事人在保证合同中约定，没有约定或约定不明确的，按连带责任保证承担保证责任。保证人在约定的保证期间内承担保证责任。当事人未约定或约定不明确的，保证期间为主债务履行期届满之日起 6 个月。

5. 共同保证

共同保证是指两个以上的民事主体担任同一债务的保证人的保证行为，共同保证分为按份共同保证和连带共同保证。

按份共同保证是指两个以上的保证人按照约定的份额承担保证责任。

连带共同保证是两个以上的保证人分别对全部债务承担保证责任的保证行为。

建设工程合同中最常见的银行为工程承包单位开具的履约保函，即是银行充当保证人为承包单位担保的保证方式。

4.8.3 抵押

1. 抵押的概念

抵押是指债务人或者第三人不转移对抵押财产的占有，将该财产作为债权的担保。债务人不履行债务时，债权人有权依照法律规定以该财产折价或者以拍卖、变卖该财产的价款优先受偿的法律制度。抵押的法律特征如下：

（1）抵押是担保物权。抵押权人在设定抵押之后，对抵押物享有控制权及支配权。

（2）抵押人可以是第三人，也可以是债务人自己。财产必须是债务人或第三人自己所有或依法有权处分，否则不得设定抵押。

（3）抵押物是动产，也可以是不动产。这与质押不同，质物只能是动产。

（4）抵押人不转移抵押物的占有。抵押人可以继续占有、使用抵押物，即抵押不以转移标的物的占有为要件。这也与质押不同，质物必须转移于质权人占有。

（5）抵押权人有优先受偿的权利。优先受偿，是指当债务人有多个债权人，其财产不足以清偿全部债权时，有抵押权的债权人优先于其他债权人受偿。

2. 可以抵押的财产类型

①建筑物和其他地上附着物；②建设用地使用权；③以招标、拍卖、公开协商等方式取得的荒地等土地承包经营权；④生产设备、原材料、半成品、产品；⑤正在建造的建筑物、船舶、航空器；⑥交通运输工具；⑦法律、行政法规未禁止抵押的其他财产。

3. 不可以抵押的财产类型

①土地所有权；②耕地、宅基地、自留地、自留山等集体所有的土地使用权，但法律规定可以抵押的除外；③学校、幼儿园、医院等以公益为目的的事业单位、社会团体的教育设施、医疗卫生设施和其他社会公益设施；④所有权、使用权不明或者有争议的财产；⑤依法被查封、扣押、监管的财产；⑥法律、行政法规规定不得抵押的其他财产。

4. 抵押合同的一般条款

设立抵押权，当事人应当采取书面形式订立抵押合同。抵押合同一般包括下列条款：①被担保债权的种类和数额；②债务人履行债务的期限；③抵押财产的名称、数量、质量、状况、所在地、所有权归属或者使用权归属；④担保的范围。

5. 抵押权的实现

债务履行期届满抵押权人未受清偿的，可以与抵押人协议以抵押物折价或者以拍卖、变卖该抵押物所得的价款受偿；协议不成的，抵押权人可以向人民法院提起诉讼。

抵押物折价或者拍卖、变卖后，其价款超过债权数额的部分归抵押人所有，不足部分由债务人清偿。

同一财产向两个以上债权人抵押的，拍卖、变卖抵押物所得的价款按照以下规定清偿：①抵押合同已登记生效的，按照抵押物登记的先后顺序清偿；顺序相同的，按照债权比例清偿；②抵押合同自签订之日起生效的，该抵押物已登记的，按照前面的规定清偿；未登记的，按照合同生效时间的先后顺序清偿，顺序相同的，按照债权比例清偿。抵押物已登记的先于未登记的受偿。

4.8.4　质押

1. 质押的概念

质押是指债务人或者第三人将其动产或权利移交债权人占有。将该动产或权利作为债权的担保。债务人不履行债务时，债权人有权依照法律规定以该动产或权利折价或者以拍卖、变卖该动产或权利的价款优先受偿。质权是一种约定的担保物权，以转移占有为特征。债务人或者第三人为出质人，债权人为质权人，移交的动产或权利为质物。

2. 质押的分类

质押分为动产质押和权利质押。

动产质押是指债务人或者第三人将其动产移交债权人占有，将该动产作为债权的担保。能够用作质押的动产没有限制。

权利质押一般是将权利凭证交付债权人的担保。可以质押的权利包括：①汇票、支票、本票、债券、存款单、仓单、提单；②依法可以转让的股份、股票；③依法可以转让的商标专用权、专利权，著作权中的财产权；④依法可以质押的其他权利。

4.8.5 留置

1. 留置的概念

留置是指债权人按照合同约定占有债务人的动产，债务人不按照合同约定的期限履行债务的，债权人有权依照法律(《担保法》)规定留置该财产，以留置财产折价或者以拍卖、变卖该财产的价款优先受偿的权利。留置权除具有担保物权的共有属性外，其独特属性表现如下：①留置权人事先占有留置物；②留置权只能是动产；③留置权是法定担保物权；④留置权具有留置和担保双重效力。

2. 留置权成立的条件

(1)须债权人占有债务人的动产。

(2)须债务人逾期不履行债务。

(3)须债权的发生与占有该留置动产有直接的牵连关系。

3. 留置权人享有的权利

(1)留置标的物。

(2)收取孳息。

(3)优先受偿的权利。

4. 留置权人负有的义务

(1)妥善保管留置物。

(2)返还留置物。

根据《担保法》第八十二条的规定，留置权属于法定担保物权，只适用于法律规定可以留置的合同。

留置担保的范围包括：主债权及利息，违约金，损害赔偿金，留置物保管费用和实现留置权的费用。

值得注意的是，发包人未按照约定支付价款的，承包人可以催告发包人在合理期限内支付价款。发包人逾期不支付的，除按照建设工程的性质不宜折价、拍卖的以外，承包人可以与发包人协议将该工程折价，也可以申请人民法院将该工程依法拍卖，建设工程的价款就该工程折价或者拍卖的价款优先受偿。该条款并不是法定留置权，而是特殊的法定优先受偿权。

4.8.6 定金

1. 定金的概念

定金指合同当事人为保证合同履行，由一方当事人预先向对方交纳一定数额的钱款。《合同法》第一百一十五条规定："当事人可以依照《中华人民共和国担保法》约定一方向对方给付定金作为债权的担保。债务人履行债务后，定金应当抵作价款或者收回。给付定金的一方不履行约定的债务的，无权要求返还定金；收受定金的一方不履行约定的债务的，应当双倍返还定金。"这就是我们通常说的定金罚则。第一百一十六条规定："当事人既约定违约金，又约定定金的，一方违约时，对方可以选择适用违约金或者定金条款。"《中华人民共和国担保法》第九十条规定："定金应当以书面形式约定。当事人在定金合同中应当约定交付定金的期限。定金合同从实际交付定金之日起生效。"第九十一条规定，"定金的数额由当事人约定，但不得超过主合同标的额的 20%"。

2.定金作为法定的形式,法律有其具体的要求

(1)形式要件,必须以书面的形式约定;

(2)数额的限定,定金的总额不得超过合同标的额的 20%;

(3)在选择赔偿时只能在定金和违约金中选其一。

【案例】

甲公司与乙公司于 2006 年 10 月签订一买卖钢材的合同,总价值 13 万元,并约定甲公司于 2006 年 12 月前交付货物,乙公司向甲公司支付了 2.5 万元的定金。合同签订后,钢材价格急剧上涨,甲公司受利益驱动,虽经乙公司多次催促,直至合同履行期满仍未交货。于是,乙公司要求甲公司返还定金。问题:

1.甲公司和乙公司约定的定金是否有效?

2.乙公司可以向甲公司请求返还多少金额?

分析:

1.甲、乙两公司约定的定金 2.5 万元合法有效。根据《担保法》的有关规定,当事人可以约定一方向对方给付定金作为债权的担保,定金的数量由当事人约定,但不得超过主合同标的总额的 20%。在本案中,甲、乙两公司在签订买卖钢材的合同中约定定金作为担保,且约定定金的金额为 2.5 万元,未超过主合同标的的 13 万元的 20%,故合法有效。

2.乙公司可以请求甲公司返还 5 万元定金。《担保法》第八十九条规定:"当事人可以约定一方向对方给付定金作为债权的担保。债务人履行债务后,定金应当抵作价款或者收回。给付定金的一方不履行约定的债务的,无权要求返还定金;收受定金的一方不履行约定的债务的,应当双倍返还定金。"在本案中,甲公司收受乙公司定金 2.5 万元后,不履行约定的义务,应双倍返还乙公司定金 5 万元。

【思考题】

1.简述合同的概念及类型。

2.简述建设工程合同订立的程序及内容。

3.建设工程合同生效要件有哪些?

4.无效建设工程合同有哪些?可变更或可撤销的建设工程合同有哪些?效力待定的建设工程合同有哪些?

5.简述建设工程合同履行的原则。不安抗辩权成立的条件有哪些?代位权的成立要件有哪些?

6.建设工程施工合同中承包人的义务有哪些?建设工程施工合同中发包人的义务有哪些?

7.简述建设工程合同解除的情形。

8.简述承担违约责任的基本形式。建设工程施工合同的违约责任有哪些?

9.《担保法》规定的担保形式有哪些?

第5章　建设工程质量管理法规

【教学目标】

了解建设工程质量管理的概念、建设工程质量管理体系、建设工程质量监督制度，熟悉建设工程质量检测制度、建设工程质量管理的法律责任，掌握建筑工程施工许可证制度、建设工程质量责任制度、建设工程的竣工验收制度、建设工程质量保修制度。

【职业资格考试要求】

建设工程质量政府监督制度，建筑工程施工许可证申领的时间与范围，申请领取施工许可证的条件，施工许可证的时间效力，建设工程质量检测机构资质管理，建设工程质量检测的监督管理，建设单位的质量责任和义务，勘察、设计单位的质量责任和义务，施工单位的质量责任和义务，工程监理单位的质量责任和义务，竣工验收应当具备的法定条件，建设工程竣工验收的程序，竣工验收备案，建设工程的质量保修书的内容，质量保修范围和期限，建设单位的法律责任，勘察单位、设计单位的法律责任，施工单位的法律责任，工程监理单位的法律责任。

【涉及的主要法规】

《建筑法》、《建设工程质量管理条例》、《房屋建筑和市政基础设施工程质量监督管理规定》、《建筑工程施工许可管理办法》、《建设工程质量检测工作规定》、《工程建设国家标准管理办法》、《建设工程施工质量验收统一标准》、《房屋建筑工程和市政基础设施工程竣工验收备案管理暂行办法》、《房屋建筑工程质量保修办法》。

5.1　建设工程质量管理概述

5.1.1　建设工程质量的概念及其特性

1. 建设工程质量的概念

建设工程质量有狭义和广义之分。狭义的建设工程质量是指工程实体的质量，即在国家现行的有关法律、法规、技术标准、设计勘察文件及合同中，对工程的安全、使用、耐久及经济美观、环境保护等方面所有明显和隐含能力的特性综合。广义的建设工程质量除工程实体质量外，还包括工程建设参与者的服务质量和工作质量。本书中的建设工程质量主要指工程实体的质量。

建设工程质量贯穿于建筑产品的形成过程中，要经过决策、设计、施工、运营等几个阶段，每一个阶段都有国家标准的严格要求。实际上，建设工程质量的好坏是决策、计划、勘察、设计、施工等单位各方面、各环节工程质量的综合反映。

2. 建设工程质量的特性

(1)适用性,即功能,是指工程满足使用目的的各种性能。

(2)耐久性,即寿命,是指工程竣工后的合理使用寿命周期。

(3)安全性,是指工程建成后在使用过程中保证结构安全、保证人身和环境免受危害的程度。

(5)可靠性,是指工程在规定的时间和规定的条件下完成规定功能的能力。

(6)与环境的协调性,是指工程与其周围生态环境协调,与所在地区经济环境协调以及与周围已建工程相协调,以适应可持续发展的要求。

5.1.2　建设工程质量的管理体系

根据有关法律法规及相关规定,我国已经建立了比较完善的建设工程质量管理体系。它包括宏观管理和微观管理两个方面。

1. 宏观管理

宏观管理是国家对建设工程质量所进行的监督管理,具体由建设行政主管部门及其授权机构实施,这种管理贯穿在工程建设的全过程和各个环节中。它既对工程建设的计划、规划、土地管理、环保、消防、人防、节能等方面进行监督管理,又对工程建设的主体从业资质认定和审查、成果质量检测、验证和奖励等方面进行监督管理,还对工程建设中各种活动,如工程建设招投标、工程设计、工程质量验收、工程质量保修等方面进行监督管理。

2. 微观管理

微观管理又包括两个方面:一是工程承包单位,如勘察单位、设计单位、施工单位自己对所承担工作的质量管理。二是建设单位的监督管理,是建设单位对所建工程的管理。它既可成立相应的机构和人员,对所建工程的质量进行监督管理,也可委托社会监理单位对工程建设的质量进行监理。现在,世界上大多数国家都推行监理制,我国也正在推行和完善这一制度。

5.2　建设工程质量监督制度

5.2.1　建设工程质量政府监督制度

1. 建设工程质量监督的主体

根据《建设工程质量管理条例》第四十三条的规定,国务院建设行政主管部门对全国的建设工程质量实施统一的监督管理,各级政府建设行政主管部门和其他有关部门对建设工程质量进行监督管理。

(1)国务院建设行政主管部门对全国的建设工程质量实施统一监督管理。国务院铁路、交通、水利等有关部门按照国务院规定的职责分工,负责对全国的有关专业建设工程质量的监督管理。

(2)县级以上人民政府建设行政主管部门对本行政区域内的建设工程质量实施监督管理。县级以上地方人民政府交通、水利等有关部门在各自的职责范围内,负责对本行政区域内的专业建设工程质量的监督管理。

2.建设工程质量监督机构

《房屋建筑和市政基础设施工程质量监督管理规定》第三条第三款规定，工程质量监督管理的具体工作可以由县级以上地方人民政府建设主管部门委托所属的工程质量监督机构实施。

（1）建设工程质量监督机构的概念

建设工程质量监督机构是经省级以上人民政府建设行政主管部门或有关专业部门考核认定的独立法人，建设工程质量监督机构接受县级以上地方人民政府建设行政主管部门或有关专业部门的委托，依法对建设工程质量进行强制性监督，并对委托部门负责。监督机构应当具备下列条件：①具有符合《房屋建筑和市政基础设施工程质量监督管理规定》第十三条规定的监督人员，人员数量由县级以上地方人民政府建设主管部门根据实际需要确定，监督人员应当占监督机构总人数的75%以上；②有固定的工作场所和满足工程质量监督检查工作需要的仪器、设备和工具等；③有健全的质量监督工作制度，具备与质量监督工作相适应的信息化管理条件。

省、自治区、直辖市人民政府建设主管部门应当按照国家有关规定，对本行政区域内监督机构每三年进行一次考核。监督机构经考核合格后，方可依法对工程实施质量监督，并对工程质量监督承担监督责任。

（2）建设工程质量监督机构进行工程质量监督管理的内容

①执行法律法规和工程建设强制性标准的情况；②抽查涉及工程主体结构安全和主要使用功能的工程实体质量；③抽查工程质量责任主体和质量检测等单位的工程质量行为；④抽查主要建筑材料、建筑构配件的质量；⑤对工程竣工验收进行监督；⑥组织或者参与工程质量事故的调查处理；⑦定期对本地区工程质量状况进行统计分析；⑧依法对违法违规行为实施处罚。

（3）建设工程质量监督机构进行工程质量监督管理的程序

①受理建设单位办理质量监督手续；②制订工作计划并组织实施；③对工程实体质量、工程质量责任主体和质量检测等单位的工程质量行为进行抽查、抽测；④监督工程竣工验收，重点对验收的组织形式、程序等是否符合有关规定进行监督；⑤形成工程质量监督报告；⑥建立工程质量监督档案。

3.建设行政主管部门及建设工程质量监督机构的监督检查权限

①要求被检查单位提供有关工程质量的文件和资料；②进入被检查单位的施工现场进行检查；③发现有影响工程质量的问题时，责令改正。

县级以上地方人民政府建设主管部门应当根据本地区的工程质量状况，逐步建立工程质量信用档案。县级以上地方人民政府建设主管部门应当将工程质量监督中发现的涉及主体结构安全和主要使用功能的工程质量问题及整改情况，及时向社会公布。

4.工程质量事故的报告制度

建设工程发生质量事故，有关单位应当在24小时内向当地建设行政主管部门和其他有关部门报告。

5.2.2　建设工程质量群众监督制度

《建筑法》第六十三条规定，任何单位和个人对建筑工程的质量事故、质量缺陷都有权向建设行政主管部门或者其他有关部门进行检举、控告、投诉。

　　1. 质量事故、质量缺陷

　　工程质量事故，是指由于建设管理、监理、勘测、设计、咨询、施工、材料、设备等原因造成工程质量不符合规程、规范和合同规定的质量标准，影响使用寿命和对工程安全运行造成隐患及危害的事件。质量缺陷，是指建设工程的质量不符合工程建设强制性标准以及合同的约定，存在危及人身与财产安全的危险性。质量缺陷按其形成原因有勘察缺陷、设计缺陷、施工缺陷、指示缺陷四种。质量事故和质量缺陷都可能给公民和社会造成经济损失和生命财产的损害。

　　2. 建设工程质量群众监督制度的形式

　　建设工程质量群众监督制度的形式主要有检举、投诉和控告。

【案例】

　　某市质量监督站某质监员王某进入 A 住宅小区在建工地进行检查，发生了下列事件：

　　1. 核查工程资料时发现施工许可证尚未办理，质监员对该事件下达了整改通知书，责令停止施工，并要求施工方办理好施工许可证；

　　2. 核查了 A 住宅小区监理机构人员的职业资格证，发现总监代表为无证人员，质监员将该事件向上级行政主管部门进行了汇报；

　　3. 该质监员进入工地，对水泥、钢筋质量进行抽查时，施工方以现场危险为由予以拒绝。

　　试分析是否妥当以及为什么。

　　分析：

　　1. 根据《建筑工程施工许可管理办法》第十条规定，对于未取得施工许可证或者为规避办理施工许可证将工程项目分解后擅自施工的，由有管辖权的发证机关责令改正，对于不符合开工条件的责令停止施工，并对建设单位和施工单位分别处以罚款；

　　2. 建设工程质量监督机构检查施工现场工程建设各方主体的行为时，包括了"核查施工现场工程建设各方主体及有关人员的资质或资格"；

　　3.《建设工程质量管理条例》规定，政府有关主管部门履行监督检查职责时，有权进入被检查的施工现场进行检查。

　　解答：

　　1. 不妥当。理由：应由有管辖权的发证机关责令改正，对于不符合开工条件的责令停止施工；应由建设单位办理施工许可证。

　　2. 妥当。

　　3. 不妥当。理由：施工单位不得以不当理由阻止政府有关主管部门进入被检查的施工现场进行检查。

5.3　建筑工程施工许可证制度

5.3.1　建筑工程施工许可证的概念

　　建筑工程施工许可证，是建筑工程开工前，建设单位向建设行政主管部门申请的可以施工的证明。

　　建筑工程施工许可证制度是行政许可证制度的一种。行政许可证制度涉及两方面的主体，一方是行政机关，另一方是申请人。就建筑工程许可证制度而言，这两方面主体分别是建设行政主管部门或有关专业部门和建设单位。

5.3.2 建筑工程施工许可证申领的时间与范围

1. 施工许可证的申领时间

根据《建筑法》第七条规定，施工许可证应在建筑工程开工前申请领取。

2. 施工许可证的申请范围

《建筑法》第七条规定，除国务院建设行政主管部门确定的限额以下的小型工程，按照国务院规定的权限和程序批准开工报告的建筑工程外，均应领取施工许可证；未领取施工许可证的，不得开工。

3. 施工许可证的申领程序

（1）建设单位向发证机关领取建筑工程施工许可证申请表。

（2）建设单位持加盖单位及法定代表人印鉴的建筑工程施工许可证申请表，并附建筑工程施工许可管理办法第四条规定的证明文件，向发证机关提出申请。

（3）发证机关在收到建设单位报送的建筑工程施工许可证申请表和所附证明文件后，对于符合条件的，应当自收到申请之日起十五日内颁发施工许可证；对于证明文件不齐全或者失效的，应当限期要求建设单位补正，审批时间可以自证明文件补正齐全后作相应顺延；对于不符合条件的，应当自收到申请之日起十五日内书面通知建设单位，并说明理由。

建筑工程在施工过程中，建设单位或者施工单位发生变更的，应当重新申请领取施工许可证。

4. 施工许可证的审批权限

根据《建筑法》及其相关规定，建筑工程开工前，建设单位应当按照国家有关规定向工程所在地县级以上人民政府建设行政主管部门申请领取施工许可证。

5.3.3 申请领取施工许可证的条件

根据《建筑工程施工许可管理办法》第四条的规定，建设单位申请领取施工许可证，应当具备下列条件，并提交相应的证明文件：①已经办理该建筑工程用地批准手续；②在城市规划区的建筑工程，已经取得建设工程规划许可证；③施工场地已经基本具备施工条件，需要拆迁的，其拆迁进度符合施工要求；④已经确定施工企业。按照规定应该招标的工程没有招标，应该公开招标的工程没有公开招标，或者肢解发包工程，以及将工程发包给不具备相应资质条件的，所确定的施工企业无效；⑤有满足施工需要的施工图纸及技术资料，施工图设计文件已按规定进行了审查；⑥有保证工程质量和安全的具体措施。施工企业编制的施工组织设计中有根据建筑工程特点制定的相应质量、安全技术措施，专业性较强的工程项目编制了专项质量、安全施工组织设计，并按照规定办理了工程质量、安全监督手续；⑦按照规定应该委托监理的工程已委托监理；⑧建设资金已经落实。建设工期不足一年的，到位资金原则上不得少于工程合同价的50%，建设工期超过一年的，到位资金原则上不得少于工程合同价的30%。建设单位应当提供银行出具的到位资金证明，有条件的可以实行银行付款保函或者其他第三方担保；⑨法律、行政法规规定的其他条件。

5.3.4 施工许可证的时间效力

施工许可证的时间效力，是指施工许可证在一定的时间范围内有效，超过该期限即丧失效力。

（1）建设单位应当自领取施工许可证之日起三个月施工。

（2）建设单位因客观原因可以延期，但不得无故拖延怠工。

（3）延期最多是两次，每次期限均为三个月。

延期必须有原因，也应当是合理的，比如因不可抗力而允许延期就是合理的原因。建设单位延期申请是否能够获得批准，这是由建设行政主管部门审查认定后，根据情况作出决定。延期最多是两次，每次均为三个月，延期最长为六个月。再加上领取施工许可证之日起三个月内开工时间，建设单位开工最长时间为九个月。超过九个月的，该证自行废止。

（4）施工许可证自行废止的两种情况：①三个月内不开工，又不向发证机关申请延期；②超过延期期限。

施工许可证废止后，建设单位须按规定重新领取施工许可证，方可开工。

5.3.5　中止施工和恢复施工

1. 中止施工

中止施工是建筑工程开工后，在施工过程中，因特殊情况的发生而中途停止施工的一种行为。中止施工的时间一般都较长，恢复施工的日期难以在中止时确定。中止施工后，建设单位应做好建筑工程的维护管理工作，同时，向有关建设行政主管部门报告中止施工的原因。

2. 恢复施工

恢复施工是指建筑工程中止施工后，造成中断施工的情况消除而继续施工的一种行为。恢复施工时，中止施工不满一年的，建设单位应当向该建筑工程颁发施工许可证的建设行政主管部门报告恢复施工的有关情况；中止施工满一年的，建筑工程恢复施工前，建设单位应当报发证机关检验施工许可证。建设行政主管部门对中止施工满一年的建筑工程应进行审查。符合条件的，应允许恢复施工，施工许可证继续有效；对不符合条件的，施工许可证收回，待具备条件后，建设单位重新申请领取施工许可证。

5.4　建设工程质量检测制度

5.4.1　建设工程质量检测的概念

建设工程质量检测，是指工程质量检测机构接受委托，依据国家有关法律、法规和工程建设强制性标准，对涉及结构安全项目的抽样检测和对进入施工现场的建筑材料、构配件的见证取样检测。建设工程质量检测工作是政府对建设工程质量进行监督管理的重要手段之一。

国务院建设主管部门负责对全国质量检测活动实施监督管理，并负责制定检测机构资质标准。省、自治区、直辖市人民政府建设主管部门负责对本行政区域内的质量检测活动实施监督管理，并负责检测机构的资质审批。市、县人民政府建设主管部门负责对本行政区域内的质量检测活动实施监督管理。

5.4.2　建设工程质量检测机构资质管理

建设工程质量检测机构是具有独立法人资格的中介机构。检测机构资质按照其承担的检测业务内容分为专项检测机构资质和见证取样检测机构资质。

1. 专项检测机构和见证取样检测机构应满足下列基本条件。

(1)专项检测机构的注册资本不少于 100 万元人民币,见证取样检测机构不少于 80 万元人民币。

(2)所申请检测资质对应的项目应通过计量认证。

(3)有质量检测、施工、监理或设计经历,并接受了相关检测技术培训的专业技术人员不少于 10 人;边远的县(区)的专业技术人员可不少于 6 人。

(4)有符合开展检测工作所需的仪器、设备和工作场所;其中,使用属于强制检定的计量器具,要经过计量检定合格后,方可使用。

(5)有健全的技术管理和质量保证体系。

2. 专项检测机构除应满足基本条件外,还需满足下列条件。

(1)地基基础工程检测类。

专业技术人员中从事工程桩检测工作 3 年以上并具有高级或者中级职称的不得少于 4 名,其中 1 人应当具备注册岩土工程师资格。

(2)主体结构工程检测类。

专业技术人员中从事结构工程检测工作 3 年以上并具有高级或者中级职称的不得少于 4 名,其中 1 人应当具备二级注册结构工程师资格。

(3)建筑幕墙工程检测类。

专业技术人员中从事建筑幕墙检测工作 3 年以上并具有高级或者中级职称的不得少于 4 名。

(4)钢结构工程检测类。

专业技术人员中从事钢结构机械连接检测、钢网架结构变形检测工作 3 年以上并具有高级或者中级职称的不得少于 4 名,其中 1 人应当具备二级注册结构工程师资格。

3. 见证取样检测机构除应满足基本条件外,专业技术人员中从事检测工作 3 年以上并具有高级或者中级职称的不得少于 3 名;边远的县(区)可不少于 2 人。

5.4.3 建设工程质量检测的范围及业务内容

1. 建设工程质量检测的范围

《建设工程质量管理条例》第三十一条规定,施工人员对涉及结构安全的试块、试件以及有关材料,应当在建设单位或者工程监理单位监督下现场取样,并送具有相应资质等级的质量检测单位进行检测。

2. 建设工程质量检测的业务内容

(1)专项检测

①地基基础工程检测;②主体结构工程现场检测;③建筑幕墙工程检测;④钢结构工程检测。

(2)见证取样检测

①水泥物理力学性能检验;②钢筋(含焊接与机械连接)力学性能检验;③砂、石常规检验;④混凝土、砂浆强度检验;⑤简易土工试验;⑥混凝土外加剂检验;⑦预应力钢绞线、锚夹具检验;⑧沥青、沥青混合料检验。

5.4.4　建设工程质量检测的监督管理

1. 建设工程质量检测监督检查的内容

《建设工程质量检测管理办法》第二十一条规定，县级以上地方人民政府建设主管部门应当加强对检测机构的监督检查，主要检查下列内容：①是否符合本办法规定的资质标准；②是否超出资质范围从事质量检测活动；③是否有涂改、倒卖、出租、出借或者以其他形式非法转让资质证书的行为；④是否按规定在检测报告上签字盖章，检测报告是否真实；⑤检测机构是否按有关技术标准和规定进行检测；⑥仪器设备及环境条件是否符合计量认证要求；⑦法律、法规规定的其他事项。

2. 建设工程质量检测监督检查的措施

《建设工程质量检测管理办法》第二十二条规定，建设主管部门实施监督检查时，有权采取下列措施：①要求检测机构或者委托方提供相关的文件和资料；②进入检测机构的工作场地（包括施工现场）进行抽查；③组织进行比对试验以验证检测机构的检测能力；④发现有不符合国家有关法律、法规和工程建设标准要求的检测行为时，责令改正。

3. 建设工程质量检测监督管理的规定

（1）检测机构是具有独立法人资格的中介机构，检测机构从事规定的质量检测业务应当取得相应的资质证书；检测机构资质按照其承担的检测业务内容分为专项检测机构资质和见证取样检测机构资质；检测机构未取得相应的资质证书，不得承担规定的质量检测业务。

（2）任何单位和个人不得涂改、倒卖、出租、出借或者以其他形式非法转让资质证书。

（3）质量检测业务，由工程项目建设单位委托具有相应资质的检测机构进行检测，委托方与被委托方应当签订书面合同；检测结果利害关系人对检测结果发生争议的，由双方共同认可的检测机构复检，复检结果由提出复检方报当地建设主管部门备案。

（4）质量检测试样的取样应当严格执行有关工程建设标准和国家有关规定，在建设单位或者工程监理单位监督下现场取样。提供质量检测试样的单位和个人，应当对试样的真实性负责。

（5）检测机构完成检测业务后，应当及时出具检测报告。检测报告经检测人员签字、检测机构法定代表人或者其授权的签字人签署，并加盖检测机构公章或者检测专用章后方可生效。见证取样检测的检测报告中应当注明见证人单位及姓名。

（6）任何单位和个人不得明示或者暗示检测机构出具虚假检测报告，不得篡改或者伪造检测报告。

（7）检测人员不得同时受聘于两个或者两个以上的检测机构，检测机构不得转包检测业务。

（8）检测机构应当对其检测数据和检测报告的真实性和准确性负责；检测机构应当将检测过程中发现的建设单位、监理单位、施工单位违反有关法律、法规和工程建设强制性标准的情况，以及涉及结构安全检测结果的不合格情况，及时报告工程所在地建设主管部门。

【案例】

某综合楼为现浇框架结构，地下1层，地上8层。主体结构施工到第6层时，发现2层竖向结构混凝土试块强度达不到设计要求，委托省级有资质的检测单位，对2层竖向实体结构进行检测鉴定，认定2层竖向实体结构强度能够达到设计要求。问题：2层竖向结构的质量应如何验收？

分析：

2 层竖向结构的质量可以正常验收。理由：混凝土试块强度不足是检验中发现的质量问题，经过有资质的检测机构进行实体检测后，混凝土实体强度符合设计要求，可以认定混凝土强度符合设计要求。质量验收时，应附实体检测报告。

5.5　建设工程质量责任制度

5.5.1　建设单位的质量责任和义务

1. 依法对工程进行发包的责任

《建设工程质量管理条例》第七条规定，建设单位应当将工程发包给具有相应资质等级的单位。建设单位不得将建设工程肢解发包。

2. 依法对材料设备招标的责任

《建设工程质量管理条例》第八条规定，建设单位应当依法对工程建设项目的勘察、设计、施工、监理以及与工程建设有关的重要设备、材料等的采购进行招标。

3. 提供原始资料的责任

《建设工程质量管理条例》第九条规定，建设单位必须向有关的勘察、设计、施工、工程监理等单位提供与建设工程有关的原始资料。原始资料必须真实、准确、齐全。

4. 不得干预投标人的责任

《建设工程质量管理条例》第十条规定，建设工程发包单位不得迫使承包方以低于成本的价格竞标，不得任意压缩合理工期。建设单位不得明示或者暗示设计单位或者施工单位违反工程建设强制性标准，降低建设工程质量。

5. 送审施工图的责任

《建设工程质量管理条例》第十一条规定，建设单位应当将施工图设计文件报县级以上人民政府建设行政主管部门或者其他有关部门审查。施工图设计文件未经审查批准的，不得使用。

6. 依法委托监理的责任

《建设工程质量管理条例》第十二条规定，建设单位应当依法委托监理。实行监理的建设工程，建设单位应当委托具有相应资质等级的工程监理单位进行监理，也可以委托具有工程监理相应资质等级并与被监理工程的施工承包单位没有隶属关系或者其他利害关系的该工程的设计单位进行监理。下列建设工程必须实行监理：①国家重点建设工程；②大中型公用事业工程；③成片开发建设的住宅小区工程；④利用外国政府或者国际组织贷款、援助资金的工程；⑤国家规定必须实行监理的其他工程。

7. 确保提供的建筑材料等物资符合要求的责任

《建设工程质量管理条例》第十四条规定，按照合同约定，由建设单位采购建筑材料、建筑构配件和设备的，建设单位应当保证建筑材料、建筑构配件和设备符合设计文件和合同要求。建设单位不得明示或者暗示施工单位使用不合格的建筑材料、建筑构配件和设备。

8. 不得擅自改变主体和承重结构进行装修的责任

《建设工程质量管理条例》第十五条规定，涉及建筑主体和承重结构变动的装修工程，建设单位应当在施工前委托原设计单位或者具有相应资质等级的设计单位提出设计方案；没有设计方案的，不得施工。房屋建筑使用者在装修过程中，不得擅自变动房屋建筑主体和承重结构。

9. 依法办理工程质量监督手续的责任

《建设工程质量管理条例》第十三条规定，建设单位在领取施工许可证或者开工报告前，应当按照国家有关规定办理工程质量监督手续。

10. 依法组织竣工验收的责任

《建设工程质量管理条例》第十六条规定，建设单位收到建设工程竣工报告后，应当组织设计、施工、工程监理等有关单位进行竣工验收。

11. 移交建设项目档案的责任

《建设工程质量管理条例》第十七条规定，建设单位应当严格按照国家有关档案管理的规定，及时收集、整理建设项目各环节的文件资料，建立健全建设项目档案，并在建设工程竣工验收后，及时向建设行政主管部门或者其他有关部门移交建设项目档案。

5.5.2　勘察、设计单位的质量责任和义务

1. 遵守执业资质等级制度的责任

《建设工程质量管理条例》第十八条规定，从事建设工程勘察、设计的单位应当依法取得相应等级的资质证书，并在其资质等级许可的范围内承揽工程。禁止勘察、设计单位超越其资质等级许可的范围或者以其他勘察、设计单位的名义承揽工程。禁止勘察、设计单位允许其他单位或者个人以本单位的名义承揽工程。勘察、设计单位不得转包或者违法分包所承揽的工程。

2. 执行强制性标准的责任

《建设工程质量管理条例》第十九条规定，勘察、设计单位必须按照工程建设强制性标准进行勘察、设计，并对其勘察、设计的质量负责。注册建筑师、注册结构工程师等注册执业人员应当在设计文件上签字，对设计文件负责。

3. 勘察、设计成果的责任

《建设工程质量管理条例》第二十条规定，勘察单位提供的地质、测量、水文等勘察成果必须真实、准确。

《建设工程质量管理条例》第二十一条规定，设计单位应当根据勘察成果文件进行建设工程设计。设计文件应当符合国家规定的设计深度要求，注明工程合理使用年限。

《建设工程质量管理条例》第二十二条规定，设计单位在设计文件中选用的建筑材料、建筑构配件和设备，应当注明规格、型号、性能等技术指标，其质量要求必须符合国家规定的标准。除有特殊要求的建筑材料、专用设备、工艺生产线等外，设计单位不得指定生产厂、供应商。

4. 解释设计文件的责任

《建设工程质量管理条例》第二十三条规定，设计单位应当就审查合格的施工图设计文件向施工单位作出详细说明。

5. 参与质量事故分析的责任

《建设工程质量管理条例》第二十四条规定，设计单位应当参与建设工程质量事故分析，并对因设计造成的质量事故，提出相应的技术处理方案。

5.5.3 施工单位的质量责任和义务

1. 依法承揽工程的责任

《建设工程质量管理条例》第二十五条规定，施工单位应当依法取得相应等级的资质证书，并在其资质等级许可的范围内承揽工程。禁止施工单位超越本单位资质等级许可的业务范围或者以其他施工单位的名义承揽工程。禁止施工单位允许其他单位或者个人以本单位的名义承揽工程。施工单位不得转包或者违法分包工程。

2. 建立质量保证体系的责任

《建设工程质量管理条例》第二十六条规定，施工单位对建设工程的施工质量负责。施工单位应当建立质量责任制，确定工程项目的项目经理、技术负责人和施工管理负责人。建设工程实行总承包的，总承包单位应当对全部建设工程质量负责；建设工程勘察、设计、施工、设备采购的一项或者多项实行总承包的，总承包单位应当对其承包的建设工程或者采购的设备的质量负责。

3. 分包单位保证工程质量的责任

《建设工程质量管理条例》第二十七条规定，总承包单位依法将建设工程分包给其他单位的，分包单位应当按照分包合同的约定对其分包工程的质量向总承包单位负责，总承包单位与分包单位对分包工程的质量承担连带责任。

4. 按图施工的责任

《建设工程质量管理条例》第二十八条规定，施工单位必须按照工程设计图纸和施工技术标准施工，不得擅自修改工程设计，不得偷工减料。施工单位在施工过程中发现设计文件和图纸有差错的，应当及时提出意见和建议。

5. 对建筑材料、构配件和设备进行检验的责任

《建设工程质量管理条例》第二十九条规定，施工单位必须按照工程设计要求、施工技术标准和合同约定，对建筑材料、建筑构配件、设备和商品混凝土进行检验，检验应当有书面记录和专人签字；未经检验或者检验不合格的，不得使用。

6. 对施工质量进行检验的责任

《建设工程质量管理条例》第三十条规定，施工单位必须建立健全施工质量的检验制度，严格工序管理，做好隐蔽工程的质量检查和记录。隐蔽工程在隐蔽前，施工单位应当通知建设单位和建设工程质量监督机构。

7. 见证取样的责任

《建设工程质量管理条例》第三十一条规定，施工人员对涉及结构安全的试块、试件以及有关材料，应当在建设单位或者工程监理单位监督下现场取样，并送具有相应资质等级的质量检测单位进行检测。

8. 返修保修的责任

《建设工程质量管理条例》第三十二条规定，施工单位对施工中出现质量问题的建设工程或者竣工验收不合格的建设工程，应当负责返修。

5.5.4　工程监理单位的质量责任和义务

1. 依法承揽业务的责任

《建设工程质量管理条例》第三十四条规定，工程监理单位应当依法取得相应等级的资质证书，并在其资质等级许可的范围内承担工程监理业务。禁止工程监理单位超越本单位资质等级许可的范围或者以其他工程监理单位的名义承担工程监理业务。禁止工程监理单位允许其他单位或者个人以本单位的名义承担工程监理业务。工程监理单位不得转让工程监理业务。

2. 独立监理的责任

《建设工程质量管理条例》第三十五条规定，工程监理单位与被监理工程的施工承包单位以及建筑材料、建筑构配件和设备供应单位有隶属关系或者其他利害关系的，不得承担该项建设工程的监理业务。

3. 依法监理的责任

《建设工程质量管理条例》第三十六条规定，工程监理单位应当依照法律、法规以及有关技术标准、设计文件和建设工程承包合同，代表建设单位对施工质量实施监理，并对施工质量承担监理责任。

《建设工程质量管理条例》第三十八条规定，监理工程师应当按照工程监理规范的要求，采取旁站、巡视和平行检验等形式，对建设工程实施监理。

4. 确认质量和应付工程款的责任

《建设工程质量管理条例》第三十七条规定，工程监理单位应当选派具备相应资格的总监理工程师和监理工程师进驻施工现场。

未经监理工程师签字，建筑材料、建筑构配件和设备不得在工程上使用或者安装，施工单位不得进行下一道工序的施工。未经总监理工程师签字，建设单位不拨付工程款，不进行竣工验收。

【**案例**】

某工程设计为有防水要求的筏形基础，采用 C50、P12 混凝土，承包商施工方案确定使用泵送商品混凝土，并与混凝土供应商签订合同。商品混凝土随到随用，由于现场调配的问题，商品混凝土在现场等待时间过长，施工单位没有对商品混凝土及时进行和易性检验，混凝土坍落度太低，混凝土不能及时从管中泵出。结果在基础浇筑施工 3 小时后发生了堵管现象。由于已经浇筑完毕的混凝土初凝，导致了拟连续浇筑的基础不能形成一个整体，产生了人为施工缝，给工程造成了损失。问题：责任应该由谁承担？

分析：

责任应该由施工单位承担。

理由 1：商品混凝土进场应该及时进行混凝土拌合物和易性检验，施工现场经常进行坍落度试验。坍落度检测结果应该与混凝土配合比单相符，才能用于泵送，否则退回供应商。根据《建设工程质量管理条例》第二十九条规定，施工单位必须按照工程设计要求、施工技术标准和合同约定，对建筑材料、建筑构配件、设备和商品混凝土进行检验，检验应当有书面记录和专人签字；未经检验和检验不合格的，不得使用。

理由 2：混凝土拌合物的和易性是指拌合物易于施工操作（搅拌、运输、浇筑、捣实）并能获得质量均匀、成型密实的性能。和易性是综合指标，包括流动性、粘聚性和保水性三项指标。坍落度指标代表流动性。泵送混凝土对拌合物的要求主要是流动性和粗骨料的粒径。由于施工单位安排不当，造成混凝土拌合物等待时间较长，造成拌合物的和易性发生变化，所以责任应该由施工单位承担。

5.6 建设工程的竣工验收制度

《建设工程质量管理条例》第十六条规定,建设单位收到建设工程竣工报告后,应当组织设计、施工、工程监理等有关单位进行竣工验收。

竣工验收的范围:凡新建、扩建、改建的基本建设项目和技术改造项目(所有列入固定资产投资计划的建设项目或单项工程),已按国家批准的设计文件所规定的内容建成,符合验收标准,即:工业投资项目经负荷试车考核,试生产期间能够正常生产出合格产品,形成生产能力的,非工业投资项目符合设计要求,能够正常使用的,不论是否属于哪种建设性质,都应及时组织验收,办理固定资产移交手续。

5.6.1 竣工验收应当具备的法定条件

工程项目的竣工验收是施工全过程的最后一道程序,也是工程项目管理的最后一项工作。它是建设投资成果转入生产或使用的标志,也是全面考核投资效益、检验设计和施工质量的重要环节。建设工程竣工验收应当具备下列条件:

1. 完成建设工程设计和合同约定的各项内容。

建设工程设计和合同约定的内容,主要是指设计文件所确定的、在承包合同"承包人承揽工程项目一览表"中载明的工作范围,也包括监理工程师签发的变更通知单中所确定的工作内容。承包单位必须按合同约定,按质、按量、按时完成上述工作内容,使工程具有正常的使用功能。

2. 有完整的技术档案和施工管理资料。

施工单位应按合同要求提供全套竣工验收所必需的工程资料,经监理工程师审核确认无误后,方能同意竣工验收。一般情况下,工程项目竣工验收的资料主要有:①工程项目竣工报告;②分项、分部工程和单位工程技术人员名单;③图纸会审和设计交底记录;④设计变更通知单,技术变更核实单;⑤工程质量事故发生后调查和处理资料;⑥隐蔽工程验收记录及施工日志;⑦竣工图;⑧质量检验评定资料;⑨合同规定的其他材料。

3. 有工程使用的主要建筑材料、建筑构配件和设备的进场试验报告。

4. 有勘察、设计、施工、工程监理等单位分别签署的质量合格文件。

5. 有施工单位签署的工程保修书。

经建设工程验收合格的工程项目,方可交付使用。

5.6.2 建设工程竣工验收的依据及要求

1. 建设工程竣工验收的依据

(1)上级主管部门对该项目批准的各种文件,包括可行性研究报告、初步设计,以及与项目建设有关的各种文件。

(2)工程设计文件,包括施工图纸及说明、设备技术说明书等。

(3)国家颁布的各种标准和规范,包括现行的工程施工技术与质量验收规范、施工工艺标准、各专业技术规程等。

(4)合同文件,包括施工承包的工作内容和应达到的标准,以及施工过程中的设计修改变更通知书等。

2. 建设工程竣工验收的要求

《建设工程施工质量验收统一标准》(GB 50300—2013)中第 3.0.6 规定,建筑工程施工质量应按下列要求进行验收:①工程质量验收均应在施工单位自检合格的基础上进行;②参加工程施工质量验收的各方人员应具备相应的资格;③检验批的质量应按主控项目和一般项目验收;④对涉及结构安全、节能、环境保护和主要使用功能的试块、试件及材料,应在进场时或施工中按规定进行见证检验;⑤隐蔽工程在隐蔽前应由施工单位通知监理单位进行验收,并应形成验收文件,验收合格后方可继续施工;⑥对涉及结构安全、节能、环境保护和使用功能的重要分部工程应在验收前按规定进行抽样检验;⑦工程的观感质量应由验收人员现场检查,并应共同确认。

5.6.3　建设工程竣工验收的程序

1. 施工单位提交竣工验收申请报告

施工单位决定正式提请验收后应向监理单位送交验收申请报告,监理工程师收到申请报告后,应参照工程合同的要求、验收标准等进行仔细的审查。

2. 监理工程师组织预验收

总监理工程师应组织专业监理工程师,审查承包单位报送的竣工资料,并对工程质量进行竣工预验收,提出工程质量评估报告。监理工程师在预验收中发现的质量问题,应及时以书面通知或以备忘录的形式告诉施工单位,并令其按有关的质量要求进行整改甚至返工。

3. 建设单位组织竣工验收

勘察、设计单位,监理单位,承包单位应参加由建设单位组织的竣工验收,并提供相关工程竣工资料。对验收中提出的整改问题,项目监理机构应要求承包单位进行整改。工程质量符合要求,由总监理工程师会同参加验收的各方签署竣工验收报告。

5.6.4　竣工验收备案

建设单位应当自工程竣工验收合格之日起 15 日内,依照《房屋建筑工程和市政基础设施工程竣工验收备案管理暂行办法》规定,向工程所在地的县级以上地方人民政府建设行政主管部门备案。建设单位办理工程验收备案应当提交下列文件:

(1)工程竣工验收备案表。

(2)工程竣工验收报告。

竣工验收报告应当包括工程报建日期,施工许可证号,施工图设计文件审查意见,勘察、设计、施工、工程监理等单位分别签署的质量合格文件及验收人员签署的竣工验收原始文件,以及备案机关认为需要提供的有关资料。

(3)法律、行政法规规定应当由规划、公安消防、环保等部门出具的认可文件或者准许使用文件。

(4)施工单位签署的工程质量保修书。

(5)法规、规章规定必须提供的其他文件。

备案机关收到建设单位报送的竣工验收备案文件,验证文件齐全后,应当在工程竣工验收备案表上签署文件收讫。工程竣工验收备案表一式两份,一份由建设单位保存,一份留备案机关存档。

【案例】

A栋号住宅施工项目，总建筑面积86000 m²，项目进入室外绿化管网施工时，建设单位因工程销售需要，强令施工方项目经理组织竣工验收，试分析不妥之处。

分析：

1. 竣工验收应当具备的法定条件包括"完成建设工程设计和合同约定的各项内容"，在室外绿化管网施工未完成的背景下，是不能组织竣工验收的。

2. 《建设工程质量管理条例》规定，建设单位应当组织设计、施工、工程监理等有关单位进行竣工验收。所以，该案例中，建设单位要求施工方项目经理组织竣工验收，不对。

5.7 建设工程质量保修制度

《建设工程质量管理条例》第三十九条规定，建设工程实行质量保修制度。

5.7.1 建设工程的质量保修书

《建设工程质量管理条例》第三十九条第二款规定，建设工程承包单位在向建设单位提交工程竣工验收报告时，应当向建设单位出具质量保修书。质量保修书中应当明确建设工程的保修范围、保修期限和保修责任等。

建设工程质量保修书的内容包括以下几个方面：

1. 工程质量保修范围和内容

保修范围应包括地基基础工程、主体结构工程、屋面防水工程和其他土建工程、电气管线、上下水管线的安装工程，以及供热供冷系统等项目。

2. 质量保修期

保修期限应当按照保证建筑物合理寿命年限内正常使用，维护使用者合法权益的原则确定。保修期限从竣工验收交付使用之日算起。

3. 质量保修责任

建设工程施工单位向建设单位承诺保修范围、保修期限和有关具体实施保修的有关规定和措施，如保修的方法、保修人员和联络方法，答复和处理的时限，不履行保修责任的罚则等。

4. 保修费用

保修费用由造成质量缺陷的责任方承担。

5. 其他

5.7.2 质量保修范围和最低保修期限

1. 保修范围

《建筑法》第六十二条规定，建筑工程实行质量保修制度。建筑工程的保修范围应当包括地基基础工程、主体结构工程、屋面防水工程和其他土建工程，以及电气管线、上下水管线的安装工程，供热、供冷系统工程等项目；保修的期限应当按照保证建筑物合理寿命年限内正常使用，维护使用者合法权益的原则确定。具体的保修范围和最低保修期限由国务院规定。

2. 最低保修期限

《建设工程质量管理条例》第四十条规定，在正常使用条件下，建设工程的最低保修期限为：①基础设施工程、房屋建筑的地基基础工程和主体结构工程，为设计文件规定的该工程的合理使用年限；②屋面防水工程，有防水要求的卫生间、房间和外墙面的防渗漏，为 5 年；③供热与供冷系统，为 2 个采暖期、供冷期；④电气管线、给排水管道、设备安装和装修工程，为 2 年。

其他项目的保修期限由发包方与承包方约定。建设工程的保修期，自竣工验收合格之日起计算。但住宅工程售房单位对用户的保修期要从房屋出售之日起计算。质量保修范围和期限由发包方和承包方在质量保修书中具体约定，双方约定的保修范围、保修期限必须符合国家有关规定。

5.7.3　建设工程质量保修责任及质量缺陷的损害赔偿

《建设工程质量管理条例》第四十一条规定，建设工程在保修范围和保修期限内发生质量问题的，施工单位应当履行保修义务，并对造成的损失承担赔偿责任。

《房屋建筑工程质量保修办法》就建设工程质量保修责任及质量缺陷的损害赔偿进行了明确的界定：

（1）房屋建筑工程在保修期限内出现质量缺陷，建设单位或者房屋建筑所有人应当向施工单位发出保修通知。施工单位接到保修通知后，应当到现场核查情况，在保修书约定的时间内予以保修。发生涉及结构安全或者严重影响使用功能的紧急抢修事故，施工单位接到保修通知后，应当立即到达现场抢修。

（2）发生涉及结构安全的质量缺陷，建设单位或者房屋建筑所有人应当立即向当地建设行政主管部门报告，采取安全防范措施；由原设计单位或者具有相应资质等级的设计单位提出保修方案，施工单位实施保修，原工程质量监督机构负责监督。

（3）保修完成后，由建设单位或者房屋建筑所有人组织验收。涉及结构安全的，应当报当地建设行政主管部门备案。

（4）施工单位不按工程质量保修书约定保修的，建设单位可以另行委托其他单位保修，由原施工单位承担相应责任。

（5）保修费用由质量缺陷的责任方承担。

（6）在保修期限内，因房屋建筑工程质量缺陷造成房屋所有人、使用人或者第三方人身、财产损害的，房屋所有人、使用人或者第三方可以向建设单位提出赔偿要求。建设单位向造成房屋建筑工程质量缺陷的责任方追偿。

（7）因保修不及时造成新的人身、财产损害，由造成拖延的责任方承担赔偿责任。

（8）房地产开发企业售出的商品房保修，还应当执行《城市房地产开发经营管理条例》和其他有关规定。

（9）下列情况不属于本办法规定的保修范围：①因使用不当或者第三方造成的质量缺陷；②不可抗力造成的质量缺陷。

【案例】

某装修工程公司承揽了某宾馆的装饰装修工程。双方在合同中约定，对于有防水要求的卫生间的保修期限是 3 年。该工程于 2001 年 5 月 3 日竣工验收合格。2005 年 7 月 2 日，该宾馆的卫生间发生大面积的漏水现象，经认定属装修公司的质量责任。但该装修工程公司认为自己没有保修义务，理由是已超出了合同规定的保修期限。

问题：该装修工程公司是否有保修义务？为什么？

分析：

该装修工程公司有保修义务。根据《建设工程质量管理条例》第四十条规定，在正常使用条件下，屋面防水工程，有防水要求的卫生间、房间和外墙面的防渗漏，最低保修期限为 5 年。此案例中合同规定的 3 年保修期限不符合该条例要求，属无效的条款。又根据《建设工程质量管理条例》第四十一条规定："建设工程在保修范围和保修期限内发生质量问题的，施工单位应当履行保修义务，并对造成的损失承担赔偿责任。"

5.8 建设工程质量管理的法律责任

5.8.1 建设单位的法律责任

（1）建设单位将建设工程发包给不具有相应资质等级的勘察、设计、施工单位或者委托给不具有相应资质等级的工程监理单位的法律责任。

1）责令改正。

2）处 50 万元以上 100 万元以下的罚款。

（2）建设单位将建设工程肢解发包的法律责任。

1）责令改正，处工程合同价款百分之零点五以上百分之一以下的罚款。

2）对全部或者部分使用国有资金的项目，并可以暂停项目执行或者暂停资金拨付。

（3）建设单位不正当履行或不履行其工程管理的有关职责的法律责任。

建设单位有下列行为之一的，责令改正，处 20 万元以上 50 万元以下的罚款：

1）迫使承包方以低于成本的价格竞标的；

2）任意压缩合理工期的；

3）明示或者暗示设计单位或者施工单位违反工程建设强制性标准，降低工程质量的；

4）施工图设计文件未经审查或者审查不合格，擅自施工的；

5）建设项目必须实行工程监理而未实行工程监理的；

6）未按照国家规定办理工程质量监督手续的；

7）明示或者暗示施工单位使用不合格的建筑材料、建筑构配件和设备的；

8）未按照国家规定将竣工验收报告、有关认可文件或者准许使用文件报送备案的。

（4）建设单位未取得施工许可证或者开工报告未经批准，擅自施工的法律责任。

责令停止施工，限期改正，处工程合同价款百分之一以上百分之二以下的罚款。

（5）建设单位不规范的竣工验收行为的法律责任。

建设单位有下列行为之一的，责令改正，处工程合同价款百分之二以上百分之四以下的罚款；造成损失的，依法承担赔偿责任：

1）未组织竣工验收，擅自交付使用的；

2）验收不合格，擅自交付使用的；

3）对不合格的建设工程按照合格工程验收的。

（6）建设单位未向建设行政主管部门或者其他有关部门移交建设项目档案的法律责任。

责令改正，处 1 万元以上 10 万元以下的罚款。

5.8.2　勘察、设计单位的法律责任

1. 勘察、设计单位资质不适格的法律责任

（1）勘察、设计单位超越本单位资质等级承揽工程的，责令停止违法行为，对勘察、设计单位处合同约定的勘察费、设计费 1 倍以上 2 倍以下的罚款；可以责令停业整顿，降低资质等级；情节严重的，吊销资质证书；有违法所得的，予以没收。

（2）未取得资质证书承揽工程的，予以取缔，对勘察、设计单位处合同约定的勘察费、设计费 1 倍以上 2 倍以下的罚款；有违法所得的，予以没收。

（3）以欺骗手段取得资质证书承揽工程的，吊销资质证书，对勘察、设计单位处合同约定的勘察费、设计费 1 倍以上 2 倍以下的罚款；有违法所得的，予以没收。

2. 勘察、设计单位允许其他单位或者个人以本单位名义承揽工程的法律责任

勘察、设计单位允许其他单位或者个人以本单位名义承揽工程的，责令改正，没收违法所得，对勘察、设计单位处合同约定的勘察费、设计费 1 倍以上 2 倍以下的罚款；可以责令停业整顿，降低资质等级；情节严重的，吊销资质证书。

3. 勘察、设计单位将承包的工程转包或者违法分包的法律责任

承包单位将承包的工程转包或者违法分包的，责令改正，没收违法所得，对勘察、设计单位处合同约定的勘察费、设计费百分之二十五以上百分之五十以下的罚款；可以责令停业整顿，降低资质等级；情节严重的，吊销资质证书。

4. 勘察、设计单位在勘察、设计中的违规行为的法律责任

勘察、设计单位有下列行为之一的，责令改正，处 10 万元以上 30 万元以下的罚款：

（1）勘察单位未按照工程建设强制性标准进行勘察的；

（2）设计单位未根据勘察成果文件进行工程设计的；

（3）设计单位指定建筑材料、建筑构配件的生产厂、供应商的；

（4）设计单位未按照工程建设强制性标准进行设计的。

有上述行为，造成工程质量事故的，责令停业整顿，降低资质等级；情节严重的，吊销资质证书；造成损失的，依法承担赔偿责任。

5.8.3　施工单位的法律责任

1. 施工单位资质不适格的法律责任

（1）施工单位超越本单位资质等级承揽工程的，责令停止违法行为，对施工单位处工程合同价款百分之二以上百分之四以下的罚款，可以责令停业整顿，降低资质等级；情节严重的，吊销资质证书；有违法所得的，予以没收。

（2）未取得资质证书承揽工程的，予以取缔，对施工单位处工程合同价款百分之二以上百分之四以下的罚款；有违法所得的，予以没收。

（3）以欺骗手段取得资质证书承揽工程的，吊销资质证书，对施工单位处工程合同价款百分之二以上百分之四以下的罚款；有违法所得的，予以没收。

2. 施工单位允许其他单位或者个人以本单位名义承揽工程的法律责任

施工单位允许其他单位或者个人以本单位名义承揽工程的，责令改正，没收违法所得，

对施工单位处工程合同价款百分之二以上百分之四以下的罚款；可以责令停业整顿，降低资质等级；情节严重的，吊销资质证书。

3. 施工单位将承包的工程转包或者违法分包的法律责任

承包单位将承包的工程转包或者违法分包的，责令改正，没收违法所得，对施工单位处工程合同价款百分之零点五以上百分之一以下的罚款；可以责令停业整顿，降低资质等级；情节严重的，吊销资质证书。

4. 施工单位在施工中偷工减料的，使用不合格的建筑材料、建筑构配件和设备的，或者有不按照工程设计图纸或者施工技术标准施工的其他行为的法律责任

（1）责令改正，处工程合同价款百分之二以上百分之四以下的罚款；

（2）造成建设工程质量不符合规定的质量标准的，负责返工、修理，并赔偿因此造成的损失；

（3）情节严重的，责令停业整顿，降低资质等级或者吊销资质证书。

5. 施工单位未对建筑材料、建筑构配件、设备和商品混凝土进行检验，或者未对涉及结构安全的试块、试件以及有关材料取样检测的法律责任

（1）责令改正，处 10 万元以上 20 万元以下的罚款；

（2）情节严重的，责令停业整顿，降低资质等级或者吊销资质证书；

（3）造成损失的，依法承担赔偿责任。

6. 施工单位不履行保修义务或者拖延履行保修义务的法律责任

责令改正，处 10 万元以上 20 万元以下的罚款，并对在保修期内因质量缺陷造成的损失承担赔偿责任。

5.8.4 工程监理单位的法律责任

1. 工程监理单位资质不适格的法律责任

（1）工程监理单位超越本单位资质等级承揽工程的，责令停止违法行为，对工程监理单位处合同约定的监理酬金 1 倍以上 2 倍以下的罚款；可以责令停业整顿，降低资质等级；情节严重的，吊销资质证书；有违法所得的，予以没收。

（2）未取得资质证书承揽工程的，予以取缔，对工程监理单位处合同约定的监理酬金 1 倍以上 2 倍以下的罚款；有违法所得的，予以没收。

（3）以欺骗手段取得资质证书承揽工程的，吊销资质证书，对工程监理单位处合同约定的监理酬金 1 倍以上 2 倍以下的罚款；有违法所得的，予以没收。

2. 工程监理单位允许其他单位或者个人以本单位名义承揽工程的法律责任

工程监理单位允许其他单位或者个人以本单位名义承揽工程的，责令改正，没收违法所得，对工程监理单位处合同约定的监理酬金 1 倍以上 2 倍以下的罚款；可以责令停业整顿，降低资质等级；情节严重的，吊销资质证书。

3. 工程监理单位转让工程监理业务的法律责任

工程监理单位转让工程监理业务的，责令改正，没收违法所得，处合同约定的监理酬金百分之二十五以上百分之五十以下的罚款；可以责令停业整顿，降低资质等级；情节严重的，吊销资质证书。

4. 工程监理单位在监理过程中的违规行为的法律责任

工程监理单位有下列行为之一的，责令改正，处 50 万元以上 100 万元以下的罚款，降低资质等级或者吊销资质证书；有违法所得的，予以没收；造成损失的，承担连带赔偿责任：

(1)与建设单位或者施工单位串通，弄虚作假、降低工程质量的；

(2)将不合格的建设工程、建筑材料、建筑构配件和设备按照合格签字的。

5. 工程监理单位与被监理工程的施工承包单位以及建筑材料、建筑构配件和设备供应单位有隶属关系或者其他利害关系的法律责任

工程监理单位与被监理工程的施工承包单位以及建筑材料、建筑构配件和设备供应单位有隶属关系或者其他利害关系，承担该项建设工程的监理业务的，责令改正，处 5 万元以上 10 万元以下的罚款，降低资质等级或者吊销资质证书；有违法所得的，予以没收。

5.8.5　其他法律责任

1. 国家机关工作人员的法律责任

国家机关工作人员在建设工程质量监督管理工作中玩忽职守、滥用职权、徇私舞弊，构成犯罪的，依法追究刑事责任；尚不构成犯罪的，依法给予行政处分。

2. 工程质量直接主管人员、直接责任人员及参与各方人员的法律责任

(1)发生重大工程质量事故隐瞒不报、谎报或者拖延报告期限的，对直接负责的主管人员和其他责任人员依法给予行政处分。

(2)注册建筑师、注册结构工程师、监理工程师等注册执业人员因过错造成质量事故的，责令停止执业 1 年；造成重大质量事故的，吊销执业资格证书，5 年以内不予注册；情节特别恶劣的，终身不予注册。

(3)给予单位罚款处罚的，对单位直接负责的主管人员和其他直接责任人员处单位罚款数额百分之五以上百分之十以下的罚款。

(4)建设单位、设计单位、施工单位、工程监理单位违反国家规定，降低工程质量标准，造成重大安全事故，构成犯罪的，对直接责任人员依法追究刑事责任。

(5)建设、勘察、设计、施工、工程监理单位的工作人员因调动工作、退休等原因离开该单位后，被发现在该单位工作期间违反国家有关建设工程质量管理规定，造成重大工程质量事故的，仍应当依法追究法律责任。

3. 涉及建筑主体或者承重结构变动的装修工程，没有设计方案擅自施工的法律责任

涉及建筑主体或者承重结构变动的装修工程，没有设计方案擅自施工的，责令改正，处 50 万元以上 100 万元以下的罚款；房屋建筑使用者在装修过程中擅自变动房屋建筑主体和承重结构的，责令改正，处 5 万元以上 10 万元以下的罚款。

此外，供水、供电、供气、公安消防等部门或者单位明示或者暗示建设单位或者施工单位购买其指定的生产供应单位的建筑材料、建筑构配件和设备的，责令改正。

【案例】

某工程，建设单位与甲施工单位签订了施工合同，与丙监理单位签订了监理合同，经建设单位同意，甲施工单位确定乙施工单位作为分包单位，并签订了分包合同。

施工过程中，甲施工单位的资金出现困难，无法按分包合同约定支付乙施工单位的工程进度款，乙施工

单位向建设单位提出支付申请，建设单位同意申请，并向乙施工单位支付进度款。

专业监理工程师在巡视中发现，乙施工单位正在施工的部位存在质量隐患，专业监理工程师随即向甲施工单位签发了整改通知。甲施工单位回函称，建设单位已直接向乙施工单位支付了工程款，因而本单位对乙施工单位施工的工程质量不承担责任。

工程完工，甲施工单位向建设单位提交了竣工验收报告后，建设单位于2006年9月20日组织勘察、设计、施工、监理等单位竣工验收，工程竣工验收通过，各单位分别签署了工程质量竣工验收鉴定证书。建设单位于2007年3月办理了工程竣工备案。因使用需要，建设单位于2006年10月中旬，要求乙施工单位按其示意图在已竣工验收的地下车库承重墙上开车库大门，该工程于2006年11月底正式投入使用。2008年2月，该工程排水管道严重漏水，经丙监理单位实地检查，确认系新开车库门施工时破坏了承重结构所致。建设单位依工程还在保修期内，要求甲施工单位无偿修理。建设行政主管部门对责任单位进行了处罚。

问题：

1. 甲施工单位回函的说法是否正确？

2. 工程竣工验收的程序是否合适？

3. 造成严重漏水，应该由哪个单位承担责任？

4. 建设行政主管部门应该对哪个单位进行处罚？

分析：

1. 甲施工单位回函的说法不正确。理由：《建设工程质量管理条例》第二十七条规定，总承包单位依法将建设工程发包给其他单位的，分包单位应当按照分包合同的约定对其分包工程的质量向总承包单位负责，总承包单位与分包单位对分包工程的质量承担连带责任。因此，无论建设单位是否已向乙施工单位付款，分包单位按分包合同约定对其分包的工程质量向总承包单位负责，总承包单位对分包工程质量承担连带责任。甲施工单位回函的说法不正确。

2. 工程竣工验收程序不合适。正确的程序应该为：施工单位准备—监理单位总监组织初验—建设单位组织竣工验收。

3. 造成严重漏水，应该由建设单位和乙施工单位承担责任。理由：在承重结构上开门属于改变原设计，应经原设计单位同意并出具设计变更或变更图纸后，才可以施工。建设单位擅自做主，改变承重结构的原设计有过错；乙施工单位无设计方案，改变承重结构有过错。依据《建设工程质量管理条例》第十五条规定，涉及建筑主体和承重结构变动的装修工程，建设单位应当在施工前委托原设计单位或具有相应资质等级的设计单位提出设计方案；没有设计方案的，不得施工。

4. 建设行政主管部门应该处罚建设单位和乙施工单位。理由：建设单位未按时竣工验收备案，擅自改变承重结构；乙施工单位无设计方案施工。

【思考题】

1. 简述建设工程质量监督机构进行工程质量监督管理的内容。

2. 简述申请领取施工许可证的条件和程序。

3. 建设工程质量检测监督检查的措施有哪些？

3. 建设单位的质量责任和义务有哪些？

4. 工程勘察、设计单位的质量责任和义务有哪些？

5. 工程监理单位的质量责任和义务有哪些？

6. 施工单位的质量责任和义务有哪些？

7. 简述建设工程竣工验收的条件及验收程序。

8. 简述建设工程保修范围和保修期限。

第6章　建设工程安全生产管理法规

【教学目标】

　　了解建设工程安全生产管理的概念，熟悉建设工程安全生产监督管理制度、建设工程安全生产教育培训制度、建设工程安全生产事故的应急救援以及调查处理，掌握建设工程安全生产责任制，建设行为主体的安全生产责任以及建设工程安全生产管理的法律责任。

【职业资格考试要求】

　　建设工程安全生产管理的方针、建设工程安全生产监督管理体制、生产经营单位对安全生产的监督管理、建筑施工企业安全生产许可证管理规定、建设工程安全生产责任制度、建设工程安全生产教育培训制度、建设工程安全生产意外伤害保险制度、建设单位的安全责任、施工单位的安全责任、工程监理单位的安全责任、勘察设计单位的安全责任、其他有关单位的安全责任、建设工程生产安全事故的应急救援、建设工程生产安全事故的调查处理、建设单位的法律责任、勘察设计单位的法律责任、施工单位的法律责任、监理单位的法律责任、其他相关单位的法律责任。

【涉及的主要法规】

　　《中华人民共和国安全生产法》①、《中华人民共和国建筑法》、《建设工程安全生产管理条例》、《建筑施工企业安全生产许可证管理规定》、《建筑业企业职工安全培训教育暂行规定》。

6.1　建设工程安全生产管理概述

6.1.1　建设工程安全生产管理的概念

　　我国建筑业每年因工死亡率大体为万分之三，仅次于采矿业而居全国各行业的第二位，安全生产形势十分严峻。

　　1. 安全生产的概念

　　安全生产是指生产过程处于避免人身伤害、设备损坏及其他不可接受的损害危险的状态。

　　不可接受的损害危险是指：超出了法律、法规和规章的要求；超出了方针、目标和企业规定的其他要求；超出了人们普遍接受的（通常是隐含的）要求。

　　2. 建设工程安全生产的概念

　　建设工程安全生产是指建设工程生产过程中要避免人员的伤害、财产的损失及对周围环境

---

　　① 《中华人民共和国安全生产法》，在本书后面出现，一律简称《安全生产法》。

的破坏。它包括建设工程生产过程中施工现场的人身安全，财产设备安全，施工现场及附近的道路、管线和房屋的安全，施工现场和周围的环境保护及工程建成后的使用安全等方面的内容。

3.建设工程安全生产管理的概念

建设工程安全生产管理是指建设行政主管部门、建筑安全监督机构、建筑施工企业及有关单位对建设工程生产过程中的安全工作，进行计划、组织、指挥、控制、监督等一系列的管理活动，目的是保证在工程建设的生产经营活动中的人身安全、财产安全，促进生产的发展，保持社会的稳定。其具体包括建设行政主管部门对于建设工程活动过程中安全生产的行业管理和从事建设活动的主体在从事建设活动过程中所进行的安全生产管理。

在建筑活动中，建筑企业组织安全生产的全部管理活动，通过对生产因素具体的状态控制，使生产因素不安全的行为和状态减少或消除，不引发事故，尤其是不引发使人受到伤害的事故，使建筑工程效益目标的实现得到保护。

6.1.2 建设工程安全生产管理的方针

《安全生产法》第三条规定：安全生产应当以人为本，坚持安全第一、预防为主、综合治理的方针，建立政府领导、部门监管、单位负责、群众参与、社会监督的工作机制。以人为本，坚持安全发展，是安全生产工作的新理念。"安全第一、预防为主、综合治理"是安全生产工作方针。生产经营单位的主体责任，指生产经营单位依照法律、法规规定，应当履行的安全生产法定职责和义务。强化和落实生产经营单位的主体责任，是保障经济社会协调发展的必然要求，是实现企业可持续发展的客观要求。生产经营单位负责、职工参与、政府监管、行业自律、社会监督是安全生产工作格局，其中，落实生产经营单位主体责任是根本，职工参与是基础，政府监管是关键，行业自律是发展方向，社会监督是实现预防和减少生产安全事故目标的保障。

《建筑法》第三十六条规定：建筑工程安全生产管理必须坚持安全第一、预防为主的方针，建立健全安全生产的责任制度和群防群治制度。

《建设工程安全生产管理条例》第三条规定：建设工程安全生产管理，坚持安全第一、预防为主的方针。

"安全第一"，是从保护生产力的角度和高度上表明在生产范围内安全与生产的关系，肯定安全在生产活动中的位置和重要性。生产是人类社会存在和发展的基础，但生产只有有了安全保障，才能持续、稳定发展。生产活动中事故层出不穷，生产势必陷于混乱甚至瘫痪状态。"安全第一"，就是要将建设工程安全管理放到第一位，当安全工作和生产工作发生矛盾的时候，首先必须解决安全问题，保证在安全的条件下组织生产。同时要把人身安全放在首位，安全为了生产，生产必须保证人身安全，充分体现了"以人为本"的理念。

"预防为主"，是指在生产活动中，针对生产的特点，对生产因素采取切实的管理措施，有效地控制不安全因素的发展与扩大，把可能发生的事故消灭在萌芽状态，以保证生产活动中人的安全与健康。贯彻预防为主，要注意在生产活动过程中经常进行检查，及时发现不安全因素，采取措施，明确责任，尽快、坚决地予以消除。"预防为主"是实现安全第一的最重要手段，应采取有效措施和方法进行安全控制，从而减少、消除事故隐患，尽量把事故消灭在萌芽状态。

【案例】

某市一房地产公司投资兴建一幢高层综合楼，工程由该市某建筑工程公司承担施工总包任务。该总包单位又将该工程中的土方工程分包给某专业工程公司。

某年某月某日，该基坑工程在开挖的过程中发生大量流沙涌入，引起基坑受损及周边地区地面沉降，造成3幢建筑物严重倾斜及部分防护桩沉陷变形，直接经济损失惨重。因事故处理及时，未造成人员伤亡。经调查，造成事故的原因是分包单位某专业工程公司采用的施工方案调整存在缺陷，施工过程中没有针对某部位地质基本情况采取支护措施，就进行开挖；分包项目存在漏洞，总包单位也未就施工方案向分包单位作说明，总包单位的质量安全员也很少去施工作业面进行技术、质量安全检查。

问题：

1. 依据《建设工程安全生产管理条例》，施工单位项目负责人对施工项目安全生产的主要职责是什么？

2. 依据《建设工程安全生产管理条例》，施工单位专职安全生产管理人员对施工项目安全生产的主要职责是什么？

3. 总承包单位和分包单位之间的安全生产职责关系如何？该工程项目的安全事故责任由谁承担主要责任？

分析：

1. 依据《建设工程安全生产管理条例》的有关规定，施工单位的项目负责人对施工项目安全生产的主要职责如下：

(1)落实安全生产责任制度；

(2)落实安全生产规章制度和操作规程；

(3)确保安全生产费用的有效使用；

(4)根据工程的特点组织制定安全施工措施，消除安全事故隐患；

(5)及时、如实报告生产安全事故。

2. 依据《建设工程安全生产管理条例》，施工单位专职安全生产管理人员对施工项目安全生产的主要职责是：负责对安全生产进行现场监督检查；发现安全事故隐患，应当及时向项目负责人和安全生产管理机构报告；对违章指挥、违章操作的，应当立即制止。

3. 依据《建设工程安全生产管理条例》，总承包单位和分包单位之间的安全生产职责关系如下：

(1)建设工程实行施工总承包的，由总承包单位对施工现场的安全生产责任负总责；

(2)总承包单位依法将建设工程分包给其他单位的，分包合同中应当明确各自的安全生产方面的权利、义务，总承包单位和分包单位对分包工程的安全生产承担连带责任；

(3)分包单位应当服从总承包单位的安全生产管理，分包单位不服从管理导致生产安全事故的，由分包单位承担主要责任。

本案例中总包单位未就施工方案向分包公司作说明，是总承包单位没有尽到自己的职责，应当由总承包单位承担主要责任。

6.2　建设工程安全生产监督管理制度

6.2.1　建设工程安全生产监督管理体制

建设工程安全生产监督管理，是指建设行政主管部门依据法律、法规和工程建设强制性标准，对建设工程安全生产实施监督管理，督促各方主体履行相应安全生产责任，以控制和减少建设工程施工事故发生，保障人民生命财产安全、维护公众利益的行为。

《安全生产法》第九条、《建筑法》第四十三条和《建设工程安全生产管理条例》第三十九条、第四十条对建设工程安全生产的监督管理体制作出了明确规定。

《安全生产法》第九条规定，国务院安全生产监督管理部门依照本法，对全国安全生产工作实施综合监督管理；县级以上地方各级人民政府安全生产监督管理部门依照本法，对本行政区域内安全生产工作实施综合监督管理。

国务院有关部门依照《安全生产法》和其他有关法律、行政法规的规定，在各自的职责范围内对有关的安全生产工作实施监督管理；县级以上地方各级人民政府有关部门依照《安全生产法》和其他有关法律、法规的规定，在各自的职责范围内对有关的安全生产工作实施监督管理。

《建筑法》第四十三条规定，建设行政主管部门负责建筑安全生产的管理，并依法接受劳动行政主管部门对建筑安全生产的指导和监督。

《建设工程安全生产管理条例》第三十九条规定，国务院负责安全生产监督管理的部门依照《安全生产法》的规定，对全国建设工程安全生产工作实施综合监督管理。县级以上地方人民政府负责安全生产监督管理的部门依照《安全生产法》的规定，对本行政区域内建设工程安全生产工作实施综合监督管理。

《建设工程安全生产管理条例》第四十条规定，国务院建设行政主管部门对全国的建设工程安全生产实施监督管理。国务院铁路、交通、水利等有关部门按照国务院规定的职责分工，负责有关专业建设工程安全生产的监督管理。县级以上地方人民政府建设行政主管部门对本行政区域内的建设工程安全生产实施监督管理。县级以上地方人民政府交通、水利等有关部门在各自的职责范围内，负责本行政区域内的专业建设工程安全生产的监督管理。

6.2.2　县级以上地方人民政府的监督管理

《安全生产法》第五十九条规定，县级以上地方各级人民政府应当根据本行政区域内的安全生产状况，组织有关部门按照职责分工，对本行政区域内容易发生重大生产安全事故的生产经营单位进行严格检查。安全生产监督管理部门应当按照分类分级监督管理的要求，制定安全生产年度监督检查计划，并按照年度监督检查计划进行监督检查，发现事故隐患，应当及时处理。

6.2.3　各级负责安全生产监督管理部门的监督管理

当前负责安全生产监督管理的部门，在中央是国家安全生产监督管理总局，在地方是各级依法成立的负责安全生产监督的机构。

《安全生产法》第六十二条规定，安全生产监督管理部门和其他负有安全生产监督管理职责的部门依法开展安全生产行政执法工作，对生产经营单位执行有关安全生产的法律、法规和国家标准或者行业标准的情况进行监督检查，行使以下职权：

（1）进入生产经营单位进行检查，调阅有关资料，向有关单位和人员了解情况；

（2）对检查中发现的安全生产违法行为，当场予以纠正或者要求限期改正；对依法应当给予行政处罚的行为，依照本法和其他有关法律、行政法规的规定作出行政处罚决定；

（3）对检查中发现的事故隐患，应当责令立即排除；重大事故隐患排除前或者排除过程中无法保证安全的，应当责令从危险区域内撤出作业人员，责令暂时停产停业或者停止使用相关设施、设备；重大事故隐患排除后，经审查同意，方可恢复生产经营和使用；

（4）对有根据认为不符合保障安全生产的国家标准或者行业标准的设施、设备、器材以及违法生产、储存、使用、经营、运输的危险物品予以查封或者扣押，对违法生产、储存、使用、经营危险物品的作业场所予以查封，并依法作出处理决定。

监督检查不得影响被检查单位的正常生产经营活动。

6.2.4　行业行政主管部门对本行业安全生产的监督管理

1. 建设行政主管部门对建设单位的安全生产监督管理

（1）申领施工许可证时，提供建设工程有关安全施工措施资料的情况，按规定办理工程质量和安全监督手续的情况；

（2）按照国家有关规定和合同约定向施工单位拨付建设工程安全防护、文明施工措施费用的情况；

（3）向施工单位提供施工现场及毗邻区域内地下管线资料，气象和水文观测资料，相邻建筑物和构筑物、地下工程等有关资料的情况；

（4）履行合同约定工期的情况；

（5）有无明示或暗示施工单位购买、租赁、使用不符合安全施工要求的安全防护用具、机械设备、施工机具及配件、消防设施和器材的行为；

（6）其他有关事项。

2. 建设行政主管部门对勘察、设计单位的安全生产监督管理

（1）勘察单位按照工程建设强制性标准进行勘察情况，提供真实、准确的勘察文件情况，采取措施保证各类管线、设施和周边建筑物、构筑物安全的情况；

（2）设计单位按照工程建设强制性标准进行设计情况，在设计文件中注明施工安全重点部位、环节以及提出指导意见的情况，采用新结构、新材料、新工艺或特殊结构的建设工程，提出保障施工作业人员安全和预防生产安全事故措施建议的情况；

（3）其他有关事项。

3. 建设行政主管部门对施工单位的安全生产监督管理

（1）安全生产许可证办理情况；

（2）建设工程安全防护、文明施工措施费用的使用情况；

（3）设置安全生产管理机构和配备专职安全管理人员情况；

（4）三类人员经主管部门安全生产考核情况；

（5）特种作业人员持证上岗情况；

（6）安全生产教育培训计划制定和实施情况；

（7）施工现场作业人员意外伤害保险办理情况；

（8）职业危害防治措施制定情况，安全防护用具和安全防护服装的提供及使用管理情况；

（9）施工组织设计和专项施工方案编制、审批及实施情况；

（10）生产安全事故应急救援预案的建立与落实情况；

（11）企业内部安全生产检查开展和事故隐患整改情况；

（12）重大危险源的登记、公示与监控情况；

（13）生产安全事故的统计、报告和调查处理情况；

（14）其他有关事项。

4. 建设行政主管部门对监理单位的安全生产监督管理

（1）将安全生产管理内容纳入监理规划的情况，以及在监理规划和中型以上工程的监理细则中制定对施工单位安全技术措施的检查方面情况；

（2）审查施工企业资质和安全生产许可证、三类人员及特种作业人员取得考核合格证书和操作资格证书情况；

（3）审核施工企业安全生产保证体系、安全生产责任制、各项规章制度和安全监管机构建立及人员配备情况；

（4）审核施工企业应急救援预案和安全防护、文明施工措施费用使用计划情况；

（5）审核施工现场安全防护是否符合投标时承诺和《建筑施工现场环境与卫生标准》等标准要求情况；

（6）复查施工单位施工机械和各种设施的安全许可验收手续情况；

（7）审查施工组织设计中的安全技术措施或专项施工方案是否符合工程建设强制性标准情况；

（8）定期巡视检查危险性较大工程作业情况；

（9）下达隐患整改通知单，要求施工单位整改事故隐患情况或暂时停工情况，整改结果复查情况，向建设单位报告督促施工单位整改情况，向工程所在地建设行政主管部门报告施工单位拒不整改或不停止施工情况；

（10）其他有关事项。

5. 建设行政主管部门对其他有关单位的安全生产监督管理

（1）机械设备、施工机具及配件的出租单位提供相关制造许可证、产品合格证、检测合格证明的情况；

（2）施工起重机械和整体提升脚手架、模板等自升式架设设施安装单位的资质、安全施工措施及验收调试等情况；

（3）施工起重机械和整体提升脚手架、模板等自升式架设设施的检验检测单位资质和出具安全合格证明文件情况。

6.2.5 生产经营单位对安全生产的监督管理

（1）矿山、建筑施工单位和危险物品的生产、经营、储存单位，应当设置安全生产管理机构或者配备专职安全生产管理人员。

（2）生产经营单位的安全生产管理人员应当根据本单位的生产经营特点，对安全生产状况进行经常性检查。

（3）生产经营单位应教育和督促从业人员严格执行本单位的安全生产规章制度和安全操作规程；并如实告知从业人员作业场所和工作岗位存在的危险因素、防范措施以及事故应急措施。

（4）生产经营单位进行爆破、吊装等危险作业时，应安排专门人员进行现场安全管理，确保操作规程的遵守和安全措施的落实。

（5）生产经营单位对危险物品大量聚集的重大危险源应当登记建档，进行定期检测、评估、监控，并制定应急预案，告知从业人员和相关人员在紧急情况下应当采取的应急措施。

（6）生产经营单位不得使用国家明令淘汰、禁止使用的危及生产安全的工艺、设备；对使用的安全设备必须进行经常性维护、保养,并定期检测,以保证正常运转。

（7）生产经营单位使用的涉及生命安全、危险性较大的特种设备（如锅炉、压力容器、电梯、起重机械等）以及盛放危险物品（如易燃易爆品、危险化学品等）的容器、运输工具,必须按照国家有关规定,由专业生产单位生产,并且必须经具有专业资质的检测、检验机构检测,检测合格,取得安全使用证或安全标志后,方可投入使用。

（8）生产经营单位应当在存有较大危险因素的生产经营场所和有关设施、设备上,设置明显的安全警示标志,以引起人们对危险的注意,预防生产安全事故的发生。

6.2.6 社会对安全生产的监督管理

《安全生产法》第七十一条规定,任何单位或者个人对事故隐患或者安全生产违法行为,均有权向负有安全生产监督管理职责的部门报告或者举报。

《安全生产法》第七十二条规定,居民委员会、村民委员会发现其所在区域内的生产经营单位存在事故隐患或者安全生产违法行为时,应当向当地人民政府或者有关部门报告。

《安全生产法》第七十三条规定,县级以上各级人民政府及其有关部门对报告重大事故隐患或者举报安全生产违法行为的有功人员,给予奖励。具体奖励办法由国务院安全生产监督管理部门会同国务院财政部门制定。

《安全生产法》第七十四条规定,新闻、出版、广播、电影、电视等单位有进行安全生产公益宣传教育的义务,有对违反安全生产法律、法规的行为进行舆论监督的权利。

【案例】

2008年10月30日,福建省宁德市某房地产开发项目施工现场发生一起施工升降机吊笼坠落事故,造成12人死亡,直接经济损失521.1万元。该项目总建筑面积18313 m^2,总造价23843.22万元,共计8栋楼,发生事故的3号楼高85.45 m,共计28层。事故发生在上午6时左右,3号楼木工班组、钢筋班组共计12名施工员,吃完早饭后,乘坐施工升降机准备到25层工作面作业,由其中1人（非操作人员）擅自开机。由于第43标准间两侧两根连接螺栓紧固螺母脱落,东侧吊笼产生的倾覆力矩大于上部四节标准节自重及钢丝绳拉力产生的稳定力矩,造成第43至46标准节倾倒在3号楼东面外钢管脚手架上,致使吊笼滚轮和安全钩滑脱标准节,重钢丝绳脱离顶部滑轮,吊笼坠落在2号楼与3号楼之间的2层平台上,坠落点与施工升降机机架的中心点距离约6 m。

根据事故调查和责任认定,对有关责任方作出以下处理:建设单位法人、副总经理、总监理工程师代表等18名责任人移交司法机关依法追究刑事责任;借出资质的施工、劳务单位法人、项目经理、升降机安装单位负责人等33名责任人受到相应行政处罚;建设、监理等单位受到相应经济处罚。

分析:

1.事故原因

（1）直接原因

施工现场设备管理严重缺失,施工升降机安装、检测、日常检代、维护保养未到位。当东侧吊笼行至第44、45标准节时,由于施工升降机第42、43标准节间西侧两根连接螺栓紧固螺母已脱落,倾覆力矩大于稳定力矩,致使第42节以上四节标准节倾倒,吊笼滚轮和安全钩滑脱标准节,重钢丝绳脱离顶部滑轮,吊笼坠落。

（2）间接原因

1）现场安全管理混乱,建设单位严重违反工程建设质量和安全生产的法律法规,集开发、施工和设备安装于一体,签订"阴阳"合同,私招乱雇,把分项工程发包给无相应施工资质的农民工组织施工。

2）项目部安全管理缺失,现场管理混乱。项目部未成立安全生产管理机构,未配备专职安全管理人员,现场安全管理人员未经专门安全培训，无证上岗。项目经理长期不到位，施工人员岗前三级安全教育制度不落实。

3）施工单位把资质提供给建设单位使用，从中收取管理费。允许他人以本单位的名义进行建筑施工，且未履行建设工程施工合同的约定，未派出项目经理进驻施工现场，严重违反了工程建设质量和安全生产的法律法规。

4）劳务分包、脚手架专业分包单位把各自的模板作业劳务分包、脚手架劳务分包资质提供给建设单位使用，从中收取管理费，允许他人以本单位的名义进行模板工程、脚手架安装工程施工。且均未履行建设工程施工劳务分包合同上的约定，未派出项目经理进驻施工现场管理，严重违反工程建设质量和安全生产的法律法规。

5）监理单位违反《建设工程监理规范》，监理人员未按投标承诺到位，未认真履行监理职责，总监长期不到位，现场管理力量弱化。一是未认真履行建设工程委托临理合同，违规协助、配合建设单位降低工程监理收费标准，降低监理标准；二是协助施工单位造假；三是未能依法履行工程监理职责；四是监理人员安全意识淡漠。

6）工程质量监督检测机构不重视施工升降机检测前置条件相关资料项目的检查，未按施工升降机检测技术标准和规范要求认真组织检测，凭经验编写检测数据，不负责任地出具检测合格报告，为非法安装的施工升降机顺利通过检测提供方便。

2. 事故教训

（1）建设单位无视法律法规，一味追求经济利益。建设单位置国家相关法律法规于不顾，借资质自己搞施工，签订"阴阳"合同，集开发、施工和设备安装于一体，现场安全管理混乱。

（2）个别施工单位，提供资质，收取管理费。协助建设单位签订"阴阳"合同，属于明显的卖牌子行为；而签订"公司内部经济责任承包合同"，是典型的项目经理大包干现象，为建设单位弄虚作假提供了途径。

（3）工程监理形同虚设。建筑工程咨询监理事务所置法律法规不顾，同建设单位签订"委托监理补充协议"明确监理费一次包干，低成本必然造成管理粗放，一名监理管多个项目，人员不到岗，形成经营、管理上的恶性循环。

（4）检测单位安全管理存在漏洞。作为特种设备检测单位，某省建筑工程质量监督检测中心不重视前置条件检查，未按要求组织检测，凭经验编写数据，不负责任地出具检测合格报告，在安全管理上存在死角，为非法安装的施工升降机顺利通过检测提供方便。

（5）在工程施工过程中，从建设单位开始，分部工程被层层转包，最终由没有任何资质的包工队完成。

（6）执法管理存在漏洞。有关主管部门执法不严、日常监管不力，对建设单位利用施工单位资质自行组织施工，层层转包，私招乱雇等情况，未能及时发现并制止，对发现的重大安全隐患，对多次重复出现同类安全隐患的施工单位，未采取任何措施，也未依法进行行政处罚。

3. 专家点评

这是一起由于施工现场机械管理失控引发的生产安全责任事故。事故的发生暴露出建设单位违法发包、施工单位安全管理缺失、监理单位不认真履行职责等一系列问题。我们应认真吸取教训，做好以下几项工作：

（1）切实加强建设工程安全生产监督管理。各级政府安全生产监督管理部门应认真执行《中华人民共和国安全生产法》、《中华人民共和国建筑法》、《中华人民共和国合同法》和《建筑企业资质管理规定》等法律法规，从源头上严把房地产开发等企业的项目招投标、施工许可关。地方监管部门的不作为，致事故隐患长期存在，终酿成较大安全事故。

（2）严格执法，严厉查处项目开发、设计、施工、监理、安装、检测等各环节中存在的弄虚作假行为，严格查处违法分包、转包和挂靠等行为。这起事故中，建设单位为追求利益最大化，置国家法律于不顾，串通有资质的单位，签订"阴阳"合同，自行组织施工，同时管理力量薄弱，层层转包，私招乱雇，只追求效益和进度，不要质量和安全。个别施工单位内部管理混乱，出卖职业资质的行为，为其弄虚作假提供了便利。

（3）严格建筑市场准入管理，完善建筑市场清出机制。加强企业资质审批后监管，加大对建设工程违法发包行为的盘处力度。施工升降机的安装和拆除作业专业性强、危险性大，必须由具备相应资质的专业队伍完成。安装前要编制方案，安装后经技术试验确认合格后方可投入运行。

（4）依法监理，严格自律，认真履行监理职责。工程监理虽是受业主委托和授权，但它是作为独立的市场主体为维护业主的正当权益服务的，在维护业主正当权益的同时，监理也应维护承包商的正当权益，按现行监理制度规定的监理依据、程序、方法规范化地履行职责。

（5）切实落实建筑施工企业的安全生产主体责任。建立建筑市场信用体系，督促建筑施工单位建立健全本单位安全生产管理规章制度，严厉打击建筑施工企业卖牌子的行为，同时加大安全隐患排查整治力度。

（上述案例源自：住房和城乡建设部工程质量安全监管司编.建筑施工安全事故案例分析[M].北京：中国建筑工业出版社，2010）

6.3 建筑施工企业安全生产许可证管理规定

为了严格规范建筑施工企业安全生产条件，进一步加强安全生产监督管理，防止和减少生产安全事故，根据《安全生产许可证条例》、《建设工程安全生产管理条例》等有关行政法规，制定《建筑施工企业安全生产许可证管理规定》。该规定于2004年6月28日建设部第37次部常务会议讨论通过，2004年7月5日建设部令第128号发布，自公布之日起施行。

6.3.1 建筑施工企业安全生产许可证管理的一般规定

1. 国家对建筑施工企业实行安全生产许可制度

建筑施工企业未取得安全生产许可证的，不得从事建筑施工活动。《建筑施工企业安全生产许可证管理规定》所称建筑施工企业，是指从事土木工程、建筑工程、线路管道和设备安装工程及装修工程的新建、扩建、改建和拆除等有关活动的企业。

2. 建筑施工企业安全生产许可证的颁发和管理

国务院建设主管部门负责中央管理的建筑施工企业安全生产许可证的颁发和管理。省、自治区、直辖市人民政府建设主管部门负责本行政区域内中央管理的建筑施工企业以外的建筑施工企业安全生产许可证的颁发和管理，并接受国务院建设主管部门的指导和监督。市、县人民政府建设主管部门负责本行政区域内建筑施工企业安全生产许可证的监督管理，并将监督检查中发现的企业违法行为及时报告安全生产许可证颁发管理机关。

6.3.2 建筑施工企业取得安全生产许可证必须具备的安全生产条件

（1）建立健全安全生产责任制，制定完备的安全生产规章制度和操作规程；

（2）保证本单位安全生产条件所需资金的投入；

（3）设置安全生产管理机构，按照国家有关规定配备专职安全生产管理人员；

（4）主要负责人、项目负责人、专职安全生产管理人员经建设主管部门或者其他有关部门考核合格；

（5）特种作业人员经有关业务主管部门考核合格，取得特种作业操作资格证书；

（6）管理人员和作业人员每年至少进行一次安全生产教育培训并考核合格；

（7）依法参加工伤保险，依法为施工现场从事危险作业的人员办理意外伤害保险，为从业人员交纳保险费；

（8）施工现场的办公、生活区及作业场所和安全防护用具、机械设备、施工机具及配件符合有关安全生产法律、法规、标准和规程的要求；

（9）有职业危害防治措施，并为作业人员配备符合国家标准或者行业标准的安全防护用具和安全防护服装；

（10）有对危险性较大的分部分项工程及施工现场易发生重大事故的部位、环节的预防、监控措施和应急预案；

（11）有生产安全事故应急救援预案、应急救援组织或者应急救援人员，配备必要的应急救援器材、设备；

（12）法律、法规规定的其他条件。

6.3.3　建筑施工企业安全生产许可证的申请与颁发

1. 申请与颁发的管理权限

建筑施工企业从事建筑施工活动前，应当依照有关规定向省级以上建设主管部门申请领取安全生产许可证。

中央管理的建筑施工企业（集团公司、总公司）应当向国务院建设主管部门申请领取安全生产许可证。中央管理的建筑施工企业以外的其他建筑施工企业，包括中央管理的建筑施工企业（集团公司、总公司）下属的建筑施工企业，应当向企业注册所在地省、自治区、直辖市人民政府建设主管部门申请领取安全生产许可证。

2. 申请安全生产许可证时应当提供的材料

建筑施工企业申请安全生产许可证时，应当向建设主管部门提供下列材料：

（1）建筑施工企业安全生产许可证申请表；

（2）企业法人营业执照；

（3）《建筑施工企业安全生产许可证管理规定》第四条规定的相关文件、材料。

建筑施工企业申请安全生产许可证，应当对申请材料实质内容的真实性负责，不得隐瞒有关情况或者提供虚假材料。

3. 安全生产许可证的颁发

建设主管部门应当自受理建筑施工企业的申请之日起45日内审查完毕；经审查符合安全生产条件的，颁发安全生产许可证；不符合安全生产条件的，不予颁发安全生产许可证，书面通知企业并说明理由。企业自接到通知之日起应当进行整改，整改合格后方可再次提出申请。

建设主管部门审查建筑施工企业安全生产许可证申请，涉及铁路、交通、水利等有关专业工程时，可以征求铁路、交通、水利等有关部门的意见。

4. 安全生产许可证的有限期

安全生产许可证的有效期为3年。安全生产许可证有效期满需要延期的，企业应当于期满前3个月向原安全生产许可证颁发管理机关申请办理延期手续。

企业在安全生产许可证有效期内，严格遵守有关安全生产的法律法规，未发生死亡事故的，安全生产许可证有效期届满时，经原安全生产许可证颁发管理机关同意，不再审查，安全生产许可证有效期延期3年。

5. 安全生产许可证的变更与注销

建筑施工企业变更名称、地址、法定代表人等，应当在变更后10日内，到原安全生产许可证颁发管理机关办理安全生产许可证变更手续。

　　建筑施工企业破产、倒闭、撤销的，应当将安全生产许可证交回原安全生产许可证颁发管理机关予以注销。

　　建筑施工企业遗失安全生产许可证，应当立即向原安全生产许可证颁发管理机关报告，并在公众媒体上声明作废后，方可申请补办。

　　6. 安全生产许可证的监督管理

　　（1）县级以上人民政府建设主管部门应当加强对建筑施工企业安全生产许可证的监督管理。建设主管部门在审核发放施工许可证时，应当对已经确定的建筑施工企业是否有安全生产许可证进行审查，对没有取得安全生产许可证的，不得颁发施工许可证。

　　（2）跨省从事建筑施工活动的建筑施工企业有违反《建筑施工企业安全生产许可证管理规定》行为的，由工程所在地的省级人民政府建设主管部门将建筑施工企业在本地区的违法事实、处理结果和处理建议抄告原安全生产许可证颁发管理机关。

　　（3）建筑施工企业取得安全生产许可证后，不得降低安全生产条件，并应当加强日常安全生产管理，接受建设主管部门的监督检查。安全生产许可证颁发管理机关发现企业不再具备安全生产条件的，应当暂扣或者吊销安全生产许可证。

　　（4）安全生产许可证颁发管理机关或者其上级行政机关发现有下列情形之一的，可以撤销已经颁发的安全生产许可证：

　　1）安全生产许可证颁发管理机关工作人员滥用职权、玩忽职守颁发安全生产许可证的；

　　2）超越法定职权颁发安全生产许可证的；

　　3）违反法定程序颁发安全生产许可证的；

　　4）对不具备安全生产条件的建筑施工企业颁发安全生产许可证的；

　　5）依法可以撤销已经颁发的安全生产许可证的其他情形。

　　依照上述规定撤销安全生产许可证，建筑施工企业的合法权益受到损害的，建设主管部门应当依法给予赔偿。

　　（5）安全生产许可证颁发管理机关应当建立健全安全生产许可证档案管理制度，定期向社会公布企业取得安全生产许可证的情况，每年向同级安全生产监督管理部门通报建筑施工企业安全生产许可证颁发和管理情况。

　　（6）建筑施工企业不得转让、冒用安全生产许可证或者使用伪造的安全生产许可证。

　　（7）建设主管部门工作人员在安全生产许可证颁发、管理和监督检查工作中，不得索取或者接受建筑施工企业的财物，不得谋取其他利益。

　　（8）任何单位或者个人对违反《建筑施工企业安全生产许可证管理规定》的行为，有权向安全生产许可证颁发管理机关或者监察机关等有关部门举报。

【案例】

　　2007 年 4 月 27 日，青海省西宁市银鹰金融保安护卫有限公司基地边坡支护工程施工现场发生一起坍塌事故，造成 3 人死亡、1 人轻伤，直接经济损失 60 万元。

　　该工程拟建场地北侧为东西走向的自然山体，坡体高 12 ~ 15 m，长 145 m，自然边坡坡度 1∶0.5 ~ 1∶0.7。边坡工程 9 m 以上部分设计为土钉喷锚支护，9 m 以下部分为毛石挡土墙，总面积为 2000 m²。其中毛石挡土墙部分于 2007 年 3 月 21 日由施工单位分包给私人劳务队（无法人资格和施工资质）进行施工。

　　4 月 27 日上午，劳务队 5 名施工人员人工开挖北侧山体边坡东侧 5 m × 1 m × 1.2 m 毛石挡土墙基槽。

下午16时左右，自然地面上方5 m处坡面突然坍塌，除在基槽东端作业的1人逃离之外，其余4人被坍塌土体掩埋。

根据事故调查和责任认定，对有关责任方作出以下处理：项目经理、现场监理工程师等责任人分别受到撤职、吊销执业资格等行政处罚；施工、监理等单位分别受到资质降级、暂扣安全生产许可证等行政处罚。

分析：

1. 原因分析

(1) 直接原因

1) 施工地段地质条件复杂，经过调查，事故发生地点位于河谷区与丘陵区交接处，北侧为黄土覆盖的丘陵区，南侧为河谷地2级及3级基座阶地。上部土层为黄土层及红色泥岩夹变质砂砾，下部为黄土层黏土。局部有地下水渗透，导致地基不稳。

2) 施工单位在没有进行地质灾害危险性评估的情况下，盲目施工，也没有根据现场的地质情况采取有针对性的防护措施，违反了自上而下分层修坡、分层施工工艺流程，从而导致了事故的发生。

(2) 间接原因

1) 建设单位在工程建设过程中，未做地质灾害危险性评估，且在未办理工程招投标、工程质量监督、工程安全监督、施工许可证的情况下组织开工建设。

2) 施工单位委派不具备项目经理执业资格的人员负责该工程的现场管理，项目部未编制挡土墙施工方案，没有对劳务人员进行安全生产教育和安全技术交底。在山体地质情况不明、没有采取安全防护措施的情况下冒险作业。

3) 监理单位在监理过程中，对施工单位资料审查不严，对施工现场落实安全防护措施的监督不到位。

2. 事故教训

(1)《建设工程安全生产管理条例》(以下简称《条例》)已明确规定建设、施工、监理和设计等单位在施工过程中的安全生产责任。参建各方认真履行法律法规明确规定的责任是确保安全生产的基本条件。

(2) 这起事故的发生，首先是施工单位没有根据《条例》的要求任命具备相应执业资格的人担任项目经理；其次是施工单位没有根据《条例》的要求编制安全专项施工方案或安全技术措施。

(3) 监理单位没有根据《条例》的要求审查施工组织设计中的安全专项施工方案或者安全技术措施是否符合工程建设强制性标准。对于施工过程中存在的安全隐患，监理单位没有要求施工单位予以整改。

3. 专家点评

这是一起由于违反施工工艺流程，冒险施工引发的生产安全责任事故。事故的发生暴露了该工程从施工组织到技术管理、从建设单位到施工单位都没有真正重视安全生产管理工作等问题，我们应从中吸取事故教训，认真做好以下几方面的工作：

(1) 导致建筑安全事故发生的各环节之间是相互联系的，这起事故的发生是各环节共同失效的结果。因此，搞好安全生产首先要求建设、施工、监理和设计各方要全面正确履行各自的安全职责，并在此基础上不断规范施工管理程序，规范监理监督程序，规范设计工作程序和业主监管程序，使之持续改进，只有这样，安全生产目标才能实现。需要特别指出的是，监理单位是联系业主、设计与施工单位的桥梁，规范监理单位的安全生产职责是搞好安全生产的重要环节。

(2) 落实安全责任，实现本质安全。大量事故表明，事故的间接原因往往是其发生的本质因素。不具备执业资格的项目经理负责该工程的现场管理是此次事故的一个重要原因。如果本项目有一个合格的项目经理，他就会在施工前认真组织制定可行的施工组织设计并认真实施。同样，如果监理单位认真履行安全监管职责，就会要求施工单位制定完善的施工组织设计或安全专项措施并认真审核。如果这两个重要环节都有人把好了关，这个事故是完全可以避免的。

(3) 强化政府监管，规范市场规则。要强化安全生产监管工作，必须通过政府部门的有效监管，规范市场各竞争主体的经营行为。因此，遏制安全生产事故必须从政府有效监管入手，利用媒体舆论监督推动全社会安全文化建设，建设、施工、监理、设计等单位认真贯彻安全法律法规，形成综合治理的局面。

（4）完善甲方责任，建立监管机制。建设单位要依照法定建设程序办理工程质量监督、工程安全监督、施工许可证，并组织专家对地质灾害危险性进行评估。

（5）依法施工生产，认真履行职责。施工单位要认真吸取事故教训，根据地质灾害危险性评估报告制定、落实符合法定程序的施工组织设计、专项安全施工方案；委派具有相应执业资格的项目经理、施工技术人员、安全管理人员，认真监督管理施工现场安全生产工作；认真做好安全生产教育，严格按照相关标准全面落实各项安全措施。

（6）明确安全职责，强化监督管理。监理单位应认真履行监理职责，严格审查、审批施工组织设计、安全专项方案及专家论证等相关资料，发现安全隐患和管理漏洞时，应监督施工单位停止施工，责令认真整改，待验收合格后方可恢复施工。

（上述案例源自：住房和城乡建设部工程质量安全监管司编.建筑施工安全事故案例分析[M].北京：中国建筑工业出版社，2010）

6.4 建设工程安全生产管理的其他基本制度

6.4.1 建设工程安全生产责任制度和群治群防制度

《建筑法》第三十六条规定，要建立健全安全生产的责任制度和群治群防制度。

1.建设工程安全生产责任制度

安全生产责任制度是建设工程生产中最基本的安全生产管理制度，是所有安全生产规章制度的核心。安全生产责任制度，是指将各种不同的安全生产责任落实到负有安全生产管理责任的人员和具体岗位人员身上的一种制度。这一制度是"安全第一，预防为主"方针的具体体现。

建筑企业要加强安全生产的领导，尊重科学，严格管理，应当逐级建立安全生产责任制度。企业经理（厂长）和主管生产的副经理（副厂长）对本企业的劳动保护和安全生产负总的责任，其责任是：①认真贯彻执行劳动保护和安全生产政策、法规和规章制度；②定期向企业职代会报告企业安全生产情况和措施；③制定企业各级干部的安全责任制度等制度；④定期研究解决安全生产中的问题；⑤组织审批安全技术措施计划并贯彻实施；⑥定期组织安全检查和开展安全竞赛等活动；⑦对职工进行安全和遵章守纪教育；⑧督促各级领导干部和各职能部门的职工做好本职范围内的安全工作；⑨总结与推广安全生产先进经验；⑩主持重大伤亡事故的调查分析，提出处理意见和改进措施，并督促实施。

企业总工程师（技术负责人）对本企业的劳动保护和安全生产的技术工作负总的责任。项目经理、施工队长、车间主任应对本单位劳动和安全生产工作负具体领导责任。工长、施工员对所管工程的安全生产负直接责任。企业中的生产、技术、材料供应等各职能机构，都应在各自业务范围内对实现安全生产的要求负责。

2.建设工程安全生产群防群治制度

群防群治制度是职工群众进行预防和治理安全的一种制度。这一制度也是"安全第一，预防为主"的具体体现，同时也是群众路线在安全工作中的具体体现，是企业进行民主管理的重要内容。这一制度要求建筑企业职工在施工中应当遵守有关生产的法律、法规和建筑行业安全规章、规程，不得违章作业；对于危及生命安全和身体健康的行为有权提出批评、检举和控告。

6.4.2 建设工程安全生产教育培训制度

《建筑法》第四十六条明确规定，建筑施工企业应当建立健全劳动安全生产教育培训制度，加强对职工安全生产的教育培训；未经安全生产教育培训的人员，不得上岗作业。

《建设工程安全生产管理条例》第三十六条规定，施工单位的主要负责人、项目负责人、专职安全生产管理人员应当经建设行政主管部门或者其他有关部门考核合格后方可任职。施工单位应当对管理人员和作业人员每年至少进行一次安全生产教育培训，其教育培训情况记入个人工作档案。安全生产教育培训考核不合格的人员，不得上岗。

《建设工程安全生产管理条例》第三十七条规定，作业人员进入新的岗位或者新的施工现场前，应当接受安全生产教育培训。未经教育培训或者教育培训考核不合格的人员，不得上岗作业。施工单位在采用新技术、新工艺、新设备、新材料时，应当对作业人员进行相应的安全生产教育培训。

《建设工程安全生产管理条例》第二十五条规定，垂直运输机械作业人员、安装拆卸工、爆破作业人员、起重信号工、登高架设作业人员等特种作业人员，必须按照国家有关规定经过专门的安全作业培训，并取得特种作业操作资格证书后，方可上岗作业。

安全生产教育培训制度是对广大建设工程干部职工进行安全生产教育培训，提高安全意识，增加安全知识和技能的制度。安全生产，人人有责。只有通过对广大职工进行安全生产教育、培训，才能使广大职工真正认识到安全生产的重要性和必要性，掌握更多、更有效的安全生产的科学技术知识，牢固树立"安全第一"的思想，自觉遵守各项安全生产的规章制度。

1. 建设工程安全生产教育培训的监督管理

住房和城乡建设部主管全国建筑业企业职工安全培训教育工作。国务院有关专业部门负责所属建筑业企业职工的安全培训教育工作。其所属企业的安全培训教育工作，还应当接受企业所在地建设行政主管部门及其所属建筑安全监督管理机构的指导和监督。县级以上地方人民政府建设行政主管部门负责本行政区域内建筑业企业职工安全培训教育管理工作。

2. 建设工程安全生产教育培训的对象、时间和内容

(1)建筑业企业职工每年必须接受一次专门的安全培训。

1)企业法定代表人、项目经理每年接受安全培训的时间，不得少于30学时；

2)企业专职安全管理人员除按照建教(1991)522号文《建设企事业单位关键岗位持证上岗管理规定》的要求，取得岗位合格证书并持证上岗外，每年还必须接受安全专业技术业务培训，时间不得少于40学时；

3)企业其他管理人员和技术人员每年接受安全培训的时间，不得少于20学时；

4)企业特殊工种(包括电工、焊工、架子工、司炉工、爆破工、机械操作工、起重工、塔吊司机及指挥人员、人货两用电梯司机等)在通过专业技术培训并取得岗位操作证后，每年仍须接受有针对性的安全培训，时间不得少于20学时；

5)企业其他职工每年接受安全培训的时间，不得少于15学时；

6)企业待岗、转岗、换岗的职工，在重新上岗前，必须接受一次安全培训，时间不得少于20学时。

(2)建筑业企业新进场的工人，必须接受公司、项目(或工区、工程处、施工队，下同)、班组的三级安全培训教育，经考核合格后，方能上岗。

1）公司安全培训教育的主要内容是：国家和地方有关安全生产的方针、政策、法规、标准、规范、规程和企业的安全规章制度等。培训教育的时间不得少于15学时。

2）项目安全培训教育的主要内容是：工地安全制度、施工现场环境、工程施工特点及可能存在的不安全因素等。培训教育的时间不得少于15学时。

3）班组安全培训教育的主要内容是：本工种的安全操作规程、事故案例剖析、劳动纪律和岗位讲评等。培训教育的时间不得少于20学时。

3. 建设工程安全培训教育的实施与管理

（1）实行安全培训教育登记制度。建筑业企业必须建立职工的安全培训教育档案，没有接受安全培训教育的职工，不得在施工现场从事作业或者管理活动。

（2）县级以上地方人民政府建设行政主管部门制订本行政区域内建筑业企业职工安全培训教育规划和年度计划，并组织实施。省、自治区、直辖市的建筑业企业职工安全培训教育规划和年度计划，应当报住房和城乡建设部建设教育主管部门和建筑安全主管部门备案。国务院有关专业部门负责组织制订所属建筑业企业职工安全培训教育规划和年度计划，并组织实施。

（3）有条件的大中型建筑业企业，经企业所在地的建设行政主管部门或者授权所属的建筑安全监督管理机构审核确认后，可以对本企业的职工进行安全培训工作，并接受企业所在地的建设行政主管部门或者建筑安全监督管理机构的指导和监督。其他建筑业企业职工的安全培训工作，由企业所在地的建设行政主管部门或者建筑安全监督管理机构负责组织。

建筑业企业法定代表人、项目经理的安全培训工作，由企业所在地的建设行政主管部门或者建筑安全监督管理机构负责组织。

（4）实行总分包的工程项目，总包单位要负责统一管理分包单位的职工安全培训教育工作。分包单位要服从总包单位的统一管理。

（5）从事建筑业企业职工安全培训工作的人员，应当具备下列条件：

1）具有中级以上专业技术职称；

2）有5年以上施工现场经验或者从事建筑安全教学、法规等方面工作5年以上的人员；

3）经建筑安全师资培训合格，并获得培训资格证书。

（6）建筑业企业职工的安全培训，应当使用经建设教育主管部门和建筑安全主管部门统一审定的培训大纲和教材。

（7）建筑业企业职工的安全培训教育经费，从企业职工教育经费中列支。

6.4.3　建设工程安全生产意外伤害保险制度

建筑业的意外伤害保险是我国保险业的一个特别险种。《建筑法》第四十八条规定，建筑施工企业必须为从事危险作业的职工办理意外伤害保险，支付保险费。《建设工程安全生产管理条例》第三十八条规定，施工单位应当为施工现场从事危险作业的人员办理意外伤害保险。这是一项强制性的法律制度。意外伤害保险费由施工单位支付。实行施工总承包的，由总承包单位支付意外伤害保险费。意外伤害保险期限自建设工程开工之日起至竣工验收合格止。

【案例】

某高层办公楼，总建筑面积136500 m^2，地下3层，地上25层。业主与施工总承包单位签订了施工总承包合同，并委托了工程监理单位。

建设单位将深基坑支护工程的设计委托给了专业设计单位。施工总承包完成桩基工程后，自行决定将基坑的支护和土方开挖工程分包给了一家专业分包单位施工。专业设计单位根据业主提供的勘察报告完成了基坑支护设计后，即将设计文件直接给了专业分包单位。专业分包单位在收到设计文件后编制了基坑支护工程和降水工程专项施工组织方案，施工组织方案经施工总承包单位项目经理签字后即由专业分包单位组织了施工。专业分包单位在开工前进行了三级安全教育。

专业分包单位在施工过程中，由负责质量管理工作的施工人员兼任现场安全生产监督工作。土方开挖到接近基坑设计标高（自然地坪下 8.5 m）时，总监理工程师发现基坑四周地表出现了裂缝，即向施工总承包单位发出书面通知，要求停止施工，并要求立即撤离现场施工人员，查明原因后再恢复施工，但总承包单位认为地表裂缝属正常现象没有予以理睬。不久基坑发生严重坍塌，并造成 4 名施工人员被掩埋，经抢救 3 人死亡，1 人重伤。

事故发生后，专业分包单位立即向有关安全生产监督管理部门上报了事故情况。经事故调查组调查，造成坍塌事故的主要原因是由于地质勘查资料中未标明地下存在古河道，基坑支护设计中未能考虑这一因素而造成的。事故中直接经济损失 80 万元，于是专业分包单位要求设计单位赔偿事故损失 80 万元。

问题：

1. 请指出上述整个事件中有哪些做法不妥，并写出正确的做法。

2. 三级安全教育是指哪三级？

3. 这起事故的主要责任人是谁？请说明理由。

分析：

1. 上述整个事件中存在如下不妥之处：

（1）施工总承包单位自行决定将基坑支护和土方开挖工程分包给了一家专业分包单位施工是不妥的，工程分包应报监理单位经建设单位同意后方可进行；

（2）专业设计单位完成基坑支护设计后，直接将设计文件给了专业分包单位的做法是不妥的，设计文件的交接应经建设单位交付给施工单位；

（3）专业分包单位编制的基坑工程和降水工程专项施工组织方案，经施工总承包单位项目经理签字后即组织施工的做法是不妥的，专业分包单位编制了基坑支护工程和降水工程专项施工组织方案后，应经总监理工程师审批后方可实施；

（4）事故发生后专业分包单位直接向有关安全生产监督管理部门上报事故的做法是不妥的，应经过总承包单位；

（5）专业分包单位要求设计单位赔偿事故损失是不妥的，专业分包单位和设计单位之间不存在合同关系，不能直接向设计单位索赔，专业分包单位可通过总包单位向建设单位索赔，建设单位再向设计单位索赔。

2. 三级安全教育是指公司、项目经理部、施工班组三个层次的安全教育。三级安全教育的内容、时间及考核结果要有记录。《建筑业企业职工安全培训教育暂行规定》的规定如下：

（1）公司教育的内容是：国家和地方有关安全生产的方针、政策、法规、标准、规范、规程和企业的安全规章制度。

（2）项目经理部教育的内容是：工地安全制度、施工现场环境、工程施工特点及可能存在的不安全因素等。

（3）施工班组教育的内容是：本工种的安全操作规程、事故案例剖析、劳动纪律和岗位奖评等。

3. 本起事故的主要责任应由施工总承包单位承担。在总监理工程师发出书面通知要求停止施工的情况下，施工总承包单位继续施工，直接导致事故的发生，所以本起事故的主要责任应由施工总承包单位承担。

6.5　建设行为主体的安全生产责任

建设单位、勘察单位、设计单位、施工单位、工程监理单位及其他与建设工程安全生产有关的单位，必须遵守安全生产法律、法规的规定，保证建设工程安全生产，依法承担建设工程安全生产责任。

6.5.1　建设单位的安全责任

1.向施工单位提供资料的责任

建设单位应当向施工单位提供施工现场及毗邻区域内供水、排水、供电、供气、供热、通信、广播电视等地下管线资料，气象和水文观测资料，相邻建筑物和构筑物、地下工程的有关资料，并保证资料的真实、准确、完整。

2.提供安全施工措施资料的责任

建设单位在申请领取施工许可证时，应当提供建设工程有关安全施工措施的资料。依法批准开工报告的建设工程，建设单位应当自开工报告批准之日起15日内，将保证安全施工的措施报送建设工程所在地县级以上地方人民政府建设行政主管部门或者其他有关部门备案。

3.对拆除工程进行备案的责任

建设单位在拆除工程施工前，必须将相关资料报送建设行政主管部门或者其他有关部门备案。建设单位应当将拆除工程发包给具有相应资质等级的施工单位。建设单位应当在拆除工程施工15日前，将下列资料报送建设工程所在地县级以上地方人民政府建设行政主管部门或者其他有关部门备案：①施工单位资质等级证明；②拟拆除建筑物、构筑物及可能危及毗邻建筑的说明；③拆除施工组织方案；④堆放、清除废弃物的措施，实施爆破作业的，应当遵守国家有关民用爆炸物品管理的规定。

4.办理特殊作业申请批准手续的责任。

建设工程在施工现场确实需要进行下列情形之一的特殊作业时，应当按照国家有关规定办理申请批准手续：①需要临时占用规划批准范围以外场地的；②可能损坏道路、管线、电力、邮电通信等公共设施的，需要临时停水、停电、中断道路交通的；③需要进行爆破作业的；④法律、法规规定需要办理报批手续的其他情形。

5.依法履行合同的责任

建设单位不得对勘察、设计、施工、工程监理等单位提出不符合建设工程安全生产法律、法规和强制性标准规定的要求，不得压缩合同约定的工期。

6.提供安全生产费用的责任

建设单位在编制工程概预算时，应当确定建设工程安全作业环境及安全施工措施所需费用。

7.不得推销劣质材料设备的责任

建设单位不得明示或者暗示施工单位购买、租赁、使用不符合安全施工要求的安全防护用具、机械设备、施工机具及配件、消防设施和器材。

6.5.2　施工单位的安全责任

1.施工单位应具备安全生产的条件

施工单位从事建设工程的新建、扩建、改建和拆除等活动，应当具备国家规定的注册资本、专业技术人员、技术装备和安全生产等条件，依法取得相应等级的资质证书，并在其资质等级许可的范围内承揽工程。

2. 施工单位的安全生产责任制

（1）施工单位主要负责人的安全生产责任

《安全生产法》第五条规定，生产经营单位的主要负责人对本单位的安全生产工作全面负责。《建筑法》第四十四条规定，建筑施工企业的法定代表人对本企业的安全生产负责。《建设工程安全生产管理条例》第二十一条规定，施工单位主要负责人依法对本单位的安全生产工作全面负责。生产经营单位的主要负责人对本单位安全生产工作负有下列职责：①建立健全本单位安全生产责任制；②组织制定本单位安全生产规章制度和操作规程；③保证本单位安全生产投入的有效实施；④督促、检查本单位的安全生产工作，及时消除生产安全事故隐患；⑤组织制定并实施本单位的生产安全事故应急救援预案；⑥及时、如实报告生产安全事故。

施工单位主要负责人的职责：应当建立、健全安全生产责任制度和安全生产教育培训制度，制定安全生产规章制度和操作规程，保证本单位安全生产条件所需资金的投入，对所承担的建设工程进行定期和专项安全检查，并做好安全检查记录。

（2）施工单位项目负责人的安全生产责任

《建设工程安全生产管理条例》第二十一条规定，施工单位的项目负责人应当由取得相应执业资格的人员担任，对建设工程项目的安全施工负责，落实安全生产责任制度、安全生产规章制度和操作规程，确保安全生产费用的有效使用，并根据工程的特点组织制定安全施工措施，消除安全事故隐患，及时、如实报告生产安全事故。

（3）施工单位安全生产管理人员的安全生产责任

施工单位应当设立安全生产管理机构，配备专职安全生产管理人员。专职安全生产管理人员负责对安全生产进行现场监督检查。发现安全事故隐患，应当及时向项目负责人和安全生产管理机构报告；对违章指挥、违章操作的，应当立即制止。

3. 施工单位安全生产经济保障措施

（1）施工单位对列入建设工程概算的安全作业环境及安全施工措施所需费用，应当用于施工安全防护用具及设施的采购和更新、安全施工措施的落实、安全生产条件的改善，不得挪作他用。

（2）施工单位应当为施工现场从事危险作业的人员办理意外伤害保险。意外伤害保险费由施工单位支付。实行施工总承包的，由总承包单位支付意外伤害保险费。意外伤害保险期限自建设工程开工之日起至竣工验收合格止。

4. 总承包单位与分包单位的安全责任

建设工程实行施工总承包的，由总承包单位对施工现场的安全生产负总责。总承包单位应当自行完成建设工程主体结构的施工。总承包单位依法将建设工程分包给其他单位的，分包合同中应当明确各自的安全生产方面的权利、义务。总承包单位和分包单位对分包工程的安全生产承担连带责任。分包单位应当服从总承包单位的安全生产管理，分包单位不服从管理导致生产安全事故的，由分包单位承担主要责任。

5. 施工现场安全保障措施

（1）编制安全技术措施与专项施工方案

施工单位应当在施工组织设计中编制安全技术措施和施工现场临时用电方案，对下列达到一定规模的危险性较大的分部分项工程编制专项施工方案，并附具安全验算结果，经施工单位技术负责人、总监理工程师签字后实施，由专职安全生产管理人员进行现场监督：①基坑支护与降水工程；②土方开挖工程；③模板工程；④起重吊装工程；⑤脚手架工程；⑥拆除、爆破工程；⑦国务院建设行政主管部门或者其他有关部门规定的其他危险性较大的工程。

对上述工程中涉及深基坑、地下暗挖工程、高大模板工程的专项施工方案，施工单位还应当组织专家进行论证、审查。

（2）安全施工技术交底

建设工程施工前，施工单位负责项目管理的技术人员应当对有关安全施工的技术要求向施工作业班组、作业人员作出详细说明，并由双方签字确认。

（3）施工现场的安全防护

施工单位应当在施工现场入口处、施工起重机械、临时用电设施、脚手架、出入通道口、楼梯口、电梯井口、孔洞口、桥梁口、隧道口、基坑边沿、爆破物及有害危险气体和液体存放处等危险部位，设置明显的安全警示标志。安全警示标志必须符合国家标准。

施工单位应当根据不同施工阶段和周围环境及季节、气候的变化，在施工现场采取相应的安全施工措施。

施工现场暂时停止施工的，施工单位应当做好现场防护，所需费用由责任方承担，或者按照合同约定执行。

施工单位对因建设工程施工可能造成损害的毗邻建筑物、构筑物和地下管线等，应当采取专项防护措施。

施工单位应当向作业人员提供安全防护用具和安全防护服装，并书面告知危险岗位的操作规程和违章操作的危害。

（4）施工现场生活区和作业区环境管理

施工单位应当将施工现场的办公、生活区与作业区分开设置，并保持安全距离；办公、生活区的选址应当符合安全性要求。职工的膳食、饮水、休息场所等应当符合卫生标准。施工单位不得在尚未竣工的建筑物内设置员工集体宿舍。施工现场临时搭建的建筑物应当符合安全使用要求。施工现场使用的装配式活动房屋应当具有产品合格证。

（5）施工现场环境保护

施工单位应当遵守有关环境保护法律、法规的规定，在施工现场采取措施，防止或者减少粉尘、废气、废水、固体废物、噪声、振动和施工照明对人和环境的危害和污染。在城市市区内的建设工程，施工单位应当对施工现场实行封闭围挡。

（6）施工现场消防管理

施工单位应当在施工现场建立消防安全责任制度，确定消防安全责任人，制定用火、用电、使用易燃易爆材料等各项消防安全管理制度和操作规程，设置消防通道、消防水源，配备消防设施和灭火器材，并在施工现场入口处设置明显标志。

（7）安全设备管理

施工单位采购、租赁的安全防护用具、机械设备、施工机具及配件，应当具有生产（制造）许可证、产品合格证，并在进入施工现场前进行查验。施工现场的安全防护用具、机械设备、施工机具及配件必须由专人管理，定期进行检查、维修和保养，建立相应的资料档案，并按照国家有关规定及时报废。

施工单位在使用施工起重机械和整体提升脚手架、模板等自升式架设设施前，应当组织有关单位进行验收，也可以委托具有相应资质的检验检测机构进行验收；使用承租的机械设备和施工机具及配件的，由施工总承包单位、分包单位、出租单位和安装单位共同进行验收。验收合格的方可使用。《特种设备安全监察条例》规定的施工起重机械，在验收前应当经有相应资质的检验检测机构监督检验合格。施工单位应当自施工起重机械和整体提升脚手架、模板等自升式架设设施验收合格之日起30日内，向建设行政主管部门或者其他有关部门登记。登记标志应当置于或者附着于该设备的显著位置。

（8）施工现场作业人员的安全管理

作业人员应当遵守安全施工的强制性标准、规章制度和操作规程，正确使用安全防护用具、机械设备等。

作业人员有权对施工现场的作业条件、作业程序和作业方式中存在的安全问题提出批评、检举和控告，有权拒绝违章指挥和强令冒险作业。在施工中发生危及人身安全的紧急情况时，作业人员有权立即停止作业或者在采取必要的应急措施后撤离危险区域。

6.5.3 工程监理单位的安全责任

1. 安全技术措施及专项施工方案审查义务

工程监理单位应当审查施工组织设计中的安全技术措施或者专项施工方案是否符合工程建设强制性标准。

2. 安全生产事故隐患报告义务

工程监理单位在实施监理过程中，发现存在安全事故隐患的，应当要求施工单位整改；情况严重的，应当要求施工单位暂时停止施工，并及时报告建设单位。施工单位拒不整改或者不停止施工的，工程监理单位应当及时向有关主管部门报告。

3. 应当承担监理责任

工程监理单位和监理工程师应当按照法律、法规和工程建设强制性标准实施监理，并对建设工程安全生产承担监理责任。

6.5.4 勘察、设计单位的安全责任

1. 勘察单位的安全责任

（1）勘察单位应当按照法律、法规和工程建设强制性标准进行勘察，提供的勘察文件应当真实、准确，满足建设工程安全生产的需要。

（2）勘察单位在勘察作业时，应当严格执行操作规程，采取措施保证各类管线、设施和周边建筑物、构筑物的安全。

2. 设计单位的安全责任

（1）设计单位应当按照法律、法规和工程建设强制性标准进行设计，防止因设计不合理导致生产安全事故的发生。

（2）设计单位应当考虑施工安全操作和防护的需要，对涉及施工安全的重点部位和环节在设计文件中注明，并对防范生产安全事故提出指导意见。

（3）采用新结构、新材料、新工艺的建设工程和特殊结构的建设工程，设计单位应当在设计中提出保障施工作业人员安全和预防生产安全事故的措施建议。

（4）设计单位和注册建筑师等注册执业人员应当对其设计负责。

6.5.5　其他有关单位的安全责任

1. 机械设备和配件供应单位的安全责任

为建设工程提供机械设备和配件的单位，应当按照安全施工的要求配备齐全有效的保险、限位等安全设施和装置。

2. 机械设备、施工机具和配件出租单位的安全责任

出租的机械设备和施工机具及配件，应当具有生产（制造）许可证、产品合格证。出租单位应当对出租的机械设备和施工机具及配件的安全性能进行检测，在签订租赁协议时，应当出具检测合格证明。禁止出租检测不合格的机械设备和施工机具及配件。

3. 施工起重机械和自升式架设设施的安全管理

（1）安装与拆卸

在施工现场安装、拆卸施工起重机械和整体提升脚手架、模板等自升式架设设施，必须由具有相应资质的单位承担。安装、拆卸施工起重机械和整体提升脚手架、模板等自升式架设设施，应当编制拆装方案、制定安全施工措施，并由专业技术人员现场监督。施工起重机械和整体提升脚手架、模板等自升式架设设施安装完毕后，安装单位应当自检，出具自检合格证明，并向施工单位进行安全使用说明，办理验收手续并签字。

（2）检验检测

施工起重机械和整体提升脚手架、模板等自升式架设设施的使用达到国家规定的检验检测期限的，必须经具有专业资质的检验检测机构检测。经检测不合格的，不得继续使用。

检验检测机构对检测合格的施工起重机械和整体提升脚手架、模板等自升式架设设施，应当出具安全合格证明文件，并对检测结果负责。

【案例】

某高层建筑，建设单位与施工总承包方签订施工总承包合同，并委托了一家具有甲级监理资质的监理单位。依据《建设工程安全生产管理条例》，监理单位明确了自身的安全生产监理责任，包括：

1. 应审查施工组织设计中的安全技术措施或者专项施工方案是否符合工程建设强制性标准。

2. 在实施监理过程中，发现存在安全事故隐患的，应当要求施工单位整改；情况严重的，应当要求施工单位暂时停止施工，并及时报告建设单位。施工单位拒不整改或者不停止施工的，工程监理单位应当及时向有关主管部门报告。

3. 应按照法律、法规和工程建设强制性标准实施监理。

在工程施工过程中，发生了以下事件：

事件1：施工总承包单位按合同规定将脚手架工程分包给了某专业分包单位，该分包单位根据总包单位提供的设计文件编制了脚手架工程专项施工组织方案，随即分包单位立即依照方案组织人员负责脚手架搭设施工。因安全员有急事未到位，该专业分包单位现场安全生产管理工作由负责质量管理工作的人员暂时兼任。

事件2：施工总承包单位、专业分包单位根据建设工程施工的特点、范围，对施工现场易发生重大事故的部位、环节进行监控，各自编制了施工现场生产安全事故应急救援预案。按照应急救援预案，施工总承包单位、专业分包单位共同建立了应急救援组织，配备了救援器材、设备，并定期组织了演练。

问题：

1. 依据《建设工程安全生产管理条例》，哪些专项施工方案应经施工单位技术负责人、总监理工程师签字后才能实施？

2.事件 1 中的做法有无不妥之处？若不妥，写出正确做法。

3.事件 2 中的做法有无不妥之处？若不妥，写出正确做法。

4.依据《建设工程安全生产管理条例》，监理工程师应承担法律责任的情形包括哪些？

分析：1.以下专项施工方案应经施工单位技术负责人、总监理工程师签字后才能实施：

(1)基坑支护与降水工程；

(2)土方开挖工程；

(3)模板工程；

(4)起重吊装工程；

(5)脚手架工程；

(6)拆除、爆破工程；

(7)国务院建设行政主管部门或者其他有关部门规定的其他危险性较大的工程。

2.(1)专项施工组织方案未经有关负责人审核签字认可立即实施不妥。正确做法是：专项施工组织方案应先由总包单位技术负责人审核签字，再由总监理工程师签字后实施。

(2)专业分包单位现场安全生产管理工作由负责质量管理工作的人员暂时兼任的做法不妥。正确做法是：现场安全生产管理工作应由专职安全生产管理人员负责。

3.(1)施工总承包单位、专业分包单位各自编制了施工现场生产安全事故应急救援预案不妥。正确做法是：实行施工总承包的，由总承包单位统一编制建设工程生产安全事故应急救援预案。

(2)施工总承包单位、专业分包单位共同建立了应急救援组织不妥。正确做法是：施工总承包单位、专业分包单位应各自建立应急救援组织。

4.工程监理单位有下列行为之一的，应承担法律责任：

(1)未对施工组织设计中的安全技术措施或者专项施工方案进行审查的；

(2)发现安全事故隐患未及时要求施工单位整改或者暂时停止施工的；

(3)施工单位拒不整改或者不停止施工，未及时向有关主管部门报告的；

(4)未依照法律、法规和工程建设强制性标准实施监理的。

6.6　建设工程生产安全事故的应急救援与调查处理

6.6.1　建设工程生产安全事故的应急救援

根据《建设工程安全生产管理条例》的规定，明确生产安全事故的应急救援如下：

(1)县级以上地方人民政府建设行政主管部门应当根据本级人民政府的要求，制定本行政区域内建设工程特大生产安全事故应急救援预案。

(2)施工单位应当制定本单位生产安全事故应急救援预案，建立应急救援组织或者配备应急救援人员，配备必要的应急救援器材、设备，并定期组织演练。

(3)施工单位应当根据建设工程施工的特点、范围，对施工现场易发生重大事故的部位、环节进行监控，制定施工现场生产安全事故应急救援预案。实行施工总承包的，由总承包单位统一组织编制建设工程生产安全事故应急救援预案，工程总承包单位和分包单位按照应急救援预案，各自建立应急救援组织或者配备应急救援人员，配备救援器材、设备，并定期组织演练。

6.6.2　建设工程生产安全事故的调查处理

1.生产安全事故的等级

《生产安全事故报告和调查处理条例》第三条规定，根据生产安全事故造成的人员伤亡或

者直接经济损失,事故一般分为以下等级:

(1)特别重大事故,是指造成 30 人以上死亡,或者 100 人以上重伤(包括急性工业中毒,下同),或者 1 亿元以上直接经济损失的事故;

(2)重大事故,是指造成 10 人以上 30 人以下死亡,或者 50 人以上 100 人以下重伤,或者 5000 万元以上 1 亿元以下直接经济损失的事故;

(3)较大事故,是指造成 3 人以上 10 人以下死亡,或者 10 人以上 50 人以下重伤,或者 1000 万元以上 5000 万元以下直接经济损失的事故;

(4)一般事故,是指造成 3 人以下死亡,或者 10 人以下重伤,或者 1000 万元以下直接经济损失的事故。

上述条款所称的"以上"包括本数,所称的"以下"不包括本数。

2. 事故报告

(1)事故逐级上报制度

事故发生后,事故现场有关人员应当立即向本单位负责人报告;单位负责人接到报告后,应当于 1 小时内向事故发生地县级以上人民政府安全生产监督管理部门和负有安全生产监督管理职责的有关部门报告。情况紧急时,事故现场有关人员可以直接向事故发生地县级以上人民政府安全生产监督管理部门和负有安全生产监督管理职责的有关部门报告。

安全生产监督管理部门和负有安全生产监督管理职责的有关部门接到事故报告后,应当依照下列规定上报事故情况,并通知公安机关、劳动保障行政部门、工会和人民检察院:

1)特别重大事故、重大事故逐级上报至国务院安全生产监督管理部门和负有安全生产监督管理职责的有关部门;

2)较大事故逐级上报至省、自治区、直辖市人民政府安全生产监督管理部门和负有安全生产监督管理职责的有关部门;

3)一般事故上报至设区的市级人民政府安全生产监督管理部门和负有安全生产监督管理职责的有关部门。

安全生产监督管理部门和负有安全生产监督管理职责的有关部门依照前款规定上报事故情况,应当同时报告本级人民政府。国务院安全生产监督管理部门和负有安全生产监督管理职责的有关部门以及省级人民政府接到发生特别重大事故、重大事故的报告后,应当立即报告国务院。

必要时,安全生产监督管理部门和负有安全生产监督管理职责的有关部门可以越级上报事故情况。

安全生产监督管理部门和负有安全生产监督管理职责的有关部门逐级上报事故情况,每级上报的时间不得超过 2 小时。

(2)事故报告的内容

报告事故应当包括下列内容:①事故发生单位概况;②事故发生的时间、地点以及事故现场情况;③事故的简要经过;④事故已经造成或者可能造成的伤亡人数(包括下落不明的人数)和初步估计的直接经济损失;⑤已经采取的措施;⑥其他应当报告的情况。

事故报告后出现新情况的,应当及时补报。

自事故发生之日起 30 日内,事故造成的伤亡人数发生变化的,应当及时补报。道路交通事故、火灾事故自发生之日起 7 日内,事故造成的伤亡人数发生变化的,应当及时补报。

（3）事故的救援

事故发生单位负责人接到事故报告后，应当立即启动事故相应应急预案，或者采取有效措施，组织抢救，防止事故扩大，减少人员伤亡和财产损失。事故发生地有关地方人民政府、安全生产监督管理部门和负有安全生产监督管理职责的有关部门接到事故报告后，其负责人应当立即赶赴事故现场，组织事故救援。

（4）事故现场的保护

事故发生后，有关单位和人员应当妥善保护事故现场以及相关证据，任何单位和个人不得破坏事故现场、毁灭相关证据。

因抢救人员、防止事故扩大以及疏通交通等原因，需要移动事故现场物件的，应当作出标志，绘制现场简图并做好书面记录，妥善保存现场重要痕迹、物证。

3. 事故调查

（1）事故调查的权属

特别重大事故由国务院或者国务院授权有关部门组织事故调查组进行调查。重大事故、较大事故、一般事故分别由事故发生地省级人民政府、设区的市级人民政府、县级人民政府负责调查。省级人民政府、设区的市级人民政府、县级人民政府可以直接组织事故调查组进行调查，也可以授权或者委托有关部门组织事故调查组进行调查。未造成人员伤亡的一般事故，县级人民政府也可以委托事故发生单位组织事故调查组进行调查。上级人民政府认为必要时，可以调查由下级人民政府负责调查的事故。

自事故发生之日起 30 日内（道路交通事故、火灾事故自发生之日起 7 日内），因事故伤亡人数变化导致事故等级发生变化，依照《生产安全事故报告和调查处理条例》规定应当由上级人民政府负责调查的，上级人民政府可以另行组织事故调查组进行调查。

特别重大事故以下等级事故，事故发生地与事故发生单位不在同一个县级以上行政区域的，由事故发生地人民政府负责调查，事故发生单位所在地人民政府应当派人参加。

（2）事故调查组

1）事故调查组的组成

事故调查组的组成应当遵循精简、效能的原则。根据事故的具体情况，事故调查组由有关人民政府、安全生产监督管理部门、负有安全生产监督管理职责的有关部门、监察机关、公安机关以及工会派人组成，并应当邀请人民检察院派人参加。事故调查组可以聘请有关专家参与调查。

事故调查组成员应当具有事故调查所需要的知识和专长，并与所调查的事故没有直接利害关系。事故调查组组长由负责事故调查的人民政府指定。事故调查组组长主持事故调查组的工作。

2）事故调查组的职责

①查明事故发生的经过、原因、人员伤亡情况及直接经济损失；②认定事故的性质和事故责任；③提出对事故责任者的处理建议；④总结事故教训，提出防范和整改措施；⑤提交事故调查报告。

3）事故调查组的权限

①事故调查组有权向有关单位和个人了解与事故有关的情况，并要求其提供相关文件、资料，有关单位和个人不得拒绝。事故发生单位的负责人和有关人员在事故调查期间不得擅

离职守，并应当随时接受事故调查组的询问，如实提供有关情况。

②事故调查中发现涉嫌犯罪的，事故调查组应当及时将有关材料或者其复印件移交司法机关处理。

③事故调查中需要进行技术鉴定的，事故调查组应当委托具有国家规定资质的单位进行技术鉴定。必要时，事故调查组可以直接组织专家进行技术鉴定。技术鉴定所需时间不计入事故调查期限。

④事故调查组成员在事故调查工作中应当诚信公正、恪尽职守，遵守事故调查组的纪律，保守事故调查的秘密。未经事故调查组组长允许，事故调查组成员不得擅自发布有关事故的信息。

（3）事故调查报告

事故调查组应当自事故发生之日起 60 日内提交事故调查报告；特殊情况下，经负责事故调查的人民政府批准，提交事故调查报告的期限可以适当延长，但延长的期限最长不超过 60 日。事故调查报告应当包括下列内容：①事故发生单位概况；②事故发生经过和事故救援情况；③事故造成的人员伤亡和直接经济损失；④事故发生的原因和事故性质；⑤事故责任的认定以及对事故责任者的处理建议；⑥事故防范和整改措施。

事故调查报告应当附具有关证据材料。事故调查组成员应当在事故调查报告上签名。事故调查报告报送负责事故调查的人民政府后，事故调查工作即告结束。事故调查的有关资料应当归档保存。

4. 事故处理

（1）重大事故、较大事故、一般事故，负责事故调查的人民政府应当自收到事故调查报告之日起 15 日内作出批复；特别重大事故，30 日内作出批复，特殊情况下，批复时间可以适当延长，但延长的时间最长不超过 30 日。

有关机关应当按照人民政府的批复，依照法律、行政法规规定的权限和程序，对事故发生单位和有关人员进行行政处罚，对负有事故责任的国家工作人员进行处分。

事故发生单位应当按照负责事故调查的人民政府的批复，对本单位负有事故责任的人员进行处理。负有事故责任的人员涉嫌犯罪的，依法追究刑事责任。

（2）事故发生单位应当认真吸取事故教训，落实防范和整改措施，防止事故再次发生。防范和整改措施的落实情况应当接受工会和职工的监督。

安全生产监督管理部门和负有安全生产监督管理职责的有关部门应当对事故发生单位落实防范和整改措施的情况进行监督检查。

（3）事故处理的情况由负责事故调查的人民政府或者其授权的有关部门、机构向社会公布，依法应当保密的除外。

【案例】

某工程总建筑面积 16950 平方米，建筑总高度 61.5 米，由某建筑公司总承包，另一家建筑公司分包土建工程。某年某月某日，由土建分包单位安排架工班搭设电梯井内的脚手架。该工程共有 4 部电梯，其中有两单体电梯井和两联体电梯井，几天后完成两单体电梯井脚手架后，开始搭设两联体电梯井内的脚手架。第二天，3 名作业人员已将电梯井内脚手架搭设到了 8 层的高度，此时脚手管已用完，于是 3 人便去拆除 10 层高度处的安全平网，打算使用其脚手管继续搭脚手架。由于拆除安全网之前未进行仔细检查，未发现安全网东侧的固定点已被破坏，当3人踏入平网后，安全网即发生倾斜脱落，于是3人便经已搭设的电梯井脚手架的空隙坠落地面，造成此3人死亡。

事后调查，由于施工方案失误，且未制定专项施工方案，也违反了行业标准《高处作业安全技术规范》的规定，即电梯井内每隔两层最多隔10米设一道安全网。

问题：

1.请简要分析这起安全事故的原因。

2.安全检查的主要内容包括哪些？安全检查的主要形式有哪几类？

3.这起事故中，违反了《建设工程安全生产管理条例》中的哪些规定？

4.这起安全事故可定为哪种等级的安全事故？依据是什么？

5.事故发生后，事故上报时间有哪些规定？

分析：

1.这起安全事故的原因是：

(1)由于施工方案失误，没有考虑作业中不安全因素和预防措施，是造成此次事故的直接原因。

(2)未按规定对独立悬空的危险作业配备安全带等，是造成此次事故的主要原因。

(3)从总包到分包，从管理层到项目指挥者，没有高度重视这一工作的危险性，以致造成管理失误；施工前又未进行现场调查和交底，预先发现隐患和告之作业人员危险与预防措施，是造成此次事故的重要原因。

2.安全检查的主要内容包括：查思想、查制度、查机械设备、查安全设施、查安全教育培训、查操作行为、查劳保用品使用、查伤亡事故的处理等。

安全检查的主要形式有日常检查、专业检查、季节性检查、节假日前后检查，以及不定期检查。

3.这起事故中，违反了《建设工程安全生产管理条例》第二十六条的规定，对危险性较大的施工项目，如脚手架工程，必须制定专项施工方案。

4.本工程这起安全事故可定为较大事故。依据是：按照国务院《生产安全事故报告和调查处理条例》，具备下列条件之一者为较大事故：造成3人以上10人以下死亡，或者10人以上50人以下重伤，或者1000万元以上5000万元以下直接经济损失的事故。

5.事故发生后：

(1)事故现场有关人员应当立即向本单位负责人报告；单位负责人接到报告后，应当于1小时内向事故发生地县级以上人民政府安全生产监督管理部门和负有安全生产监督管理职责的有关部门报告；

(2)安全生产监督管理部门和负有安全生产监督管理职责的有关部门逐级上报事故情况，每级上报的时间不得超过2小时。

6.7 建设工程安全生产法律责任

6.7.1 建设单位的法律责任

(1)建设单位未提供建设工程安全生产作业环境及安全施工措施所需费用的，责令限期改正；逾期未改正的，责令该建设工程停止施工。建设单位未将保证安全施工的措施或者拆除工程的有关资料报送有关部门备案的，责令限期改正，给予警告。

(2)建设单位有下列行为之一的，责令限期改正，处20万元以上50万元以下的罚款；造成重大安全事故，构成犯罪的，对直接责任人员，依照《刑法》有关规定追究刑事责任；造成损失的，依法承担赔偿责任：①对勘察、设计、施工、工程监理等单位提出不符合安全生产法律、法规和强制性标准规定的要求的；②要求施工单位压缩合同约定的工期的；③将拆除工程发包给不具有相应资质等级的施工单位的。

6.7.2　勘察、设计单位的法律责任

勘察单位、设计单位有下列行为之一的，责令限期改正，处 10 万元以上 30 万元以下的罚款；情节严重的，责令停业整顿，降低资质等级，直至吊销资质证书；造成重大安全事故，构成犯罪的，对直接责任人员，依照《刑法》有关规定追究刑事责任；造成损失的，依法承担赔偿责任：

（1）未按照法律、法规和工程建设强制性标准进行勘察、设计的；

（2）采用新结构、新材料、新工艺的建设工程和特殊结构的建设工程，设计单位未在设计中提出保障施工作业人员安全和预防生产安全事故的措施建议的。

6.7.3　施工单位的法律责任

1. 违反安全生产管理法律的责任

施工单位有下列行为之一的，责令限期改正；逾期未改正的，责令停业整顿，依照《安全生产法》的有关规定处以罚款；造成重大安全事故，构成犯罪的，对直接责任人员，依照《刑法》有关规定追究刑事责任：

（1）未设立安全生产管理机构、配备专职安全生产管理人员或者分部分项工程施工时无专职安全生产管理人员现场监督的；

（2）施工单位的主要负责人、项目负责人、专职安全生产管理人员、作业人员或者特种作业人员，未经安全教育培训或者经考核不合格即从事相关工作的；

（3）未在施工现场的危险部位设置明显的安全警示标志，或者未按照国家有关规定在施工现场设置消防通道、消防水源、配备消防设施和灭火器材的；

（4）未向作业人员提供安全防护用具和安全防护服装的；

（5）未按照规定在施工起重机械和整体提升脚手架、模板等自升式架设设施验收合格后登记的；

（6）使用国家明令淘汰、禁止使用的危及施工安全的工艺、设备、材料的。

2. 挪用安全生产费用的法律责任

施工单位挪用列入建设工程概算的安全生产作业环境及安全施工措施所需费用的，责令限期改正，处挪用费用 20% 以上 50% 以下的罚款；造成损失的，依法承担赔偿责任。

3. 违反施工现场管理的法律责任

施工单位有下列行为之一的，责令限期改正；逾期未改正的，责令停业整顿，并处 5 万元以上 10 万元以下的罚款；造成重大安全事故，构成犯罪的，对直接责任人员，依照《刑法》有关规定追究刑事责任：

（1）施工前未对有关安全施工的技术要求作出详细说明的；

（2）未根据不同施工阶段和周围环境及季节、气候的变化，在施工现场采取相应的安全施工措施，或者在城市市区内的建设工程的施工现场未实行封闭围挡的；

（3）在尚未竣工的建筑物内设置员工集体宿舍的；

（4）施工现场临时搭建的建筑物不符合安全使用要求的；

（5）未对因建设工程施工可能造成损害的毗邻建筑物、构筑物和地下管线等采取专项防护措施的。

施工单位有前款规定第（4）项、第（5）项行为，造成损失的，依法承担赔偿责任。

4. 违反安全设施管理的法律责任

施工单位有下列行为之一的，责令限期改正；逾期未改正的，责令停业整顿，并处 10 万元以上 30 万元以下的罚款；情节严重的，降低资质等级，直至吊销资质证书；造成重大安全事故，构成犯罪的，对直接责任人员，依照《刑法》有关规定追究刑事责任；造成损失的，依法承担赔偿责任：

（1）安全防护用具、机械设备、施工机具及配件在进入施工现场前未经查验或者查验不合格即投入使用的；

（2）使用未经验收或者验收不合格的施工起重机械和整体提升脚手架、模板等自升式架设设施的；

（3）委托不具有相应资质的单位承担施工现场安装、拆卸施工起重机械和整体提升脚手架、模板等自升式架设设施的；

（4）在施工组织设计中未编制安全技术措施、施工现场临时用电方案或者专项施工方案的。

5. 管理人员不履行安全生产管理职责的法律责任

施工单位的主要负责人、项目负责人未履行安全生产管理职责的，责令限期改正；逾期未改正的，责令施工单位停业整顿；造成重大安全事故、重大伤亡事故或者其他严重后果，构成犯罪的，依照《刑法》有关规定追究刑事责任。

施工单位的主要负责人、项目负责人有前款违法行为，尚不够刑事处罚的，处 2 万元以上 20 万元以下的罚款或者按照管理权限给予撤职处分；自刑罚执行完毕或者受处分之日起，5 年内不得担任任何施工单位的主要负责人、项目负责人。

6. 作业人员违章作业的法律责任

作业人员不服管理、违反规章制度和操作规程冒险作业造成重大伤亡事故或者其他严重后果，构成犯罪的，依照《刑法》有关规定追究刑事责任。

7. 降低安全生产条件的法律责任

施工单位取得资质证书后，降低安全生产条件的，责令限期改正；经整改仍未达到与其资质等级相适应的安全生产条件的，责令停业整顿，降低其资质等级直至吊销资质证书。

6.7.4　监理单位的法律责任

工程监理单位有下列行为之一的，责令限期改正；逾期未改正的，责令停业整顿，并处 10 万元以上 30 万元以下的罚款；情节严重的，降低资质等级，直至吊销资质证书；造成重大安全事故，构成犯罪的，对直接责任人员，依照《刑法》有关规定追究刑事责任；造成损失的，依法承担赔偿责任：①未对施工组织设计中的安全技术措施或者专项施工方案进行审查的；②发现安全事故隐患未及时要求施工单位整改或者暂时停止施工的；③施工单位拒不整改或者不停止施工，未及时向有关主管部门报告的；④未依照法律、法规和工程建设强制性标准实施监理的。

6.7.5　其他相关单位的法律责任

1. 提供机械设备和配件单位

为建设工程提供机械设备和配件的单位，未按照安全施工的要求配备齐全有效的保险、限位等安全设施和装置的，责令限期改正，处合同价款 1 倍以上 3 倍以下的罚款；造成损失的，依法承担赔偿责任。

2. 出租单位

出租单位出租未经安全性能检测或者经检测不合格的机械设备和施工机具及配件的，责令停业整顿，并处5万元以上10万元以下的罚款；造成损失的，依法承担赔偿责任。

3. 施工起重机械和整体提升脚手架、模板等自升式架设设施安装、拆卸单位

施工起重机械和整体提升脚手架、模板等自升式架设设施安装、拆卸单位有下列行为之一的，责令限期改正，处5万元以上10万元以下的罚款；情节严重的，责令停业整顿，降低资质等级，直至吊销资质证书；造成损失的，依法承担赔偿责任：①未编制拆装方案、制定安全施工措施的；②未由专业技术人员现场监督的；③未出具自检合格证明或者出具虚假证明的；④未向施工单位进行安全使用说明，办理移交手续的。

施工起重机械和整体提升脚手架、模板等自升式架设设施安装、拆卸单位有前款规定的第①项、第③项行为，经有关部门或者单位职工提出后，对事故隐患仍不采取措施，因而发生重大伤亡事故或者造成其他严重后果，构成犯罪的，对直接责任人员，依照《刑法》有关规定追究刑事责任。

6.7.6　行政管理部门及其工作人员的法律责任

县级以上人民政府建设行政主管部门或者其他有关行政管理部门的工作人员，有下列行为之一的，给予降级或者撤职的行政处分；构成犯罪的，依照《刑法》有关规定追究刑事责任：①对不具备安全生产条件的施工单位颁发资质证书的；②对没有安全施工措施的建设工程颁发施工许可证的；③发现违法行为不予查处的；④依法履行监督管理职责的其他行为。

【案例】

2007年6月21日，位于重庆市万州工业园区在建的移民就业基地标准厂房c幢工程，发生了一起塔吊倒塌事故，造成4人死亡、2人重伤。

该工程建筑面积15806.59 m²，工程造价1426.9万元。事故发生时处于基础施工阶段。发生倒塌的塔式起重机型号为QTz4210型，于2007年5月19日进场。6月3日某私人劳务队受挂靠的设备租赁公司委托，与施工单位项目部签订了塔吊租赁合同，合同中有塔吊安装、拆除等内容。塔吊安装完毕后没有经有关部门验收和备案登记，就于6月3日投入使用。因该工地所使用的两台塔吊安装高度接近，运行中相互发生干扰。劳务队队长指派4人对塔吊进行顶升标准节作业。18时许，将第12节标准节引进塔身就位后，在尚未固定的情况下，塔吊向右转动约为135°时，塔吊套架以下部分向平衡臂方向翻转倾覆，致使塔帽、起重臂、平衡臂坠落至地面。

根据事故调查和责任认定，对有关责任方作出以下处理：设备租赁单位负责人移交司法机关依法追究法律责任；建设单位现场代表、项目经理、监理单位现场总监等13名责任人员分别受到撤职、吊销执业资格、罚款等行政处罚；施工、监理、设备租赁等单位分别受到罚款、暂扣安全生产许可证等行政处罚；责成该工业园区管委会向当地人民政府作出书面检查。

分析：

1. 原因分析

（1）直接原因

该塔机顶升作业时，操作人员违反了"起重机顶升作业时，使回转机构制动，严禁塔机回转"的安装规定，在标准节引入塔身就位尚未固定的情况下，操作塔机回转，造成塔机倒塌。

（2）间接原因

1）设备租赁公司无塔吊安装资质，违法组织施工人员进行塔机安装和顶升标准节作业。塔机未经验收，就投入使用，在施工的过程中，使用无操作资格的施工员，现场安全管理失控。

2）施工总包单位未认真执行塔机安装使用的相关规定，造成非法安装塔吊且未经验收就投入使用；塔吊顶升操作人员未经培训，不具备上岗资格；在顶升作业的下方安排施工人员作业，形成立体交叉作业，加重了事故伤害程度。

3）监理单位未认真履行安全监理职责。该工程总监、现场监理未履行核查塔吊安装验收手续职责，不采取措施制止塔机非法安装和使用。

4）建设单位未认真履行安全管理职责，未制止该塔吊非法安装和使用。

2. 事故教训

（1）安装、顶升、拆除塔吊必须由取得相应资质的单位完成，操作人员必须具备执业操作证书，熟练掌握安全操作技能。

（2）使用单位应认真执行塔吊安装使用相关规定，塔吊安装后必须组织有关部门验收合格方可投入使用。

（3）监理单位应认真履行安全监理职责。核查塔吊安装验收手续，确保安全。

3. 专家点评

这是一起典型的由于无资质、超范围违法施工引发的生产安全责任事故，事故的发生暴露出该工程施工单位机械设备管理失控，违规组织塔式起重机安装作业且未经验收就投入使用、安全管理缺失等问题。我们应认真吸取教训，做好以下几方面工作：

（1）严格把守准入关。安装单位必须取得相应资质，在资质范围内从事塔吊安装、顶升、拆除作业。操作人员必须考取操作证书，熟练掌握基本安全操作技能。

（2）加强过程监管。塔吊顶升属危险性较大的分部分项工程作业，按照相关规定，应设置危险作业区域并指派专人看护，无关人员不得入内，更不得交叉作业。塔吊在拆装顶升过程中必须严格遵守如下几点：一是起重力矩和抵抗力矩必须平衡，二是顶升作业时不得同时进行吊物作业，三是严禁转向回转。

（3）严格设备验收制度。使用单位应遵守相关规定，在塔吊安装后必须组织有关部门进行验收合格方可投入使用。

（4）健全完善监理工作的检查监督体系。监理单位应认真履行安全监理职责，核查塔吊安装验收手续，确保安全。在这起事故中，监理单位未认真履行安全监理职责，未采取任何措施制止塔吊非法安装，未核查塔吊安装验收手续，也未制止其使用。

（上述案例源自：住房和城乡建设部工程质量安全监管司编.建筑施工安全事故案例分析[M].北京：中国建筑工业出版社，2010）

【思考题】

1. 建设工程安全生产管理的概念。

2. 简述建设工程安全生产监督管理体制。

3. 简述生产经营单位对安全生产的监督管理。

4. 建筑施工企业取得安全生产许可证必须具备的安全生产条件有哪些？

5. 简述建设工程安全生产教育培训制度。

6. 建设单位的安全生产责任有哪些？勘察、设计单位的安全生产责任和义务有哪些？监理单位的安全生产责任和义务有哪些？

7. 施工单位的安全生产责任和义务有哪些？

8. 建设工程安全生产事故的应急救援和调查处理的内容有哪些？

9. 建设工程安全生产管理的法律责任有哪些？

第 7 章　建设工程造价管理法规

【教学目标】

了解工程造价的含义及特点、建设工程造价管理的机构，熟悉建设工程造价管理的内容，掌握建设工程造价活动应遵循的原则；了解建筑工程施工发包与承包计价方式，熟悉建筑工程施工发包与承包计价管理，掌握建筑工程施工发包与承包计价内容；了解工程合同价款的约定与调整、工程价款结算争议处理，熟悉工程价款结算管理，掌握工程价款结算的规定；了解建设工程质量保证金的概念，熟悉建设工程质量保证金的约定，掌握建设工程质量保证金的管理。

【职业资格考试要求】

工程造价的内容，建设工程造价的构成，工程造价管理的内容，建设工程造价活动应遵循的原则，建筑工程施工发包与承包计价内容，施工图预算、招标标底和投标报价的编制可以采用的计价方法，建筑工程施工发包与承包计价管理，建设工程价款结算，工程竣工结算审查期限，工程竣工价款结算，工程价款结算争议处理，工程价款结算管理，建设工程质量保证金，建设工程质量保证金的约定，建设工程质量保证金的管理。

【涉及的主要法规】

《建筑法》、《建筑工程施工发包与承包计价管理办法》、《建设工程价款结算暂行办法》、《建设工程质量保证金管理暂行办法》。

7.1　建设工程造价管理概述

7.1.1　建设工程造价的概念

1. 工程造价的含义

工程造价的直意就是工程的建造价格。工程造价是指建设一项工程预期开支或实际开支的全部固定资产投资费用。从这个意义上说，工程造价就是指工程价格。即为建成一项工程，预计或实际在土地市场、设备市场、技术劳务市场，以及承包市场等交易活动中所形成的建筑安装工程的价格和建设工程总价格。

2. 工程造价的特点

（1）工程造价的大额性。建设工程投资数额巨大，动辄百万、数千万，特大工程项目造价可达几十亿元人民币。

（2）工程造价的个别性、差异性。每个建设工程项目特定的用途、功能、规模的不同，决定着其结构、空间分割、设备配置和内外装饰具有较大的差异。同样的工程内容处于不同的地区，在人工、材料、机械消耗上也有差异。

（3）工程造价确定依据的复杂性。建设工程造价的确定依据繁多，关系复杂。

（4）工程造价的层次性。建设工程造价的层次性取决于工程的层次性。建设工程造价的确定需分别计算分部分项工程造价、单位工程造价、单项工程造价，最后才能形成建设项目的总价。

3. 工程造价的内容

工程造价是指进行某项工程建设所花费的全部费用，其核心内容是投资估算、设计概算、修正概算、施工图预算、工程结算、竣工决算，等等。

（1）投资估算是指在投资决策过程中，建设单位或建设单位委托的咨询机构根据现有的资料，采用一定的方法，对建设项目未来发生的全部费用进行预测和估算。

（2）设计概算是指在初步设计阶段，在投资估算的控制下，由设计单位根据初步设计或扩大设计图纸及说明、概预算定额、设备材料价格等资料，编制确定的建设项目从筹建到竣工交付生产或使用所需全部费用的经济文件。

（3）修正概算是指在技术设计阶段，随着对建设规模、结构性质、设备类型等方面进行修改、变动，初步设计概算也做相应调整。

（4）施工图预算是指在施工图设计完成后，工程开工前，根据预算定额、费用文件计算确定建设费用的经济文件。

（5）工程结算是指承包方按照合同约定，向建设单位办理已完工程价款的清算文件。

（6）建设工程竣工决算是由建设单位编制的反映建设项目实际造价文件和投资效果的文件，是竣工验收报告的重要组成部分，是基本建设项目经济效果的全面反映，是核定新增固定资产价值，办理其交付使用的依据。

工程造价的任务是根据图纸、定额以及清单规范，计算出工程中所有的分部工程、分项工程所消耗的人工费、材料费、机械台班费等等。

4. 建设工程造价的构成

建设工程造价是指建设工程从筹建到竣工验收交付使用前所需的全部费用，包括下列各项：

（1）建筑安装工程费用，包括土建工程和安装工程的直接费、间接费、施工企业合理利润和法定税费；

（2）设备及工器具购置费用，包括为建设项目购置或者自制的达到固定资产标准的各种设备、工具、器具的购置费用；

（3）工程建设其他费用，包括土地使用权取得费、勘察费、设计费、工程监理费、中介机构咨询费、研究试验费、招标费用、建设单位管理费、建设单位临时建设费、工程保险费；

（4）预备费，包括基本预备费、涨价预备费；

（5）建设单位为实施该建设项目贷款、发行债券，在建设期内应当偿付的利息；

（6）建设项目的税金、行政事业性收费、政府性基金；

（7）国家规定应当计入工程造价的其他费用。

施工图预算、招标标底和投标报价由成本（直接费、间接费）、利润和税金构成。

7.1.2　建设工程造价管理的概念

1. 工程造价管理的含义

工程造价管理有两层含义，一是建设工程投资费用管理，二是工程价格管理。

建设工程投资费用管理是为了实现投资的预期目标，在拟定的规划、设计方案的条件下，预测、计算、确定和监控工程造价及其变动的系统活动。

工程价格管理分两个层次。在微观层次上，是生产企业在掌握市场价格信息的基础上，为实现管理目标而进行的成本控制、计价、订价和竞价的系统活动。在宏观层次上，是政府根据社会经济发展的要求，利用法律手段、经济手段和行政手段对价格进行管理和调控，以及通过市场管理规范市场主体价格行为的系统活动。

2. 工程造价管理的内容

工程造价管理包括工程造价合理确定和有效控制两个方面。

（1）工程造价的合理确定，就是在工程建设的各个阶段，采用科学的计算方法和准确的计算依据，合理确定投资估算、设计概算、施工图预算、承包合同价、结算价、决算价。工程造价的合理确定是控制工程造价的前提。

（2）工程造价的有效控制，就是在投资决策阶段、设计阶段、建设项目发包阶段和建设实施阶段，把建设工程造价控制在批准的造价限额之内，随时纠正发生的偏差，以保证项目管理目标的实现。

7.1.3　建设工程造价管理的机构

《建筑工程施工发包与承包计价管理办法》第四条规定，国务院住房城乡建设主管部门负责全国工程发承包计价工作的管理。县级以上地方人民政府住房城乡建设主管部门负责本行政区域内工程发承包计价工作的管理。其具体工作可以委托工程造价管理机构负责。

《建设工程价款结算暂行办法》第四条规定，国务院财政部门、各级地方政府财政部门和国务院建设行政主管部门、各级地方政府建设行政主管部门在各自职责范围内负责工程价款结算的监督管理。

7.1.4　建设工程造价活动应遵循的原则

《建筑工程施工发包与承包计价管理办法》第三条规定，建筑工程施工发包与承包价在政府宏观调控下，由市场竞争形成。工程发承包计价应当遵循公平、合法和诚实信用的原则。

《建设工程价款结算暂行办法》第五条规定，从事工程价款结算活动，应当遵循合法、平等、诚信的原则，并符合国家有关法律、法规和政策。

7.2　《建筑工程施工发包与承包计价管理办法》

7.2.1　建筑工程施工发包与承包计价内容

《建筑工程施工发包与承包计价管理办法》第二条第三款规定，工程发承包计价包括编制工程量清单、最高投标限价、招标标底、投标报价，进行工程结算，以及签订和调整合同价款等活动。

1. 工程量清单计价

全部使用国有资金投资或者以国有资金投资为主的建筑工程（以下简称国有资金投资的建筑工程），应当采用工程量清单计价；非国有资金投资的建筑工程，鼓励采用工程量清单计价。

工程量清单应当依据国家制定的工程量清单计价规范、工程量计算规范等编制。工程量清单应当作为招标文件的组成部分。

2. 最高投标限价

国有资金投资的建筑工程招标的，应当设有最高投标限价；非国有资金投资的建筑工程招标的，可以设有最高投标限价或者招标标底。最高投标限价及其成果文件，应当由招标人报工程所在地县级以上地方人民政府住房城乡建设主管部门备案。

最高投标限价应当依据工程量清单、工程计价有关规定和市场价格信息等编制。招标人设有最高投标限价的，应当在招标时公布最高投标限价的总价，以及各单位工程的分部分项工程费、措施项目费、其他项目费、规费和税金。

3. 招标标底

招标标底应当依据国务院和省、自治区、直辖市人民政府建设行政主管部门制定的工程造价计价办法及其他有关规定和市场价格信息等编制。

4. 投标报价

投标报价应当依据工程量清单、工程计价有关规定、企业定额和市场价格信息等编制。投标报价不得低于工程成本，不得高于最高投标限价。投标报价低于工程成本或者高于最高投标限价总价的，评标委员会应当否决投标人的投标。

对是否低于工程成本报价的异议，评标委员会可以参照国务院住房城乡建设主管部门和省、自治区、直辖市人民政府住房城乡建设主管部门发布的有关规定进行评审。

5. 承包合同价款

招标人与中标人应当根据中标价订立合同。合同价款的有关事项由发承包双方约定，一般包括合同价款约定方式，预付工程款、工程进度款、工程竣工价款的支付和结算方式，以及合同价款的调整情形等。

（1）合同价款的确定

1）实行工程量清单计价的建筑工程，鼓励发承包双方采用单价方式确定合同价款。

2）建设规模较小、技术难度较低、工期较短的建筑工程，发承包双方可以采用总价方式确定合同价款。

3）紧急抢险、救灾以及施工技术特别复杂的建筑工程，发承包双方可以采用成本加酬金方式确定合同价款。

（2）合同价款的调整

发承包双方应当在合同中约定，发生下列情形时合同价款的调整方法：①法律、法规、规章或者国家有关政策变化影响合同价款的；②工程造价管理机构发布价格调整信息的；③经批准变更设计的；④发包方更改经审定批准的施工组织设计造成费用增加的；⑤双方约定的其他因素。

168

6. 竣工结算价格

工程完工后，应当按照下列规定进行竣工结算：

(1) 承包方应当在工程完工后的约定期限内提交竣工结算文件。

(2) 国有资金投资的建筑工程的发包方，应当委托具有相应资质的工程造价咨询企业对竣工结算文件进行审核，并在收到竣工结算文件后的约定期限内向承包方提出由工程造价咨询企业出具的竣工结算文件审核意见；逾期未答复的，按照合同约定处理，合同没有约定的，竣工结算文件视为已被认可。

非国有资金投资的建筑工程发包方，应当在收到竣工结算文件后的约定期限内予以答复，逾期未答复的，按照合同约定处理，合同没有约定的，竣工结算文件视为已被认可；发包方对竣工结算文件有异议的，应当在答复期内向承包方提出，并可以在提出异议之日起的约定期限内与承包方协商；发包方在协商期内未与承包方协商或者经协商未能与承包方达成协议的，应当委托工程造价咨询企业进行竣工结算审核，并在协商期满后的约定期限内向承包方提出由工程造价咨询企业出具的竣工结算文件审核意见。

(3) 承包方对发包方提出的工程造价咨询企业竣工结算审核意见有异议的，在接到该审核意见后一个月内，可以向有关工程造价管理机构或者有关行业组织申请调解，调解不成的，可以依法申请仲裁或者向人民法院提起诉讼。

工程竣工结算文件经发承包双方签字确认的，应当作为工程决算的依据，未经对方同意，另一方不得就已生效的竣工结算文件委托工程造价咨询企业重复审核。发包方应当按照竣工结算文件及时支付竣工结算款。

竣工结算文件应当由发包方报工程所在地县级以上地方人民政府住房城乡建设主管部门备案。

7.2.2　建筑工程施工发包与承包计价方式

(1) 施工图预算、招标标底和投标报价的编制可以采用以下计价方法：

1) 工料单价法。分部分项工程量的单价为直接费。直接费以人工、材料、机械的消耗量及其相应价格确定；间接费、利润及税金按照有关规定另行计算。

2) 综合单价法。分部分项工程量的单价为全费用单价。全费用单价综合计算完成分部分项工程所发生的直接费、间接费、利润和税金。

(2) 招标投标工程可以采用工程量清单方法编制招标标底和投标报价。

(3) 招标人与中标人应当根据中标价订立合同，合同价款应当在规定时间内，依据招标文件、中标人的投标文件，由发包人与承包人订立书面合同约定。不实行招标投标的工程，在承包方编制的施工图预算的基础上，由发承包双方协商订立合同，合同价款依据审定的工程预（概）算书由发承包人在合同中约定。

7.2.3　建筑工程施工发包与承包计价管理

(1) 县级以上地方人民政府住房城乡建设主管部门应当依照有关法律、法规和《建筑工程施工发包与承包计价办法》规定，加强对建筑工程发承包计价活动的监督检查和投诉举报的核查，并有权采取下列措施：①要求被检查单位提供有关文件和资料；②就有关问题询问签署文件的人员；③要求改正违反有关法律、法规、《建筑工程施工发包与承包计价办法》或者工程建设强制性标准的行为。

县级以上地方人民政府住房城乡建设主管部门应当将监督检查的处理结果向社会公开。

（2）国家机关工作人员在建筑工程计价监督管理工作中玩忽职守、徇私舞弊、滥用职权的，由有关机关给予行政处分；构成犯罪的，依法追究刑事责任。

（3）工程造价咨询企业在建筑工程计价活动中，出具有虚假记载、误导性陈述的工程造价成果文件的，记入工程造价咨询企业信用档案，由县级以上地方人民政府住房城乡建设主管部门责令改正，处1万元以上3万元以下的罚款，并予以通报。

（4）造价工程师编制工程量清单、最高投标限价、招标标底、投标报价、工程结算审核和工程造价鉴定文件，应当签字并加盖造价工程师执业专用章。

造价工程师在最高投标限价、招标标底或者投标报价编制、工程结算审核和工程造价鉴定中，签署有虚假记载、误导性陈述的工程造价成果文件的，记入造价工程师信用档案，依照《注册造价工程师管理办法》进行查处；构成犯罪的，依法追究刑事责任。

【案例】

经过招标，2005年5月31日上海某一能源有限公司（以下简称"能源公司"）与中标单位上海金桥某一建筑工程有限公司（以下简称"金桥公司"）签订了锅炉工程施工总承包合同。承包范围为：锅炉房（3646.9平方米）、煤棚（一层钢结构，1478.8平方米）、80米高矩形烟囱、水处理间（一层钢结构，475.6平方米）、酸碱储存罐区（面积48.8平方米）组成。新建筑四周设消防环通道路，采用混凝土路面。质量标准为优良，要求工期为2005年6月20日开工，2005年12月20日竣工，计划工期180天（日历天），采用工程量清单计价，固定单价确定工程价款。

合同签订后，金桥公司按时保质地完成了建设工程，能源公司也按时足额支付了进度款，在进行竣工结算过程中，金桥公司向能源公司发出《关于锅炉工程材料补贴及延期付款利息函件》的律师函，提出由于材料暴涨及实际工程内容变化导致材料成本剧增，并以《合同法》第一百一十三条作为法律依据，要求能源公司给予赔偿。此外，金桥公司要求能源公司支付工程款的利息，否则将提起诉讼，请求司法鉴定以证明其主张的正确。

分析：

1. 争议焦点

（1）如果施工承包合同约定按固定价计价，在施工过程中材料出现较大的涨价时，承包人提出要求给予补偿是否有法律依据。

（2）如果发包人不予补偿，而承包人提起诉讼并要求法院进行司法鉴定，一般情况下，法院是否会支持承包人的要求。

（3）承包人要求支付工程款利息是否有法律依据。

2. 简要评析

（1）施工承包合同约定以固定价计价的，要求额外材料补差无法律依据。

固定价格合同可以分为固定总价合同（即量与价之积的总价不变）和固定单价合同（即量与价之积的总价中，价是不变，量是按实计算）。因此固定单价是指双方在合同中约定的单价，在未出现合同约定的调价情况下不做调整，竣工结算价则是在单价不变的前提下，计算承包单位按实际完成的工程量而计算的工程造价。在工程承建期间，固定单价与市场单价一般存在一定差额，从承包单位的角度，若固定单价小于市场单价时，发包人少付一笔工程款，若固定单价大于市场单价时，发包人则多付了一笔工程款，可能存在商业风险，也可能存在超额利润，因此，严格来说是公平合理的。

《建筑法》第十八条规定："建筑工程造价应当按照国家有关规定，由发包单位与承包单位在合同中约定。公开招标发包的，其造价的约定，须遵守招标投标法律的规定。"

《最高人民法院关于审理建设工程施工合同纠纷案件适用法律问题的解释》第十六条第一款规定："当事人对建设工程的计价标准或者计价方法有约定的，按照约定结算工程价款。"

因此，施工承包合同若约定以固定单价计价的，要求额外材料补差是没有法律依据的。

（2）施工承包合同中约定按固定价结算工程价款，一方当事人要求造价鉴定，法院不予支持。

当事人在施工承包合同中约定按固定价结算价款的，如果在履行合同过程中，没有发生合同修改或者变更等情况，就应当按照合同约定的固定价进行结算工程款，根据《最高人民法院关于审理建设工程施工合同纠纷案件适用法律问题的解释》第二十二条规定，如果一方当事人在上述条件下提出对工程造价进行鉴定的申请，不管什么理由，都不应予以支持。

但是，对于因设计变更等原因导致工程款数额发生增减变化而无法确定，当事人申请法院鉴定，应该予以同意。

（3）工程款本身无利息可言，只有工程欠款才有利息

所谓的工程价款是指发包人用以支付承包人按时保质完成建设工程的物化劳动和活劳动以及承担质量保修责任的合理造价。一般工程价款包括工程预付款、工程进度款和工程竣工结算余款。

根据《最高人民法院关于审理建设工程施工合同纠纷案件适用法律问题的解释》第十七条规定："当事人对欠付工程价款利息计付标准有约定的，按照约定处理；若没有约定的，则按中国人民银行发布的同期同类贷款利率计息。"所以，工程款本身无利息可言，只有工程欠款才有利息。因为，发包人按时足额支付工程款，应该理解为按时足额支付预付款、进度款和竣工结算余款。只有发包人未按时足额支付工程款时，除支付相应工程款外，还应支付欠付工程款的利息。

7.3　《建设工程价款结算暂行办法》

建设工程价款结算，是指对建设工程的发承包合同价款进行约定和依据合同约定进行工程预付款、工程进度款、工程竣工价款结算的活动。

7.3.1　工程合同价款的约定与调整

1. 工程合同价款的约定

《建筑法》第十八条规定，建筑工程造价应当按照国家有关规定，由发包单位与承包单位在合同中约定。公开招标发包的，其造价的约定，须遵守招标投标法律的规定。

招标工程的合同价款应当在规定时间内，依据招标文件、中标人的投标文件，由发包人与承包人订立书面合同约定。非招标工程的合同价款依据审定的工程预（概）算书由发承包人在合同中约定。合同价款在合同中约定后，任何一方不得擅自改变。

（1）发包人、承包人应当在合同条款中对涉及工程价款结算的下列事项进行约定：

1）预付工程款的数额、支付时限及抵扣方式；

2）工程进度款的支付方式、数额及时限；

3）工程施工中发生变更时，工程价款的调整方法、索赔方式、时限要求及金额支付方式；

4）发生工程价款纠纷的解决方法；

5）约定承担风险的范围及幅度以及超出约定范围和幅度的调整办法；

6）工程竣工价款的结算与支付方式、数额及时限；

7）工程质量保证（保修）金的数额、预扣方式及时限；

8）安全措施和意外伤害保险费用；

9）工期及工期提前或延后的奖惩办法；

10）与履行合同、支付价款相关的担保事项。

（2）发包人、承包人在签订合同时对于工程价款的约定，可选用下列一种约定方式：

1）固定总价。合同工期较短且工程合同总价较低的工程，可以采用固定总价合同方式。

2）固定单价。双方在合同中约定综合单价包含的风险范围和风险费用的计算方法，在约定的风险范围内综合单价不再调整。风险范围以外的综合单价调整方法，应当在合同中约定。

3）可调价格。可调价格包括可调综合单价和措施费等，双方应在合同中约定综合单价和措施费的调整方法，调整因素包括：①法律、行政法规和国家有关政策变化影响合同价款；②工程造价管理机构的价格调整；③经批准的设计变更；④发包人更改经审定批准的施工组织设计（修正错误除外）造成费用增加；⑤双方约定的其他因素。

承包人应当在合同规定的调整情况发生后14天内，将调整原因、金额以书面形式通知发包人，发包人确认调整金额后将其作为追加合同价款，与工程进度款同期支付。发包人收到承包人通知后14天内不予确认也不提出修改意见，视为已经同意该项调整。

当合同规定的调整合同价款的调整情况发生后，承包人未在规定时间内通知发包人，或者未在规定时间内提出调整报告，发包人可以根据有关资料，决定是否调整和调整的金额，并书面通知承包人。

2. 工程设计变更价款调整

（1）施工中发生工程变更，承包人按照经发包人认可的变更设计文件，进行变更施工，其中，政府投资项目重大变更，需按基本建设程序报批后方可施工。

（2）在工程设计变更确定后14天内，设计变更涉及工程价款调整的，由承包人向发包人提出，经发包人审核同意后调整合同价款。变更合同价款按下列方法进行：

1）合同中已有适用于变更工程的价格，按合同已有的价格变更合同价款。

2）合同中只有类似于变更工程的价格，可以参照类似价格变更合同价款。

3）合同中没有适用或类似于变更工程的价格，由承包人或发包人提出适当的变更价格，经对方确认后执行。如双方不能达成一致的，双方可提请工程所在地工程造价管理机构进行咨询或按合同约定的争议或纠纷解决程序办理。

（3）工程设计变更确定后14天内，如承包人未提出变更工程价款报告，则发包人可根据所掌握的资料决定是否调整合同价款和调整的具体金额。重大工程变更涉及工程价款变更报告和确认的时限由发承包双方协商确定。

收到变更工程价款报告一方，应在收到之日起14天内予以确认或提出协商意见，自变更工程价款报告送达之日起14天内，对方未确认也未提出协商意见时，视为变更工程价款报告已被确认。确认增（减）的工程变更价款作为追加（减）合同价款与工程进度款同期支付。

7.3.2 工程价款结算

1. 工程价款结算的规定

工程价款结算应按合同约定办理，合同未作约定或约定不明的，发、承包双方应依照下列规定与文件协商处理：

（1）国家有关法律、法规和规章制度；

（2）国务院建设行政主管部门，省、自治区、直辖市或有关部门发布的工程造价计价标准、计价办法等有关规定；

（3）建设项目的合同、补充协议、变更签证和现场签证，以及经发、承包人认可的其他有效文件；

（4）其他可依据的材料。

2. 工程预付款结算的规定

（1）包工包料工程的预付款按合同约定拨付，原则上预付比例不低于合同金额的10%，不高于合同金额的30%，对重大工程项目，按年度工程计划逐年预付。计价执行《建设工程工程量清单计价规范》（GB50500—2013）的工程，实体性消耗和非实体性消耗部分应在合同中分别约定预付款比例。

（2）在具备施工条件的前提下，发包人应在双方签订合同后的一个月内或不迟于约定的开工日期前的7天内预付工程款，发包人不按约定预付，承包人应在预付时间到期后10天内向发包人发出要求预付的通知，发包人收到通知后仍不按要求预付，承包人可在发出通知14天后停止施工，发包人应从约定应付之日起向承包人支付应付款的利息（利率按同期银行贷款利率计），并承担违约责任。

（3）预付的工程款必须在合同中约定抵扣方式，并在工程进度款中进行抵扣。

（4）凡是没有签订合同或不具备施工条件的工程，发包人不得预付工程款，不得以预付款为名转移资金。

3. 工程进度款结算与支付的规定

（1）工程进度款结算方式

1）按月结算与支付。即实行按月支付进度款，竣工后清算的办法。合同工期在两个年度以上的工程，在年终进行工程盘点，办理年度结算。

2）分段结算与支付。即当年开工、当年不能竣工的工程按照工程形象进度，划分不同阶段支付工程进度款。具体划分在合同中明确。

（2）工程量计算

1）承包人应当按照合同约定的方法和时间，向发包人提交已完工程量的报告。发包人接到报告后14天内核实已完工程量，并在核实前1天通知承包人，承包人应提供条件并派人参加核实，承包人收到通知后不参加核实，以发包人核实的工程量作为工程价款支付的依据。发包人不按约定时间通知承包人，致使承包人未能参加核实，核实结果无效。

2）发包人收到承包人报告后14天内未核实完工程量，从第15天起，承包人报告的工程量即视为被确认，作为工程价款支付的依据，双方合同另有约定的，按合同执行。

3）对承包人超出设计图纸（含设计变更）范围和因承包人原因造成返工的工程量，发包人不予计量。

（3）工程进度款支付

1）根据确定的工程计量结果，承包人向发包人提出支付工程进度款申请，14天内，发包人应按不低于工程价款的60%，不高于工程价款的90%向承包人支付工程进度款。按约定时间发包人应扣回的预付款，与工程进度款同期结算抵扣。

2）发包人超过约定的支付时间不支付工程进度款，承包人应及时向发包人发出要求付款的通知，发包人收到承包人通知后仍不能按要求付款，可与承包人协商签订延期付款协议，经承包人同意后可延期支付，协议应明确延期支付的时间和从工程计量结果确认后第15天起计算应付款的利息(利率按同期银行贷款利率计)。

3)发包人不按合同约定支付工程进度款，双方又未达成延期付款协议，导致施工无法进行，承包人可停止施工，由发包人承担违约责任。

4. 工程竣工结算

工程完工后，双方应按照约定的合同价款及合同价款调整内容以及索赔事项，进行工程竣工结算。

(1)工程竣工结算方式

工程竣工结算分为单位工程竣工结算、单项工程竣工结算和建设项目竣工总结算。

(2)工程竣工结算编审

1)单位工程竣工结算由承包人编制，发包人审查；实行总承包的工程，由具体承包人编制，在总包人审查的基础上，发包人审查。

2)单项工程竣工结算或建设项目竣工总结算由总(承)包人编制，发包人可直接进行审查，也可以委托具有相应资质的工程造价咨询机构进行审查。政府投资项目，由同级财政部门审查。单项工程竣工结算或建设项目竣工总结算经发、承包人签字盖章后生效。

承包人应在合同约定期限内完成项目竣工结算编制工作，未在规定期限内完成的并且提不出正当理由延期的，责任自负。

(3)工程竣工结算审查期限

单项工程竣工后，承包人应在提交竣工验收报告的同时，向发包人递交竣工结算报告及完整的结算资料，发包人应按以下规定时限进行核对(审查)并提出审查意见。

	工程竣工结算报告金额	审查时间
1	500万元以下	从接到竣工结算报告和完整的竣工结算资料之日起20天
2	500万元~2000万元	从接到竣工结算报告和完整的竣工结算资料之日起30天
3	2000万元~5000万元	从接到竣工结算报告和完整的竣工结算资料之日起45天
4	5000万元以上	从接到竣工结算报告和完整的竣工结算资料之日起60天

建设项目竣工总结算在最后一个单项工程竣工结算审查确认后15天内汇总，送发包人后30天内审查完成。

(4)工程竣工价款结算

发包人收到承包人递交的竣工结算报告及完整的结算资料后，应按《建设工程价款结算暂行办法》规定的期限(合同约定有期限的，从其约定)进行核实，给予确认或者提出修改意见。发包人根据确认的竣工结算报告向承包人支付工程竣工结算价款，保留5%左右的质量保证(保修)金，待工程交付使用一年质保期到期后清算(合同另有约定的，从其约定)，质保期内如有返修，发生费用应在质量保证(保修)金内扣除。

(5)索赔价款结算

发、承包人未能按合同约定履行自己的各项义务或发生错误，给另一方造成经济损失的，由受损方按合同约定提出索赔，索赔金额按合同约定支付。

（6）合同以外零星项目工程价款结算

发包人要求承包人完成合同以外零星项目，承包人应在接受发包人要求的 7 天内就用工数量和单价、机械台班数量和单价、使用材料和金额等向发包人提出施工签证，发包人签证后施工，如发包人未签证，承包人施工后发生争议的，责任由承包人自负。

发包人和承包人要加强施工现场的造价控制，及时对工程合同外的事项如实记录并履行书面手续。凡由发、承包双方授权的现场代表签字的现场签证以及发、承包双方协商确定的索赔等费用，应在工程竣工结算中如实办理，不得因发、承包双方现场代表的中途变更改变其有效性。

（7）工程竣工结算的程序

1）发包人收到竣工结算报告及完整的结算资料后，在《建设工程价款结算暂行办法》规定或合同约定期限内，对结算报告及资料没有提出意见，则视同认可。

2）承包人如未在规定时间内提供完整的工程竣工结算资料，经发包人催促后 14 天内仍未提供或没有明确答复，发包人有权根据已有资料进行审查，责任由承包人自负。

3）根据确认的竣工结算报告，承包人向发包人申请支付工程竣工结算款。发包人应在收到申请后 15 天内支付结算款，到期没有支付的应承担违约责任。承包人可以催告发包人支付结算价款，如达成延期支付协议，承包人应按同期银行贷款利率支付拖欠工程价款的利息。如未达成延期支付协议，承包人可以与发包人协商将该工程折价，或申请人民法院将该工程依法拍卖，承包人就该工程折价或者拍卖的价款优先受偿。

7.3.3　工程价款结算争议处理

工程造价咨询机构接受发包人或承包人委托，编审工程竣工结算，应按合同约定和实际履约事项认真办理，出具的竣工结算报告经发、承包双方签字后生效。当事人一方对报告有异议的，可对工程结算中有异议的部分，向有关部门申请咨询后协商处理，若不能达成一致的，双方可按合同约定的争议或纠纷解决程序办理。

发包人对工程质量有异议，已竣工验收或已竣工未验收但实际投入使用的工程，其质量争议按该工程保修合同执行；已竣工未验收且未实际投入使用的工程以及停工、停建工程的质量争议，应当就有争议部分的竣工结算暂缓办理，双方可就有争议的工程委托有资质的检测鉴定机构进行检测，根据检测结果确定解决方案，或按工程质量监督机构的处理决定执行，其余部分的竣工结算依照约定办理。

当事人对工程造价发生合同纠纷时，可通过下列办法解决：①双方协商确定；②按合同条款约定的办法提请调解；③向有关仲裁机构申请仲裁或向人民法院起诉。

7.3.4　工程价款结算管理

（1）工程竣工后，发、承包双方应及时办清工程竣工结算，否则，工程不得交付使用，有关部门不予办理权属登记。

（2）发包人与中标的承包人不按照招标文件和中标的承包人的投标文件订立合同的，或者发包人、中标的承包人背离合同实质性内容另行订立协议，造成工程价款结算纠纷的，另行订立的协议无效，由建设行政主管部门责令改正，并按《招标投标法》第五十九条进行处罚。

（3）接受委托承接有关工程结算咨询业务的工程造价咨询机构应具有工程造价咨询单位

资质，其出具的办理拨付工程价款和工程结算的文件，应当由造价工程师签字，并应加盖执业专用章和单位公章。

【案例】

2006 年 1 月 5 日，某地出入境检验检疫局(本案被告，以下简称"被告")以工程量清单计价方式，经过公开招标投标与某一建筑工程公司(本案原告，以下简称"原告")签订了某商检大厦建设工程施工合同。合同约定：承包范围为商检大厦及裙房，建筑面积为 31200 平方米，工程造价暂估 2818 万元，开竣工时间为 2006 年 1 月 10 日和 12 月 31 日。

在合同履行过程中，由于被告对建筑工程不很熟悉，前期策划不够充分，因此，在施工过程中，工程变更比较多。同时，由于被告现场管理人员力量薄弱、管理能力有限等原因，被告对工程变更通知并非都是书面形式发出，对原告提出的变更工程价款的要求，也并非都明确答复。

2007 年 1 月 30 日，本工程通过了竣工验收，于是，原告在规定的时间内向被告提交了竣工结算报告，原、被告对原设计图纸部分计价没有很大的矛盾，但是对原告提出高达 350 万元的工程变更部分的工程价款，双方矛盾很大。被告认为：一部分工程变更没有签证，所以不予确认；一部分工程变更虽有签证，但价格没有确定，应按原告工程量清单中相似的价格确定。而原告认为：只要被告要求或同意自己施工的，均应计价；对只确定工程变更而未确认计价标准的工程签证，其计价应按当地定额计价。

由于双方对原告提出 350 万元的工程变更部分，能达成一致的只有 100 万左右，所以，2007 年 7 月 20 日，原告向有管辖权的人民法院提起诉讼，要求被告支付由于工程变更所增加的工程款 350 万元。

分析：

1. 争议焦点

本案的争议焦点主要是关于工程变更的量的确认和变更工程价款的计价问题。具体可分为以下几点：

(1)如果没有签证来证明工程发生变更，但有其他证据证明发包人要求承包人施工的，该部分工程变更是否可确认以及如何确认；

(2)假设上述第一问题的答案是可以确认并以其他证据来确定其工程量的，那么其计价如何确定；

(3)如果工程签证只有工程变更的工程量的确认而没有具体计价的确定，法律如何规定这种情形下的计价原则。

2. 简要评析

建设工程施工承包合同签订是基于一定的承包范围、一定的设计标准、一定的施工条件等静态前提下进行的，并以此来规定双方的权利和义务。但是由于建设工程项目具有不确定性等特点，在施工承包合同履行过程中，由于工程变更，这种静态前提往往会被打破。工程变更形式一般包括：设计变更、进度计划变更、施工条件变更、增减工程项目的变更。

签订合同时约定的计价标准或者计价方式是对应静态前提条件的，而动态变化引起的工程造价的增减则以追加合同价款调整来体现。二者存在以下等式关系：

工程竣工结算价款 = 工程合同价款 ± 工程追加(或减少)合同价款

虽然有以上等式，但是工程合同价款的计价方式与工程追加合同价款的计价方式并非一定相同。又因为工程追加合同款的约定往往明确程度不够，所以就会产生本案件的工程造价的纠纷。

(1)工程签证对变更的事实和变更的计价标准予以明确约定，按约定计价。

根据《最高人民法院关于审理建设工程施工合同纠纷案件适用法律问题的解释》第十六条第一款规定："当事人对建设工程的计价标准或者计价方法有约定的，按照约定结算工程价款。"因此，对变更部分的计价标准的确定可以与合同约定的计价标准一致，也可以不一致。例如，本案中的工程变更签证中的计价可以与合同中的工程量清单计价一致，也可以按当地建设行政主管部门发布的计价方法或计价标准结算。只要双方合意，均是合法有效的。这类工程签证一般是最有利于维护承包人利益的，也是在工程竣工结算中争议最少的一种工程签证。

(2)工程签证仅对变更的事实予以确定,其计价原则是按当地的计价规定和标准进行计价。

工程签证从本质上讲就是一个补充的合同,而合同生效后对价款约定不明或未约定,按照《合同法》第六十二条规定:"当事人就有关合同内容约定不明确,依照本法第六十一条的规定仍不能确定的,适用下列规定:(二)价款或报酬不明确的,按照订立合同时履行地市场价格履行;依法应当执行政府定价或者政府指导价的,按规定履行。"因此,《最高人民法院关于审理建设工程施工合同纠纷案件适用法律问题的解释》第十六条第二款规定得更加明确:"因设计变更导致建设工程的工程量或者质量标准发生变化,当事人对该部分工程价款不能协商一致的,可以参照签订建设工程施工合同时当地建设行政主管部门发布的计价方式或者计价标准结算工程价款。"当地建设行政主管部门发布的计价方法或计价标准是根据本地建筑业市场的建安成本的平均值确定的,属于政府指导价的范畴,所以,这类工程签证的工程价款可以参照签订施工合同时当地建设行政主管部门发布的计价方法或计价标准结算工程价款。所以,工程签证仅对变更的事实予以确定,其计价原则上按当地的定额标准进行计价。

3.没有工程签证,只有其他证据证明发包人同意施工,其计价原则是按当地的计价规定和标准进行计价。

《最高人民法院关于审理建设工程施工合同纠纷案件适用法律问题的解释》第十九条规定:"当事人对工程量有争议的,按照施工过程中形成的签证等书面文件确认。承包人能够证明发包人同意其施工,但未能提供签证文件证明工程量发生的,可以按照当事人提供的其他证据确认实际发生的工程量。"所以,承包人有证据证明发包人同意或要求其施工的,并且该证据经过举证、质证后足以证明其真实性、合法性和关联性的,这类证据可视为工程签证,可以作为计算工程量的依据。按照《最高人民法院关于审理建设工程施工合同纠纷案件适用法律问题的解释》第十六条第二款的精神,这类情况的计价原则也可参照签订施工合同时当地建设行政部门发布的计价方式或计价标准结算工程价款。

7.4　《建设工程质量保证金管理暂行办法》

7.4.1　建设工程质量保证金的概念

建设工程质量保证金(保修金)是指发包人与承包人在建设工程承包合同中约定,从应付的工程款中预留,用以保证承包人在缺陷责任期内对建设工程出现的缺陷进行维修的资金。

缺陷是指建设工程质量不符合工程建设强制性标准、设计文件,以及承包合同的约定。

缺陷责任期一般为 6 个月、12 个月或 24 个月,具体可由发、承包双方在合同中约定。

7.4.2　建设工程质量保证金的约定

发包人应当在招标文件中明确保证金预留、返还等内容,并与承包人在合同条款中对涉及保证金的下列事项进行约定:①保证金预留、返还方式;②保证金预留比例、期限;③保证金是否计付利息,如计付利息,利息的计算方式;④缺陷责任期的期限及计算方式;⑤保证金预留、返还及工程维修质量、费用等争议的处理程序;⑥缺陷责任期内出现缺陷的索赔方式。

7.4.3　建设工程质量保证金的管理

(1)缺陷责任期内,实行国库集中支付的政府投资项目,保证金的管理应按国库集中支付的有关规定执行。其他政府投资项目,保证金可以预留在财政部门或发包方。缺陷责任期内,如发包方被撤销,保证金随交付使用资产一并移交使用单位管理,由使用单位代行发包人职责。

社会投资项目采用预留保证金方式的，发、承包双方可以约定将保证金交由金融机构托管；采用工程质量保证担保、工程质量保险等其他保证方式的，发包人不得再预留保证金，并按照有关规定执行。

（2）缺陷责任期从工程通过竣（交）工验收之日起计。由于承包人原因导致工程无法按规定期限进行竣（交）工验收的，缺陷责任期从实际通过竣（交）工验收之日起计。由于发包人原因导致工程无法按规定期限进行竣（交）工验收的，在承包人提交竣（交）工验收报告90天后，工程自动进入缺陷责任期。

（3）建设工程竣工结算后，发包人应按照合同约定及时向承包人支付工程结算价款并预留保证金。

（4）全部或者部分使用政府投资的建设项目，按工程价款结算总额5%左右的比例预留保证金。社会投资项目采用预留保证金方式的，预留保证金的比例可参照执行。

（5）缺陷责任期内，由承包人原因造成的缺陷，承包人应负责维修，并承担鉴定及维修费用。如承包人不维修也不承担费用，发包人可按合同约定扣除保证金，并由承包人承担违约责任。承包人维修并承担相应费用后，不免除对工程的一般损失赔偿责任。

由他人原因造成的缺陷，发包人负责组织维修，承包人不承担费用，且发包人不得从保证金中扣除费用。

（6）缺陷责任期内，承包人认真履行合同约定的责任，到期后，承包人向发包人申请返还保证金。

（7）发包人在接到承包人返还保证金申请后，应于14日内会同承包人按照合同约定的内容进行核实。如无异议，发包人应当在核实后14日内将保证金返还给承包人，逾期支付的，从逾期之日起，按照同期银行贷款利率计付利息，并承担违约责任。发包人在接到承包人返还保证金申请后14日内不予答复，经催告后14日内仍不予答复，视同认可承包人的返还保证金申请。

（8）发包人和承包人对保证金预留、返还以及工程维修质量、费用有争议，按承包合同约定的争议和纠纷解决程序处理。

（9）建设工程实行工程总承包的，总承包单位与分包单位有关保证金的权利与义务的约定，参照《建设工程质量保证金管理暂行办法》中发包人与承包人相应的权利与义务的约定执行。

【思考题】

1. 工程造价的含义是什么？工程造价的特点有哪些？
2. 简述建设工程造价的构成。
3. 建筑工程施工发包与承包计价的内容是什么？
4. 简述建筑工程施工发包与承包计价的管理。
5. 简述工程合同价款的约定。
6. 简述工程预付款结算的规定。
7. 简述工程价款结算管理的规定。
8. 什么是建设工程质量保证金？
9. 简述建设工程质量保证金的约定及管理。

第8章 建设工程绿色施工法规

【教学目标】

了解建设项目环境保护的原则、建设项目环境保护设施建设以及违反建设项目环境保护法规的法律责任，熟悉施工现场噪声污染、废气废水污染、固体废物污染防治的规定，掌握建设项目环境影响评价制度、建设工程施工节约能源制度。掌握绿色施工的原则、总体框架、要点和发展绿色施工的新技术、新设备、新材料、新工艺的相关规定和知识。

【职业资格考试要求】

建设项目环境保护原则、建设项目环境影响评价制度、建设项目环境保护设施建设以及违反《建设项目环境保护管理条例》的法律责任，施工现场噪声污染、废气废水污染、固体废物污染防治的规定，建设工程施工节约能源制度，绿色施工的原则、总体框架、要点和发展绿色施工的新技术、新设备、新材料、新工艺的相关规定。

【涉及的主要法规】

《中华人民共和国环境保护法》①、《建设项目环境保护管理条例》、《中华人民共和国环境影响评价法》②、《建筑法》、《建设工程安全生产管理条例》、《中华人民共和国环境噪声污染防治法》③、《建筑施工场界噪声排放标准》、《中华人民共和国大气污染防治法》④、《中华人民共和国水污染防治法》⑤、《中华人民共和国固体废物污染环境防治法》⑥、《民用建筑节能条例》、《中华人民共和国循环经济促进法》⑦、《中华人民共和国节约能源法》⑧、《绿色施工导则》。

8.1 建设项目环境保护法规

8.1.1 建设项目环境保护的概述

《环境保护法》所称的环境，是指影响人类生存和发展的各种天然的和经过人工改造的自

---

① 《中华人民共和国环境保护法》，在本书后面出现，一律简称《环境保护法》。
② 《中华人民共和国环境影响评价法》，在本书后面出现，一律简称《环境影响评价法》。
③ 《中华人民共和国环境噪声污染防治法》，在本书后面出现，一律简称《环境噪声污染防治法》。
④ 《中华人民共和国大气污染防治法》，在本书后面出现，一律简称《大气污染防治法》。
⑤ 《中华人民共和国水污染防治法》，在本书后面出现，一律简称《水污染防治法》。
⑥ 《中华人民共和国固体废物污染环境防治法》，在本书后面出现，一律简称《固体废物污染环境防治法》
⑦ 《中华人民共和国循环经济促进法》，在本书后面出现，一律简称《循环经济促进法》。
⑧ 《中华人民共和国节约能源法》，在本书后面出现，一律简称《节约能源法》。

然因素的总体，包括大气、水、海洋、土地、矿藏、森林、草原、野生生物、自然遗迹、人文遗迹、风景名胜区、自然保护区、城市和乡村等。

1. 建设项目环境保护原则

（1）凡从事对环境有影响的建设项目都必须执行环境影响报告书的审批制度，执行防治污染及其他公害的设施与主体工程同时设计、同时施工、同时投产使用的"三同时"制度。

（2）凡改建、扩建和进行技术改造的工程，都必须对与建设项目有关的原有污染在经济合理的条件下同时进行治理。

（3）建设项目建成后，其污染物的排放必须达到国家或地方规定的标准，符合环境保护的有关法规。

2. 政府部门的环境保护职责与任务

（1）各级人民政府的环境保护部门对建设项目的环境保护实施统一的监督管理。

1）负责设计任务书（可行性研究报告）和经济合同中有关环境保护内容的审查。

2）负责环境影响报告书或环境影响报告表的审批。

3）负责初步设计中环境保护篇章的审查及建设施工的检查。

4）负责环境保护设施的竣工验收。

5）负责环境保护设施运转和使用情况的检查和监督。

（2）各级计划、土地管理、基建、技改、银行、物资、工商行政管理部门，都应将建设项目的环境保护管理纳入工作计划。

1）对未经批准的环境影响报告书或环境影响报告表的建设项目，计划部门不办理可行性研究的审批手续，土地管理部门不办理征地手续，银行不予贷款。

2）凡环境保护设计篇章未经环境保护部门审查的建设项目，有关部门不办理施工许可，物资部门不供应材料、设备。

3）凡没有取得"环境保护设施验收合格证"的建设项目，工商行政管理部门不办理营业执照。

8.1.2 建设项目环境影响评价法规

1. 建设项目环境影响评价的概念

《建设项目环境保护管理条例》第六条规定，国家实行建设项目环境影响评价制度。建设项目的环境影响评价工作，由取得相应资格证书的单位承担。

建设项目环境影响评价是指人类进行某项重大活动前，采用评价手段预测该项活动可能给环境造成的影响。对建设项目而言，就是预测该项目在建设过程和建设后对环境的影响，同时，提出防治对策，为决策部门提供科学依据，也为设计部门提供设计依据。

2. 建设项目环境保护的分类管理

《环境影响评价法》第十六条规定，国家根据建设项目对环境的影响程度，对建设项目的环境影响评价实行分类管理。建设单位应当按照下列规定组织编制环境影响报告书、环境影响报告表或者填报环境影响登记表：①可能造成重大环境影响的，应当编制环境影响报告书，对产生的环境影响进行全面评价；②可能造成轻度环境影响的，应当编制环境影响报告表，对产生的环境影响进行分析或者专项评价；③对环境影响很小、不需要进行环境影响评价的，应当填报环境影响登记表。

3. 建设项目环境影响评价的审批权限

《环境影响评价法》第二十二条规定，建设项目的环境影响评价文件，由建设单位按照国务院的规定报有审批权的环境保护行政主管部门审批；建设项目有行业主管部门的，其环境影响报告书或者环境影响报告表应当经行业主管部门预审后，报有审批权的环境保护行政主管部门审批。海洋工程建设项目的海洋环境影响报告书的审批，依照《海洋环境保护法》的规定办理。

审批部门应当自收到环境影响报告书之日起 60 日内，收到环境影响报告表之日起 30 日内，收到环境影响登记表之日起 15 日内，分别作出审批决定并书面通知建设单位。

《环境影响评价法》第二十三条规定，国务院环境保护行政主管部门负责审批下列建设项目的环境影响评价文件：①核设施、绝密工程等特殊性质的建设项目；②跨省、自治区、直辖市行政区域的建设项目；③由国务院审批的或者由国务院授权有关部门审批的建设项目。

前款规定以外的建设项目的环境影响评价文件的审批权限，由省、自治区、直辖市人民政府规定。

建设项目可能造成跨行政区域的不良环境影响，有关环境保护行政主管部门对该项目的环境影响评价结论有争议的，其环境影响评价文件由共同的上一级环境保护行政主管部门审批。

《环境影响评价法》第二十四条规定，建设项目的环境影响评价文件经批准后，建设项目的性质、规模、地点、采用的生产工艺或者防治污染、防止生态破坏的措施发生重大变动的，建设单位应当重新报批建设项目的环境影响评价文件。

建设项目的环境影响评价文件自批准之日起超过 5 年，方决定该项目开工建设的，其环境影响评价文件应当报原审批部门重新审核；原审批部门应当自收到建设项目环境影响评价文件之日起 10 日内，将审核意见书面通知建设单位。

《环境影响评价法》第二十五条规定，建设项目的环境影响评价文件未经法律规定的审批部门审查或者审查后未予批准的，该项目审批部门不得批准其建设，建设单位不得开工建设。

8.1.3 建设项目环境保护设施建设

《建设项目环境保护管理条例》第十六条至第二十三条就建设项目环境保护设施建设作了详尽的规定：

(1)建设项目需要配套建设的环境保护设施，必须与主体工程同时设计，同时施工，同时投产使用。

(2)建设项目的初步设计，应当按照环境保护设计规范的要求，编制环境保护篇章，并依据经批准的建设项目环境影响报告书或者环境影响报告表，在环境保护篇章中落实防治环境污染和生态破坏的措施以及环境保护设施投资概算。

(3)建设项目的主体工程完工后，需要进行试生产的，其配套建设的环境保护设施必须与主体工程同时投入试运行。

(4)建设项目试生产期间，建设单位应当对环境保护设施运行情况和建设项目对环境的影响进行监测。

(5)建设项目竣工后，建设单位应当向审批该建设项目环境影响报告书、环境影响报告表或者环境影响登记表的环境保护行政主管部门,申请该建设项目配套建设的环境保护设施的竣工验收。

环境保护设施竣工验收,应当与主体工程竣工验收同时进行。需要进行试生产的建设项目,建设单位应当自建设项目投入试生产之日起 3 个月内,向审批该建设项目环境影响报告书、环境影响报告表或者环境影响登记表的环境保护行政主管部门,申请该建设项目配套建设的环境保护设施的竣工验收。

(6)分期建设、分期投入生产或者使用的建设项目,其相应的环境保护设施应当分期验收。

(7)环境保护行政主管部门应当自收到环境保护设施竣工验收申请之日起 30 日内,完成验收。

(8)建设项目配套建设的环境保护设施经验收合格,该建设项目方可正式投入生产或者使用。

8.1.4 违反《建设项目环境保护管理条例》的法律责任

(1)有下列行为之一的,由负责审批建设项目环境影响报告书、环境影响报告表或者环境影响登记表的环境保护行政主管部门责令限期补办手续;逾期不补办手续,擅自开工建设的,责令停止建设,可以处 10 万元以下的罚款:①未报批建设项目环境影响报告书、环境影响报告表或者环境影响登记表的;②建设项目的性质、规模、地点或者采用的生产工艺发生重大变化,未重新报批建设项目环境影响报告书、环境影响报告表或者环境影响登记表的;③建设项目环境影响报告书、环境影响报告表或者环境影响登记表自批准之日起满 5 年,建设项目方开工建设,其环境影响报告书、环境影响报告表或者环境影响登记表未报原审批机关重新审核的。

(2)建设项目环境影响报告书、环境影响报告表或者环境影响登记表未经批准或者未经原审批机关重新审核同意,擅自开工建设的,由负责审批该建设项目环境影响报告书、环境影响报告表或者环境影响登记表的环境保护行政主管部门责令停止建设,限期恢复原状,可以处 10 万元以下的罚款。

(3)试生产建设项目配套建设的环境保护设施未与主体工程同时投入试运行的,由审批该建设项目环境影响报告书、环境影响报告表或者环境影响登记表的环境保护行政主管部门责令限期改正;逾期不改正的,责令停止试生产,可以处 5 万元以下的罚款。

(4)建设项目投入试生产超过 3 个月,建设单位未申请环境保护设施竣工验收的,由审批该建设项目环境影响报告书、环境影响报告表或者环境影响登记表的环境保护行政主管部门责令限期办理环境保护设施竣工验收手续;逾期未办理的,责令停止试生产,可以处 5 万元以下的罚款。

(5)建设项目需要配套建设的环境保护设施未建成、未经验收或者经验收不合格,主体工程正式投入生产或者使用的,由审批该建设项目环境影响报告书、环境影响报告表或者环境影响登记表的环境保护行政主管部门责令停止生产或者使用,可以处 10 万元以下的罚款。

(6)从事建设项目环境影响评价工作的单位,在环境影响评价工作中弄虚作假的,由国务院环境保护行政主管部门吊销资格证书,并处所收费用 1 倍以上 3 倍以下的罚款。

8.2　建设工程施工现场环境污染防治法规

《建筑法》规定，建筑施工企业应当遵守有关环境保护和安全生产的法律、法规的规定，采取控制和处理施工现场的各种粉尘、废气、废水、固体废物以及噪声、振动对环境的污染和危害的措施。

《建设工程安全生产管理条例》进一步规定，施工单位应当遵守有关环境保护法律、法规的规定，在施工现场采取措施，防止或者减少粉尘、废气、废水、固体废物、噪声、振动和施工照明对人和环境的危害和污染。

8.2.1　施工现场噪声污染防治的规定

环境噪声，是指在工业生产、建筑施工、交通运输和社会生活中所产生的干扰周围生活环境的声音。环境噪声污染，是指产生的环境噪声超过国家规定的环境噪声排放标准，并干扰他人正常生活、工作和学习的现象。

1. 建设项目环境噪声污染的防治

《环境噪声污染防治法》规定，新建、改建、扩建的建设项目，必须遵守国家有关建设项目环境保护管理的规定。

建设项目可能产生环境噪声污染的，建设单位必须提出环境影响报告书，规定环境噪声污染的防治措施，并按照国家规定的程序报环境保护行政主管部门批准。环境影响报告书中，应当有该建设项目所在地单位和居民的意见。

建设项目的环境噪声污染防治设施必须与主体工程同时设计、同时施工、同时投产使用。建设经过已有的噪声敏感建筑物集中区域的高速公路和城市高架、轻轨道路，有可能造成环境噪声污染的，应当设置声屏障或者采取其他有效的控制环境噪声污染的措施；在已有的城市交通干线的两侧有建设噪声敏感建筑物的，建设单位应当按照国家规定间隔一定距离，并采取减轻、避免交通噪声影响的措施等。

所谓噪声敏感建筑物集中区域，是指医疗区、文教科研区和以机关或者居民住宅为主的区域。所谓噪声敏感建筑物，是指医院、学校、机关、科研单位、住宅等需要保持安静的建筑物。

建设项目在投入生产或者使用之前，其环境噪声污染防治设施必须经原审批环境影响报告书的环境保护行政主管部门验收；达不到国家规定要求的，该建设项目不得投入生产或者使用。

2. 施工现场环境噪声污染的防治

施工噪声，是指在建设工程施工过程中产生的干扰周围生活环境的声音。随着城市化进程的不断加快及工程建设的大规模开展，施工噪声污染问题日益突出，尤其是在城市人口稠密地区的建设工程施工中产生的噪声污染，不仅影响周围居民的正常生活，而且损害城市的环境形象。

（1）排放建筑施工噪声应当符合建筑施工场界环境噪声排放标准

《环境噪声污染防治法》规定，在城市市区范围内向周围生活环境排放建筑施工噪声的，应当符合国家规定的建筑施工场界环境噪声排放标准。

183

所谓噪声排放，是指噪声源向周围生活环境辐射噪声。按照《建筑施工场界环境噪声排放标准》（GB12523—2011）的规定，建筑施工过程中场界环境噪声不得超过表8-1规定的排放限值。

表8-1　建筑施工场界环境噪声排放限值　　　　　　　　　　　单位:dB(A)

昼间	夜间
70	55

夜间噪声最大声级超过限值的幅度不得高于15 dB(A)。当场界距噪声敏感建筑物较近，其室外不满足测量条件时，可在噪声敏感建筑物室内测量，并将表8-1中相应的限值减10 dB(A)作为评价依据。

根据《中华人民共和国环境噪声污染防治法》规定，"昼间"是指6:00至22:00之间的时段；"夜间"是指22:00至次日6:00之间的时段。县级以上人民政府为环境噪声污染防治的需要（如考虑时差、作息习惯差异等）而对昼间、夜间的划分另有规定的，应按其规定执行。

（2）使用机械设备可能产生环境噪声污染的申报

《环境噪声污染防治法》规定，在城市市区范围内，建筑施工过程中使用机械设备，可能产生环境噪声污染的，施工单位必须在工程开工15日以前向工程所在地县级以上地方人民政府环境保护行政主管部门申报该工程的项目名称、施工场所和期限、可能产生的环境噪声值以及所采取的环境噪声污染防治措施的情况。

国家对环境噪声污染严重的落后设备实行淘汰制度。国务院经济综合主管部门应当会同国务院有关部门公布限期禁止生产、禁止销售、禁止进口的环境噪声污染严重的设备名录。

（3）禁止夜间进行产生环境噪声污染施工作业的规定

《环境噪声污染防治法》规定，在城市市区噪声敏感建筑物集中区域内，禁止夜间进行产生环境噪声污染的建筑施工作业，但抢修、抢险作业和因生产工艺上要求或者特殊需要必须连续作业的除外。因特殊需要必须连续作业的，必须有县级以上人民政府或者其有关主管部门的证明。以上规定的夜间作业，必须公告附近居民。

（4）政府监管部门的现场检查

《环境噪声污染防治法》规定，县级以上人民政府环境保护行政主管部门和其他环境噪声污染防治工作的监督管理部门、机构，有权依据各自的职责对管辖范围内排放环境噪声的单位进行现场检查。

被检查的单位必须如实反映情况，并提供必要的资料。检查部门、机构应当为被检查的单位保守技术秘密和业务秘密。检查人员进行现场检查，应当出示证件。

3. 交通运输噪声污染的防治

建设工程施工有着大量的运输任务，还会产生交通运输噪声。所谓交通运输噪声，是指机动车辆、铁路机车、机动船舶、航空器等交通运输工具在运行时所产生的干扰周围生活环境的声音。

《环境噪声污染防治法》规定，在城市市区范围内行驶的机动车辆的消声器和喇叭必须符合国家规定的要求。机动车辆必须加强维修和保养，保持技术性能良好，防治环境噪声污染。

消防车、工程抢险车、救护车等机动车辆安装、使用警报器，必须符合国务院公安部门的规定；在执行非紧急任务时，禁止使用警报器。

4.对产生环境噪声污染企业事业单位的规定

《环境噪声污染防治法》规定，产生环境噪声污染的企业事业单位，必须保持防治环境噪声污染的设施正常使用；拆除或者闲置环境噪声污染防治设施的，必须事先报经所在地的县级以上地方人民政府环境保护行政主管部门批准。

产生环境噪声污染的单位，应当采取措施进行治理，并按照国家规定缴纳超标准排污费。征收的超标准排污费必须用于污染的防治，不得挪作他用。

对于在噪声敏感建筑物集中区域内造成严重环境噪声污染的企业事业单位，限期治理。被限期治理的单位必须按期完成治理任务。

8.2.2　施工现场废气、废水污染防治的规定

1.大气污染的防治

按照国际标准化组织（ISO）的定义，大气污染通常是指由于人类活动或自然过程引起某些物质进入大气中，呈现出足够的浓度，达到足够的时间，并因此危害了人体的舒适、健康和福利或环境污染的现象。如果不对大气污染物的排放总量加以控制和防治，将会严重破坏生态系统和人类生存条件。

（1）建设项目大气污染的防治

《大气污染防治法》规定，新建、扩建、改建向大气排放污染物的项目，必须遵守国家有关建设项目环境保护管理的规定。

建设项目的环境影响报告书，必须对建设项目可能产生的大气污染和对生态环境的影响作出评价，规定防治措施，并按照规定的程序报环境保护行政主管部门审查批准。例如，新建、扩建排放二氧化硫的火电厂和其他大中型企业，超过规定的污染物排放标准或者总量控制指标的，必须建设配套脱硫、除尘装置或者采取其他控制二氧化硫排放、除尘的措施；炼制石油、生产合成氨、煤气和燃煤焦化、有色金属冶炼过程中排放含有硫化物气体的，应当配备脱硫装置或者采取其他脱硫措施等。

建设项目投入生产或者使用之前，其大气污染防治设施必须经过环境保护行政主管部门验收，达不到国家有关建设项目环境保护管理规定的要求的建设项目，不得投入生产或者使用。

（2）施工现场大气污染的防治

《大气污染防治法》规定，城市人民政府应当采取绿化责任制、加强建设施工管理、扩大地面铺装面积、控制渣土堆放和清洁运输等措施，提高人均占有绿地面积，减少市区裸露地面和地面尘土，防治城市扬尘污染。

在城市市区进行建设施工或者从事其他产生扬尘污染活动的单位，必须按照当地环境保护的规定，采取防治扬尘污染的措施。运输、装卸、储存能够散发有毒有害气体或者粉尘物质的，必须采取密闭措施或者其他防护措施。

在人口集中地区存放煤炭、煤矸石、煤渣、煤灰、砂石、灰土等物料，必须采取防燃、防尘措施，防止污染大气，严格限制向大气排放含有毒物质的废气和粉尘；确需排放的，必须

经过净化处理，不得超过规定的排放标准。

（3）对向大气排放污染物单位的监管

《大气污染防治法》规定，向大气排放污染物的单位，必须按照国务院环境保护行政主管部门的规定向所在地的环境保护行政主管部门申报拥有的污染物排放设施、处理设施和在正常作业条件下排放污染物的种类、数量、浓度，并提供防治大气污染方面的有关技术资料。

排污单位排放大气污染物的种类、数量、浓度有重大改变的，应当及时申报；其大气污染物处理设施必须保持正常使用，拆除或者闲置大气污染物处理设施的，必须事先报经所在地县级以上地方人民政府环境保护行政主管部门批准。

向大气排放污染物的，其污染物排放浓度不得超过国家和地方规定的排放标准，在人口集中地区和其他依法需要特殊保护的区域内，禁止焚烧沥青、油毡、橡胶、塑料、皮革、垃圾以及其他产生有毒有害烟尘和恶臭气体的物质。

2. 水污染的防治

《水污染防治法》规定，水污染防治应当坚持预防为主、防治结合、综合治理的原则，优先保护饮用水水源，严格控制工业污染、城镇生活污染，防治农业面源污染，积极推进生态治理工程建设，预防、控制和减少水环境污染和生态破坏。

水污染，是指水体因某种物质的介入而导致其化学、物理、生物或者放射性等方面特性的改变，从而影响水的有效利用，危害人体健康或者破坏生态环境，造成水质恶化的现象。水污染防治包括江河、湖泊、运河、渠道、水库等地表水体以及地下水体的污染防治。

（1）建设项目水污染的防治

《水污染防治法》规定，新建、改建、扩建直接或者间接向水体排放污染物的建设项目和其他水上设施，应当依法进行环境影响评价。

建设单位在江河、湖泊新建、改建、扩建排污口的，应当取得水行政主管部门或者流域管理机构同意；涉及通航、渔业水域的，环境保护主管部门在审批环境影响评价文件时，应当征求交通、渔业主管部门的意见。

建设项目的水污染防治设施，应当与主体工程同时设计，同时施工，同时投入使用。水污染防治设施应当经过环境保护主管部门验收，验收不合格的，该建设项目不得投入生产或者使用。

禁止在饮用水水源一级保护区内新建、改建、扩建与供水设施和保护水源无关的建设项目；已建成的与供水设施和保护水源无关的建设项目，由县级以上人民政府责令拆除或者关闭。禁止在饮用水水源二级保护区内新建、改建、扩建排放污染物的建设项目；已建成的排放污染物的建设项目，由县级以上人民政府责令拆除或者关闭。

禁止在饮用水水源准保护区内新建、扩建对水体污染严重的建设项目；改建建设项目，不得增加排污量。

（2）施工现场水污染的防治

《水污染防治法》规定，排放水污染物，不得超过国家或者地方规定的水污染物排放标准和重点水污染物排放总量控制指标。

直接或者间接向水体排放污染物的企业事业单位和个体工商户，应当按照国务院环境保护主管部门的规定，向县级以上地方人民政府环境保护主管部门申报登记拥有的水污染物排放设施、处理设施和在正常作业条件下排放水污染物的种类、数量和浓度，并提供防治水污染方面的有关技术资料。

禁止向水体排放油类、酸液、碱液或者剧毒废液。禁止在水体清洗装贮过油类或者有毒污染物的车辆和容器。禁止向水体排放、倾倒放射性固体废物或者含有高放射性和中放射性物质的废水。向水体排放含低放射性物质的废水，应当符合国家有关放射性污染防治的规定和标准。

禁止向水体排放、倾倒工业废渣、城镇垃圾和其他废弃物。禁止将含有汞、镉、砷、铬、铅、氰化物、黄磷等可溶性剧毒废渣向水体排放、倾倒或者直接埋入地下。存放可溶性剧毒废渣的场所，应当采取防水、防渗漏、防流失的措施。禁止在江河、湖泊、运河、渠道、水库最高水位线以下的滩地和岸坡堆放、存贮固体废弃物和其他污染物。

在饮用水水源保护区内，禁止设置排污口。在风景名胜区水体、重要渔业水体和其他具有特殊经济文化价值的水体的保护区内，不得新建排污口。在保护区附近新建排污口，应当保证保护区水体不受污染。

禁止利用渗井、渗坑、裂隙和溶洞排放、倾倒含有毒污染物的废水、含病原体的污水和其他废弃物。禁止利用无防渗漏措施的沟渠、坑塘等输送或者存贮含有毒污染物的废水、含病原体的污水和其他废弃物。

新建地下工程设施或者进行地下勘探、采矿等活动，应当采取防护性措施，防止地下水污染。人工回灌补给地下水，不得恶化地下水质。

(3)发生事故或者其他突发性事件的规定

《水污染防治法》规定，企业事业单位发生事故或者其他突发性事件，造成或者可能造成水污染事故的，应当立即启动本单位的应急方案，采取应急措施，并向事故发生地的县级以上地方人民政府或者环境保护主管部门报告。

8.2.3 施工现场固体废物污染防治的规定

《固体废物污染环境防治法》规定，国家对固体废物污染环境的防治，实行减少固体废物的产生量和危害性、充分合理利用固体废物和无害化处置固体废物的原则，促进清洁生产和循环经济发展。

固体废物，是指在生产、生活和其他活动中产生的丧失原有利用价值或者虽未丧失利用价值但被抛弃或者放弃的固态、半固态和置于容器中的气态的物品、物质以及法律、行政法规规定纳入固体废物管理的物品、物质。固体废物污染环境，是指固体废物在产生、收集、贮存、运输、利用、处置的过程中产生的危害环境的现象。

1.建设项目固体废物污染环境的防治

《固体废物污染环境防治法》规定，建设产生固体废物的项目以及建设贮存、利用、处置固体废物的项目，必须依法进行环境影响评价，并遵守国家有关建设项目环境保护管理的规定。

建设项目的环境影响评价文件确定需要配套建设的固体废物污染环境防治设施，必须与主体工程同时设计、同时施工、同时投入使用。固体废物污染环境防治设施必须经原审批环境影响评价文件的环境保护行政主管部门验收合格后，该建设项目方可投入生产或者使用。对固体废物污染环境防治设施的验收应当与对主体工程的验收同时进行。

在国务院和国务院有关主管部门及省、自治区、直辖市人民政府划定的自然保护区、风景名胜区、饮用水水源保护区、基本农田保护区和其他需要特别保护的区域内，禁止建设工业固体废物集中贮存、处置的设施、场所和生活垃圾填埋场。

2. 施工现场固体废物污染环境的防治

施工现场的固体废物主要是建筑垃圾和生活垃圾。固体废物又分为一般固体废物和危险废物。所谓危险废物，是指列入国家危险废物名录或者根据国家规定的危险废物鉴别标准和鉴别方法认定的具有危险特性的固体废物。

（1）一般固体废物污染环境的防治

《固体废物污染环境防治法》规定，产生固体废物的单位和个人，应当采取措施，防止或者减少固体废物对环境的污染。

收集、贮存、运输、利用、处置固体废物的单位和个人，必须采取防扬散、防流失、防渗漏或者其他防止污染环境的措施，不得擅自倾倒、堆放、丢弃、遗撒固体废物。禁止任何单位或者个人向江河、湖泊、运河、渠道、水库及其最高水位线以下的滩地和岸坡等法律、法规规定禁止倾倒、堆放废弃物的地点倾倒、堆放固体废物。

转移固体废物出省、自治区、直辖市行政区域贮存、处置的，应当向固体废物移出地的省、自治区、直辖市人民政府环境保护行政主管部门提出申请。移出地的省、自治区、直辖市人民政府环境保护行政主管部门应当经接受地的省、自治区、直辖市人民政府环境保护行政主管部门同意后，方可批准转移该固体废物出省、自治区、直辖市行政区域。未经批准的，不得转移。

工程施工单位应当及时清运工程施工过程中产生的固体废物，并按照环境卫生行政主管部门的规定进行利用或者处置。

（2）危险废物污染环境防治的特别规定

对危险废物的容器和包装物以及收集、贮存、运输、处置危险废物的设施、场所，必须设置危险废物识别标志。以填埋方式处置危险废物不符合国务院环境保护行政主管部门规定的，应当缴纳危险废物排污费。危险废物排污费用于污染环境的防治，不得挪作他用。

禁止将危险废物提供或者委托给无经营许可证的单位从事收集、贮存、利用、处置的经营活动。运输危险废物，必须采取防止污染环境的措施，并遵守国家有关危险货物运输管理的规定。禁止将危险废物与旅客在同一运输工具上运输。

收集、贮存、运输、处置危险废物的场所、设施、设备和容器、包装物及其他物品转做他用时，必须经过消除污染的处理，方可使用。

产生、收集、贮存、运输、利用、处置危险废物的单位，应当制定意外事故的防范措施和应急预案，并向所在地县级以上地方人民政府环境保护行政主管部门备案；环境保护行政主管部门应当进行检查，因发生事故或者其他突发性事件，造成危险废物严重污染环境的单位，必须立即采取措施消除或者减轻对环境的污染危害，及时通报可能受到污染危害的单位和居民，并向所在地县级以上地方人民政府环境保护行政主管部门和有关部门报告，接受调查处理。

【案例】

某市环保部门到市区 A 工地检查时，发现工地正在夜间施工，对此该建筑公司负责人申辩：他们并未在夜间大规模施工，只是混凝土浇筑因工艺的特殊需要，开始之后就无法中止，即便是夜间也不能停工。经环

188

保部门核查，该建筑公司并没有办理相关的夜间开工手续；经监测，该工地昼间噪声为 70 分贝，夜间噪声为 54 分贝，超过国家规定的建筑施工噪声源的噪声排放标准。环保部门对该建筑公司未依法进行申报和办理夜间开工手续作出处罚。

分析：

1. 事先申报制度

这是根据建筑施工有一定期限的特点提出的。在城市市区范围内，建筑施工过程中使用的机械设备，可能产生环境噪声污染的，施工单位必须在工程开工 15 日前向县级以上环境保护行政主管部门申报。申报的内容包括该工程的项目名称、施工场所和期限、可能产生的环境噪声值以及所采取的环境噪声污染防治措施。《环境噪声污染防治法》第二十九条对此做了规定。

2. 禁止夜间施工制度

在城市市区噪声敏感建筑物集中区域内，禁止夜间进行产生环境噪声污染的建筑施工作业。噪声敏感建筑物是指医院、学校、机关、科研单位、住宅等需要保持安静的建筑物，噪声敏感建筑物集中区域是指医疗区、文教科研区和以机关或者居民住宅为主的区域。但以下三种情况除外：抢修、抢险作业；因生产工艺上的要求；因特殊需要必须连续作业，且持有县级以上人民政府或者有关主管部门的证明。在夜间作业，必须公告附近的居民。本案某建筑公司在开工前未依法向该市环保部门进行申报，在夜间施工时，也未向附近的居民进行公告，违反了上述规定，环保部门对其作出处罚是符合法律规定的。《环境噪声污染防治法》第三十条对此做了规定。

8.3　建设工程施工节约能源的法规

能源是指煤炭、石油、天然气、生物质能和电力、热力以及其他直接或者通过加工、转换而取得有用能的各种资源。节约能源是指加强用能管理，采取技术上可行、经济上合理以及环境和社会可以承受的措施，从能源生产到消费的各个环节，降低消耗、减少损失和污染物排放、制止浪费，有效、合理地利用能源。节约资源是我国的基本国策。国家实施节约与开发并举、把节约放在首位的能源发展战略。

8.3.1　施工中合理使用能源与节约能源的规定

在工程建设领域，节约能源主要包括建筑节能和施工节能两个方面。

《民用建筑节能条例》规定："民用建筑节能，是指在保证民用建筑使用功能和室内热环境质量的前提下，降低其使用过程中能源消耗的活动。"

施工节能则是要解决施工过程中的节约能源问题，《绿色施工导则》规定："绿色施工是指工程建设中，在保证质量、安全等基本要求的前提下，通过科学管理和技术进步，最大限度地节约资源与减少对环境负面影响的施工活动，实现四节一环保（节能、节地、节水、节材和环境保护）。"

1. 施工中合理使用能源与节约能源的一般规定

（1）节能的产业政策

《节约能源法》规定，国家实行有利于节能和环境保护的产业政策，限制发展高耗能、高污染行业，发展节能环保型产业。国家对落后的耗能过高的用能产品、设备和生产工艺实行淘汰制度。禁止使用国家明令淘汰的用能设备、生产工艺。国家鼓励企业制定严于国家标准、行业标准的企业节能标准。

（2）用能单位的法定义务

用能单位应当按照合理用能的原则，加强节能管理，制定并实施节能计划和节能技术措施，降低能源消耗。用能单位应当建立节能目标责任制，对节能工作取得成绩的集体、个人给予奖励。用能单位应当定期开展节能教育和岗位节能培训。

用能单位应当加强能源计量管理，按照规定配备和使用经依法鉴定合格的能源计量器具。用能单位应当建立能源消费统计和能源利用状况分析制度，对各类能源的消费实行分类计量和统计，并确保能源消费统计数据真实、完整。任何单位不得对能源消费实行包费制。

（3）循环经济的法律要求

循环经济是指在生产、流通和消费等过程中进行的减量化、再利用、资源化活动的总称。减量化，是指在生产、流通和消费等过程中减少资源消耗和废物产生。再利用，是指将废物直接作为产品或者经修复、翻新、再制造后继续作为产品使用，或者将废物的全部或者部分作为其他产品的部件予以使用。资源化，是指将废物直接作为原料进行利用或者对废物进行再生利用。

《循环经济促进法》规定，发展循环经济应当在技术可行、经济合理和有利于节约资源、保护环境的前提下，按照减量化优先的原则实施。在废物再利用和资源化过程中，应当保障生产安全，保证产品质量符合国家规定的标准，并防止产生再次污染。

企业事业单位应当建立健全管理制度，采取措施，降低资源消耗，减少废物的产生量和排放量，提高废物的再利用和资源化水平。

国务院循环经济发展综合管理部门会同国务院环境保护等有关主管部门，定期发布鼓励、限制和淘汰的技术、工艺、设备、材料和产品名录。禁止生产、进口、销售列入淘汰名录的设备、材料和产品，禁止使用列入淘汰名录的技术、工艺、设备和材料。

2. 建筑节能的规定

《节约能源法》规定，国家实行固定资产投资项目节能评估和审查制度。不符合强制性节能标准的项目，依法负责项目审批或者核准的机关不得批准或者核准建设；建设单位不得开工建设；已经建成的，不得投入生产、使用。

国家鼓励在新建建筑和既有建筑节能改造中使用新型墙体材料等节能建筑材料和节能设备，安装和使用太阳能等可再生能源利用系统。

建筑工程的建设、设计、施工和监理单位应当遵守建筑节能标准。

（1）采用太阳能、地热能等可再生能源

《民用建筑节能条例》规定，国家鼓励和扶持在新建建筑和既有建筑节能改造中采用太阳能、地热能等可再生能源。

在具备太阳能利用条件的地区，有关地方人民政府及其部门应当采取有效措施，鼓励和扶持单位、个人安装使用太阳能热水系统、照明系统、供热系统、采暖制冷系统等太阳能利用系统。

（2）新建建筑节能的规定

国家推广使用民用建筑节能的新技术、新工艺、新材料和新设备，限制使用或者禁止使用能源消耗高的技术、工艺、材料和设备，国家限制进口或者禁止进口能源消耗高的技术、材料和设备。

建设单位、设计单位、施工单位不得在建筑活动中使用列入禁止使用目录的技术、工艺、材料和设备。

1）施工图审查机构的节能义务

施工图设计文件审查机构应当按照民用建筑节能强制性标准对施工图设计文件进行审查，经审查不符合民用建筑节能强制性标准的，县级以上地方人民政府建设主管部门不得颁发施工许可证。

2）建设单位的节能义务

建设单位不得明示或者暗示设计单位、施工单位违反民用建筑节能强制性标准进行设计、施工，不得明示或暗示施工单位使用不符合施工图设计文件要求的墙体材料、保温材料、门窗、采暖制冷系统和照明设备。

按照合同约定由建设单位采购墙体材料、保温材料、门窗、采暖制冷系统和照明设备的，建设单位应当保证其符合施工图设计文件要求。

建设单位组织竣工验收，应当对民用建筑是否符合民用建筑节能强制性标准进行查验；对不符合民用建筑节能强制性标准的，不得出具竣工验收合格报告。

3）设计单位、施工单位、工程监理单位的节能义务

设计单位、施工单位、工程监理单位及其注册执业人员，应当按照民用建筑节能强制性标准进行设计、施工、监理。

施工单位应当对进入施工现场的墙体材料、保温材料、门窗、采暖制冷系统和照明设备进行查验：不符合施工图设计文件要求的，不得使用。

工程监理单位发现施工单位不按照民用建筑节能强制性标准施工的，应当要求施工单位改正；施工单位拒不改正的，工程监理单位应当及时报告建设单位，并向有关主管部门报告。

墙体、屋面的保温工程施工时，监理工程师应当按照工程监理规范的要求，采取旁站、巡视和平行检验等形式实施监理，未经监理工程师签字，墙体材料、保温材料、门窗、采暖制冷系统和照明设备不得在建筑上使用或者安装，施工单位不得进行下一道工序的施工。

（3）既有建筑节能改造的规定

既有建筑节能改造，是指对不符合民用建筑节能强制性标准的既有建筑的围护结构、供热系统、采暖制冷系统、照明设备和热水供应设施等实施节能改造的活动。

实施既有建筑节能改造，应当符合民用建筑节能强制性标准，优先采用遮阳、改善通风等低成本改造措施。既有建筑围护结构的改造和供热系统的改造应当同步进行。

3.施工节能的规定

《循环经济促进法》规定，建筑设计、建设、施工等单位应当按照国家有关规定和标准，对其设计、建设、施工的建筑物及构筑物采用节能、节水、节地、节材的技术工艺和小型、轻型、再生产品。有条件的地区，应当充分利用太阳能、地热能、风能等可再生能源。具体的规定详见8.4绿色施工导则。

8.3.2　施工节能技术进步和激励措施的规定

1.节能技术进步的规定

《节约能源法》规定，国家鼓励、支持节能科学技术的研究、开发、示范和推广，促进节能技术创新与进步。

（1）政府政策引导

国务院管理节能工作的部门会同国务院科技主管部门发布节能技术政策大纲，指导节能技术研究、开发和推广应用。县级以上各级人民政府应当把节能技术研究开发作为政府科技投入的重点领域，支持科研单位和企业开展节能技术应用研究，制定节能标准，开发节能共性和关键技术，促进节能技术创新与成果转化。

国务院管理节能工作的部门会同国务院有关部门制定并公布节能技术、节能产品的推广目录，引导用能单位和个人使用先进的节能技术、节能产品。

国务院管理节能工作的部门会同国务院有关部门组织实施重大节能科研项目、节能示范项目、重点节能工程。

（2）政府资金扶持

《循环经济促进法》规定，国务院和省、自治区、直辖市人民政府设立发展循环经济的有关专项资金，支持循环经济的科技研究开发、循环经济技术和产品的示范与推广、重大循环经济项目的实施、发展循环经济的信息服务等。

国务院和省、自治区、直辖市人民政府及其有关部门应当将循环经济重大科技攻关项目的自主创新研究、应用示范和产业化发展列入国家或者省级科技发展规划和高技术产业发展规划，并安排财政性资金予以支持。

利用财政性资金引进循环经济重大技术、装备的，应当制定消化、吸收和创新方案，报有关主管部门审批并由其监督实施；有关主管部门应当根据实际需要建立协调机制，对重大技术、装备的引进和消化、吸收、创新实行统筹协调，并给予资金支持。

2. 节能激励措施的规定

按照《节约能源法》、《循环经济促进法》的规定，主要有如下相关的节能激励措施：

（1）财政安排节能专项资金

中央财政和省级地方财政安排节能专项资金，支持节能技术研究开发、节能技术和产品的示范与推广、重点节能工程的实施、节能宣传培训、信息服务和表彰奖励等，国家通过财政补贴支持节能照明器具等节能产品的推广和使用。

（2）税收优惠

国家对生产、使用列入国务院管理节能工作的部门会同国务院有关部门制定并公布的节能技术、节能产品推广目录的需要支持的节能技术、节能产品，实行税收优惠等扶持政策。

国家运用税收等政策，鼓励先进节能技术、设备的进口，控制生产过程中耗能高、污染重的产品的出口。

国家对促进循环经济发展的产业活动给予税收优惠，并运用税收等措施鼓励进口先进的节能、节水、节材等技术、设备和产品，限制生产过程中耗能高、污染重的产品的出口。

企业使用或者生产列入国家清洁生产、资源综合利用等鼓励名录的技术、工艺、设备或者产品的，按照国家有关规定享受税收优惠。

（3）信贷支持

国家引导金融机构增加对节能项目的信贷支持，为符合条件的节能技术研究开发、节能产品生产以及节能技术改造等项目提供优惠贷款。国家推动和引导社会有关方面加大对节能的资金投入，加快节能技术改造。

对符合国家产业政策的节能、节水、节地、节材、资源综合利用等项目，金融机构应当给予优先贷款等信贷支持，并积极提供配套金融服务。

对生产、进口、销售或者使用列入淘汰名录的技术、工艺、设备、材料或者产品的企业，金融机构不得提供任何形式的信贷支持。

（4）价格政策

国家实行有利于节能的价格政策，引导施工单位和个人节能。国家运用财税、价格等政策，支持推广电力需求侧管理、合同能源管理、节能自愿协议等节能办法。

国家实行有利于资源节约和合理利用的价格政策，引导单位和个人节约和合理使用水、电、气等资源性产品。

（5）表彰奖励

各级人民政府对在节能管理、节能科学技术研究和推广应用中有显著成绩以及检举严重浪费能源行为的单位和个人，给予表彰和奖励。

企业事业单位应当对在循环经济发展中作出突出贡献的集体和个人给予表彰和奖励。

8.3.3　施工节约能源的法律责任

1. 违反建筑节能标准的行为应承担的法律责任

（1）《节约能源法》规定，设计单位、施工单位、监理单位违反建筑节能标准的，由建设主管部门责令改正，处 10 万元以上 50 万元以下罚款；情节严重的，由颁发资质证书的部门降低资质等级或者吊销资质证书；造成损失的，依法承担赔偿责任。

（2）《民用建筑节能条例》规定，施工单位未按照民用建筑节能强制性标准进行施工的，由县级以上地方人民政府建设主管部门责令改正，处民用建筑项目合同价款 2% 以上 4% 以下的罚款；情节严重的，由颁发资质证书的部门责令停业整顿，降低资质等级或者吊销资质证书；造成损失的，依法承担赔偿责任。

（3）注册执业人员未执行民用建筑节能强制性标准的，由县级以上人民政府建设主管部门责令停止执业 3 个月以上 1 年以下；情节严重的，由颁发资格证书的部门吊销执业资格证书，5 年内不予注册。

2. 使用黏土砖及其他施工节能违法行为应承担的法律责任

（1）《循环经济促进法》规定，在国务院或者省、自治区、直辖市人民政府规定禁止生产、销售、使用黏土砖的期限或者区域内生产、销售或者使用黏土砖的，由县级以上地方人民政府指定的部门责令限期改正，有违法所得的，没收违法所得；逾期继续生产、销售的，由地方人民政府工商行政管理部门依法吊销营业执照。

（2）《民用建筑节能条例》规定，施工单位有下列行为之一的，由县级以上地方人民政府建设主管部门责令改正，处 10 万元以上 20 万元以下的罚款；情节严重的，由颁发资质证书的部门责令停业整顿，降低资质等级或者吊销资质证书；造成损失的，依法承担赔偿责任：①未对进入施工现场的墙体材料、保温材料、门窗、采暖制冷系统和照明设备进行查验的；②使用不符合施工图设计文件要求的墙体材料、保温材料、门窗、采暖制冷系统和照明设备的；③使用列入禁止使用目录的技术、工艺、材料和设备的。

3. 用能单位其他违法行为应承担的法律责任

（1）《节约能源法》规定，用能单位未按照规定配备、使用能源计量器具的，由产品质量监督部门责令限期改正；逾期不改正的，处 1 万元以上 5 万元以下罚款。

（2）瞒报、伪造、篡改能源统计资料或者编造虚假能源统计数据的，依照《统计法》的规定处罚。

（3）无偿向本单位职工提供能源或者对能源消费实行包费制的，由管理节能工作的部门责令限期改正；逾期不改正的，处 5 万元以上 20 万元以下罚款。

（4）进口列入淘汰名录的设备、材料或者产品的，由海关责令退运，可以处 10 万元以上 100 万元以下的罚款。进口者不明的，由承运人承担退运责任，或者承担有关处置费用。

【案例】

陕西进行 230 万平方米既有建筑供热节能改造

2013 年 3 月，陕西省住房和城乡建设厅安排部署了今年全省既有居住建筑供热计量及节能改造工作任务，将完成 230 万平方米改造任务，同时要求完成改造的项目必须同步实行按用热量分户计价收费。

陕西省要求，改造建筑必须选择 2007 年 10 月 31 日前竣工、具有改造价值、投入较少且效益明显的项目，以独立锅炉房或换热站为单位成片实施改造。在认真开展既有居住建筑基本情况调查的基础上，结合目标任务，确定本年度改造项目、撰写实施方案。6 月份开始实施改造，10 月份完成全部改造任务。

陕西省要求，各改造项目要制定切实可行的改造技术方案，全面推进现场管理等工作。加强对施工和监理人员的培训和能力培养，明确工作职责；重点督察建设方在改造中有关供热计量及建筑节能强制性标准的落实情况；大力推广应用新技术及新材料，确保工程质量和节能效果；设立项目公示牌，做好安全教育及防火防盗工作。主管部门要督促项目实施单位认真做好验收工作，对未能通过验收的项目，提出整改意见并要求限期整改，对不按要求和时限组织重新验收的项目，将扣除30%的省级奖励资金。

此外，陕西省还将对完成目标任务好、改造成效显著的城市予以表彰，并在分配省级配套资金时给予倾斜；对于未完成目标任务的城市给予通报批评，并扣除当年全部省级奖励资金。

摘自《中国建设报》 2013.03.28 赵芳

（文档来源：中华人民共和国住房和城乡建设部地方动态网站）

8.4 《绿色施工导则》

8.4.1 总则

《建设部关于印发〈绿色施工导则〉的通知》（建质［2007］223 号）于 2007 年 9 月 10 日下发，在总则中明确了以下内容：

（1）建筑业应全面实施绿色施工，承担起可持续发展的社会责任。

（2）明确导则的适用范围：用于指导建筑工程的绿色施工，并可供其他建设工程的绿色施工参考。

（3）明确绿色施工的定义为：工程建设中，在保证质量、安全等基本要求的前提下，通过科学管理和技术进步，最大限度地节约资源与减少对环境负面影响的施工活动，实现四节一环保（节能、节地、节水、节材和环境保护）。

（4）明确绿色施工应符合国家的法律、法规及相关的标准规范，实现经济效益、社会效益和环境效益的统一；应依据因地制宜的原则，贯彻执行国家、行业和地方相关的技术经济政策。

（5）明确绿色施工的管理方式为：运用 ISO14000 和 ISO18000 管理体系，将绿色施工有关内容分解到管理体系目标中去，使绿色施工规范化、标准化。

(6)鼓励各地区开展绿色施工的政策与技术研究,发展绿色施工的新技术、新设备、新材料与新工艺,推行应用示范工程。

8.4.2　绿色施工原则

《绿色施工导则》是"绿色施工技术研究"的主要成果之一。"绿色施工技术研究"的编制原则在于以下四点:重点突出环保与"四节"要求;结合我国国情,反映建筑领域可持续发展理念;体现过程控制;定性与定量相结合。遵循上述原则,我们确定绿色施工原则为:

首先,绿色施工是建筑全寿命周期中的一个重要阶段,实施绿色施工,应进行总体方案优化,在规划、设计阶段,应充分考虑绿色施工的总体要求,为绿色施工提供基础条件;

其次,实施绿色施工,应对施工策划、材料采购、现场施工、工程验收等各阶段进行控制,加强对整个施工过程的管理和监督。

8.4.3　绿色施工总体框架

《绿色施工导则》作为绿色施工的指导性原则,共有 6 大块内容。在这 6 大块内容中,总则主要是考虑设计、施工一体化问题;施工原则强调的是对整个施工过程的控制;紧扣"四节一环保"内涵,根据绿色施工原则,结合工程施工实际情况,根据其重要性,《绿色施工导则》提出了施工管理、环境保护、节材与材料资源利用、节水与水资源利用、节能与能源利用、节地与施工用地保护 6 个方面的绿色施工内容(图 8 - 1);这 6 个方面构成了绿色施工总体框架。在绿色施工总体框架中,将施工管理放在第一位是有其深层次考虑的。这 6 个方面涵盖了绿色施工的基本指标,同时包含了施工策划、材料采购、现场施工、工程验收等各阶段的指标的子集。

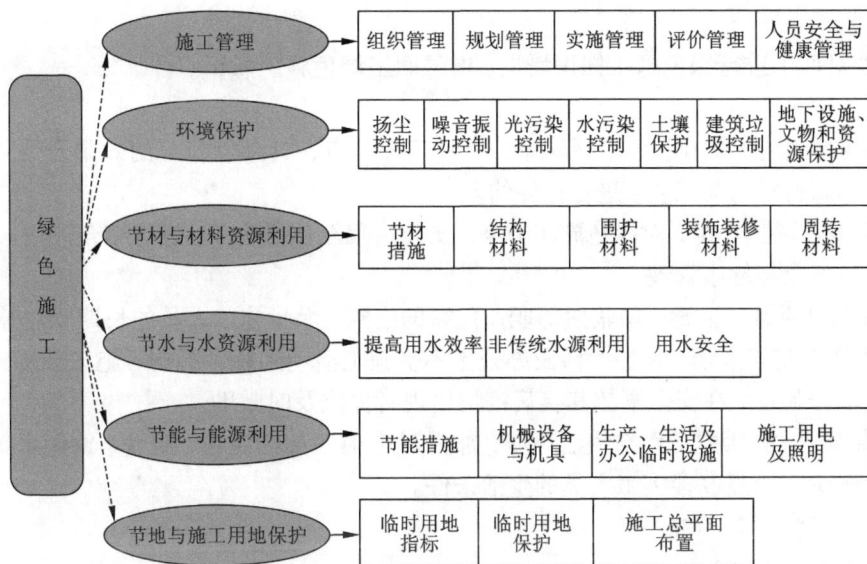

图 8 - 1　绿色施工总体框架

8.4.4 绿色施工要点

绿色施工要点则是《绿色施工导则》真正核心的内容，包括绿色施工管理、环境保护技术要点、节材与材料资源利用技术要点、节水与水资源利用技术要点、节能与能源利用技术要点、节地与施工用地保护技术要点等6个方面，每项内容又有若干项要求。

1. 绿色施工管理的内容

（1）组织管理

1）建立绿色施工管理体系，并制定相应的管理制度与目标。

2）项目经理为绿色施工第一责任人，负责绿色施工的组织实施及目标实现，并指定绿色施工管理人员和监督人员。

（2）规划管理

1）编制绿色施工方案。该方案应在施工组织设计中独立成章，并按有关规定进行审批。

2）绿色施工方案的内容：①环境保护措施：制订环境管理计划及应急救援预案，采取有效措施，降低环境负荷，保护地下设施和文物等资源；②节材措施：在保证工程安全与质量的前提下，制定节材措施，如进行施工方案的节材优化，建筑垃圾减量化，尽量利用可循环材料等；③节水措施：根据工程所在地的水资源状况，制定节水措施；④节能措施：进行施工节能策划，确定目标，制定节能措施；⑤节地与施工用地保护措施：制定临时用地指标、施工总平面布置规划及临时用地节地措施等。

（3）实施管理

1）绿色施工应对整个施工过程实施动态管理，加强对施工策划、施工准备、材料采购、现场施工、工程验收等各阶段的管理和监督。

2）应结合工程项目的特点，有针对性地对绿色施工做相应的宣传，通过宣传营造绿色施工的氛围。

3）定期对职工进行绿色施工知识培训，增强职工绿色施工意识。

（4）评价管理

1）对照《绿色施工导则》的指标体系，结合工程特点，对绿色施工的效果及采用的新技术、新设备、新材料与新工艺，进行自评估。

2）成立专家评估小组，对绿色施工方案、实施过程至项目竣工，进行综合评估。

（5）人员安全与健康管理

1）制定施工防尘、防毒、防辐射等职业危害的措施，保障施工人员的长期职业健康。

2）合理布置施工场地，保护生活及办公区不受施工活动的有害影响。施工现场建立卫生急救、保健防疫制度，在安全事故和疾病疫情出现时提供及时救助。

3）提供卫生、健康的工作与生活环境，加强对施工人员的住宿、膳食、饮用水等生活与环境卫生等管理，明显改善施工人员的生活条件。

2. 环境保护的技术要点

（1）扬尘控制

1）运送土方、垃圾、设备及建筑材料等，不污损场外道路。运输容易散落、飞扬、流漏的物料的车辆，必须采取措施封闭严密，保证车辆清洁。施工现场出口应设置洗车槽。

2）土方作业阶段，采取洒水、覆盖等措施，作业区目测扬尘高度小于1.5米，不扩散到场区外。

3）结构施工、安装装饰装修阶段，作业区目测扬尘高度小于 0.5 米。对易产生扬尘的堆放材料应采取覆盖措施；对粉末状材料应封闭存放；场区内可能引起扬尘的材料及建筑垃圾搬运应有降尘措施，如覆盖、洒水等；浇筑混凝土前清理灰尘和垃圾应尽量使用吸尘器，避免使用吹风器等易产生扬尘的设备；机械剔凿作业时可采用局部遮挡、掩盖、水淋等防护措施；高层或多层建筑清理垃圾时应搭设封闭性临时专用道或采用容器吊运。

4）施工现场非作业区达到目测无扬尘的要求。对现场易飞扬物质采取有效措施，如洒水、地面硬化、围挡、密网覆盖、封闭等，防止产生扬尘。

5）构筑物机械拆除前，做好扬尘控制计划。可采取清理积尘、拆除体洒水、设置隔挡等措施。

6）构筑物爆破拆除前，做好扬尘控制计划。可采用清理积尘、淋湿地面、预湿墙体、屋面敷水袋、楼面蓄水、建筑外设高压喷雾状水系统、搭设防尘排栅和直升机投水弹等综合降尘方法。选择风力小的天气进行爆破作业。

7）在场界四周隔挡高度位置测得的大气总悬浮颗粒物（TSP）月平均浓度与城市背景值的差值不大于 0.08 mg/m^3。

（2）噪声与振动控制

1）现场噪声排放不得超过国家标准《建筑施工场界环境噪声排放标准》（GB 12523—2011）的规定。

2）在施工场界对噪声进行实时监测与控制。监测方法执行国家标准《建筑施工场界环境噪声排放标准》。

3）使用低噪声、低振动的机具，采取隔音与隔振措施，避免或减少施工噪声和振动。

（3）光污染控制

1）尽量避免或减少施工过程中的光污染。夜间室外照明灯加设灯罩，透光方向集中在施工范围。

2）电焊作业采取遮挡措施，避免电焊弧光外泄。

（4）水污染控制

1）施工现场污水排放应达到《污水综合排放标准》（GB8978—1996）的要求。

2）在施工现场应针对不同的污水，设置相应的处理设施，如沉淀池、隔油池、化粪池等。

3）应委托有资质的单位进行废水水质检测，并要求其提供相应的污水检测报告。

4）保护地下水环境。采用隔水性能好的边坡支护技术。在缺水地区或地下水位持续下降的地区，基坑降水尽可能少地抽取地下水；当基坑开挖抽水量大于 50 万立方米时，应进行地下水回灌，并避免地下水被污染。

5）对于化学品等有毒材料、油料的储存地，应有严格的隔水层设计，做好渗漏液收集和处理。

（5）土壤保护

1）保护地表环境，防止土壤侵蚀、流失。因施工造成的裸土，及时覆盖砂石或种植速生草种，以减少土壤侵蚀；因施工造成的容易发生地表径流土壤流失的情况，应采取设置地表排水系统、稳定斜坡、植被覆盖等措施，减少土壤流失。

2）保证沉淀池、隔油池、化粪池等不发生堵塞、渗漏、溢出等现象。及时清掏各类池内沉淀物，并委托有资质的单位清运。

3）对于有毒、有害的废弃物如电池、墨盒、油漆、涂料等应回收后交有资质的单位处理，不能作为建筑垃圾外运，避免污染土壤和地下水。

4）施工后应恢复施工活动破坏的植被（一般指临时占地内）。与当地园林、环保部门或当地植物研究机构合作，在先前开发地区种植当地或其他合适的植物，以恢复剩余空地地貌或科学绿化，补救施工活动中人为破坏植被和地貌造成的土壤侵蚀。

（6）建筑垃圾控制

1）制订建筑垃圾减量化计划，如住宅建筑，每万平方米的建筑垃圾不宜超过400吨。

2）加强建筑垃圾的回收再利用，力争建筑垃圾的再利用和回收率达到30%，建筑物拆除产生的废弃物的再利用和回收率大于40%。对于碎石类、土石方类等建筑垃圾，可采用地基填埋、铺路等方式提高再利用率，力争再利用率大于50%。

3）施工现场生活区设置封闭式垃圾容器，将施工场地生活垃圾实行袋装化，及时清运。对建筑垃圾进行分类，并收集到现场封闭式垃圾站，集中运出。

（7）地下设施、文物和资源保护

1）施工前应调查清楚地下各种设施，做好保护计划，保证施工场地周边的各类管道、管线、建筑物、构筑物的安全运行。

2）施工过程中一旦发现文物，应立即停止施工，保护现场，通报文物部门并协助做好工作。

3）避让、保护施工场区及周边的古树名木。

4）逐步开展统计分析施工项目的 CO_2 排放量，以及各种不同植被和树种的 CO_2 固定量的工作。

3. 节材与材料资源利用的技术要点

（1）节材措施

1）图纸会审时，应审核节材与材料资源利用的相关内容，达到材料损耗率比定额损耗率降低30%。

2）根据施工进度、库存情况等合理安排材料的采购、进场时间和批次，减少库存。

3）现场材料堆放有序。储存环境适宜，措施得当。保管制度健全，责任落实。

4）材料运输工具适宜，装卸方法得当，防止损坏和遗洒。根据现场的平面布置情况就近卸载，避免或减少二次搬运。

5）采取技术和管理措施提高模板、脚手架等的周转次数。

6）优化安装工程的预留、预埋、管线路径等方案。

7）应就地取材，施工现场500 km以内生产的建筑材料用量占建筑材料总重量的70%以上。

（2）结构材料

1）推广使用预拌混凝土和商品砂浆。准确计算采购数量、供应频率、施工速度等，在施工过程中动态控制。结构工程使用散装水泥。

2）推广使用高强钢筋和高性能混凝土，减少资源消耗。

3）推广钢筋专业化加工和配送。

4）优化钢筋配料和钢构件下料方案。钢筋及钢结构制作前应对下料单及样品进行复核，无误后方可批量下料。

5）优化钢结构制作和安装方法。大型钢结构宜采用工厂制作，现场拼装；宜采用分段吊装、整体提升、滑移、顶升等安装方法，减少方案的措施用材量。

6）采取数字化技术，对大体积混凝土、大跨度结构等专项施工方案进行优化。

（3）围护材料

1）门窗、屋面、外墙等围护结构选用耐候性及耐久性良好的材料，施工确保密封性、防水性和保温隔热性。

2）门窗采用密封性、保温隔热性能、隔音性能良好的型材和玻璃等材料。

3）屋面材料、外墙材料具有良好的防水性能和保温隔热性能。

4）当屋面或墙体等部位采用基层加设保温隔热系统的方式施工时，应选择高效节能、耐久性好的保温隔热材料，以减小保温隔热层的厚度及材料用量。

5）屋面或墙体等部位的保温隔热系统采用专用的配套材料，以加强各层次之间的黏结或连接强度，确保系统的安全性和耐久性。

6）根据建筑物的实际特点，优选屋面或外墙的保温隔热材料系统和施工方式，如保温板粘贴、保温板干挂、聚氨酯硬泡喷涂、保温浆料涂抹等，以保证保温隔热效果，并减少材料浪费。

7）加强保温隔热系统与围护结构的节点处理，尽量降低热桥效应。针对建筑物的不同部位的保温隔热特点，选用不同的保温隔热材料及系统，以做到经济适用。

（4）装饰装修材料

1）贴面类材料在施工前，应进行总体排版策划，减少非整块材的数量。

2）采用非木质的新材料或人造板材代替木质板材。

3）防水卷材、壁纸、油漆及各类涂料基层必须符合要求，避免起皮、脱落。各类油漆及黏结剂应随用随开启，不用时及时封闭。

4）幕墙及各类预留预埋应与结构施工同步。

5）木制品及木装饰用料、玻璃等各类板材等宜在工厂采购或定制。

6）采用自黏类片材，减少现场液态黏结剂的使用量。

（5）周转材料

1）应选用耐用、维护与拆卸方便的周转材料和机具。

2）优先选用制作、安装、拆除一体化的专业队伍进行模板工程施工。

3）模板应以节约自然资源为原则，推广使用定型钢模、钢框竹模、竹胶板。

4）施工前应对模板工程的方案进行优化。多层、高层建筑宜使用可重复利用的模板体系，模板支撑宜采用工具式支撑。

5）优化高层建筑的外脚手架方案，采用整体提升、分段悬挑等方案。

6）推广采用外墙保温板替代混凝土施工模板的技术。

7）现场办公和生活用房采用周转式活动房。现场围挡应最大限度地利用已有围墙，或采用装配式可重复使用的围挡封闭。力争工地临房、临时围挡材料的可重复使用率达到70%。

4. 节水与水资源利用的技术要点

（1）提高用水效率

1）施工中采用先进的节水施工工艺。

2）施工现场喷洒路面、绿化浇灌时不宜使用市政自来水。现场搅拌用水、养护用水应采取有效的节水措施，严禁无措施浇水养护混凝土。

3）施工现场供水管网应根据用水量设计布置，管径合理、管路简捷，采取有效措施减少管网和用水器具的漏损。

4）现场机具、设备、车辆冲洗用水必须设立循环用水装置。施工现场办公区、生活区的生活用水采用节水系统和节水器具，提高节水器具配置比率。项目临时用水应使用节水型产品，安装计量装置，采取针对性的节水措施。

5）施工现场建立可再利用水的收集处理系统，使水资源得到梯级循环利用。

6）施工现场分别对生活用水与工程用水确定用水定额指标，并分别计量管理。

7）大型工程的不同单项工程、不同标段、不同分包生活区，凡具备条件的应分别计量用水量。在签订不同标段分包或劳务合同时，将节水定额指标纳入合同条款，进行计量考核。

8）对混凝土搅拌站点等用水集中的区域和工艺点进行专项计量考核。施工现场建立雨水、中水或可再利用水的搜集利用系统。

（2）非传统水源利用

1）优先采用中水搅拌、中水养护，有条件的地区和工程应收集雨水养护。

2）处于基坑降水阶段的工地，宜优先采用地下水作为混凝土搅拌用水、养护用水、冲洗用水和部分生活用水。

3）现场机具、设备、车辆冲洗、喷洒路面、绿化浇灌等用水，优先采用非传统水源，尽量不使用市政自来水。

4）大型施工现场，尤其是雨量充沛地区的大型施工现场，应建立雨水收集利用系统，充分收集自然降水适当地用于施工和生活。

5）力争施工中非传统水源和循环水的再利用量大于30%。

（3）用水安全

在非传统水源和现场循环再利用水的使用过程中，应制定有效的水质检测与卫生保障措施，确保避免对人体健康、工程质量以及周围环境产生不良影响。

5. 节能与能源利用的技术要点

（1）节能措施

1）制定合理施工能耗指标，提高施工能源利用率。

2）优先使用国家、行业推荐的节能、高效、环保的施工设备和机具，如选用变频技术的节能施工设备等。

3）施工现场分别设定生产、生活、办公和施工设备的用电控制指标，定期进行计量、核算、对比分析，并有预防与纠正措施。

4）在施工组织设计中，合理安排施工顺序、工作面，以减少作业区域的机具数量。相邻作业区充分利用共有的机具资源。安排施工工艺时，应优先考虑耗用电能或其他能耗较少的施工工艺。避免设备额定功率远大于使用功率或超负荷使用设备的现象。

5）根据当地气候和自然资源条件，充分利用太阳能、地热等可再生能源。

（2）机械设备与机具

1）建立施工机械设备管理制度，开展用电、用油计量，完善设备档案，及时做好维修保养工作，使机械设备保持低耗、高效的状态。

200

2）选择功率与负载相匹配的施工机械设备，避免大功率施工机械设备低负载长时间运行。机电安装可采用节电型机械设备，如逆变式电焊机和能耗低、效率高的手持电动工具等，以利节电。机械设备宜使用节能型油料添加剂，在可能的情况下，考虑回收利用，节约油量。

3）合理安排工序，提高各种机械的使用率和满载率，降低各种设备的单位耗能。

（3）生产、生活及办公临时设施

1）利用场地自然条件，合理设计生产、生活及办公临时设施的体形、朝向、间距和窗墙面积比，使其获得良好的日照、通风和采光。南方地区可根据需要在其外墙窗设遮阳设施。

2）临时设施宜采用节能材料，墙体、屋面使用隔热性能好的材料，减少空调等取暖设备的使用时间及耗能量。

3）合理配置采暖、空调、风扇数量，规定使用时间，实行分段分时使用，节约用电。

（4）施工用电及照明

1）临时用电优先选用节能电线和节能灯具，临电线路合理设计、布置，临电设备宜采用自动控制装置。采用声控、光控等节能照明灯具。

2）照明设计以满足最低照度为原则，照度不应超过最低照度的20%。

6. 节地与施工用地保护的技术要点

（1）临时用地的指标

1）根据施工规模及现场条件等因素合理确定临时设施，如临时加工厂、现场作业棚及材料堆场、办公生活设施等的占地指标。临时设施的占地面积应按用地指标所需的最低面积设计。

2）要求平面布置合理、紧凑，在满足环境、职业健康与安全及文明施工要求的前提下尽可能减少废弃地和死角，保证临时设施占地面积有效利用率大于90%。

（2）临时用地保护

1）应对深基坑施工方案进行优化，减少土方开挖和回填量，最大限度地减少对土地的扰动，保护周边自然生态环境。

2）红线外临时占地应尽量使用荒地、废地，少占用农田和耕地。工程完工后，及时对红线外占地恢复原地形、地貌，使施工活动对周边环境的影响降至最低。

3）利用和保护施工用地范围内原有绿色植被。对于施工周期较长的现场，可按建筑永久绿化的要求，安排场地新建绿化。

（3）施工总平面布置

1）施工总平面布置应做到科学、合理，充分利用原有建筑物、构筑物、道路、管线为施工服务。

2）施工现场搅拌站、仓库、加工厂、作业棚、材料堆场等布置应尽量靠近已有交通线路或即将修建的正式或临时交通线路，缩短运输距离。

3）临时办公和生活用房应采用经济、美观、占地面积小、对周边地貌环境影响较小，且适合于施工平面布置动态调整的多层轻钢活动板房、钢骨架水泥活动板房等标准化装配式结构。生活区与生产区应分开布置，并设置标准的分隔设施。

4）施工现场的围墙可采用连续封闭的轻钢结构预制装配式活动围挡，以减少建筑垃圾，保护土地。

5)施工现场道路按照永久道路和临时道路相结合的原则布置。施工现场内形成环形通路，减少道路占用土地的现象。

6)临时设施布置应注意远近(本期工程与下期工程)结合，努力减少或避免大量临时建筑拆迁和场地搬迁。

8.4.5　发展绿色施工的新技术、新设备、新材料、新工艺

1.施工方案应建立推广、限制、淘汰公布制度和管理办法。发展适合绿色施工的资源利用与环境保护技术，对落后的施工方案进行限制或淘汰，鼓励绿色施工技术的发展，推动绿色施工技术的创新。

2.大力发展现场监测技术、低噪声的施工技术、现场环境参数检测技术、自密实混凝土施工技术、清水混凝土施工技术、建筑固体废弃物再生产品在墙体材料中的应用技术、新型模板及脚手架技术的研究与应用。

3.加强信息技术应用，如绿色施工的虚拟现实技术、三维建筑模型的工程量自动统计、绿色施工组织设计数据库建立与应用系统、数字化工地、基于电子商务的建筑工程材料、设备与物流管理系统等。通过应用信息技术，进行精密规划、设计，精心建造和优化集成，实现与提高绿色施工的各项指标。

8.4.6　绿色施工应用示范工程

我国绿色施工尚处于起步阶段，应通过试点和示范工程，总结经验，引导绿色施工的健康发展。各地应根据具体情况，制定有针对性的考核指标和统计制度，制定引导施工企业实施绿色施工的激励政策，促进绿色施工的发展。

【案例】

深圳机场 T3 航站楼绿色施工管理与应用

1　绿色机场施工总体要求及设计特色

1.1　工程项目基本情况

深圳宝安国际机场是地位重要的国内干线机场及区域货运枢纽机场。深圳机场 T3 航站楼建成后将与本区域的香港机场、广州机场、澳门机场、珠海机场形成一个规模宏大的珠三角机场群，并对本地区的社会与经济产生深远影响。T3 航站楼分为航站主楼、十字指廊候机厅、远期卫星指廊三个部分，一期共提供 62 个近机位和 15 个邻近主体的远机位，合计建筑面积 45.1 万 m^2。T3 航站楼东西宽约 650 m，南北长约 1128 m，地下 2 层，地上 5 层，最高点高度为 46.8 m。

1.2　绿色机场施工总体要求

民航总局在深圳机场 T3 航站楼设计和建设中提出：充分利用深圳的自然气候条件，吸收国内外先进技术，立足国情和本土特点，采取适宜技术取得经济效益、社会效益最大化，实现资源节约型、环境友好型、科技型和人性化服务机场建设的目标和要求，力争将深圳机场 T3 航站楼建成中国一流的经典工程、精品工程和示范工程。

1.3　绿色机场设计特色

(1)全国首创的蜂巢幕墙造型。本工程主指廊总面积约 86311 m^2，其中蜂巢造型屋面，采用蜂巢铝板 48800 m^2，玻璃 23000 m^2。天窗玻璃 2215 m^2，天窗铝板 7921 m^2。全景窗玻璃幕墙 2487 m^2，全景窗铝板

$1888 m^2$。异形板块多，施工难度大。

(2)大面积室内清水混凝土。T3航站楼机坪层Y形柱、二层及以上各层无吊顶的混凝土天花、机坪层的室外部分的混凝土天花、机坪层(除机电房，机坪服务用房)及以上各层的混凝土柱及所有通往一层的汽车坡道为室内清水混凝土。其中机坪层Y形柱设计造型独特、结构复杂，为三维曲面构件，为国内罕见的大体积三维曲面清水混凝土钢骨柱，给施工带来了极大的挑战。

(3)"空调树"机电单元系统。T3航站楼中心指廊及指廊端头两层通高部分采用空调树，将各机电单元系统内各种设备和管线进行精密而巧妙的整合，实现通风、信息发布、消防等要求，创造富有特色的建筑内部形象；充分考虑实用性、美观性、方便性、综合性等特点和要求，利用新技术、新材料、新方法、新工艺创造性能优越的机电单元系统。

2　绿色建筑技术的设计应用

2.1　规划选址

深圳机场最初选址是在深圳市白石洲，由于严重妨碍城市的进一步发展，机场自身也无扩展的余地，机场的噪声严重影响深圳大学，而且对附近的红树林和鸟类保护区带来破坏性的影响。历时6年，最后选址定于珠江口东岸，宝安区福永镇，广深高速公路西侧一片滨海平原上。该场地距深圳市区直线距离32 km，建筑基地由填海而成，跑道两端净空条件好。

2.2　节能设计措施

(1)自然通风。利用深圳夏热冬暖的自然条件，在冬季实现自然通风，节省空调运行费用。主要自然通风口设置在主楼中心区幕墙以及指廊的适宜位置，自然通风区域内可启面积与立面幕墙总面积之比为8% ~ 15%。考虑到噪声和空气污染的影响，位于空侧的中央指廊、十字指廊及两翼指廊东西两端等全面自然通风条件不足的区域，采用机械、自然相结合的通风方式。即利用空气处理机组净化、过滤含有航空燃料燃烧尾气的室外空气，对室外风不需进行冷却或加热处理而直接送到各空调区域，通过屋面通风天窗自然排放。同时，在幕墙处设置自然通风装置，可根据运送情况在适宜时段选择开窗自然通风。

(2)自然采光。航站楼公共空间采用了大面积的玻璃外立面，最大限度地利用自然光线，减少人工照明开启的时间。在航站楼屋面设置天窗，这些天窗集中在外立面自然光照被削弱的内部区域，以补充此部分的自然采光。主要公共区域(不含内区)全年可满足自然采光要求的时间与全年总日照有效时间(每日白天10小时)的比例为40% ~ 50%。

(3)围护结构节能。公共区域玻璃幕墙采用双银LOW－E镀膜中空玻璃，玻璃自身传热系数K值为$1.8W/(m^2 \cdot K)$，幕墙系统整体传热系数K值为$3.5W/(m^2 \cdot K)$，屋面遮阳系数控制在0.4以内，阳光透射率控制50%，阳光反射率12%，可以有效减少室内热能的流失。实体幕墙部分为外挂铝板幕墙体系，采用外挂铝板，内侧填挂50厚防水玻璃丝绵保温层，传热系数不大于$0.6W/(m^2 \cdot K)$，防止内能散失。玻璃采光屋顶为断桥隔热幕墙体系，采用夹层钢化中空双银LOW－E镀膜玻璃，可见光透射比为40%，窗体传热系数为$3.5W/(m^2 \cdot K)$，遮阳系数SC小于0.3。

(4)设置绿色景观，减少热岛效应。合理的、美观的水景规划，选择适合当地生长环境的植物，合理搭配树种，提高植物的二氧化碳固定量，为不同类型的硬质地面、屋面、道路、广场等提供不同的绿化遮阳，采用透水路面，以减少热的吸收，避免热岛效应。

3　绿色施工管理和绿色施工技术的应用

2008年5月，中国建筑第八工程局出台了企业标准《绿色施工评价标准》，2009年住房和城乡建设部委托中国建筑股份有限公司、中国建筑第八工程局编制的国家标准《建筑工程绿色施工评价标准》(GB/T 50640—2010)，已于2011年10月1日起实施。

3.1　深圳机场T3航站楼项目绿色施工管理

3.1.1　绿色施工宣传教育

认真学习《绿色施工导则》和国家节能减排、保护环境等相关法律法规，学习有关绿色施工的标准和文件，并通过宣传栏、标语栏、农民工夜校进行广泛的宣传教育，在管理人员及操作工人中普及绿色施工基本知识。

3.1.2 建立完善绿色施工综合技术创新、总结、推广管理体系，开展绿色施工评价考核

按照《绿色施工管理标准》，结合工程特点，按照绿色施工的要求，明确责任，落实措施，推动绿色施工的开展。项目经理为组长，也是第一责任人，并设置项目兼职绿色施工管理员负责具体工作。项目绿色施工领导小组负责绿色施工的策划、绿色施工目标的制定、绿色施工过程的管理、验收等工作，并对小组成员进行分工，责任到人。同时成立绿色施工 QC 小组，对绿色施工进行继续管理。

绿色施工管理目标考核。项目绿色施工管理目标的考核每月进行一次，由生产副经理、总工、合约经理、绿色施工管理员、资料员组成考核小组，按目标分解和职责分工进行考核，做好考核记录，偏离管理目标较大的指标，由责任人写出原因分析报告和改进措施，一并存档，作为下次考核的依据之一。

3.1.3 编制绿色施工技术应用方案

在充分学习和理解图纸的基础上，在编制施工组织设计、专项施工方案的同时，编制绿色施工技术应用方案。

这些方案的编制和实施，为工程"四节—环保"绿色施工管理目标的实现，提供了可靠的技术保证和支撑。同时，在这些方案的实施过程中，也大大提高了管理者和操作人员对绿色施工的认知和成就感。

3.2 深圳机场 T3 航站楼项目绿色施工技术应用

3.2.1 承台施工方案优化

原桩基构造详图承台标准做法为放坡梯形，而承台钢筋为方形钢筋笼。施工时，基础土质较差，淤泥多，承台砖胎模斜砌难度大，梯形承台混凝土用量大。经设计同意，优化后：在不改变基础受力情况下，将梯形承台改为直边承台。通过优化节约混凝土（C45P8）3372.55 m³，节约砖模 1080 m³，加快了施工进度。

3.2.2 双向冷拔钢丝钢筋网片的应用

原设计中底板下表面、地梁底面和侧面、外墙外表面保护层、Y 形柱曲面造型保护层等混凝土保护层厚度超过 40 mm 时，需加 $\phi6\times150$ 双向钢筋网片。钢筋较细，绑扎费时，且质量不能保证。通过方案优化后：改为使用 $\phi4\times150$ 双向冷拔钢丝钢筋网片。共节约钢筋用量约 180 t，且冷拔钢丝钢筋网片便于施工，质量有保证并加快了工程进度。

4 结语

实施绿色施工是可持续发展思想在工程施工阶段的应用，对促进建筑业可持续发展具有重要意义。各种绿色施工技术正是在这些原则的指导下，在科学实践中产生并完善的。随着可持续发展战略的进一步实施，实施绿色施工，必将会成为社会的必然选择。

（案例来源：《城市建设理论研究》2011 年第 30 期，作者：梁明光、袁光辉、田勇、王大勇）

【思考题】

1. 简述建设项目环境影响评价制度。
2. 简述施工现场噪声污染防治的规定。
3. 简述施工现场废气、废水污染防治的规定。
4. 简述施工现场固体废物污染防治的规定。
5. 施工节约能源的法律责任有哪些？
6. 简述绿色施工的原则。
7. 简述节地与施工用地保护的技术要点。
8. 简述节能与能源利用的技术要点。

第 9 章 建设工程纠纷处理的法规

【教学目标】

了解建设工程民事纠纷的概念、建设工程行政纠纷的概念,熟悉建设工程民事纠纷处理的法律途径、建设工程行政纠纷处理的法律途径,掌握《最高人民法院关于审理建设工程施工合同纠纷案件适用法律问题的解释》。

【职业资格考试要求】

和解、调解、仲裁、民事诉讼、行政复议、行政诉讼、建设工程施工合同无效的认定及处理、发承包人请求解除建设工程施工合同的情形、承发包人因过错承担的法律责任、当事人对建设工程实际竣工日期争议的处理、当事人对垫资和垫资利息争议的处理、当事人对工程质量发生争议的处理、当事人对建设工程造价发生争议的处理、保修人与建筑物所有人或者发包人对建筑物毁损的责任承担。

【涉及的主要法规】

《中华人民共和国仲裁法》①、《中华人民共和国民事诉讼法》②、《最高人民法院关于民事诉讼证据的若干规定》、《中华人民共和国行政复议法》③、《中华人民共和国行政诉讼法》④、《最高人民法院关于行政诉讼管辖的规定》、《最高人民法院关于执行〈中华人民共和国行政诉讼法〉若干问题的解释》、《最高人民法院关于审理建设工程施工合同纠纷案件适用法律问题的解释》、《最高人民法院关于建设工程价款优先受偿权问题的批复》。

9.1 建设工程纠纷概述

9.1.1 建设工程民事纠纷

1.民事纠纷的概念

民事纠纷,又称民事争议,是法律纠纷和社会纠纷的一种。所谓民事纠纷,是指平等主体之间发生的,以民事权利义务为内容的社会纠纷(可处分性的)。民事纠纷作为法律纠纷的一种,一般来说,是因为违反了民事法律规范而引起的。民事主体违反了民事法律义务规范

---

① 《中华人民共和国仲裁法》,在本书后面出现,一律简称《仲裁法》。
② 《中华人民共和国民事诉讼法》,在本书后面出现,一律简称《民事诉讼法》。
③ 《中华人民共和国行政复议法》,在本书后面出现,一律简称《行政复议法》。
④ 《中华人民共和国行政诉讼法》,在本书后面出现,一律简称《行政诉讼法》。

而侵害了他人的民事权利，由此而产生以民事权利义务为内容的民事争议。

2. 建设工程民事纠纷的概念

建设工程民事纠纷，是在建设工程活动中平等主体之间发生的以民事权利义务法律关系为内容的争议。在建设工程领域，较为普遍和重要的民事纠纷主要是合同纠纷、侵权纠纷。

合同纠纷，是指因合同的生效、解释、履行、变更、终止等行为而引起的合同当事人之间的所有争议。在建设工程领域，合同纠纷主要有工程总承包合同纠纷、工程勘察合同纠纷、工程设计合同纠纷、工程施工合同纠纷、工程监理合同纠纷、工程分包合同纠纷、材料设备采购合同纠纷以及劳动合同纠纷等。

侵权纠纷，是指一方当事人对另一方侵权而产生的纠纷。在建设工程领域，施工单位在施工中未采取相应防范措施造成对他方损害而产生的侵权纠纷，未经许可使用他方的专利、工法等而造成的知识产权侵权纠纷等。

发包人和承包人就有关工期、质量、造价等产生的建设工程合同争议，是建设工程领域最常见的民事纠纷。

9.1.2 建设工程行政纠纷

1. 行政纠纷的概念

行政纠纷是指国家行政机关之间或国家行政机关同企事业单位、社会团体以及公民之间由于行政管理而引起的纠纷，包括行政争议和行政案件形式。

（1）行政争议

行政争议是行政机关在实施行政管理活动中与行政相对人的争议。构成行政争议必须同时具备以下四个条件：①争议的双方中有一方是行政机关；②争议是由行政机关实施行政管理行为引起的；③行政争议是以行政机关依其职权，因其作为或不作为与公民法人或其他组织形成行政法律上权利义务的法律行为为前提。没有行政机关行使职权的行为，行政争议便不存在；④当事人不服行政机关的行政行为，提出复议或诉讼，是法律允许的，解决行政争议，必须依照法定程序进行。

（2）行政案件

行政案件是指公民、法人或者其他组织认为国家行政机关的行政行为违法或不当，侵犯其合法权益时，依照《行政诉讼法》规定的程序提出起诉，由人民法院立案处理的行政争议案件。

2. 建设工程行政纠纷的概念

建设工程行政纠纷，是在建设工程活动中行政机关之间或行政机关同公民、法人和其他组织之间由于行政行为而引起的纠纷。如在办理施工许可证时符合办证条件而不予办理所导致的纠纷，在招投标过程中行政机关进行行政处罚而产生的纠纷等。其中既有因行政机关滥用职权、越权管理、不作为等而产生的纠纷，也有因被管理人逃避监督管理、非法抗拒管理等而产生的纠纷。

9.2 建设工程民事纠纷处理的法律途径

《合同法》第一百二十八条规定，当事人可以通过和解或者调解解决合同争议。当事人不愿和解、调解或者和解、调解不成的，可以根据仲裁协议向仲裁机构申请仲裁。涉外合同的当事人可以根据仲裁协议向中国仲裁机构或者其他仲裁机构申请仲裁。当事人没有订立仲裁协议或者仲裁协议无效的，可以向人民法院起诉。当事人应当履行发生法律效力的判决、仲裁裁决、调解书；拒不履行的，对方可以请求人民法院执行。

9.2.1　和解

1. 和解的概念

和解是民事纠纷的当事人在自愿互谅的基础上，就已经发生的争议进行协商、妥协与让步并达成协议，自行(无第三方参与劝说)解决争议的一种方式。和解应以合法、自愿、平等为原则。

2. 和解的类型

(1)诉讼前的和解

诉讼前的和解是指发生诉讼以前，双方当事人互相协商达成协议，解决双方的争执。这是一种民事法律行为，是当事人依法处分自己民事实体权利的表现。

(2)诉讼中的和解

诉讼中的和解是当事人在诉讼进行中互相协商，达成协议，解决双方的争执。《民事诉讼法》规定：双方当事人可以自行和解。这种和解在法院作出判决前，当事人都可以进行，当事人可以就整个诉讼标的达成协议，也可以就诉讼的个别问题达成协议。

(3)执行中的和解

执行中的和解是在发生法律效力的民事判决、裁定后，法院在执行中，当事人互相协商，达成协议，解决双方的争执。

(4)仲裁中的和解

《仲裁法》规定，当事人申请仲裁后，可以自行和解。

3. 和解的效力

和解达成的协议不具有强制约束力，如果一方当事人不按照和解协议执行，另一方当事人不可以请求人民法院强制执行，但可以向法院提起诉讼，也可以根据约定申请仲裁。

9.2.2　调解

1. 调解的概念

调解是指双方当事人以外的第三方应纠纷当事人的请求，以法律、法规和政策或合同约定以及社会公德为依据，对纠纷双方进行疏导、劝说，促使他们相互谅解，进行协商，自愿达成协议，解决纠纷的活动。

2. 调解的方式

(1)人民调解

《人民调解法》规定，人民调解"是指人民调解委员会通过说服、疏导等方式，促使当事人在平等协商基础上，自愿达成调解协议，解决民间纠纷的活动。"人民调解制度作为一种司法辅助制度，是人民群众自己解决纠纷的法律制度，也是一种具有中国特色的司法制度。

经人民调解委员会调解达成调解协议的，可以制作调解协议书。当事人认为无须制作调解协议的，可以采取口头协议的方式，人民调解员应当记录协议内容。经人民调解委员会调解达成的调解协议具有法律约束力，当事人应当按照约定履行。当事人就调解协议的履行或者调解协议的内容发生争议的，一方当事人可以向法院提起诉讼。

经人民调解委员会调解达成调解协议后，双方当事人认为有必要的，可以自调解协议生效之日起 30 日内共同向人民法院申请司法确认。人民法院依法确认调解协议有效，一方当事人拒绝履行或者未全部履行的，对方当事人可以向人民法院申请强制执行。

（2）行政调解

行政调解是指国家行政机关应纠纷当事人的请求，依据法律、法规、政策，对属于其职权管辖范围内的纠纷，通过耐心的说服教育，使纠纷的双方当事人互相谅解，在平等协商的基础上达成一致协议，促成当事人解决纠纷。行政调解分为两种：①基层人民政府，即乡、镇人民政府对一般民间纠纷的调解；②国家行政机关依照法律规定对某些特定民事纠纷、经济纠纷或劳动纠纷等进行的调解。

行政调解属于诉讼外调解。行政调解达成的协议也不具有强制约束力。

（3）仲裁调解

仲裁调解是仲裁机构对受理的仲裁案件进行的调解。仲裁庭在作出裁决前，可以先行调解。当事人自愿调解的，仲裁庭应当调解。调解不成的，应当及时作出裁决。调解达成协议的，仲裁庭应当制作调解书或者根据协议的结果制作裁决书。调解书与裁决书具有同等法律效力。调解书经双方当事人签收后，即发生法律效力。在调解书签收前当事人反悔的，仲裁庭应当及时作出裁决。

调解可以在仲裁程序中进行，即在征得当事人同意后，仲裁庭在仲裁程序进行过程中担任调解员的角色，对其审理的案件进行调解，以解决当事人之间的争议。

（4）法院调解

《民事诉讼法》规定："人民法院审理民事案件，根据当事人自愿的原则，在事实清楚的基础上，分清是非，进行调解。"法院调解是人民法院对受理的民事案件、经济纠纷案件和轻微刑事案件在双方当事人自愿的基础上进行的调解，是诉讼内调解。法院调解书经双方当事人签收后，即具有法律效力，效力与判决书相同。

（5）专业机构调解

专业机构调解是当事人在发生争议前或争议后，协议约定由指定的具有独立调解规则的机构按照其调解规则进行调解。专业调解机构进行调解达成的调解协议对当事人双方均有约束力。

9.2.3　仲裁

1. 仲裁的概念

仲裁是指发生争议的双方当事人，根据其在争议发生前或争议发生后所达成的协议，自愿将该争议提交中立的第三者进行裁判的争议解决制度和方式。

（1）可以仲裁的纠纷

《仲裁法》第二条规定，平等主体的公民、法人和其他组织之间发生的合同纠纷和其他财产权益纠纷，可以仲裁。

（2）不可以仲裁的纠纷

《仲裁法》第三条规定，下列纠纷不能仲裁：①婚姻、收养、监护、扶养、继承纠纷；②依法应当由行政机关处理的行政争议。

2.仲裁的特点

（1）自愿性。当事人采用仲裁方式解决纠纷，应当双方自愿，达成仲裁协议。

（2）专业性。根据《仲裁法》的规定，仲裁机构是分专业的、有专家组成的仲裁员名册供当事人进行选择，专家仲裁由此成为民商事仲裁的重要特点之一。

（3）灵活性。仲裁中的诸多具体程序可以由双方当事人协商确定与选择，因此与诉讼相比，仲裁程序更加灵活，更具有弹性。

（4）保密性。仲裁以不公开审理为原则，这是世界性的通行做法。

（5）快捷性。仲裁实行一裁终局制，仲裁裁决一经仲裁庭作出即发生法律效力。

（6）经济性。仲裁的经济性主要表现在：第一，时间上的快捷性使得仲裁所需费用相对减少；第二，仲裁无须多审级收费，使得仲裁费往往低于诉讼费；第三，仲裁的自愿性、保密性使当事人之间通常没有激烈的对抗，且商业秘密不必公之于世，对双方当事人之间今后的商业机会影响较小。

（7）独立性。仲裁依法独立进行，不受行政机关、社会团体和个人的干涉。

3.仲裁委员会和仲裁协会

（1）仲裁委员会

1）仲裁委员会的设立

仲裁委员会可以在直辖市和省、自治区人民政府所在地的市设立，也可以根据需要在其他设区的市设立，不按行政区划层层设立。仲裁委员会由直辖市和省、自治区人民政府所在地的市人民政府组织有关部门和商会统一组建。设立仲裁委员会，应当经省、自治区、直辖市的司法行政部门登记。

仲裁委员会由主任一人、副主任二至四人和委员七至十一人组成。仲裁委员会的主任、副主任和委员由法律、经济贸易专家和有实际工作经验的人员担任。仲裁委员会的组成人员中，法律、经济贸易专家不得少于三分之二。

2）仲裁委员会应当具备下列条件：①有自己的名称、住所和章程；②有必要的财产；③有该委员会的组成人员；④有聘任的仲裁员。

3）仲裁员应当符合下列条件之一：①从事仲裁工作满八年的；②从事律师工作满八年的；③曾任审判员满八年的；④从事法律研究、教学工作并具有高级职称的；⑤具有法律知识、从事经济贸易等专业工作并具有高级职称或者具有同等专业水平的。

仲裁委员会按照不同专业设仲裁员名册。

（2）仲裁协会

中国仲裁协会是社会团体法人。仲裁委员会是中国仲裁协会的会员。中国仲裁协会的章程由全国会员大会制定。中国仲裁协会是仲裁委员会的自律性组织，根据章程对仲裁委员会及其组成人员、仲裁员的违纪行为进行监督。中国仲裁协会依照《仲裁法》和《民事诉讼法》的有关规定制定仲裁规则。

4.仲裁协议

仲裁协议，是指双方当事人在自愿、协商、平等互利的基础之上将他们之间已经发生或者可能发生的争议提交仲裁解决的书面文件，是申请仲裁的必备材料。

仲裁协议包括合同中订立的仲裁条款和以其他书面方式在纠纷发生前或者纠纷发生后达

成的请求仲裁的协议。

（1）仲裁协议的内容

①请求仲裁的意思表示；②仲裁事项；③选定的仲裁委员会。

（2）仲裁协议无效的情形

有下列情形之一的，仲裁协议无效：①约定的仲裁事项超出法律规定的仲裁范围的；②无民事行为能力人或者限制民事行为能力人订立的仲裁协议；③一方采取胁迫手段，迫使对方订立仲裁协议的。

（3）仲裁协议的效力

仲裁协议对仲裁事项或者仲裁委员会没有约定或者约定不明确的，当事人可以补充协议；达不成补充协议的，仲裁协议无效。

仲裁协议独立存在，合同的变更、解除、终止或者无效，不影响仲裁协议的效力。

当事人对仲裁协议的效力有异议的，可以请求仲裁委员会作出决定或者请求人民法院作出裁定。一方请求仲裁委员会作出决定，另一方请求人民法院作出裁定的，由人民法院裁定。

当事人对仲裁协议的效力有异议，应当在仲裁庭首次开庭前提出。

5. 仲裁程序

（1）申请和受理

1）当事人申请仲裁应当符合下列条件：①有仲裁协议；②有具体的仲裁请求和事实、理由；③属于仲裁委员会的受理范围。

当事人申请仲裁，应当向仲裁委员会递交仲裁协议、仲裁申请书及副本。

2）仲裁申请书的内容

①当事人的姓名、性别、年龄、职业、工作单位和住所，法人或者其他组织的名称、住所和法定代表人或者主要负责人的姓名、职务；②仲裁请求和所根据的事实、理由；③证据和证据来源、证人姓名和住所。

3）仲裁的受理

仲裁委员会收到仲裁申请书之日起五日内，认为符合受理条件的，应当受理，并通知当事人；认为不符合受理条件的，应当书面通知当事人不予受理，并说明理由。

（2）仲裁庭的组成

仲裁庭可以由三名仲裁员或者一名仲裁员组成。由三名仲裁员组成的，设首席仲裁员。

当事人约定由三名仲裁员组成仲裁庭的，应当各自选定或者各自委托仲裁委员会主任指定一名仲裁员，第三名仲裁员由当事人共同选定或者共同委托仲裁委员会主任指定。第三名仲裁员是首席仲裁员。

当事人约定由一名仲裁员成立仲裁庭的，应当由当事人共同选定或者共同委托仲裁委员会主任指定仲裁员。

仲裁员有下列情形之一的，必须回避，当事人也有权提出回避申请：①是本案当事人或者当事人、代理人的近亲属；②与本案有利害关系；③与本案当事人、代理人有其他关系，可能影响公正仲裁的；④私自会见当事人、代理人，或者接受当事人、代理人的请客送礼的。

仲裁员是否回避，由仲裁委员会主任决定；仲裁委员会主任担任仲裁员时，由仲裁委员会集体决定。

（3）开庭和裁决

1）开庭

仲裁应当开庭进行。当事人协议不开庭的，仲裁庭可以根据仲裁申请书、答辩书以及其他材料作出裁决。仲裁不公开进行。当事人协议公开的，可以公开进行，但涉及国家秘密的除外。

仲裁委员会应当在仲裁规则规定的期限内将开庭日期通知双方当事人。当事人有正当理由的，可以在仲裁规则规定的期限内请求延期开庭。是否延期，由仲裁庭决定。

2）裁决

裁决应当按照多数仲裁员的意见作出，少数仲裁员的不同意见可以记入笔录。仲裁庭不能形成多数意见时，裁决应当按照首席仲裁员的意见作出。

裁决书应当写明仲裁请求、争议事实、裁决理由、裁决结果、仲裁费用的负担和裁决日期。当事人协议不愿写明争议事实和裁决理由的，可以不写。裁决书由仲裁员签名，加盖仲裁委员会印章。对裁决持不同意见的仲裁员，可以签名，也可以不签名。裁决书自作出之日起发生法律效力。

6. 申请撤销裁决

当事人提出证据证明裁决有下列情形之一的，可以向仲裁委员会所在地的中级人民法院申请撤销裁决：①没有仲裁协议的；②裁决的事项不属于仲裁协议的范围或者仲裁委员会无权仲裁的；③仲裁庭的组成或者仲裁的程序违反法定程序的；④裁决所根据的证据是伪造的；⑤对方当事人隐瞒了足以影响公正裁决的证据的；⑥仲裁员在仲裁该案时有索贿受贿、徇私舞弊、枉法裁决行为的。

当事人申请撤销裁决的，应当自收到裁决书之日起六个月内提出。人民法院应当在受理撤销裁决申请之日起两个月内作出撤销裁决或者驳回申请的裁定。

7. 仲裁裁决的执行

当事人应当履行裁决。一方当事人不履行的，另一方当事人可以依照《民事诉讼法》的有关规定向人民法院申请执行。受申请的人民法院应当执行。

一方当事人申请执行裁决，另一方当事人申请撤销裁决的，人民法院应当裁定中止执行。

人民法院裁定撤销裁决的，应当裁定终结执行。撤销裁决的申请被裁定驳回的，人民法院应当裁定恢复执行。

9.2.4　民事诉讼

1. 民事诉讼的概念

民事诉讼是指公民之间、法人之间、其他组织之间以及他们相互之间因财产关系和人身关系提起的诉讼。或者说，民事诉讼是指人民法院、当事人和其他诉讼参与人，在审理民事案件的过程中，所进行的各种诉讼活动，以及由这些活动所产生的各种关系的总和。

2. 民事诉讼的受案范围

《民事诉讼法》第三条规定，人民法院受理公民之间、法人之间、其他组织之间以及他们相互之间因财产关系和人身关系提起的民事诉讼，适用本法的规定。

3. 民事诉讼案件的管辖

（1）级别管辖

1）基层人民法院管辖第一审民事案件，但《民事诉讼法》另有规定的除外。

2）中级人民法院管辖下列第一审民事案件：①重大涉外案件；②在本辖区有重大影响的案件；③最高人民法院确定由中级人民法院管辖的案件。

3）高级人民法院管辖在本辖区有重大影响的第一审民事案件。

4）最高人民法院管辖下列第一审民事案件：①在全国有重大影响的案件；②认为应当由本院审理的案件。

（2）地域管辖

1）对公民提起的民事诉讼，由被告住所地人民法院管辖；被告住所地与经常居住地不一致的，由经常居住地人民法院管辖。对法人或者其他组织提起的民事诉讼，由被告住所地人民法院管辖。同一诉讼的几个被告住所地、经常居住地在两个以上人民法院辖区的，各该人民法院都有管辖权。

2）下列民事诉讼，由原告住所地人民法院管辖；原告住所地与经常居住地不一致的，由原告经常居住地人民法院管辖：①对不在中华人民共和国领域内居住的人提起的有关身份关系的诉讼；②对下落不明或者宣告失踪的人提起的有关身份关系的诉讼；③对被采取强制性教育措施的人提起的诉讼；④对被监禁的人提起的诉讼。

3）因合同纠纷提起的诉讼，由被告住所地或者合同履行地人民法院管辖。

4）因保险合同纠纷提起的诉讼，由被告住所地或者保险标的物所在地人民法院管辖。

5）因票据纠纷提起的诉讼，由票据支付地或者被告住所地人民法院管辖。

6）因公司设立、确认股东资格、分配利润、解散等纠纷提起的诉讼，由公司住所地人民法院管辖。

7）因铁路、公路、水上、航空运输和联合运输合同纠纷提起的诉讼，由运输始发地、目的地或者被告住所地人民法院管辖。

8）因侵权行为提起的诉讼，由侵权行为地或者被告住所地人民法院管辖。

9）因铁路、公路、水上和航空事故请求损害赔偿提起的诉讼，由事故发生地或者车辆、船舶最先到达地、航空器最先降落地或者被告住所地人民法院管辖。

10）因船舶碰撞或者其他海事损害事故请求损害赔偿提起的诉讼，由碰撞发生地、碰撞船舶最先到达地、加害船舶被扣留地或者被告住所地人民法院管辖。

11）因海难救助费用提起的诉讼，由救助地或者被救助船舶最先到达地人民法院管辖。

12）因共同海损提起的诉讼，由船舶最先到达地、共同海损理算地或者航程终止地的人民法院管辖。

13）因不动产纠纷提起的诉讼，由不动产所在地人民法院管辖；

14）因港口作业中发生纠纷提起的诉讼，由港口所在地人民法院管辖；

15）因继承遗产纠纷提起的诉讼，由被继承人死亡时住所地或者主要遗产所在地人民法院管辖。

16）合同或者其他财产权益纠纷的当事人可以书面协议选择被告住所地、合同履行地、合同签订地、原告住所地、标的物所在地等与争议有实际联系的地点的人民法院管辖，但不得违反《民事诉讼法》对级别管辖和专属管辖的规定。

17）两个以上人民法院都有管辖权的诉讼，原告可以向其中一个人民法院起诉；原告向两个以上有管辖权的人民法院起诉的，由最先立案的人民法院管辖。

3.移送管辖和指定管辖

（1）移送管辖

人民法院发现受理的案件不属于本院管辖的，应当移送有管辖权的人民法院，受移送的人民法院应当受理。受移送的人民法院认为受移送的案件依照规定不属于本院管辖的，应当报请上级人民法院指定管辖，不得再自行移送。

（2）指定管辖

有管辖权的人民建设工程行政纠纷法院由于特殊原因，不能行使管辖权的，由上级人民法院指定管辖。

人民法院之间因管辖权发生争议，由争议双方协商解决；协商解决不了的，报请它们的共同上级人民法院指定管辖。

4.回避制度

（1）审判人员、书记员、翻译人员、鉴定人、勘验人需要回避的情形

审判人员、书记员、翻译人员、鉴定人、勘验人有下列情形之一的，应当自行回避，当事人有权用口头或者书面方式申请他们回避：①是本案当事人或者当事人、诉讼代理人近亲属的；②与本案有利害关系的；③与本案当事人、诉讼代理人有其他关系，可能影响对案件公正审理的。

（2）回避的申请

当事人提出回避申请，应当说明理由，在案件开始审理时提出；回避事由在案件开始审理后知道的，也可以在法庭辩论终结前提出。被申请回避的人员在人民法院作出是否回避的决定前，应当暂停参与本案的工作，但案件需要采取紧急措施的除外。

人民法院对当事人提出的回避申请，应当在申请提出的 3 日内，以口头或者书面形式作出决定。申请人对决定不服的，可以在接到决定时申请复议一次。复议期间，被申请回避的人员，不停止参与本案的工作。人民法院对复议申请，应当在 3 日内作出复议决定，并通知复议申请人。

（3）回避的审批

院长担任审判长时的回避，由审判委员会决定；审判人员的回避，由院长决定；其他人员的回避，由审判长决定。

5.诉讼参加人

（1）当事人

《民事诉讼法》第四十八条规定，公民、法人和其他组织可以作为民事诉讼的当事人。

法人由其法定代表人进行诉讼。其他组织由其主要负责人进行诉讼。

民事诉讼中的当事人，是指因民事权利和义务发生争议，以自己的名义进行诉讼，请求人民法院进行裁判的公民、法人或其他组织。当事人在第一审程序中称为原告和被告，在第二审程序中称为上诉人和被上诉人，在执行程序中称为申请执行人和被执行人。

当事人有权委托代理人，提出回避申请，收集、提供证据，进行辩论，请求调解，提起上诉，申请执行。

（2）诉讼代理人

诉讼代理人，是指根据法律规定或当事人的委托，代理当事人，以被代理人的名义进行民事诉讼活动的人。

无诉讼行为能力人由他的监护人作为法定代理人代为诉讼。法定代理人之间互相推诿代理责任的，由人民法院指定其中一人代为诉讼。

当事人、法定代理人可以委托一至二人作为诉讼代理人。下列人员可以被委托为诉讼代理人：①律师、基层法律服务工作者；②当事人的近亲属或者工作人员；③当事人所在社区、单位以及有关社会团体推荐的公民。

委托他人代为诉讼，必须向人民法院提交由委托人签名或者盖章的授权委托书。授权委托书必须记明委托事项和权限。诉讼代理人代为承认、放弃、变更诉讼请求，进行和解，提起反诉或者上诉，必须有委托人的特别授权。

6.证据

（1）证据的种类

《民事诉讼法》第六十三条规定，证据包括：①当事人的陈述；②书证；③物证；④视听资料；⑤电子数据；⑥证人证言；⑦鉴定意见；⑧勘验笔录。

证据必须查证属实，才能作为认定事实的根据。

（2）举证责任

1）一般原则

当事人对自己提出的主张，有责任提供证据。即"谁主张，谁举证"。

2）举证责任倒置

①因新产品制造方法、发明专利引起的专利侵权诉讼，由制造同样产品的单位或者个人对其产品制造方法不同于专利方法承担举证责任；

②高度危险作业致人损害的侵权诉讼，由加害人就受害人故意造成损害的事实承担举证责任；

③因环境污染引起的损害赔偿诉讼，由加害人就法律规定的免责事由及其行为与损害结果之间不存在因果关系承担举证责任；

④建筑物或者其他设施以及建筑物上的搁置物、悬挂物发生倒塌、脱落、坠落致人损害的侵权诉讼，由所有人或者管理人对其无过错承担举证责任；

⑤饲养动物致人损害的侵权诉讼，由动物饲养人或者管理人就受害人有过错或者第三人有过错承担举证责任；

⑥因缺陷产品致人损害的侵权诉讼，由产品的生产者就法律规定的免责事由承担举证责任；

⑦因共同危险行为致人损害的侵权诉讼，由实施危险行为的人就其行为与损害结果之间不存在因果关系承担举证责任；

⑧因医疗行为引起的侵权诉讼，由医疗机构就医疗行为与损害结果之间不存在因果关系及不存在医疗过错承担举证责任。

7.财产保全和先予执行

（1）财产保全

财产保全，是指人民法院在利害关系人起诉前或者当事人起诉后，为保障将来的生效判决能够得到执行或者避免财产遭受损失，对当事人的财产或者争议的标的物，采取限制当事人处分的强制措施。

人民法院采取保全措施，可以责令申请人提供担保，申请人不提供担保的，裁定驳回申请。人民法院接受申请后，对情况紧急的，必须在 48 小时内作出裁定；裁定采取保全措施的，应当立即开始执行。

申请人在人民法院采取保全措施后 30 日内不依法提起诉讼或者申请仲裁的，人民法院应当解除保全。

（2）先予执行

先予执行，是指人民法院在终局判决之前，为解决权利人生活或生产经营的急需，依法裁定义务人预先履行义务的制度。

人民法院对下列案件，根据当事人的申请，可以裁定先予执行：①追索赡养费、扶养费、抚育费、抚恤金、医疗费用的；②追索劳动报酬的；③因情况紧急需要先予执行的。

人民法院裁定先予执行的，应当符合下列条件：

1）当事人之间权利义务关系明确，不先予执行将严重影响申请人的生活或者生产经营的；

2）被申请人有履行能力。

8. 民事诉讼程序

（1）第一审普通程序

1）起诉和受理

起诉必须符合下列条件：①原告是与本案有直接利害关系的公民、法人和其他组织；②有明确的被告；③有具体的诉讼请求和事实、理由；④属于人民法院受理民事诉讼的范围和受诉人民法院管辖。

起诉应当向人民法院递交起诉状，并按照被告人数提出副本。书写起诉状确有困难的，可以口头起诉，由人民法院记入笔录，并告知对方当事人。

2）审理前的准备

人民法院应当在立案之日起 5 日内将起诉状副本发送被告，被告在收到之日起 15 日内提出答辩状。被告提出答辩状的，人民法院应当在收到之日起 5 日内将答辩状副本发送原告。被告不提出答辩状的，不影响人民法院审理。

3）开庭审理

人民法院审理民事案件，除涉及国家秘密、个人隐私或者法律另有规定的以外，应当公开进行。离婚案件，涉及商业秘密的案件，当事人申请不公开审理的，可以不公开审理。人民法院审理民事案件，根据需要进行巡回审理，就地办案。

人民法院适用普通程序审理的案件，应当在立案之日起六个月内审结。有特殊情况需要延长的，由本院院长批准，可以延长 6 个月；还需要延长的，报请上级人民法院批准。

4）诉讼中止和终结

①中止诉讼的情形：a. 一方当事人死亡，需要等待继承人表明是否参加诉讼的；b. 一方当事人丧失诉讼行为能力，尚未确定法定代理人的；c. 作为一方当事人的法人或者其他组织终止，尚未确定权利义务承受人的；d. 一方当事人因不可抗拒的事由，不能参加诉讼的；e. 本案必须以另一案的审理结果为依据，而另一案尚未审结的；f. 其他应当中止诉讼的情形。

中止诉讼的原因消除后，恢复诉讼。

②终结诉讼的情形：a.原告死亡，没有继承人，或者继承人放弃诉讼权利的；b.被告死亡，没有遗产，也没有应当承担义务的人的；c.离婚案件一方当事人死亡的；d.追索赡养费、扶养费、抚育费以及解除收养关系案件的一方当事人死亡的。

5）判决和裁定

①判决书

判决书应当写明判决结果和作出该判决的理由。判决书内容包括：a.案由、诉讼请求、争议的事实和理由；b.判决认定的事实和理由、适用的法律和理由；c.判决结果和诉讼费用的负担；d.上诉期间和上诉的法院。

判决书由审判人员、书记员署名，加盖人民法院印章。

②裁定

裁定适用于下列范围：a.不予受理；b.对管辖权有异议的；c.驳回起诉；d.保全和先予执行；e.准许或者不准许撤诉；f.中止或者终结诉讼；g.补正判决书中的笔误；h.中止或者终结执行；i.撤销或者不予执行仲裁裁决；j.不予执行公证机关赋予强制执行效力的债权文书以及其他需要裁定解决的事项。

最高人民法院的判决、裁定，以及依法不准上诉或者超过上诉期没有上诉的判决、裁定，是发生法律效力的判决、裁定。

（2）第二审程序

1）上诉期限

当事人不服地方人民法院第一审判决的，有权在判决书送达之日起15日内向上一级人民法院提起上诉。

当事人不服地方人民法院第一审裁定的，有权在裁定书送达之日起10日内向上一级人民法院提起上诉。

2）审理方式

第二审人民法院应当对上诉请求的有关事实和适用法律进行审查。二审人民法院对上诉案件，应当组成合议庭，开庭审理。经过阅卷、调查和询问当事人，对没有提出新的事实、证据或者理由，合议庭认为不需要开庭审理的，可以不开庭审理。

3）审理期限

人民法院审理对判决的上诉案件，应当在第二审立案之日起3个月内审结。有特殊情况需要延长的，由本院院长批准。

人民法院审理对裁定的上诉案件，应当在第二审立案之日起30日内作出终审裁定。

4）第二审人民法院对上诉案件的处理

第二审人民法院对上诉案件，经过审理，按照下列情形，分别处理：

①原判决、裁定认定事实清楚，适用法律正确的，以判决、裁定方式驳回上诉，维持原判决、裁定；

②原判决、裁定认定事实错误或者适用法律错误的，以判决、裁定方式依法改判、撤销或者变更；

③原判决认定基本事实不清的，裁定撤销原判决，发回原审人民法院重审，或者查清事实后改判；

④原判决遗漏当事人或者违法缺席判决等严重违反法定程序的，裁定撤销原判决，发回

原审人民法院重审。

原审人民法院对发回重审的案件作出判决后，当事人提起上诉的，第二审人民法院不得再次发回重审。

第二审人民法院对不服第一审人民法院裁定的上诉案件的处理，一律使用裁定。

（3）执行程序

1）一般规定

发生法律效力的民事判决、裁定，以及刑事判决、裁定中的财产部分，由第一审人民法院或者与第一审人民法院同级的被执行的财产所在地人民法院执行。法律规定由人民法院执行的其他法律文书，由被执行人住所地或者被执行的财产所在地人民法院执行。

2）申请

发生法律效力的民事判决、裁定，当事人必须履行。一方拒绝履行的，对方当事人可以向人民法院申请执行，也可以由审判员移送执行员执行。

调解书和其他应当由人民法院执行的法律文书，当事人必须履行。一方拒绝履行的，对方当事人可以向人民法院申请执行。

对依法设立的仲裁机构的裁决，一方当事人不履行的，对方当事人可以向有管辖权的人民法院申请执行。受申请的人民法院应当执行。

对公证机关依法赋予强制执行效力的债权文书，一方当事人不履行的，对方当事人可以向有管辖权的人民法院申请执行，受申请的人民法院应当执行。

申请执行的期间为二年。申请执行时效的中止、中断，适用法律有关诉讼时效中止、中断的规定。

3）执行措施

执行员接到申请执行书或者移交执行书，应当向被执行人发出执行通知，并可以立即采取强制执行措施。

执行措施主要有：查封、冻结、划拨被执行人的存款；扣留、提取被执行人的收入；查封、扣押、拍卖、变卖被执行人的财产；对被执行人及其住所或财产隐匿地进行搜查；强制被执行人和有关单位、公民交付法律文书指定的财物或票证；强制被执行人迁出房屋或退出土地；强制被执行人履行法律文书指定的行为；办理财产权证照转移手续；强制被执行人支付迟延履行期间的债务利息或迟延履行金；依申请执行人申请，通知对被执行人负有到期债务的第三人向申请执行人履行债务。

4）向上一级人民法院申请执行

人民法院自收到申请执行书之日起超过 6 个月未执行的，申请执行人可以向上一级人民法院申请执行。上一级人民法院经审查，可以责令原人民法院在一定期限内执行，也可以决定由本院执行或者指令其他人民法院执行。

采取强制执行措施时，执行员应当出示证件。执行完毕后，应当将执行情况制作笔录，由在场的有关人员签名或者盖章。

9.3 建设工程行政纠纷处理的法律途径

9.3.1 行政复议

1. 行政复议的概念

行政复议，是指行政机关根据上级行政机关对下级行政机关的监督权，在当事人的申请和参加下，按照行政复议程序对具体行政行为进行合法性和适当性审查，并作出决定以解决行政侵权争议的活动。这是公民、法人或其他组织通过行政救济途径解决行政争议的一种方法。

2. 行政复议的范围

（1）可以申请行政复议的事项

《行政复议法》第六条规定，有下列情形之一的，公民、法人或者其他组织可以依照本法申请行政复议：

1）对行政机关作出的警告、罚款、没收违法所得、没收非法财物、责令停产停业、暂扣或者吊销许可证、暂扣或者吊销执照、行政拘留等行政处罚决定不服的；

2）对行政机关作出的限制人身自由或者查封、扣押、冻结财产等行政强制措施决定不服的；

3）对行政机关作出的有关许可证、执照、资质证、资格证等证书变更、中止、撤销的决定不服的；

4）对行政机关作出的关于确认土地、矿藏、水流、森林、山岭、草原、荒地、滩涂、海域等自然资源的所有权或者使用权的决定不服的；

5）认为行政机关侵犯合法的经营自主权的；

6）认为行政机关变更或者废止农业承包合同，侵犯其合法权益的；

7）认为行政机关违法集资、征收财物、摊派费用或者违法要求履行其他义务的；

8）认为符合法定条件，申请行政机关颁发许可证、执照、资质证、资格证等证书，或者申请行政机关审批、登记有关事项，行政机关没有依法办理的；

9）申请行政机关履行保护人身权利、财产权利、受教育权利的法定职责，行政机关没有依法履行的；

10）申请行政机关依法发放抚恤金、社会保险金或者最低生活保障费，行政机关没有依法发放的；

11）认为行政机关的其他具体行政行为侵犯其合法权益的。

2. 不能提起行政复议的事项

《行政复议法》第八条规定，下列事项应按规定的纠纷处理方式解决，不能提起行政复议：

（1）不服行政机关作出的行政处分或者其他人事处理决定的，应当依照有关法律、行政法规的规定提起申诉；

（2）不服行政机关对民事纠纷作出的调解或者其他处理，应当依法申请仲裁或者向人民法院提起诉讼。

2.行政复议的申请

行政复议是依申请行为。它以行政相对人主动提起为前提，即相对人不提出申请，行政复议机关不能主动管辖。根据《行政复议法》的规定，申请复议应当符合下列条件：

（1）申请人是认为具体行政行为直接侵犯其合法权益的公民、法人或者其他组织。

《行政复议法》第十条第一款规定，依照本法申请行政复议的公民、法人或者其他组织是申请人。

（2）有明确的被申请人。

《行政复议法》第十条第四款规定，公民、法人或者其他组织对行政机关的具体行政行为不服申请行政复议的，作出具体行政行为的行政机关是被申请人。

1）对县级以上地方各级人民政府工作部门的具体行政行为不服的，由申请人选择，可以向该部门的本级人民政府申请行政复议，也可以向上一级主管部门申请行政复议。

2）对海关、金融、国税、外汇管理等实行垂直领导的行政机关和国家安全机关的具体行政行为不服的，向上一级主管部门申请行政复议。

3）对地方各级人民政府的具体行政行为不服的，向上一级地方人民政府申请行政复议。

4）对省、自治区人民政府依法设立的派出机关所属的县级地方人民政府的具体行政行为不服的，向该派出机关申请行政复议。

5）对国务院部门或者省、自治区、直辖市人民政府的具体行政行为不服的，向作出该具体行政行为的国务院部门或者省、自治区、直辖市人民政府申请行政复议。

6）对县级以上地方人民政府依法设立的派出机关的具体行政行为不服的，向设立该派出机关的人民政府申请行政复议。

7）对政府工作部门依法设立的派出机构依照法律、法规或者规章规定，以自己的名义作出的具体行政行为不服的，向设立该派出机构的部门或者该部门的本级地方人民政府申请行政复议。

8）对法律、法规授权的组织的具体行政行为不服的，分别向直接管理该组织的地方人民政府、地方人民政府工作部门或者国务院部门申请行政复议。

9）对两个或者两个以上行政机关以共同的名义作出的具体行政行为不服的，向其共同上一级行政机关申请行政复议；

10）对被撤销的行政机关在撤销前所作出的具体行政行为不服的，向继续行使其职权的行政机关的上一级行政机关申请行政复议。

（3）有具体的复议请求和事实根据。

（4）属于申请复议范围。

（5）属于受理复议机关管辖。

（6）法律、法规规定的其他条件。

《行政复议法》第九条规定，公民、法人或者其他组织认为具体行政行为侵犯其合法权益的，可以自知道该具体行政行为之日起60日内提出行政复议申请；但是法律规定的申请期限超过60日的除外。因不可抗力或者其他正当理由耽误法定申请期限的，申请期限自障碍消除之日起继续计算。

《行政复议法》第十六条规定，公民、法人或者其他组织申请行政复议，行政复议机关已经依法受理的，或者法律、法规规定应当先向行政复议机关申请行政复议、对行政复议决定不服再向人民法院提起行政诉讼的，在法定行政复议期限内不得向人民法院提起行政诉讼。公民、法人或者其他组织向人民法院提起行政诉讼，人民法院已经依法受理的，不得申请行政复议。

3. 行政复议的受理

申请人提出复议申请后，行政复议机关对复议申请进行审查。审查的内容主要有以下四项：①申请是否符合法律、法规规定的条件；②申请是否属于重复申请；③案件是否已由人民法院受理；④申请手续是否完备。

复议机关对复议申请进行审查后，应当在收到申请书之日起 5 日内，对复议申请分别做以下处理：①复议申请符合法定条件的，应予受理；②复议申请符合其他法定条件，但不属于本行政机关受理的，应告知申请人向有关行政机关提出；③复议申请不符合法定条件的，决定不予受理，并告知理由和相应的处理方式，而不能简单地一退了之。

行政复议期间具体行政行为不停止执行；但是，有下列情形之一的，可以停止执行：①被申请人认为需要停止执行的；②行政复议机关认为需要停止执行的；③申请人申请停止执行，行政复议机关认为其要求合理，决定停止执行的；④法律规定停止执行的。

4. 行政复议的决定

行政复议原则上采取书面审查的办法，但申请人提出要求或者行政复议机关负责法制工作的机构认为有必要时，可以向有关组织和人员调查情况，听取申请人、被申请人和第三人的意见。行政复议决定作出前，申请人要求撤回行政复议申请的，经说明理由，可以撤回；撤回行政复议申请的，行政复议终止。

行政复议机关负责法制工作的机构应当对被申请人作出的具体行政行为进行审查，提出意见，经行政复议机关的负责人同意或者集体讨论通过后，按照下列规定作出行政复议决定：

（1）对于具体行政行为认定事实清楚、证据确凿、适用依据正确、程序合法、内容适当的，决定维持。

（2）对于被申请人不履行法定职责的，决定其在一定期限内履行。

（3）对于具体行政行为有下列情形之一的，决定撤销、变更或者确认该具体行政行为违法：主要事实不清、证据不足的；适用依据错误的；违反法定程序的；超越或者滥用职权的；具体行政行为明显不当的。对于决定撤销或者确认该具体行政行为违法的，可以责令被申请人在一定期限内重新作出具体行政行为。

（4）申请人在申请行政复议时可以一并提出行政赔偿请求，行政复议机关对符合《国家赔偿法》有关规定应当给予赔偿的，在决定撤销、变更具体行政行为或者确认具体行政行为违法时，应同时决定被申请人依法给予赔偿。

行政复议机关应当自受理申请之日起 60 日内作出行政复议决定；但是法律规定的行政复议期限少于 60 日的除外。情况复杂，不能在规定期限内作出行政复议决定的，经行政复议机关的负责人批准，可以适当延长，并告知申请人和被申请人；但是延长期限最多不超过 30 日。

行政复议机关作出行政复议决定，应当制作行政复议决定书，并加盖印章。行政复议决定书一经送达，即发生法律效力。

9.3.2　行政诉讼

1.行政诉讼的概念

行政诉讼，是指人民法院应当事人的请求，通过审查具体行政行为合法性的方式，解决特定范围内行政争议的活动，是公民、法人或其他组织依法请求法院对行政机关具体行政行为的合法性进行审查并依法裁判的法律制度。

2.受案范围

（1）予以受理的行政案件

《行政诉讼法》第十一条规定，人民法院受理公民、法人和其他组织对下列具体行政行为不服提起的诉讼：①对拘留、罚款、吊销许可证和执照、责令停产停业、没收财物等行政处罚不服的；②对限制人身自由或者对财产的查封、扣押、冻结等行政强制措施不服的；③认为行政机关侵犯法律规定的经营自主权的；④认为符合法定条件申请行政机关颁发许可证和执照，行政机关拒绝颁发或者不予答复的；⑤申请行政机关履行保护人身权、财产权的法定职责，行政机关拒绝履行或者不予答复的；⑥认为行政机关没有依法发给抚恤金的；⑦认为行政机关违法要求履行义务的；⑧认为行政机关侵犯其他人身权、财产权的。

除前款规定外，人民法院受理法律、法规规定可以提起诉讼的其他行政案件。

（2）不予受理的行政案件

《行政诉讼法》第十二条规定，人民法院不受理公民、法人或者其他组织对下列事项提起的诉讼：①国防、外交等国家行为；②行政法规、规章或者行政机关制定、发布的具有普遍约束力的决定、命令；③行政机关对行政机关工作人员的奖惩、任免等决定；④法律规定由行政机关最终裁决的具体行政行为。

3.行政诉讼的法院管辖

（1）级别管辖

级别管辖是指按照法院的组织系统来划分上下级人民法院之间受理第一审案件的分工和权限。《行政诉讼法》第十三条至第十六条对级别管辖作了明确具体的规定。

1）基层人民法院管辖第一审行政案件。

2）中级人民法院管辖下列第一审行政案件。

①确认发明专利案件和海关处理案件；

②对国务院各部门或者省、自治区、直辖市人民政府所作的具体行政行为提起诉讼的案件；

③本辖区内重大、复杂的案件。这里的"本辖区内重大、复杂的案件"，根据《最高人民法院关于执行〈中华人民共和国行政诉讼法〉若干问题的解释》第八条的规定，有下列几种情形：a.被告为县级以上人民政府，基层人民法院不适宜审理的案件；b.社会影响重大的共同诉讼、集团诉讼案件；c.重大涉外或者涉及香港特别行政区、澳门特别行政区、台湾地区的案件；d.其他重大、复杂案件。

（3）高级人民法院管辖本辖区内重大、复杂的第一审行政案件。

（4）最高人民法院管辖中国范围内重大、复杂的第一审行政案件。

（2）地域管辖

地域管辖又称区域管辖，是指同级法院之间在各自辖区内受理第一审案件的分工和权限。

  1）一般地域管辖

  在行政诉讼中按照最初作出具体行政行为的行政机关所在地划分案件管辖，称作一般地域管辖，有时也称普遍地域管辖。《行政诉讼法》第十七条规定："行政案件由最初作出具体行政行为的行政机关所在地人民法院管辖，经复议的案件，复议机关改变原具体行政行为的，也可以由复议机关所在地人民法院管辖。"

  2）特殊地域管辖

  行政诉讼的特殊地域管辖，是指法律针对特别案件所列举规定的特别管辖。《行政诉讼法》规定了两种具体情形：①《行政诉讼法》第十八条规定，对限制人身自由的行政强制措施不服提起的诉讼，由被告所在地或者原告所在地人民法院管辖；②因不动产提起的诉讼，由不动产所在地人民法院管辖。

  3）共同地域管辖

  共同地域管辖是指两个以上人民法院对同一案件都有管辖权的情况下，原告可以选择其中一个法院起诉。共同地域管辖是由一般地域管辖和特殊地域管辖派生的一种补充管辖方式。

  4.行政诉讼程序

  （1）第一审程序

  1）起诉

  《行政诉讼法》第三十八条规定，公民、法人或者其他组织向行政机关申请复议的，复议机关应当在收到申请书之日起2个月内作出决定，法律、法规另有规定的除外。申请人不服复议决定的，可以在收到复议决定书之日起15日内向人民法院提起诉讼，复议机关逾期不作决定的，申请人可以在复议期满之日起15日内向人民法院提起诉讼。法律另有规定的除外。

  提起诉讼应当符合下列条件：①原告是认为具体行政行为侵犯其合法权益的公民、法人或者其他组织；②有明确的被告；③有具体的诉讼请求和事实根据；④属于人民法院受案范围和受诉人民法院管辖。

  2）受理

  《行政诉讼法》第四十二条规定，人民法院接到起诉状，经审查，应当在7日内立案或者作出裁定不予受理。原告对裁定不服的，可以提起上诉。

  3）审理

  人民法院应当在立案之日起5日内，将起诉状副本发送被告。被告应当在收到起诉状副本之日起十日内向人民法院提交作出具体行政行为的有关材料，并提出答辩状。人民法院应当在收到答辩状之日起5日内，将答辩状副本发送原告。被告不提出答辩状的，不影响人民法院审理。

  人民法院公开审理行政案件，但涉及国家秘密、个人隐私和法律另有规定的除外。人民法院审理行政案件，由审判员组成合议庭，或者由审判员、陪审员组成合议庭。合议庭的成员，应当是3人以上的单数。

  诉讼期间，不停止具体行政行为的执行。但有下列情形之一的，停止具体行政行为的执行：①被告认为需要停止执行的；②原告申请停止执行，人民法院认为该具体行政行为的执行会造成难以弥补的损失，并且停止执行不损害社会公共利益，裁定停止执行的；③法律、法规规定停止执行的。

4）判决

经人民法院两次合法传唤，原告无正当理由拒不到庭的，视为申请撤诉；被告无正当理由拒不到庭的，可以缺席判决。

《行政诉讼法》第五十四条规定，人民法院经过审理，根据不同情况，分别作出以下判决：①具体行政行为证据确凿，适用法律、法规正确，符合法定程序的，判决维持；②具体行政行为有下列情形之一的，判决撤销或者部分撤销，并可以判决被告重新作出具体行政行为：a.主要证据不足的；b.适用法律、法规错误的；c.违反法定程序的；d.超越职权的；e.滥用职权的；③被告不履行或者拖延履行法定职责的，判决其在一定期限内履行；④行政处罚显失公正的，可以判决变更。

（2）第二审程序

1）上诉期限

《行政诉讼法》第五十八条规定，当事人不服人民法院第一审判决的，有权在判决书送达之日起15日内向上一级人民法院提起上诉。当事人不服人民法院第一审裁定的，有权在裁定书送达之日起10日内向上一级人民法院提起上诉。逾期不提起上诉的，人民法院的第一审判决或者裁定发生法律效力。

2）审理方式

《行政诉讼法》第五十九条规定，人民法院对上诉案件，认为事实清楚的，可以实行书面审理。

3）审理期限

《行政诉讼法》第六十条规定，人民法院审理上诉案件，应当在收到上诉状之日起两个月内作出终审判决。有特殊情况需要延长的，由高级人民法院批准，高级人民法院审理上诉案件需要延长的，由最高人民法院批准。

4）人民法院对上诉案件的处理

《行政诉讼法》第六十一条规定，人民法院审理上诉案件，按照下列情形分别处理：①原判决认定事实清楚，适用法律、法规正确的，判决驳回上诉，维持原判；②原判决认定事实清楚，但适用法律、法规错误的，依法改判；③原判决认定事实不清，证据不足，或者由于违反法定程序可能影响案件正确判决的，裁定撤销原判，发回原审人民法院重审，也可以查清事实后改判。

当事人对重审案件的判决、裁定，可以上诉。

（3）执行

当事人必须履行人民法院发生法律效力的判决、裁定。公民、法人或者其他组织拒绝履行判决、裁定的，行政机关可以向第一审人民法院申请强制执行，或者依法强制执行。

行政机关拒绝履行判决、裁定的，第一审人民法院可以采取以下措施：①对应当归还的罚款或者应当给付的赔偿金，通知银行从该行政机关的账户内划拨；②在规定期限内不执行的，从期满之日起，对该行政机关按日处50元至100元的罚款；③向该行政机关的上一级行政机关或者监察、人事机关提出司法建议，接受司法建议的机关，根据有关规定进行处理，并将处理情况告知人民法院；④拒不执行判决、裁定，情节严重构成犯罪的，依法追究主管人员和直接责任人员的刑事责任。

9.4　建设工程纠纷处理的相关司法解释

9.4.1　《最高人民法院关于审理建设工程施工合同纠纷案件适用法律问题的解释》

1. 建设工程施工合同无效的认定及处理

（1）建设工程施工合同无效的认定

建设工程施工合同具有下列情形之一的，应当根据《合同法》第五十二条第（五）项的规定，认定无效：①承包人未取得建筑施工企业资质或者超越资质等级的；②没有资质的实际施工人借用有资质的建筑施工企业名义的；③建设工程必须进行招标而未招标或者中标无效的。

（2）建设工程施工合同无效的处理

1）建设工程施工合同无效，但建设工程经竣工验收合格，承包人请求参照合同约定支付工程价款的，应予支持。

2）建设工程施工合同无效，且建设工程经竣工验收不合格的，按照以下情形分别处理：①修复后的建设工程经竣工验收合格，发包人请求承包人承担修复费用的，应予支持；②修复后的建设工程经竣工验收不合格，承包人请求支付工程价款的，不予支持。

因建设工程不合格造成的损失，发包人有过错的，也应承担相应的民事责任。

3）承包人非法转包、违法分包建设工程或者没有资质的实际施工人借用有资质的建筑施工企业名义与他人签订建设工程施工合同的行为无效。人民法院可以根据《民法通则》第一百三十四条规定，收缴当事人已经取得的非法所得。

（3）建设工程施工合同无效认定，不予支持的情形

1）承包人超越资质等级许可的业务范围签订建设工程施工合同，在建设工程竣工前取得相应资质等级，当事人请求按照无效合同处理的，不予支持。

2）具有劳务作业法定资质的承包人与总承包人、分包人签订的劳务分包合同，当事人以转包建设工程违反法律规定为由请求确认无效的，不予支持。

2. 发承包人请求解除建设工程施工合同的情形

（1）承包人具有下列情形之一，发包人请求解除建设工程施工合同的，应予支持：①明确表示或者以行为表明不履行合同主要义务的；②合同约定的期限内没有完工，且在发包人催告的合理期限内仍未完工的；③已经完成的建设工程质量不合格，并拒绝修复的；④将承包的建设工程非法转包、违法分包的。

（2）发包人具有下列情形之一，致使承包人无法施工，且在催告的合理期限内仍未履行相应义务，承包人请求解除建设工程施工合同的，应予支持：①未按约定支付工程价款的；②提供的主要建筑材料、建筑构配件和设备不符合强制性标准的；③不履行合同约定的协助义务的。

（3）建设工程施工合同解除的处理

建设工程施工合同解除后，已经完成的建设工程质量合格的，发包人应当按照约定支付相应的工程价款；已经完成的建设工程质量不合格的，参照本解释第三条规定处理。

因一方违约导致合同解除的，违约方应当赔偿因此而给对方造成的损失。

3. 发承包人因过错承担的法律责任

（1）因承包人的过错造成建设工程质量不符合约定，承包人拒绝修理、返工或者改建，发包人请求减少支付工程价款的，应予支持。承包人有过错的，也应当承担相应的过错责任。

（2）发包人具有下列情形之一，造成建设工程质量缺陷，应当承担过错责任：①提供的设计有缺陷；②提供或者指定购买的建筑材料、建筑构配件、设备不符合强制性标准；③直接指定分包人分包专业工程。

建设工程未经竣工验收，发包人擅自使用后，又以使用部分质量不符合约定为由主张权利的，不予支持；但是承包人应当在建设工程的合理使用寿命内对地基基础工程和主体结构质量承担民事责任。

4. 当事人对建设工程实际竣工日期争议的处理

当事人对建设工程实际竣工日期有争议的，按照以下情形分别处理：①建设工程经竣工验收合格的，以竣工验收合格之日为竣工日期；②承包人已经提交竣工验收报告，发包人拖延验收的，以承包人提交验收报告之日为竣工日期；③建设工程未经竣工验收，发包人擅自使用的，以转移占有建设工程之日为竣工日期。

5. 当事人对垫资和垫资利息争议的处理

当事人对垫资和垫资利息有约定，承包人请求按照约定返还垫资及其利息的，应予支持，但是约定的利息计算标准高于中国人民银行发布的同期同类贷款利率的部分除外。

当事人对垫资没有约定的，按照工程欠款处理。当事人对垫资利息没有约定，承包人请求支付利息的，不予支持。

6. 当事人对工程质量发生争议的处理

建设工程竣工前，当事人对工程质量发生争议，工程质量经鉴定合格的，鉴定期间为顺延工期期间。

当事人对工程量有争议的，按照施工过程中形成的签证等书面文件确认。承包人能够证明发包人同意其施工，但未能提供签证文件证明工程量发生的，可以按照当事人提供的其他证据确认实际发生的工程量。

因建设工程质量发生争议的，发包人可以以总承包人、分包人和实际施工人为共同被告提起诉讼。

实际施工人以转包人、违法分包人为被告起诉的，人民法院应当依法受理。实际施工人以发包人为被告主张权利的，人民法院可以追加转包人或者违法分包人为本案当事人。发包人只在欠付工程价款范围内对实际施工人承担责任。

7. 当事人对建设工程造价发生争议的处理

（1）当事人就同一建设工程另行订立的建设工程施工合同与经过备案的中标合同实质性内容不一致的，应当以备案的中标合同作为结算工程价款的根据。

（2）当事人对建设工程的计价标准或者计价方法有约定的，按照约定结算工程价款。因设计变更导致建设工程的工程量或者质量标准发生变化，当事人对该部分工程价款不能协商一致的，可以参照签订建设工程施工合同时当地建设行政主管部门发布的计价方法或者计价标准结算工程价款。建设工程施工合同有效，但建设工程经竣工验收不合格的，工程价款结算参照本解释第三条规定处理。

（3）当事人对欠付工程价款利息计付标准有约定的，按照约定处理；没有约定的，按照中国人民银行发布的同期同类贷款利率计息。利息从应付工程价款之日起计付。当事人对付款时间没有约定或者约定不明的，下列时间视为应付款时间：①建设工程已实际交付的，为交付之日；②建设工程没有交付的，为提交竣工结算文件之日；③建设工程未交付，工程价款也未结算的，为当事人起诉之日。

（4）当事人约定，发包人收到竣工结算文件后，在约定期限内不予答复，视为认可竣工结算文件的，按照约定处理。承包人请求按照竣工结算文件结算工程价款的，应予支持。

（5）当事人约定按照固定价结算工程价款，一方当事人请求对建设工程造价进行鉴定的，不予支持。

8. 保修人与建筑物所有人或者发包人对建筑物毁损的责任承担

因保修人未及时履行保修义务，导致建筑物毁损或者造成人身、财产损害的，保修人应当承担赔偿责任。

保修人与建筑物所有人或者发包人对建筑物毁损均有过错的，各自承担相应的责任。

此外，建设工程施工合同纠纷以施工行为地为合同履行地。

9.4.2 《最高人民法院关于建设工程价款优先受偿权问题的批复》

1. 建筑工程价款的组成

建筑工程价款包括承包人为建设工程应当支付的工作人员报酬、材料款等实际支出的费用，不包括承包人因发包人违约所造成的损失。

2. 建设工程价款优先受偿权的适用

（1）人民法院在审理房地产纠纷案件和办理执行案件中，应当依照《合同法》第二百八十六条的规定，认定建筑工程的承包人的优先受偿权优于抵押权和其他债权。

（2）消费者交付购买商品房的全部或者大部分款项后，承包人就该商品房享有的工程价款优先受偿权不得对抗买受人。

3. 建设工程价款优先受偿权的期限

建设工程承包人行使优先权的期限为 6 个月，自建设工程竣工之日或者建设工程合同约定的竣工之日起计算。

【案例】

顺达房地产开发有限责任公司（以下简称"顺达公司"）与华运建筑工程公司（以下简称"华运公司"）签订了建设工程施工合同。合同约定，华运公司承建顺达公司开发的锦芳苑住宅小区中的 2 幢楼，均为 15 层，板式结构，总建筑面积 36000 平方米，工期从 2002 年 3 月 1 日至 2005 年 7 月 30 日，合同价款 68480000 元，因顺达公司资金紧张，在工程施工期间，华运公司垫付全部工程款，工程竣工并经验收合格后，顺达公司按合同约定支付工程款。双方未对垫资的利息作约定。

合同签订后，华运公司如期开工和竣工并经验收合格后，向顺达公司提交了竣工资料，并要求顺达公司按合同约定结算并支付工程款。顺达公司因资金紧张无力支付工程款，便以华运公司垫付全部工程款违反了相关法律规定，双方所签合同无效为由而拒付工程款。

华运公司则认为，本公司在签订合同时同意垫付全部工程款实出于无奈，因为顺达公司称如果不同意垫资，就立刻将该工程发包给其他建筑公司。现本公司已经按合同约定完成全部工程并经验收合格，所以顺达公司应当按合同约定支付工程款。华运公司与顺达公司多次交涉未果，遂于半年后诉至法院，请求法院判令顺达公司按合同约定支付工程款 68480000 元及利息 2588544 元。

法院的认定与判决：

在庭审中，原告华运公司诉称，本公司与信达公司签订的建设工程施工合同是双方真实意思的表示，合法有效。本公司已全部履行了合同义务。被告顺达公司应当按合同约定支付工程款，故请求法院判令顺达公司按合同约定支付工程款 68480000 元及利息 2588544 元。

被告顺达公司辩称，原告华运公司垫资施工的行为违反了相关法律规定，双方所签合同无效。本公司可以支付合同价款，但不同意支付原告利息。

法院经审理查明后认为，原告华运公司与被告顺达公司在签订建设工程施工合同时约定华运公司垫付全部工程款，虽违反了原国家计委、建设部和财政部联合发布的《关于严格禁止在工程建设中带资承包的通知》的规定，但依照《最高人民法院关于适用〈中华人民共和国合同法〉若干问题的解释》(一)第四条和《最高人民法院关于审理建设工程施工合同纠纷案件适用法律问题的解释》第五条之规定，可以认定有效。被告顺达公司以原告垫资施工的行为违反了相关法律规定，双方所签合同无效的理由不能成立，本院不予采纳。原告已全部履行了合同义务，其关于顺达公司按合同约定支付工程款 68480000 元的请求符合法律规定与合同约定，本院予以支持。对其要求被告支付利息 2588544 元的请求，因双方在合同中对垫资的利息未作约定，故本院不予支持。

据此，法院判决被告支付工程款 68480000 元和本案诉讼费用 352410 元；驳回原告的其他诉讼请求。被告未上诉。

律师点评：

在建设工程施工合同中，时常会遇到当事人双方有关垫资的约定。在当前建筑市场中建设方处于优势地位的情况下，这种做法尤为普遍。1996 年原国家计委、建设部和财政部联合发布《关于严格禁止在工程建设中带资承包的通知》，是为了解决日益严重的拖欠工程款问题，以维护建筑施工企业的合法权益。但实践中，由于众所周知的原因，垫资施工的现象根本未得到控制，反而愈演愈烈。这成为当前建筑市场中一个十分棘手和尴尬的问题。而且，最高人民法院《关于适用〈中华人民共和国合同法〉若干问题的解释》(一)第四条规定："《合同法》实施后，人民法院确认合同无效，应当以全国人大及其常委会制定的法律和国务院制定的行政法规为依据，不得以地方性法规、行政规章为依据。"《关于严格禁止在工程建设中带资承包的通知》是位列部门规章之下的规范性文件，不能作为认定合同无效的依据。为了妥善解决这一问题，最高人民法院根据相关法律规定，对建设工程施工合同中，当事人双方有关垫资的问题作出了《最高人民法院关于审理建设工程施工合同纠纷案件适用法律问题的解释》。

本案中，原告华运公司与被告顺达公司在签订建设工程施工合同时，约定由华运公司垫付全部工程款，但未约定垫资的利息。所以法院依本条司法解释所作出的只支持其关于工程款的请求，而驳回其支付利息的请求是完全正确的。

【思考题】

1. 什么是建设工程民事纠纷？什么是建设工程行政纠纷？
2. 简述仲裁的程序。
3. 简述民事诉讼的法院管辖。简述证据的种类。简述民事诉讼的第一审普通程序。
4. 简述行政复议的概念及行政复议的范围。
5. 简述行政诉讼的法院管辖。简述行政诉讼的第一审程序。
6. 依据《最高人民法院关于审理建设工程施工合同纠纷案件适用法律问题的解释》，简述建设工程施工合同无效的认定及处理。简述发承包人请求解除建设工程施工合同的情形。

第10章 有关工程建设的其他法规

【教学目标】

了解税收法规、消防法规，熟悉土地管理法规、工程建设标准化法规，掌握建设工程监理法规、城乡规划法规、国有土地上房屋征收与补偿法规以及劳动法规。

【职业资格考试要求】

建设工程监理的依据、范围，城乡规划的内容、编制和审批程序、一书两证制度，国有土地使用权的划拨、土地使用权的出让，国有土地上房屋征收范围、补偿范围及形式，工程建设标准的种类及级别、工程建设强制性标准的实施及监督，企业所得税、城镇土地使用税、土地增值税、房产税、契税，建筑工程消防设计的审核、变更与验收，劳动合同制度、劳动安全卫生规程、女职工和未成年工的特殊保护、劳动争议的处理。

【涉及的主要法规】

《工程建设监理规定》、《建设工程监理规范》、《中华人民共和国城乡规划法》①、《中华人民共和国土地管理法》②、《国有土地上房屋征收与补偿条例》、《中华人民共和国标准化法》③、《工程建设国家标准管理办法》、《工程建设行业标准管理办法》、《实施工程建设强制性标准监督规定》、《中华人民共和国税收征收管理法》④、《营业税暂行条例》、《营业税暂行条例实施细则》、《城市维护建设税暂行条例》、《中华人民共和国企业所得税法》⑤、《中华人民共和国个人所得税法》⑥、《中华人民共和国消防法》⑦、《中华人民共和国劳动法》⑧、《中华人民共和国劳动合同法》⑨。

---

① 《中华人民共和国城乡规划法》，在本书后面出现，一律简称《城乡规划法》。
② 《中华人民共和国土地管理法》，在本书后面出现，一律简称《土地管理法》。
③ 《中华人民共和国标准化法》，在本书后面出现，一律简称《标准化法》。
④ 《中华人民共和国税收征收管理法》，在本书后面出现，一律简称《税收征收管理法》
⑤ 《中华人民共和国企业所得税》，在本书后面出现，一律简称《企业所得税法》
⑥ 《中华人民共和国个人所得税法》，在本书后面出现，一律简称《个人所得税法》
⑦ 《中华人民共和国消防法》，在本书后面出现，一律简称《消防法》。
⑧ 《中华人民共和国劳动法》，在本书后面出现，一律简称《劳动法》。
⑨ 《中华人民共和国劳动合同法》，在本书后面出现，一律简称《劳动合同法》。

10.1　建设工程监理法规

10.1.1　建设工程监理的概念

建设工程监理是指具有相应资质的工程监理企业，接受建设单位的委托，承担其项目管理工作，并代表建设单位对承建单位的建设行为进行监控的专业化服务活动。

工程监理企业是指取得企业法人营业执照，具有监理资质证书的依法从事建设工程监理业务活动的经济组织。

建设工程监理的行为主体是工程监理企业，建设工程监理不同于建设行政主管部门的监督管理，也不同于总承包单位对分包单位的监督管理。建设工程监理只有在建设单位的委托下才能实施，只有在与建设单位订立书面委托监理合同，明确了监理的范围、内容、权利、义务和责任，工程监理企业才能在规定的范围内行使管理权，合法地开展建设工程监理。工程监理企业在委托监理的工程中拥有一定的管理权限，能够开展管理活动是建设单位授权的结果。

10.1.2　建设工程监理的依据

建设工程监理的依据包括工程建设文件，有关的法律法规、标准规范，建设工程委托监理合同和有关的建设工程合同。

1. 工程建设文件

包括批准的可行性研究报告、建设项目选址意见书、建设用地规划许可证、建设工程规划许可证、批准的施工图设计文件和施工许可证等。

2. 有关的法律、法规、规章和标准、规范

包括《建筑法》、《合同法》、《招标投标法》、《建设工程质量管理条例》等法律法规，《工程建设监理规定》等部门规章，以及地方性法规等；也包括《工程建设标准强制性条文》、《建设工程监理规范》以及有关的工程技术标准、规范和规程。

3. 建设工程委托监理合同及有关的建设工程合同

工程监理企业依据哪些有关的建设工程合同进行监理，视委托监理合同的范围来决定。过程监理应当包括咨询合同、勘察合同、设计合同、施工合同以及设备采购合同等，决策阶段监理主要是咨询合同，设计阶段监理主要是设计合同，施工阶段监理主要是施工合同。

10.1.3　建设工程监理的范围

1. 工程范围

为了有效发挥建设工程监理的作用，加大推行监理的力度，根据《建筑法》，国务院公布的《建设工程质量管理条例》对实行强制性监理的工程范围作了原则性规定，原建设部又进一步在《建设工程监理范围和规模标准规定》中对实行强制性监理的工程范围作了具体规定。下列建设工程必须实行监理：

（1）国家重点建设工程：依据《国家重点建设工程管理办法》所确定的对国民经济和社会发展有重大影响的骨干项目。

（2）大中型公用事业工程：项目总投资额在3000万元以上的供水、供电、供气、供热等市政工程项目；科技、教育、文化等项目；体育、旅游、商业等项目；卫生、社会福利等项目；其他公用事业项目。

（3）成片开发建设的住宅小区工程：建筑面积在5万平方米以上的住宅建设工程。

（4）利用外国政府或者国际组织贷款、援助资金的工程：包括使用世界银行、亚洲开发银行等国际组织贷款资金的项目；使用外国政府及其机构贷款资金的项目；使用国际组织或者国外政府援助资金的项目。

（5）国家规定必须实行监理的其他工程：项目总投资在3000万元以上关系社会公共利益、公众安全的交通运输、水利建设、城市基础设施、生态环境保护、信息产业、能源等基础项目，以及学校、影剧院、体育馆项目。

2. 阶段范围

建设工程监理可以适用于工程建设投资决策阶段和项目施工阶段，但目前主要是建设工程施工阶段。

在建设工程施工阶段，建设单位、勘察单位、设计单位、施工单位和工程监理企业等工程建设的各类行为主体均参与到建设工程项目中，形成了一个完整的建设工程组织体系。在这个阶段，建设市场的发包体系、承包体系、管理服务体系的各主体在建设工程中各自承担工程建设的责任和义务，最终使建设工程建成投入使用。在施工阶段委托监理进行全面管理的目的是更有效地发挥监理的规划、控制、协调作用，为在计划目标内建成工程提供最好的专业服务。

10.1.4 建设工程监理的性质

1. 服务性

建设工程监理具有服务性，是从它的业务性方面定性的。建设工程监理的主要方法是规划、控制、协调，主要任务是"三控制、二管理、一协调"，控制建设工程的投资、进度和质量，做好合同管理和信息管理，协调工程建设各方的关系，最终达到的基本目的是协助建设单位在计划目标内将建设工程建成投入使用。这就是建设工程监理的管理服务内涵。

工程监理企业既不直接进行设计，也不直接进行施工；既不向建设单位承包造价，也不参与承包商的利益分成。在工程建设中，监理人员利用自己的知识、技能和经验、信息及必要的检测手段，为建设单位提供管理服务。

工程监理企业不能完全取代建设单位的管理活动，它不具有建设重大问题的决策权，它只能在建设单位授权范围内代表建设单位进行管理。

工程监理的服务对象是建设单位。监理服务是按照委托监理合同的规定进行的，是受法律约束和保护的。

2. 科学性

科学性是由建设工程监理要达到的基本目的决定的。建设工程监理以协助建设单位实现其投资目的为己任，力求在计划工作的目标内建成工程，面对工程规模日趋庞大，环境日益复杂，功能、标准要求越来越高，新技术、新工艺、新材料、新设备不断涌现，参加建设的单位越来越多，市场竞争日益激烈，风险日益增加的情况，监理单位只有采用科学的思想、理论、方法和手段才能驾驭工程建设实施。

工程监理的科学性主要表现在：工程监理企业应当由组织管理能力强、工程建设经验丰富的人员担任领导；应当有足够数量的、有丰富的管理经验和应变能力的监理工程师组成的骨干队伍；应当有一套健全的管理制度；能利用先进的管理理论、方法和手段进行现代化的管理；要积累足够的技术、经济资料和数据；要有科学的工作态度和严谨的工作作风，能实事求是、创造性地开展工作。

3. 独立性

《建筑法》明确指出，工程监理企业应当根据建设单位的委托，客观、公正地执行监理任务。《工程建设监理规定》和《建设工程监理规范》要求工程监理企业按照"公正、独立、自主"的原则开展监理工作。

按照独立性要求，工程监理单位应当严格地按照有关法律、法规、规章、工程建设文件、工程建设技术标准、建设工程委托监理合同、有关的建设工程合同等的规定实施监理；在委托监理的工程中，与承建单位不得有隶属关系和其他利害关系；在开展工程监理的过程中，必须建立自己的组织，按照自己的工作计划、程序、流程、方法、手段，根据自己的判断，独立地开展工作。

4. 公正性

公正性是社会公认的职业道德准则，是监理行业能够长期生存和发展的基本职业道德准则。在开展建设工程监理的过程中，工程监理企业应当排除各种干扰，客观、公正地对待监理的委托单位和承建单位。特别是当建设单位和施工单位发生利益冲突或者矛盾时，工程监理企业应以事实为依据，以法律和合同为准绳，在维护建设单位的合法权益时，不损害承建单位的合法权益。

10.1.5　建设工程监理的原则

建设工程监理的原则是指在从事工程监理的过程中所应当遵循的基本准则和规则。综合来讲，在工程建设监理过程中应当遵循以下原则：

1. 依法监理的原则

从事工程监理的单位或个人进行监理所依据的主要是相关的法律、法规、部门规章、办法以及其他具有法律约束力的规范性文件，还包括其他的国家现行技术规范、技术标准、规程和工程质量检测验评的标准。"合同是当事人之间的法律"，所以当事人遵循合同也是守法。建设单位与监理单位之间、建设单位与承包单位之间依法成立的合同以及其他的作为工程合同组成部分的文件都是监理的依据。建设单位和工程承包单位也要守法，他们与监理单位之间存在着直接或间接的关系，应当依据相关法律、合同的规定做好配合工作，不能对监理进行违法的干预。

2. 参照国际惯例的原则

西方发达国家工程建设监理工作已有 100 多年的历史，其监理体系趋于成熟和完善，各国具有严密的组织机构以及规范化的方式、手段和实施程序。我国的工程建设活动已进入国际市场，因此，从事工程建设监理的单位和从业的监理工程师应当充分研究和借鉴国际通行做法和经验，迅速与国际接轨，更好地走向国际市场。

3. 结合我国国情的原则

如前所述，我国工程监理制度的建立需要借鉴国际的惯例，但又不能盲目照搬，应当充分结合我国国情，建立具有中国特色的工程建设监理制度体系，更好地规范我国的工程监理工作。

10.1.6 建设工程监理工作的程序

为了更好地进行监理工作，保证监理工作的规范化和标准化，从而保证监理工作的质量，提高监理工作的水平，工程监理工作应遵循以下程序：

1. 监理任务的取得

我国工程监理任务的取得主要通过建设单位点名委托、竞标择优委托、商议委托等形式。建设项目符合《工程建设招标范围和规模标准规定》和《建设工程监理范围和规模标准规定》必须实行工程监理的工程项目，均须通过招标投标的方式选择监理单位。参加投标的单位必须具有与招标工程规模相适应的资质等级。招标单位可以自行组织招标，也可以委托具有相应资质的招标代理机构组织招标。强制监理的招标项目由招标单位自行组织招标的，应当向省、自治区、直辖市建设工程招标管理机构备案，以便监督管理。

2. 签订建设工程监理合同

建设工程委托监理合同简称监理合同，是指工程建设单位聘请监理单位代其对工程项目进行管理，明确双方权利、义务的协议。建设单位简称委托人，监理单位简称受托人。监理合同的类型包括建设前期监理合同、设计监理合同、招标监理合同、施工监理合同等类型。建设部、国家工商行政管理总局在 1975 年发布的示范文本的基础上，于 2000 年 2 月 17 日发布了《建设工程委托监理合同示范文本》，该文本在结合我国国情的基础上，较多采纳了国际通行的 FIDIC 合同文本的内容，与国际通行的规则接轨。2012 年 3 月 27 日，住房和城乡建设部、国家工商行政管理总局发布了《建设工程监理合同（示范文本）》，《建设工程委托监理合同（示范文本）》同时废止。

3. 成立项目监理组织

监理合同签订后，监理组织要依据工程项目的规模、性质和业主对监理的要求，委派称职的人员担任项目的总监理工程师，代表监理单位全面负责项目的监理工作，总监理工程师对内向监理单位负责，对外向业主负责。

4. 收集有关资料

监理工程师接到监理任务后要熟悉所监理工程的相关资料，主要包括：

（1）反映工程项目特征的有关资料；

（2）反映当地工程建设政策、法规的有关资料；

（3）反映工程所在地区技术经济状况等建设条件资料；

（4）类似工程项目建设情况的资料。

5. 编制建设工程监理规划

监理单位接受建设单位委托后，应编制项目监理规划，作为指导监理机构开展工作的纲领性技术组织文件，也是政府主管机构、建设单位对监理单位实施监督管理，确认监理合同履行的重要内容和主要依据。

6. 监理工作的开展

监理单位应当按工程建设进度，分专业编制工程建设监理细则。要根据制定的监理工作计划和运行制度，规范地开展工作，并遵循规则的时序性、职责分工的严密性、工作目标的确定性。在整个监理过程中，监理工程师通常采用书面指示、工地会议、专题研究、约见承包商、监理记录及资料管理等手段对工程进行管理。

7. 参与工程竣工预验收，签署建设监理意见；向项目法人提交工程建设监理档案资料；向业主和监理单位分别提交监理工作总结。

10.1.7　监理单位的法律责任

（1）工程监理单位是工程建设的责任主体之一，代表建设单位对施工质量承担监理责任。

工程监理单位对工程质量的控制包括对原材料、构配件及设备的质量控制和对部分分项工程的质量控制。监理工程师应当按照工程监理规范的要求，采取旁站、巡视和平行检验等形式，对建设工程实施监理。

（3）监理单位是建设工程安全生产的重要保障。《建设工程安全生产管理条例》规定，监理单位应当审查施工组织设计中的安全措施或者专项施工方案是否符合工程建设强制性标准。

工程监理单位在实施监理过程中，发现存在安全事故隐患的，应当要求施工单位整改；情况严重的，应当要求施工单位暂时停止施工，并及时报告建设单位。施工单位拒不整改或者不停止施工的，工程监理单位应当及时向有关主管部门报告。

工程监理单位和监理工程师应当按照法律、法规和工程建设强制性标准实施监理，并对建设工程安全生产承担监理责任。

（3）工程监理单位不按照委托监理合同的约定履行监理义务，对应当监督检查的项目不检查或者不按规定检查，给建设单位造成损失的，应当承担相应的赔偿责任。

（4）工程监理单位与承包单位串通，为承包单位谋取非法利益，给建设单位造成损失的，工程监理单位应当与承包单位承担连带赔偿责任。

工程监理单位与建设单位或者建筑施工企业串通，弄虚作假、降低工程质量的，责令改正，处以罚款，降低资质等级或者吊销资质证书；有违法所得的，予以没收；造成损失的，承担连带责任；构成犯罪的，依法追究刑事责任。

（5）工程监理单位转让监理业务的，责令改正，没收违法所得，可以责令停业整顿，降低资质等级；情节严重的，吊销资质证书。

【案例】

建设单位计划将拟建的高速公路建设工程项目委托某一建设监理公司进行实施阶段的监理。建设单位参照《建设工程委托监理合同（示范文本）》预先起草了一份监理合同（草案），其部分内容如下：

1. 除业主原因造成的工程延期外，其他原因造成的工程延期监理单位应付出相当于对施工单位罚款额的20%给业主；如工期提前，监理单位可得到相当于对施工单位工期提前奖的20%的奖金。

2. 工程设计图纸出现设计质量问题，监理单位应付给建设单位相当于给设计单位的设计费的5%的赔偿。

3. 在施工期间，每发生一起施工人员重伤事故，监理单位应受罚款1.5万元人民币；发生一起死亡事故，对监理单位罚款3万元人民币。

4. 凡由于监理工程师出现差错、失误而造成的经济损失，监理单位应按实际费用付给建设单位赔偿费。

5. 监理单位负责审查施工组织设计中的安全技术措施或者专项施工方案是否符合工程建设设计标准。工程监理单位在实施监理过程中，发现存在安全事故隐患的，应当要求施工单位暂时停止施工。

经过双方协商，对监理合同(草案)中的一些问题进行了修改、调整和完善，最后确定了建设工程委托监理合同的主要条款。其中包括：监理的范围和内容、双方的权利与义务、监理费的计取与支付、违约责任、双方约定的其他事项。

问题：

该监理合同(草案)部分内容中哪些条款不妥？为什么？

分析：

监理合同(草案)部分内容的几条均不妥。因为：

1. 建设工程监理的性质是服务性的，监理单位和监理工程师"将不是，也不能成为任何承包商的工程的承保人或保证人"。若将设计、施工出现的问题与监理单位直接挂钩，这与监理工作的性质不符。

2. 监理单位与建设单位和承包商是相互独立、平等的第三方。为了保证其独立性与公正性，监理单位不得承包工程，不得经营建筑材料、构配件和建筑机械、设备。在合同中若写入上述条款，势必将监理单位的经济利益与承包商的利益联系起来，不利于监理工作的公正性。

3. 第3条中对于施工期间施工单位发生施工人员伤亡，按《建筑法》第四十五条规定："施工现场安全由建筑施工企业负责。"监理单位的责、权、利主要来源于建设单位的委托与授权，建设单位并不承担的责任，合同中要求监理单位承担责任也是不妥的。

《建筑工程安全管理条例》第十四条规定：工程监理单位和监理工程师应当按照法律、法规和工程建设强制性标准实施监理，并对建设工程安全生产承担监理责任。

4. 《建设工程委托监理合同(示范文本)》标准条件第二十六条规定，监理人员在责任期内，如果因监理人员过失而造成了委托人的经济损失，应当向委托人赔偿。累计赔偿总额不应超过监理报酬总额(除去税金)(或赔偿金＝直接经济损失×报酬比率(扣除税金))。

5. 《建筑工程安全管理条例》第十四条规定，工程监理单位应当审查施工组织设计中的安全技术措施或者专项施工方案是否符合工程建设强制性标准。

工程监理单位在实施监理过程中，发现存在安全事故隐患的，应当要求施工单位整改；情况严重的，应当要求施工单位暂时停止施工，并及时报告建设单位。施工单位拒不整改或者不停止施工的，工程监理单位应当及时向有关主管部门报告。

(上述案例源自：李海霞，屈冬梅主编.建设工程法规[M].南京：南京大学出版社，2013)

10.2 城乡规划法规

10.2.1 城乡规划的概念

城乡规划是指为了实现一定时期内城市、村庄和集镇的经济和社会发展目标，确定城市、村庄和集镇的性质、规模和发展方向，合理利用城乡土地，协调城乡空间布局和各项建设的综合部署和具体安排。《城乡规划法》所称城乡规划，包括城镇体系规划、城市规划、镇规划、乡规划和村庄规划。城市规划、镇规划分为总体规划和详细规划。详细规划分为控制性详细规划和修建性详细规划。城市、镇规划区内的建设活动应当符合规划要求。

10.2.2 城乡规划的制定

1. 城乡规划的内容

《城乡规划法》对城乡规划的主要规划内容作了明确的规定。

(1)省域城镇体系规划。应当包括城镇空间布局和规模控制，重大基础设施的布局，为保护生态环境、资源等需要严格控制的区域等。

（2）城市、镇总体规划。应当包括城市、镇的发展布局，功能分区，用地布局，综合交通体系，禁止、限制和适宜建设的地域范围，各类专项规划等。其中，规划区范围、规划区内建设用地规模、基础设施和公共服务设施用地、水源地和水系、基本农田和绿化用地、环境保护、自然与历史文化遗产保护以及防灾减灾等内容，属于强制性内容。城市总体规划还应对城市更长远的发展作出预测性安排。

（3）乡规划和村庄规划。应当包括规划区范围，住宅、道路、供水、排水、供电、垃圾收集、畜禽养殖场所等农村生产生活服务设施、公益事业等各项建设的用地布局、建设要求，以及对耕地等自然资源和历史文化遗产保护、防灾减灾等的具体安排。乡规划还应当包括本行政区域内的村庄发展布局。

2. 城乡规划编制和审批程序

《城乡规划法》对城乡规划的编制和审批程序作了明确的规定。

（1）全国城镇体系规划。由国务院城乡规划主管部门会同国务院有关部门组织编制，并由国务院城乡规划主管部门报国务院审批。

（2）省域城镇体系规划。由省、自治区人民政府组织编制，经本级人民代表大会常务委员会审议后附审议意见及修改情况一并报送国务院审批。

（3）直辖市城市总体规划。由直辖市人民政府组织编制，经本级人民代表大会常务委员会审议后附审议意见及修改情况一并报送国务院审批。

（4）城市总体规划。省、自治区人民政府所在地的城市以及国务院确定的城市的总体规划，由城市人民政府组织编制，经本级人民代表大会常务委员会审议后附审议意见及修改的情况，并由省、自治区人民政府审查同意后，报送国务院审批。其他城市的总体规划，由城市人民政府组织编制，经本级人民代表大会常务委员会审议后附审议意见及修改情况一并报送省、自治区人民政府审批。

（5）镇总体规划。县人民政府所在地镇的总体规划，由县人民政府组织编制，经本级人民代表大会常务委员会审议后附审议意见及修改情况一并报送上一级人民政府审批。其他镇的总体规划，由镇人民政府组织编制，经镇人民代表大会审议后附审议意见及修改情况一并报送上一级人民政府审批。

（6）乡规划、村庄规划。由乡、镇人民政府组织编制，报上一级人民政府审批。村庄规划应经村民会议或者村民代表会议同意后报上一级人民政府审批。

（7）城市控制性详细规划。由城市人民政府城乡规划主管部门组织编制，经本级人民政府批准后，报本级人民代表大会常务委员会和上一级人民政府备案。

（8）镇的控制性详细规划。县人民政府所在地镇的控制性详细规划，由县人民政府城乡规划主管部门组织编制，经县人民政府批准后，报本级人民代表大会常务委员会和上一级人民政府备案。其他镇的控制性详细规划，由镇人民政府组织编制，报上一级人民政府审批。

（9）修建性详细规划。城市、镇重要地块的修建性详细规划，由城市、县人民政府城乡规划主管部门和镇人民政府组织编制。

3. 科学、民主制定规划的要求

《城乡规划法》为依法科学、民主地制定城乡规划作出了明确的规定。

（1）城乡规划组织编制机关，应当委托具有相应资质等级的单位承担城乡规划的具体编制工作。编制城乡规划应当遵守有关法律、行政法规和国务院的规定，必须遵守国家有关标准。

（2）编制城乡规划，应当具备国家规定的勘察、测绘、气象、地震、水文、环境等基础资料。国家鼓励采用先进的科学技术，增强城乡规划的科学性。

（3）城乡规划报送审批前，应当依法将规划草案予以公告，并采取论证会、听证会或者其他方式征求专家和公众的意见。省域城镇体系规划、城市总体规划、镇总体规划批准前，应当组织专家和有关部门进行审查。

10.2.3 城乡规划的实施

1. 城乡规划实施的原则

《城乡规划法》规定的城乡建设和发展过程中城乡规划实施应遵循的原则如下：

（1）地方各级人民政府组织实施城乡规划时应遵循的原则：应当根据当地经济社会发展水平，量力而行，尊重群众意愿，有计划、分步骤地组织实施城乡规划。

（2）在城市建设和发展过程中实施规划时应遵循的原则：应当优先安排基础设施以及公共服务设施的建设，妥善处理新区开发与旧区改建的关系，统筹兼顾进城务工人员生活和周边农村经济社会发展、村民生产与生活的需要。

城市新区的开发和建设，应当合理确定建设规模和时序，充分利用现有市政基础设施和公共服务设施，严格保护自然资源和生态环境，体现地方特色。

旧城区的改建，应当保护历史文化遗产和传统风俗，合理确定拆迁和建设规模，有计划地对危房集中、基础设施落后的地段进行改建。

城市地下空间的开发利用，应当与经济和技术发展水平相适应，遵循统筹安排、综合开发、合理利用的原则，充分考虑防灾减灾、人民防空和通信等需要，并符合城市规划，履行规划审批手续。

（3）在镇的建设和发展过程中实施规划时应遵循的原则：应当结合农村经济社会发展和产业结构调整，优先安排供水、排水、供电、供气、道路、通信、广播电视等基础设施和学校、卫生院、文化站、幼儿园、福利院等公共服务设施的建设，为周边农村提供服务。

（4）在乡、村庄的建设和发展过程中实施规划应遵循的原则：应当因地制宜、节约用地，发挥村民自治组织的作用，引导村民合理进行建设，改善农村生产、生活条件。

（5）城乡规划确定的用地在规划实施过程中禁止擅自改变用途的原则。这些用地是指城乡规划所确定的铁路、公路、港口、机场、道路、绿地、输配电设施及输电线路走廊、通信设施、广播电视设施、管道设施、河道、水库、水源地、自然保护区、防洪通道、消防通道、核电站、垃圾填埋场及焚烧场、污水处理厂和公共服务设施的用地以及其他需要依法律保护的用地。

2. "一书两证"制度

"一书两证"制度是对我国城乡规划实施管理的基本制度的通称，即城乡规划行政主管部门通过核发建设项目选址意见书、建设用地规划许可证和建设工程规划许可证，根据依法审批的城乡规划和有关法律规范，对各项建设用地和各类建设工程进行组织、控制、引导和协调，使其纳入城乡规划的轨道。

（1）建设项目选址意见书

建设项目选址意见书,是城市规划行政主管部门审核建设项目选址的法定凭证,是土地部门提供土地,计划部门项目立项的依据,设计任务书(可行性研究报告)报请批准时,必须附有城市规划行政主管部门核发的选址意见书。

选址意见书一般包括项目的基本情况和对项目的选址意见两部分内容。

1)项目的基本情况

主要是建设项目名称、性质,用地与建设规划,供水与能源的需求量,采取的运输方式与运输量,以及废水、废气、废渣的排放方式和排放量。

2)建设项目选址意见

包括建设项目与城市规划布局是否协调,项目与城市交通、通信、能源、市政、防灾规划是否衔接与协调,项目配套的生活设施与城市生活居住及公共设施规划是否衔接与协调,项目对于城市环境可能造成的污染影响,与城市环境保护规划和风景名胜、文物古迹保护规划是否协调等。

(2)建设用地规划许可证

1)建设用地规划许可证的概念

建设用地规划许可证是建设单位在向土地管理部门申请征用、划拨土地前,经城市规划行政主管部门确认建设项目位置、面积和范围符合城市规划的法定凭证,是建设单位用地的法律凭证。没有此证的用地单位属非法用地,房地产商的售房行为也属非法,不能领取房地产权属证件。按照有关规定,房地产商即使取得建设用地的批准文件,但如未取得建设用地规划许可证而占用土地的,其建设用地批准文件无效。

2)建设用地规划许可证的申办

《城乡规划法》规定,在城市、镇规划区内以划拨方式提供国有土地使用权的建设项目,经有关部门批准、核准、备案后,建设单位应当向城市、县人民政府城乡规划主管部门提出建设用地规划许可申请,由城市、县人民政府城乡规划主管部门核发建设用地规划许可证。

建设单位在取得建设用地规划许可证后,方可向县级以上地方人民政府土地主管部门申请用地,经县级以上人民政府审批后,由土地主管部门划拨土地。

(3)建设工程规划许可证

1)建设工程规划许可证的概念

建设工程规划许可证是城市、县人民政府城乡规划主管部门或者省、自治区、直辖市人民政府确定的镇人民政府向建设单位核发的,用以证明其有关建设工程符合规划要求的法律凭证。没有此证的建设单位,其工程建筑是违章建筑,不能领取房地产权属证件。《城乡规划法》规定,城市、镇规划区内进行建筑物、构筑物、道路、管线和其他工程建设的,建设单位或者个人应当向城市、县人民政府城乡规划主管部门或者省、自治区、直辖市人民政府确定的镇人民政府申请办理建设工程规划许可证。

2)建设工程规划许可证的申办

申请办理建设工程规划许可证,应当提交使用土地的有关证明文件、建设工程设计方案等材料。需要建设单位编制修建性详细规划的建设项目,还应当提交修建性详细规划。对符合控制性详细规划和规划条件的,由城市、县人民政府城乡规划主管部门或者省、自治区、直辖市人民政府确定的镇人民政府核发建设工程规划许可证。

城市、县人民政府城乡规划主管部门或者省、自治区、直辖市人民政府确定的镇人民政府应当依法将经审定的修建性详细规划、建设工程设计方案的总平面图予以公布。

县级以上地方人民政府城乡规划主管部门按照国务院规定对建设工程是否符合规划条件予以核实。未经核实或者经核实不符合规划条件的，建设单位不得组织竣工验收。

建设单位应当在竣工验收后6个月内向城乡规划主管部门报送有关竣工验收资料。

3）乡村建设规划许可证

在乡、村庄规划区内进行乡镇企业、乡村公共设施和公益事业建设的，建设单位或者个人应当向乡、镇人民政府提出申请，由乡、镇人民政府报城市、县人民政府城乡规划主管部门核发乡村建设规划许可证。

在乡、村庄规划区内进行乡镇企业、乡村公共设施和公益事业建设以及农村村民住宅建设，不得占用农用地；确需占用农用地的，应当依照《土地管理法》有关规定办理农用地转用审批手续后，由城市、县人民政府城乡规划主管部门核发乡村建设规划许可证。

建设单位或者个人在取得乡村建设规划许可证后，方可办理用地审批手续。

4）临时建设的管理

在城市、镇规划区内进行临时建设的，应当经城市、县人民政府城乡规划主管部门批准。临时建设影响近期建设规划或者控制性详细规划的实施以及交通、市容、安全等的，不得批准。

临时建设应当在批准的使用期限内自行拆除。

10.2.4 违反《城乡规划法》所应承担的法律责任

《城乡规划法》明确规定了违反《城乡规划法》所应承担的法律责任。

（1）对依法应当编制城乡规划而未组织编制，或者未按法定程序编制、审批、修改城乡规划的，由上级人民政府责令改正，通报批评；对有关人民政府负责人和其他直接责任人员依法给予处分。

（2）城乡规划组织编制机关委托不具有相应资质等级的单位编制城乡规划的，由上级人民政府责令改正，通报批评；对有关人民政府负责人和其他直接责任人员依法给予处分。

（3）镇人民政府或者县级以上人民政府城乡规划主管部门有下列行为之一的，由本级人民政府、上级人民政府城乡规划主管部门或者监察机关依据职权责令改正，通报批评；对直接负责的主管人员和其他直接责任人员依法给予处分：①未依法组织编制城市的控制性详细规划、县人民政府所在地镇的控制性详细规划的；②超越职权或者对不符合法定条件的申请人核发选址意见书、建设用地规划许可证、建设工程规划许可证、乡村建设规划许可证的；③对符合法定条件的申请人未在法定期限内核发选址意见书、建设用地规划许可证、建设工程规划许可证、乡村建设规划许可证的；④未依法对经审定的修建性详细规划、建设工程设计方案的总平面图予以公布的；⑤同意修改修建性详细规划、建设工程设计方案的总平面图前未采取听证会等形式听取利害关系人的意见的；⑥发现未依法取得规划许可或者违反规划许可的规定在规划区内进行建设的行为，而不予查处或者接到举报后不依法处理的。

（4）县级以上人民政府有关部门有下列行为之一的，由本级人民政府或者上级人民政府有关部门责令改正，通报批评；对直接负责的主管人员和其他直接责任人员依法给予处分：①对未依法取得选址意见书的建设项目核发建设项目批准文件的；②未依法在国有土地使用权出让合同中确定规划条件或者改变国有土地使用权出让合同中依法确定的规划条件的；③对未依法取得建设用地规划许可证的建设单位划拨国有土地使用权的。

(5)城乡规划编制单位有下列行为之一的，由所在地城市、县人民政府城乡规划主管部门责令限期改正，处合同约定的规划编制费 1 倍以上 2 倍以下的罚款；情节严重的，责令停业整顿，由原发证机关降低资质等级或者吊销资质证书；造成损失的，依法承担赔偿责任：①超越资质等级许可的范围承揽城乡规划编制工作的；②违反国家有关标准编制城乡规划的。

未依法取得资质证书承揽城乡规划编制工作的，由县级以上地方人民政府城乡规划主管部门责令停止违法行为，依照前款规定处以罚款；造成损失的，依法承担赔偿责任。

以欺骗手段取得资质证书承揽城乡规划编制工作的，由原发证机关吊销资质证书，依照本条第一款规定处以罚款；造成损失的，依法承担赔偿责任。

(6)城乡规划编制单位取得资质证书后，不再符合相应的资质条件的，由原发证机关责令限期改正；逾期不改正的，降低资质等级或者吊销资质证书。

(7)未取得建设工程规划许可证或者未按照建设工程规划许可证的规定进行建设的，由县级以上地方人民政府城乡规划主管部门责令停止建设；尚可采取改正措施消除对规划实施的影响的，限期改正，处建设工程造价百分之五以上百分之十以下的罚款；无法采取改正措施消除影响的，限期拆除，不能拆除的，没收实物或者违法收入，可以并处建设工程造价百分之十以下的罚款。

(8)在乡、村庄规划区内未依法取得乡村建设规划许可证或者未按照乡村建设规划许可证的规定进行建设的，由乡、镇人民政府责令停止建设、限期改正；逾期不改正的，可以拆除。

(9)建设单位或者个人有下列行为之一的，由所在地城市、县人民政府城乡规划主管部门责令限期拆除，可以并处临时建设工程造价一倍以下的罚款：①未经批准进行临时建设的；②未按照批准内容进行临时建设的；③临时建筑物、构筑物超过批准期限不拆除的。

(10)建设单位未在建设工程竣工验收后 6 个月内向城乡规划主管部门报送有关竣工验收资料的，由所在地城市、县人民政府城乡规划主管部门责令限期补报；逾期不补报的，处 1 万元以上 5 万元以下的罚款。

(11)城乡规划主管部门作出责令停止建设或者限期拆除的决定后，当事人不停止建设或者逾期不拆除的，建设工程所在地县级以上地方人民政府可以责成有关部门采取查封施工现场、强制拆除等措施。

(12)违反《城乡规划法》规定，构成犯罪的，依法追究刑事责任。

【案例】

某企业位于市中心重点地区，占地面积 24500 平方米，由于企业效益不好，打算利用区位优势，将一部分多余的工厂用地出让，建设住宅。经与房地产开发商洽谈达成协议，由房地产开发商向市规划行政主管部门申请建设住宅。规划行政主管部门经核实城市总体规划和控制性详细规划，该用地使用性质规划为公共设施用地。市规划行政主管部门经现场调研，并分析了周围建设情况和各种条件，认为可以改变用地性质，向市政府做了请示，经市政府批准后核发了"两证一书"。

分析：

市规划行政主管部门根据城市总体规划和控制性详细规划，在现场调研后并做了分析，根据该用地所处具体位置和具体条件认为可以改变用地性质。由于该用地"位于市中心重点地区"，根据《城乡规划法》的规定，重点地区控制性详细规划是由市政府审批的，要调整必须经过市政府的批准，才能改变用地性质。因此，市规划行政主管部门审批程序合法又合理，在报经市政府批准的情况下，核发了"两证一书"，这是正确的，不是多余之举。

10.3　土地管理法规中有关建设用地的规定

10.3.1　建设用地的概念

建设用地按照《土地管理法》第四条规定，是指建造建筑物、构筑物的土地，包括城乡住宅和公共设施用地、工矿用地、交通水利设施用地、旅游用地、军事设施用地等。建设用地按其使用土地性质的不同，可分为农业建设用地和非农业建设用地；按其土地权属、建设内容不同，又分为国家建设用地、乡(镇)建设用地、外商投资企业用地和其他建设用地；按其工程投资和用地规模不同，还分为大型建设项目用地、中型建设项目用地和小型建设项目用地。

10.3.2　征用土地程序

1. 拟定征用土地方案

征用土地方案由拟征用土地所在地县、市人民政府或其土地行政主管部门拟定。其中征用城镇土地利用总体规划确定的城市建设用地区内统一规划、统一开发的土地，由县、市人民政府根据土地利用计划和对建设用地的需求情况拟定，城市建设用地区外能源、交通、水利、军事设施等按建设项目实施征地的，由县、市人民政府土地行政主管部门根据建设单位或建设主管部门的建设用地申请拟定。

征用土地方案，包括征用土地的目的及用途，征用土地的范围、地类、面积、地上附着物的种类及数量，征用土地及地上附着物和青苗的补偿，劳动力安置途径，原土地的所有权人及使用权人情况等。

2. 审查报批

征用土地方案拟定后，由县、市人民政府按照《土地管理法》规定的批准权限，经土地行政主管部门审查后，报人民政府批准。其中征用农用地，农用地转用批准权属于国务院的，国务院批准农用地转用时批准征用土地，农用地转用和征用批准权属于省级人民政府的，省级人民政府同时批准农用地转用和征用土地；农用地转用批准权属于省级人民政府，而征用土地审批权属于国务院的，先办理农用地转用审批，后报国务院批准征用土地。

3. 征用土地方案公告

征用土地依法定程序批准后，由县级以上人民政府在当地予以公告。被征用土地的所有权人和使用权人应当在公告规定期限内，持土地权属证书到当地人民政府土地行政主管部门办理征地补偿登记。

4. 制定征地补偿、安置方案

县、市人民政府土地行政主管部门根据批准的征用土地方案对土地所有权人、使用权人及地上附着物等进行进一步核实，制定征地补偿、人员安置及地上附着物拆迁等具体的方案。

5. 公告征地补偿安置方案并组织实施

征用土地的补偿和人员安置方案确定后，有关地方人民政府应当予以公告，并听取被征地的农村集体经济组织和农民的意见，对征地补偿和人员安置方案进行修改和补充，并向被征地单位和农民支付有关费用，落实人员安置及地上附着物拆迁方案。

6. 清理土地和实施征用土地

征用土地补偿和人员安置方案实施后，县、市人民政府土地行政主管部门组织有关单位对被征用的土地进行清理，并组织实施征用土地和供地。

10.3.3　国有土地使用权的划拨

国有建设用地包括属国家所有的建设用地和国家征用的原属于农民集体所有的土地。经批准建设项目需要使用国有建设用地的，建设单位应持法律、行政法规规定的有关文件，向有批准权的县级以上人民政府土地行政主管部门提出建设用地申请，经土地行政主管部门审查，报本级人民政府批准。

国家从社会公共利益出发，进行经济、文化、国防建设以及兴办社会公共事业时，经县级以上人民政府批准，建设单位可通过划拨的方式取得国有建设用地的使用权。《土地管理法》第五十四条规定，下列建设用地，经县级以上人民政府依法批准，可以以划拨方式取得：①国家机关用地和军事用地；②城市基础设施用地和公益事业用地；③国家重点扶持的能源、交通、水利等基础设施用地；④法律、行政法规规定的其他用地。

10.3.4　土地使用权的出让

土地使用权出让是指国家以土地所有者的身份将土地使用权在一定年限内让与土地使用者，并由土地使用者向国家支付土地使用权出让金的行为。土地使用权出让应当签订出让合同。土地使用权的出让，由市、县人民政府负责，有计划、有步骤地进行。

土地使用权出让的地块、用途、年限和其他条件，由市、县人民政府土地管理部门会同城市规划和建设管理部门、房产管理部门共同拟定方案，按照国务院规定的批准权限报经批准后，由土地管理部门实施。

土地使用权出让合同应当按照平等、自愿、有偿的原则，由市、县人民政府土地管理部门（以下简称出让方）与土地使用者签订。

《城镇国有土地使用权出让和转让暂行条例》第十二条规定，土地使用权出让最高年限按下列用途确定：①居住用地 70 年；②工业用地 50 年；③教育、科技、文化、卫生、体育用地 50 年；④商业、旅游、娱乐用地 40 年；⑤综合或者其他用地 50 年。

10.3.5　国家建设用地使用权的收回

根据《土地管理法》第五十八条的规定，有下列情形之一的，由有关人民政府土地行政主管部门报经原批准用地的人民政府或者有批准权的人民政府批准，可以收回国有土地使用权：①为公共利益需要使用土地的；②为实施城市规划进行旧城区改建，需要调整使用土地的；③土地出让等有偿使用合同约定的使用期限届满，土地使用者未申请续期或者申请续期未获批准的；④因单位撤销、迁移等原因，停止使用原划拨的国有土地的；⑤公路、铁路、机场、矿场等经核准报废的。

依照前款第一项、第二项的规定收回国有土地使用权的，对土地使用权人应当给予适当补偿。

10.3.6 违反《土地管理法》应承担的法律责任

（1）买卖或者以其他形式非法转让土地的，由县级以上人民政府土地行政主管部门没收违法所得；对违反土地利用总体规划擅自将农用地改为建设用地的，限期拆除在非法转让的土地上新建的建筑物和其他设施，恢复土地原状，对符合土地利用总体规划的，没收在非法转让的土地上新建的建筑物和其他设施，可以并处罚款；对直接负责的主管人员和其他直接责任人员，依法给予行政处分；构成犯罪的，依法追究刑事责任。

（2）违反《土地管理法》规定，占用耕地建窑、建坟或者擅自在耕地上建房、挖砂、采石、采矿、取土等，破坏种植条件的，或者因开发土地造成土地荒漠化、盐渍化的，由县级以上人民政府土地行政主管部门责令限期改正或者治理，可以并处罚款；构成犯罪的，依法追究刑事责任。

（3）违反《土地管理法》规定，拒不履行土地复垦义务的，由县级以上人民政府土地行政主管部门责令限期改正；逾期不改正的，责令缴纳复垦费，专项用于土地复垦，可以处以罚款。

（4）未经批准或者采取欺骗手段骗取批准，非法占用土地的，由县级以上人民政府土地行政主管部门责令退还非法占用的土地，对违反土地利用总体规划擅自将农用地改为建设用地的，限期拆除在非法占用的土地上新建的建筑物和其他设施，恢复土地原状，对符合土地利用总体规划的，没收在非法占用的土地上新建的建筑物和其他设施，可以并处罚款；对非法占用土地单位的直接负责的主管人员和其他直接责任人员，依法给予行政处分；构成犯罪的，依法追究刑事责任。超过批准的数量占用土地，多占的土地以非法占用土地论处。

（5）农村村民未经批准或者采取欺骗手段骗取批准，非法占用土地建住宅的，由县级以上人民政府土地行政主管部门责令退还非法占用的土地，限期拆除在非法占用的土地上新建的房屋。超过省、自治区、直辖市规定的标准，多占的土地以非法占用土地论处。

（6）无权批准征收、使用土地的单位或者个人非法批准占用土地的，超越批准权限非法批准占用土地的，不按照土地利用总体规划确定的用途批准用地的，或者违反法律规定的程序批准占用、征收土地的，其批准文件无效，对非法批准征收、使用土地的直接负责的主管人员和其他直接责任人员，依法给予行政处分；构成犯罪的，依法追究刑事责任。非法批准、使用的土地应当收回，有关当事人拒不归还的，以非法占用土地论处。非法批准征收、使用土地，对当事人造成损失的，依法应当承担赔偿责任。

（7）侵占、挪用被征收土地单位的征地补偿费用和其他有关费用，构成犯罪的，依法追究刑事责任；尚不构成犯罪的，依法给予行政处分。

（8）依法收回国有土地使用权当事人拒不交出土地的，临时使用土地期满拒不归还的，或者不按照批准的用途使用国有土地的，由县级以上人民政府土地行政主管部门责令交还土地，处以罚款。

（9）擅自将农民集体所有的土地的使用权出让、转让或者出租用于非农业建设的，由县级以上人民政府土地行政主管部门责令限期改正，没收违法所得，并处罚款。

（10）不依照《土地管理法》规定办理土地变更登记的，由县级以上人民政府土地行政主管部门责令其限期办理。

（11）依照《土地管理法》规定，责令限期拆除在非法占用的土地上新建的建筑物和其他设施的，建设单位或者个人必须立即停止施工，自行拆除；对继续施工的，作出处罚决定的机关有权制止。建设单位或者个人对责令限期拆除的行政处罚决定不服的，可以在接到责令限期拆除决定之日起十五日内，向人民法院起诉；期满不起诉又不自行拆除的，由作出处罚决定的机关依法申请人民法院强制执行，费用由违法者承担。

（12）土地行政主管部门的工作人员玩忽职守、滥用职权、徇私舞弊，构成犯罪的，依法追究刑事责任；尚不构成犯罪的，依法给予行政处分。

【案例】

某工厂为扩大生产规模，拟投资800万元建一个分厂，向某县级人民政府申请用地20亩（愿以出让方式取得土地使用权），经县人民政府批准使用城市规划区内属于A村集体所有的土地（非耕地）20亩。为保证按时使用土地，该工厂与A村签订了土地使用权出让合同。该合同规定由A村向工厂出让土地20亩，土地使用权出让金300万元，土地用途为工业用地，土地使用权出让年限50年。有关合同的其他内容，均参照国家出让土地使用权的标准合同写明。据此，请你回答以下几个问题：

1. 该土地使用权出让合同是否有效？为什么？

2. 县级人民政府批准该工厂用地20亩是否合法？为什么？

3. 按照有关法律规定该工厂应该怎样取得土地使用权？

分析：

1. 该土地使用权出让合同无效，因为按照我国有关法律规定，城市规划区内集体所有的土地，必须先依法征为国有，其土地使用权才能出让。土地使用权的出让方只能是代表政府的土地管理局。本例中由A村直接向工厂出让土地使用权是违法的，违法的合同应确认为无效合同。

2. 县级人民政府批准该工厂用地20亩是不合法的。《土地管理法》规定，县人民政府享有土地审批权，最高权限为10亩以下。

3. 该工厂取得土地使用权的合法方式应该是：县级人民政府依法定权限批准征用A村土地，将集体土地征用为国有土地，然后再将土地使用权出让给工厂，由县土地管理局代表政府与工厂签订土地使用权出让合同，工厂依合同向政府缴纳土地使用权出让金，并依法登记，领取土地使用权出让证书后，取得土地使用权。

10.4 国有土地上房屋征收与补偿法规

10.4.1 国有土地上房屋征收法规

1. 征收范围

根据《国有土地上房屋征收与补偿条例》第八条的规定，有下列情形之一，确需征收房屋的，由市、县级人民政府作出房屋征收决定：①国防和外交的需要；②由政府组织实施的能源、交通、水利等基础设施建设的需要；③由政府组织实施的科技、教育、文化、卫生、体育、环境和资源保护、防灾减灾、文物保护、社会福利、市政公用等公共事业的需要；④由政府组织实施的保障性安居工程建设的需要；⑤由政府依照《城乡规划法》有关规定组织实施的对危房集中、基础设施落后等地段进行旧城区改建的需要；⑥法律、行政法规规定的其他公共利益的需要。

2. 征收的其他规定

（1）确需征收房屋的各项建设活动，应当符合国民经济和社会发展规划、土地利用总体规划、城乡规划和专项规划。

（2）保障性安居工程建设、旧城区改建，应当纳入市、县级国民经济和社会发展年度计划。

（3）扩大公众参与程度，征收补偿方案要征求公众意见，因旧城区改建需要征收房屋，多数被征收人认为征收补偿方案不符合《国有土地上房屋征收与补偿条例》规定的，还要组织听证会并修改方案，政府作出房屋征收决定前，应当进行社会稳定风险评估。

（4）作出房屋征收决定前，征收补偿费用应当足额到位、专户存储、专款专用。

10.4.2　国有土地上房屋补偿法规

1. 补偿的范围

根据《国有土地上房屋征收与补偿条例》第十七条的规定，作出房屋征收决定的市、县级人民政府对被征收人给予的补偿包括：

（1）被征收房屋价值的补偿；

（2）因征收房屋造成的搬迁、临时安置的补偿；

（3）因征收房屋造成的停产停业损失的补偿。

2. 补偿的形式

被征收人可以选择货币补偿，也可以选择房屋产权调换。

所谓货币补偿，是指作出房屋征收决定的市、县级人民政府对被征收房屋，按其价值，以付给货币的方式对被征收人的经济损失进行补偿。

所谓产权调换，就是指作出房屋征收决定的市、县级人民政府以其他的或再建的房屋与被征收人的被征收房屋相交换，使被征收人对作出房屋征收决定的市、县级人民政府提供的房屋拥有所有权。

被征收人选择房屋产权调换的，市、县级人民政府应当提供用于产权调换的房屋，并与被征收人计算、结清被征收房屋价值与用于产权调换房屋价值的差价。因旧城区改建征收个人住宅，被征收人选择在改建地段进行房屋产权调换的，作出房屋征收决定的市、县级人民政府应当提供改建地段或者就近地段的房屋。

选择房屋产权调换的，产权调换房屋交付前，房屋征收部门应当向被征收人支付临时安置费或者提供周转用房。

3. 补偿的其他规定

（1）作出房屋征收决定的市、县级人民政府对被征收人给予补偿后，被征收人应当在补偿协议约定或者补偿决定确定的搬迁期限内完成搬迁。

（2）房屋征收部门与被征收人在征收补偿方案确定的签约期限内达不成补偿协议，或者被征收房屋所有权人不明确的，由房屋征收部门报请作出房屋征收决定的市、县级人民政府依照《国有土地上房屋征收与补偿条例》的规定，按照征收补偿方案作出补偿决定，并在房屋征收范围内予以公告。

（3）任何单位和个人不得采取暴力、威胁或者违反规定中断供水、供热、供气、供电和道路通行等非法方式迫使被征收人搬迁。

（4）禁止建设单位参与搬迁活动。

（5）被征收人对补偿决定不服的，可以依法申请行政复议，也可以依法提起行政诉讼。

10.4.3　违反《国有土地上房屋征收与补偿条例》的法律责任

（1）市、县级人民政府及房屋征收部门的工作人员在房屋征收与补偿工作中不履行本条例规定的职责，或者滥用职权、玩忽职守、徇私舞弊的，由上级人民政府或者本级人民政府责令改正，通报批评；造成损失的，依法承担赔偿责任；对直接负责的主管人员和其他直接责任人员，依法给予处分；构成犯罪的，依法追究刑事责任。

（2）采取暴力、威胁或者违反规定中断供水、供热、供气、供电和道路通行等非法方式迫使被征收人搬迁，造成损失的，依法承担赔偿责任；对直接负责的主管人员和其他直接责任人员，构成犯罪的，依法追究刑事责任；尚不构成犯罪的，依法给予处分；构成违反治安管理行为的，依法给予治安管理处罚。

（3）采取暴力、威胁等方法阻碍依法进行的房屋征收与补偿工作，构成犯罪的，依法追究刑事责任；构成违反治安管理行为的，依法给予治安管理处罚。

（4）贪污、挪用、私分、截留、拖欠征收补偿费用的，责令改正，追回有关款项，限期退还违法所得，对有关责任单位通报批评、给予警告，造成损失的，依法承担赔偿责任；对直接负责的主管人员和其他直接责任人员，构成犯罪的，依法追究刑事责任，尚不构成犯罪的，依法给予处分。

（5）房地产价格评估机构或者房地产估价师出具虚假或者有重大差错的评估报告的，由发证机关责令限期改正，给予警告，对房地产价格评估机构并处 5 万元以上 20 万元以下罚款，对房地产估价师并处 1 万元以上 3 万元以下罚款，并记入信用档案；情节严重的，吊销资质证书、注册证书；造成损失的，依法承担赔偿责任；构成犯罪的，依法追究刑事责任。

10.5　标准化法规中有关工程建设标准的规定

10.5.1　工程建设标准化的概念

1. 标准的概念

标准，就是衡量各种事物和概念的客观准则。"不以规矩，不能成方圆"，表述了我国古代朴素的标准化概念。

标准的本质属性是一种"统一规定"。这种统一规定是作为有关各方"共同遵守的准则和依据"。根据《标准化法》规定，我国标准分为强制性标准和推荐性标准两类。保障人体健康，人身、财产安全的标准和法律、行政法规规定强制执行的标准是强制性标准，其他标准是推荐性标准。强制性标准必须严格执行，做到全国统一。推荐性标准，国家鼓励企业自愿采用。

《标准化法》第二条规定，对下列需要统一的技术要求，应当制定标准：

（1）工业产品的品种、规格、质量、等级或者安全、卫生要求。

（2）工业产品的设计、生产、检验、包装、储存、运输、使用的方法或者生产、储存、运输过程中的安全、卫生要求。

（3）有关环境保护的各项技术要求和检验方法。

（4）建设工程的设计、施工方法和安全要求。

(5)有关工业生产、工程建设和环境保护的技术术语、符号、代号和制图方法。

重要农产品和其他需要制定标准的项目，由国务院规定。

2.工程建设标准的概念

工程建设标准，指在工程建设范围内，对建设活动或其结果规定共同的和重复使用的规则、导则或特性的文件。工程建设标准包括标准、规范、规程。规范、规程是标准的形式之一。其内容一般指：①工程建设勘察、设计、施工及验收等的质量要求和方法；②与工程建设有关的安全、卫生、环境保护的技术要求；③工程建设的术语、符号、代号、量与单位、建筑模数和制图方法；④工程建设的试验、检验和评定方法；⑤工程建设的信息技术要求。

按照这五个方面技术要求制定的标准，我们习惯简称为：质量标准，安全、卫生、环境保护标准，基础标准，试验、质量评定方法标准和信息技术标准。

3.工程建设标准化的概念

"标准化"这一术语，是随着现代化生产的发展和社会的进步而逐渐形成的。在我国，这一术语的广泛应用是在20世纪70年代末开始的。

我国颁发的《国家标准》（GB/T 20000.1—2002）中规定的定义是：为在一定范围内获得最佳秩序，对实际的或潜在的问题制定共同的和重复使用的规则的活动（上述活动主要包括制定发布及实施标准的过程）。标准化工作的任务是制定标准、组织实施标准和对标准的实施进行监督。

10.5.2 工程建设标准的种类

1.根据标准的约束性划分，可分为强制性标准和推荐性标准

《标准化法》第七条规定，国家标准、行业标准分为强制性标准和推荐性标准。保障人体健康，人身、财产安全的标准和法律、行政法规规定强制执行的标准是强制性标准，其他标准是推荐性标准。

工程建设标准也分为强制性标准和推荐性标准。强制性标准，必须执行。不符合强制性标准的产品，禁止生产、销售和进口。推荐性标准，国家鼓励企业自愿采用。

根据《工程建设国家标准管理办法》第三条规定，下列标准属于强制性标准：

(1)工程建设勘察、规划、设计、施工（包括安装）及验收等通用的综合标准和重要的通用的质量标准；

(2)工程建设通用的有关安全、卫生和环境保护的标准；

(3)工程建设重要的通用的术语、符号、代号、量与单位、建筑模数和制图方法标准；

(4)工程建设重要的通用的试验、检验和评定方法等标准；

(5)工程建设重要的通用的信息技术标准；

(6)国家需要控制的其他工程建设通用的标准。

根据《工程建设行业标准管理办法》第三条规定，下列标准属于强制性标准：

(1)工程建设勘察、规划、设计、施工（包括安装）及验收等行业专用的综合性标准和重要的行业专用的质量标准；

(2)工程建设行业专用的有关安全、卫生和环境保护的标准；

(3)工程建设重要的行业专用的术语、符号、代号、量与单位和制图方法标准；

(4)工程建设重要的行业专用的试验、检验和评定方法等标准；

（5）工程建设重要的行业专用的信息技术标准；

（6）行业需要控制的其他工程建设标准。

强制性标准以外的标准是推荐性标准。

2. 根据标准的内容划分，可以分为设计标准、施工及验收标准和建设定额

（1）设计标准

1）建筑设计标准，包括建筑设计、建筑物理、建筑暖通与空调等方面的技术标准和规程。

2）结构设计标准，包括建筑结构、工程抗震、勘察、地基与基础等方面的技术标准和规程。

3）防火设计标准，包括建筑物的耐火性能、建筑物防火防爆措施、消防、给水与排水、通风与采暖、疏散通道等技术标准和规程。

（2）施工及验收标准

施工标准是指施工操作程序及其技术要求的标准。施工标准一般分为建筑工程施工标准和安装工程施工标准两大类。验收标准是指检验、接收竣工工程项目的规程、办法与标准。

（3）建设定额

建设定额是指国家规定的消耗在单位建筑产品中活劳动和物化劳动的数量标准，以及用货币表现的某些必要费用的额度。

10.5.3　工程建设标准的级别

依据《标准化法》的规定，我国的标准分为四级，即国家标准、行业标准、地方标准和企业标准。各层次之间有一定的依从关系和内在联系，形成一个覆盖全国又层次分明的标准体系。

1. 国家标准

国家标准是对需要在全国范围内统一的技术要求，应当制定国家标准。国家标准由国务院标准化行政主管部门制定，并统一审批、编号、发布。国家标准的代号为"GB"。

2. 行业标准

行业标准是对没有国家标准又需要在全国某个行业范围内统一的技术要求，可以制定行业标准。行业标准由国务院有关行政主管部门制定，并报国务院标准化行政主管部门备案，在公布国家标准之后，该项行业标准即行废止。

3. 地方标准

地方标准是对没有国家标准和行业标准而又需要在省、自治区、直辖市范围内统一的下列要求，可以制定地方标准。地方标准由省、自治区、直辖市标准化行政主管部门制定，并报国务院标准化行政主管部门和国务院有关行政主管部门备案，在公布国家标准或者行业标准之后，该项地方标准即行废止。

4. 企业标准

企业标准是对企业范围内需要协调、统一的技术要求，管理要求和工作要求所制定的标准。企业的产品标准须报当地政府标准化行政主管部门和有关行政主管部门备案。已有国家标准或者行业标准的，国家鼓励企业制定严于国家标准或者行业标准的企业标准，在企业内部适用。

10.5.4　工程建设强制性标准的实施及监督

1. 工程建设强制性标准的实施

工程建设强制性标准是指直接涉及工程质量、安全、卫生及环境保护等方面的工程建设标准强制性条文。

工程建设中拟采用的新技术、新工艺、新材料，不符合现行强制性标准规定的，应当由拟采用单位提请建设单位组织专题技术论证，报批准标准的建设行政主管部门或者国务院有关主管部门审定。

工程建设中采用国际标准或者国外标准，现行强制性标准未作规定的，建设单位应当向国务院建设行政主管部门或者国务院有关行政主管部门备案。

2. 实施工程建设强制性标准的监督管理

（1）监督机构

根据《实施工程建设强制性标准监督规定》第六条规定，实施工程建设强制性标准的监督机构包括：

1）建设项目规划审查机构应当对工程建设规划阶段执行强制性标准的情况实施监督。

2）施工图设计文件审查单位应当对工程建设勘察、设计阶段执行强制性标准的情况实施监督。

3）建筑安全监督管理机构应当对工程建设施工阶段执行施工安全强制性标准的情况实施监督。

4）工程质量监督机构应当对工程建设施工、监理、验收等阶段执行强制性标准的情况实施监督。

5）工程建设标准批准部门应当对工程项目执行强制性标准情况进行监督检查。

（2）监督检查的方式

工程建设标准批准部门应当定期对建设项目规划审查机关、施工图设计文件审查单位、建筑安全监督管理机构、工程质量监督机构实施强制性标准的监督进行检查，对监督不力的单位和个人，给予通报批评，建议有关部门处理。

工程建设标准批准部门应当对工程项目执行强制性标准情况进行监督检查。监督检查可以采取重点检查、抽查和专项检查的方式。

工程建设标准批准部门应当将强制性标准监督检查结果在一定范围内公告。

（3）监督检查的内容

根据《实施工程建设强制性标准监督规定》第十条规定，强制性标准监督检查的内容包括：①有关工程技术人员是否熟悉、掌握强制性标准；②工程项目的规划、勘察、设计、施工、验收等是否符合强制性标准的规定；③工程项目采用的材料、设备是否符合强制性标准的规定；④工程项目的安全、质量是否符合强制性标准的规定；⑤工程中采用的导则、指南、手册、计算机软件的内容是否符合强制性标准的规定。

10.5.5　违反工程建设强制性标准的法律责任

（1）建设单位有下列行为之一的，责令改正，并处以 20 万元以上 50 万元以下的罚款：①明示或者暗示施工单位使用不合格的建筑材料、建筑构配件和设备的；②明示或者暗示设计单位或者施工单位违反工程建设强制性标准,降低工程质量的。

(2)勘察设计单位违反工程建设强制性标准进行勘察、设计的,责令改正,并处以 10 万元以上 30 万元以下的罚款。有前款行为,造成工程质量事故的,责令停业整顿,降低资质等级;情节严重的,吊销资质证书;造成损失的,依法承担赔偿责任。

(3)施工单位违反工程建设强制性标准的,责令改正,处工程合同价款 2% 以上 4% 以下的罚款;造成建设工程质量不符合规定的质量标准的,负责返工、修理并赔偿因此造成的损失;情节严重的,责令停业整顿,降低资质等级或者吊销资质证书。

(4)工程监理单位违反强制性标准规定,将不合格的建设工程以及建筑材料、建筑构配件和设备按照合格签字的,责令改正,处以 50 万元以上 100 万元以下的罚款,降低资质等级或者吊销资质证书;有违法所得的,予以没收;造成损失的,承担连带责任。

【案例】

某娱乐城工程地处闹市区,主体地上 22 层,地下 3 层,建筑面积 47800 m²,该工程建设单位为某娱乐城 A 公司,工程监理单位为 B 建筑工程监理公司。该工程建筑结构、水电暖通设计由 C 建筑设计研究院承担,建筑结构土建施工由 D 建筑工程总公司承建,基坑围护结构设计和施工单位为 E 勘察工程公司,工程桩基施工明示或者暗示由 E 勘察工程公司承建。该工程自 2005 年 2 月开始由 E 勘察工程公司进场开始围护及桩基施工,于 2005 年 9 月开始从东向西进行挖土、内支撑安装及桩间压密注浆施工,于 2006 年 4 月 13 日基本完成深基坑围护支护工程项目,2006 年 4 月 13 日至 4 月 20 日,继续以人工挖除基坑西南角剩余土方约 2000 m³,同年 4 月 20 日下午 5 时左右,基坑西南剩余土方基本挖清后,不满 10 小时,即于当夜 4 月 21 日凌晨 2 时 25 分左右,基坑西南角发生倒塌。

分析:

《建筑法》第三十七条规定:"建筑工程设计应当符合按照国家制定的建筑安全规程和技术规范,保证工程的安全性能。"《建筑工程质量管理条例》第十九条第一款规定:"勘察、设计单位必须按照工程建设强制性标准进行勘察、设计,并对其勘察、设计的质量负责。"

本案中,E 勘察工程公司仅进行单一情况的强度计算,造成重大质量隐患,实际上是违反工程建设强制性标准的行为,依法应当承担法律责任。

10.6　税收法规中与工程建设相关的规定

10.6.1　税法的概念

税法是国家制定的用以调整国家与纳税人之间在纳税方面的权利及义务关系的法律规范的总称。税法是税收制度的法律表现形式。

10.6.2　纳税人的权利与义务

纳税人,又称纳税义务人,即纳税主体,是指法律规定的直接负有纳税义务的单位和个人。

1.纳税人的权利

(1)纳税人有权向政府了解国家税收法律、行政法规的规定以及与纳税程序有关的情况。

(2)纳税人有权要求政府部门为纳税人的情况保密。

（3）纳税人对政府部门违反税收法律、行政法规的行为，如税务人员索贿受贿、徇私舞弊、玩忽职守，不征或者少征应征税款，滥用职权多征税款或者故意刁难等，可以进行检举和控告。同时，纳税人对其他纳税人的税收违法行为也有权进行检举。

（4）纳税人可以直接到办税服务厅办理纳税申报或者报送代扣代缴、代收代缴税款报告表，也可以按照规定采取邮寄、数据电文或者其他方式办理上述申报、报送事项。

（5）纳税人如不能按期办理纳税申报或者报送代扣代缴、代收代缴税款报告表，应当在规定的期限内向政府部门提出书面延期申请，经核准，可在核准的期限内办理。

（6）如纳税人因有特殊困难，不能按期缴纳税款的，经省、自治区、直辖市国家税务局、地方税务局批准，可以延期缴纳税款，但是最长不得超过三个月。

（7）对纳税人超过应纳税额缴纳的税款，政府部门发现后，将自发现之日起 10 日内办理退还手续；如纳税人自结算缴纳税款之日起 3 年内发现的，可以向政府部门要求退还多缴的税款并加算银行同期存款利息。

（8）纳税人可以依照法律、行政法规的规定书面申请减税、免税。

（9）纳税人有权就以下事项委托税务代理人代为办理：办理、变更或者注销税务登记，除增值税专用发票外的发票领购手续，纳税申报或扣缴税款报告，税款缴纳和申请退税，制作涉税文书，审查纳税情况，建账建制，办理财务，税务咨询，申请税务行政复议，提起税务行政诉讼以及国家税务总局规定的其他业务。

（10）纳税人对政府部门作出的决定，享有陈述权、申辩权。

（11）纳税人对政府部门作出的决定，依法享有申请行政复议、提起行政诉讼、请求国家赔偿等权利。

（12）依法要求听证的权利。

（13）索取有关税收凭证的权利。

2. 纳税人的义务

"没有无权利的义务，也没有无义务的权利"。纳税人的权利和义务是均衡的，依照宪法、税收法律和行政法规的规定，纳税人在纳税过程中负有以下义务：

（1）依法进行税务登记的义务。

（2）依法设置账簿、保管账簿和有关资料以及依法开具、使用、取得和保管发票的义务。

（3）财务会计制度和会计核算软件备案的义务。

（4）按照规定安装、使用税控装置的义务。

（5）按时、如实申报的义务。

（6）按时缴纳税款的义务。

（7）接受依法检查的义务。

（8）及时提供信息的义务。

（9）报告其他涉税信息的义务。

10.6.3　建设工程相关的主要税种

1. 企业所得税

（1）企业所得税的概念

企业所得税是以企业和其他取得收入的组织为纳税义务人，对其一定经营期间的所得额征收的一种税。企业所得税按照纳税主体的不同,可以分为国有企业所得税、集体企业所得税、私营企业所得税、中外合资经营企业所得税、外国企业所得税等。

（2）企业所得税的税率

企业分为居民企业和非居民企业。居民企业,是指依法在中国境内成立,或者依照外国（地区）法律成立但实际管理机构在中国境内的企业。

非居民企业,是指依照外国（地区）法律成立且实际管理机构不在中国境内,但在中国境内设立机构、场所的,或者在中国境内未设立机构、场所,但有来源于中国境内所得的企业。

一般企业所得税的税率为 25%。非居民企业在中国境内未设立机构、场所的,或者虽设立机构、场所但取得的所得与其所设机构、场所没有实际联系的,应当就其来源于中国境内的所得缴纳企业所得税,适应税率为 20%。

（3）企业所得税的减免

企业所得税的减免是指国家运用税收经济杠杆,为鼓励和扶持企业或某些特殊行业的发展而采取的一项灵活调节措施。《企业所得税法》原则规定了两项减免税优惠,一是民族区域自治地方的企业需要照顾和鼓励的,经省级人民政府批准,可以实行定期减税或免税;二是法律、行政法规和国务院有关规定给予减税免税的企业,依照规定执行。

2. 城镇土地使用税

城镇土地使用税是国家在城市、县城、建制镇和工矿区范围内,对使用土地的单位和个人,以其实际占用土地面积为计税依据,按照规定的税额计算征收的一种税。

（1）城镇土地使用税的纳税人

在城市、县城、建制镇、工矿区范围内使用土地的单位和个人,为城镇土地使用税的纳税人。单位包括国有企业、集体企业、私营企业、股份制企业、外商投资企业、外国企业以及其他企业和事业单位、社会团体、国家机关、军队以及其他单位;个人,包括个体工商户以及其他个人。

（2）城镇土地使用税的计税依据和税额

土地使用税以纳税人实际占用的土地面积为计税依据,依照规定税额计算征收。城镇土地使用税每平方米年税额如下:①大城市 1.5 元至 30 元;②中等城市 1.2 元至 24 元;③城市 0.9 元至 18 元;④县城、建制镇、工矿区 0.6 元至 12 元。

（3）新征用的土地的税收规定

1）征用的耕地,自批准征用之日起满 1 年时开始缴纳土地使用税;

2）征用的非耕地,自批准征用次月起缴纳土地使用税。

（4）城镇土地使用税的免征情况

《城镇土地使用税暂行条例》第六条规定,下列土地免缴土地使用税:①国家机关、人民团体、军队自用的土地;②由国家财政部门拨付事业经费的单位自用的土地;③宗教寺庙、公园、名胜古迹自用的土地;④市政街道、广场、绿化地带等公共用地;⑤直接用于农、林、牧、渔业的生产用地;⑥经批准开山填海整治的土地和改造的废弃土地,从使用的月份起免缴土地使用税 5 年至 10 年;⑦由财政部另行规定免税的能源、交通、水利设施用地和其他用地。

3. 土地增值税

土地增值税是指转让国有土地使用权、地上的建筑物及其附着物并取得收入的单位和个人，以转让所取得的收入包括货币收入、实物收入和其他收入为计税依据向国家缴纳的一种税赋，不包括以继承、赠予方式无偿转让房地产的行为。纳税人为转让国有土地使用权及地上建筑物和其他附着物产权并取得收入的单位和个人。课税对象是指有偿转让国有土地使用权及地上建筑物和其他附着物产权所取得的增值额。土地价格增值额是指转让房地产取得的收入减除规定的房地产开发成本、费用等支出后的余额。

土地增值税实行四级超率累进税率。按照土地增值税税率表，增值额未超过扣除项目金额50%的部分，税率为30%；增值额超过扣除项目金额50%、未超过扣除项目金额100%的部分，土地增值税税率为40%；增值额超过扣除项目金额100%、未超过扣除项目金额200%的部分，土地增值税税率为50%；增值额超过扣除项目金额200%的部分，税率为60%。

4. 房产税

（1）房产税的概念

房产税是以房屋为征税对象，按房屋的计税余值或租金收入为计税依据，向产权所有人征收的一种财产税。它具有如下特征：①房产税属于财产税中的个别财产税，其征税对象只是房屋；②征收范围限于城镇的经营性房屋；③区别房屋的经营使用方式规定征税办法，对于自用的按房产计税余值征收，对于出租房屋按租金收入征税。

（2）征收标准

房产税征收标准从价或从租两种情况：

1）从价计征的，其计税依据为房产原值一次减去10%～30%后的余值；应纳税额＝房产原值×（1－10%或30%）×税率（1.2%）；

2）从租计征的（即房产出租的），以房产租金收入为计税依据；应纳税额＝房产租金收入×税率（12%）。

5. 契税

契税是以所有权发生转移变动的不动产为征税对象，向产权承受人征收的一种财产税。应缴税范围包括土地使用权出售、赠予和交换，房屋买卖，房屋赠予，房屋交换等。

契税实行3%～5%的幅度税率。实行幅度税率是考虑到中国经济发展的不平衡，各地经济差别较大的实际情况。因此，各省、自治区、直辖市人民政府可以在3%～5%的幅度税率规定范围内，按照该地区的实际情况决定。

6. 印花税

印花税是对经济活动和经济交往中书立、领受具有法律效力的凭证的行为所征收的一种税。因采用在应税凭证上粘贴印花税票作为完税的标志而得名。印花税的纳税人包括在中国境内书立、领受规定的经济凭证的企业、行政单位、事业单位、军事单位、社会团体、其他单位、个体工商户和其他个人。

10.7 消防法规中有关工程建设的相关规定

10.7.1 《消防法》的立法宗旨及消防工作的方针

1. 立法宗旨

《消防法》第一条规定，为了预防火灾和减少火灾危害，加强应急救援工作，保护人身、财产安全,维护公共安全,制定本法。

2. 消防工作的方针

《消防法》第二条规定,消防工作贯彻预防为主、防消结合的方针,按照政府统一领导、部门依法监管、单位全面负责、公民积极参与的原则,实行消防安全责任制,建立健全社会化的消防工作网络。

10.7.2 建筑工程消防设计的审核与变更

(1)按照国家工程建筑消防技术标准需要进行消防设计的建筑工程,设计单位应当按照国家工程建筑消防技术标准进行设计,建设单位应当将建筑工程的消防设计图纸及有关资料报送公安消防机构审核;未经审核或者经审核不合格的,建设行政主管部门不得发给施工许可证,建设单位不得施工。

(2)经公安消防机构审核的建筑工程消防设计需要变更的,应当报经原审核的公安消防机构核准;未经核准的,任何单位和个人不得变更。

10.7.3 建筑工程的消防竣工验收

(1)按照国家工程建筑消防技术标准需要进行消防设计的建筑工程竣工时,必须经公安消防机构进行消防验收;未经验收或者验收不合格的,不得投入使用。

(2)建筑构件和建筑材料的防火性能必须符合国家标准或者行业标准。

10.7.4 工程建设中的消防安全

1. 机关、团体、企事业单位应当履行的消防安全职责

(1)落实消防安全责任制,制定本单位的消防安全制度、消防安全操作规程,制定灭火和应急疏散预案;

(2)按照国家标准、行业标准配置消防设施、器材,设置消防安全标志,并定期组织检验、维修,确保完好有效;

(3)对建筑消防设施每年至少进行一次全面检测,确保完好有效,检测记录应当完整准确,存档备查;

(4)保障疏散通道、安全出口、消防车通道畅通,保证防火防烟分区、防火间距符合消防技术标准;

(5)组织防火检查,及时消除火灾隐患;

(6)组织进行有针对性的消防演练;

(7)法律、法规规定的其他消防安全职责。

单位的主要负责人是本单位的消防安全责任人。

2. 工程建设中应当采取的消防安全措施

(1)在设有车间或仓库的建筑物内不得设置员工集体宿舍。

(2)禁止在具有火灾、爆炸危险的场所吸烟和使用明火。

(3)生产、储存、装卸易燃易爆危险品的工厂、仓库和专用车站、码头的设置,应当符合消防技术标准。易燃易爆气体和液体的充装站、供应站、调压站,应当设置在符合消防安全要求的位置,并符合防火防爆要求。

已经设置的生产、储存、装卸易燃易爆危险品的工厂、仓库和专用车站、码头，易燃易爆气体和液体的充装站、供应站、调压站，不再符合前款规定的，地方人民政府应当组织、协调有关部门、单位限期解决，消除安全隐患。

（4）生产、储存、运输、销售、使用、销毁易燃易爆危险品，必须执行消防技术标准和管理规定。

进入生产、储存易燃易爆危险品的场所，必须执行消防安全规定。禁止非法携带易燃易爆危险品进入公共场所或者乘坐公共交通工具。

储存可燃物资仓库的管理，必须执行消防技术标准和管理规定。

（5）建筑构件、建筑材料和室内装修、装饰材料的防火性能必须符合国家标准；没有国家标准的，必须符合行业标准。

人员密集场所室内装修、装饰，应当按照消防技术标准的要求，使用不燃、难燃材料。

（6）任何单位、个人不得损坏、挪用或者擅自拆除、停用消防设施、器材，不得埋压、圈占、遮挡消火栓或者占用防火间距，不得占用、堵塞、封闭疏散通道、安全出口、消防车通道。人员密集场所的门窗不得设置影响逃生和灭火救援的障碍物。

（7）负责公共消防设施维护管理的单位，应当保持消防供水、消防通信、消防车通道等公共消防设施的完好有效。在修建道路以及停电、停水、截断通信线路时有可能影响消防队灭火救援的，有关单位必须事先通知当地公安机关消防机构。

【案例】

2010 年 11 月 15 日 13 时，上海胶州路 728 号教师公寓正在进行节能改造工程，在北侧外立面进行电焊作业。14 时 14 分，金属熔融物溅落在大楼电梯前室北窗 9 楼平台，引燃堆积在外墙的聚氨酯保温材料碎屑。火势随后迅猛蔓延，因烟囱效应引发大面积立体火灾，最终造成 58 人死亡、71 人受伤的严重后果，建筑物过火面积 12000 平方米，直接经济损失 1.58 亿元。

事故发生后，党中央、国务院高度重视，俞正声、韩正等上海市委、市政府领导第一时间全力组织灭火救援，迅速成立事故善后处置领导小组，统一指挥协调伤员救治、遇难者家属安抚、受灾群众安置及人员抚恤、财产赔付等善后工作。

11 月 17 日成立了国务院上海市静安区胶州路公寓大楼"11·15"特别重大火灾事故调查组。事故调查组经过调查取证，查清了事故原因、性质和责任，提出对有关责任人的处理建议。

分析：

事故调查组查明，该起特别重大火灾事故是一起因企业违规造成的责任事故。事故的直接原因：在胶州路 728 号公寓大楼节能综合改造项目施工过程中，施工人员违规在 10 层电梯前室北窗外进行电焊作业，电焊溅落的金属熔融物引燃下方 9 层位置脚手架防护平台上堆积的聚氨酯保温材料碎块、碎屑引发火灾。

事故的间接原因：一是建设单位、投标企业、招标代理机构相互串通、虚假招标和转包、违法分包。二是工程项目施工组织管理混乱。三是设计企业、监理机构工作失职。四是市、区两级建设主管部门对工程项目监督管理缺失。五是静安区公安消防机构对工程项目监督检查不到位。六是静安区政府对工程项目组织实施工作领导不力。

根据国务院批复的意见，依照有关规定，对 54 名事故责任人作出严肃处理，其中 26 名责任人被移送司法机关依法追究刑事责任，28 名责任人受到党纪、政纪处分。28 名受到党纪、政纪处分的责任人中，包括企业人员 7 名，国家工作人员 21 名，其中省（部）级干部 1 人，厅（局）级干部 6 人，县（处）级干部 6 人，处级以下干部 8 人。

10.8　劳动法

10.8.1　《劳动法》的立法宗旨和适用范围

1. 立法的宗旨

《劳动法》第一条规定，为了保护劳动者的合法权益，调整劳动关系，建立和维护适应社会主义市场经济的劳动制度，促进经济发展和社会进步，根据宪法，制定本法。

2. 适用范围

《劳动法》第二条规定，在中华人民共和国境内的企业、个体经济组织（以下统称用人单位）和与之形成劳动关系的劳动者，适用本法。国家机关、事业组织、社会团体和与之建立劳动合同关系的劳动者，依照本法执行。

10.8.2　劳动合同制度

劳动合同是劳动者与用人单位确立劳动关系、明确双方权利和义务的协议。建立劳动关系应当订立劳动合同。

1. 劳动合同的订立

用人单位自用工之日起即与劳动者建立劳动关系。用人单位应当建立职工名册备查。

（1）用人单位招用劳动者时的义务

用人单位招用劳动者时，应当如实告知劳动者工作内容、工作条件、工作地点、职业危害、安全生产状况、劳动报酬，以及劳动者要求了解的其他情况；用人单位有权了解劳动者与劳动合同直接相关的基本情况，劳动者应当如实说明。

用人单位招用劳动者，不得扣押劳动者的居民身份证和其他证件，不得要求劳动者提供担保或者以其他名义向劳动者收取财物。

（2）劳动合同的形式

建立劳动关系，应当订立书面劳动合同。已建立劳动关系，未同时订立书面劳动合同的，应当自用工之日起一个月内订立书面劳动合同。劳动合同由用人单位与劳动者协商一致，并经用人单位与劳动者在劳动合同文本上签字或者盖章生效。劳动合同文本由用人单位和劳动者各执一份。

（3）劳动合同的类型

劳动合同分为固定期限劳动合同、无固定期限劳动合同和以完成一定工作任务为期限的劳动合同。

1）固定期限劳动合同

固定期限劳动合同，是指用人单位与劳动者约定合同终止时间的劳动合同。用人单位与劳动者协商一致，可以订立固定期限劳动合同。

2）无固定期限劳动合同

无固定期限劳动合同，是指用人单位与劳动者约定无确定终止时间的劳动合同。用人单位与劳动者协商一致，可以订立无固定期限劳动合同。有下列情形之一，劳动者提出或者同意续订、订立劳动合同的，除劳动者提出订立固定期限劳动合同外，应当订立无固定期限劳动合同：①劳动者在该用人单位连续工作满十年的；②用人单位初次实行劳动合同制度或者国有企业改制重新订立劳动合同时，劳动者在该用人单位连续工作满十年且距法定退休年龄不足十年的；③连续订立两次固定期限劳动合同，且劳动者没有《劳动合同法》第三十九条和第四十条第一项、第二项规定的情形，续订劳动合同的；④用人单位自用工之日起满一年不与劳动者订立书面劳动合同的，视为用人单位与劳动者已订立无固定期限劳动合同。

3）以完成一定工作任务为期限的劳动合同

以完成一定工作任务为期限的劳动合同，是指用人单位与劳动者约定以某项工作的完成为合同期限的劳动合同。用人单位与劳动者协商一致，可以订立以完成一定工作任务为期限的劳动合同。

（4）劳动合同的内容

《劳动合同法》第十七条规定，劳动合同应当具备以下条款：①用人单位的名称、住所和法定代表人或者主要负责人；②劳动者的姓名、住址和居民身份证或者其他有效身份证件号码；③劳动合同期限；④工作内容和工作地点；⑤工作时间和休息休假；⑥劳动报酬；⑦社会保险；⑧劳动保护、劳动条件和职业危害防护；⑨法律、法规规定应当纳入劳动合同的其他事项。

劳动合同除前款规定的必备条款外，用人单位与劳动者可以约定试用期、培训、保守秘密、补充保险和福利待遇等其他事项。

（5）试用期

劳动合同期限3个月以上不满1年的，试用期不得超过1个月；劳动合同期限1年以上不满3年的，试用期不得超过2个月；3年以上固定期限和无固定期限的劳动合同，试用期不得超过6个月。

同一用人单位与同一劳动者只能约定一次试用期。以完成一定工作任务为期限的劳动合同或者劳动合同期限不满3个月的，不得约定试用期。

试用期包含在劳动合同期限内。劳动合同仅约定试用期的，试用期不成立，该期限为劳动合同期限。

（6）劳动合同无效或者部分无效的情形

1）以欺诈、胁迫的手段或者乘人之危，使对方在违背真实意思的情况下订立或者变更劳动合同的；

2）用人单位免除自己的法定责任、排除劳动者权利的；

3）违反法律、行政法规强制性规定的。

对劳动合同的无效或者部分无效有争议的，由劳动争议仲裁机构或者人民法院确认。劳动合同被确认无效，劳动者已付出劳动的，用人单位应当向劳动者支付劳动报酬。劳动报酬的数额，参照本单位相同或者相近岗位劳动者的劳动报酬确定。

2. 劳动合同的履行和变更

（1）劳动合同的履行

用人单位与劳动者应当按照劳动合同的约定，全面履行各自的义务。

1）用人单位的义务

①用人单位应当按照劳动合同约定和国家规定，向劳动者及时足额支付劳动报酬。用人单位拖欠或者未足额支付劳动报酬的，劳动者可以依法向当地人民法院申请支付令，人民法

院应当依法发出支付令。

②用人单位应当严格执行劳动定额标准，不得强迫或者变相强迫劳动者加班。用人单位安排加班的，应当按照国家有关规定向劳动者支付加班费。

2）劳动者的权利

①劳动者拒绝用人单位管理人员违章指挥、强令冒险作业的，不视为违反劳动合同。

②劳动者对危害生命安全和身体健康的劳动条件，有权对用人单位提出批评、检举和控告。

（2）劳动合同的变更

用人单位变更名称、法定代表人、主要负责人或者投资人等事项，不影响劳动合同的履行。用人单位发生合并或者分立等情况，原劳动合同继续有效，劳动合同由承继其权利和义务的用人单位继续履行。

用人单位与劳动者协商一致，可以变更劳动合同约定的内容。变更劳动合同，应当采用书面形式。变更后的劳动合同文本由用人单位和劳动者各执一份。

3. 劳动合同的解除和终止

（1）劳动合同的解除

用人单位与劳动者协商一致，可以解除劳动合同。

1）劳动者有权解除劳动合同的情形

《劳动合同法》第三十八条规定，用人单位有下列情形之一的，劳动者可以解除劳动合同：①未按照劳动合同约定提供劳动保护或者劳动条件的；②未及时足额支付劳动报酬的；③未依法为劳动者缴纳社会保险费的；④用人单位的规章制度违反法律、法规的规定，损害劳动者权益的；⑤因本法第二十六条第一款规定的情形致使劳动合同无效的；⑥法律、行政法规规定劳动者可以解除劳动合同的其他情形。

用人单位以暴力、威胁或者非法限制人身自由的手段强迫劳动者劳动的，或者用人单位违章指挥、强令冒险作业危及劳动者人身安全的，劳动者可以立即解除劳动合同，不需事先告知用人单位。

劳动者提前三十日以书面形式通知用人单位，可以解除劳动合同。劳动者在试用期内提前三日通知用人单位，可以解除劳动合同。

2）用人单位有权解除劳动合同的情形

《劳动合同法》第三十九条规定，劳动者有下列情形之一的，用人单位可以解除劳动合同：①在试用期间被证明不符合录用条件的；②严重违反用人单位的规章制度的；③严重失职，营私舞弊，给用人单位造成重大损害的；④劳动者同时与其他用人单位建立劳动关系，对完成本单位的工作任务造成严重影响，或者经用人单位提出，拒不改正的；⑤因《劳动合同法》第二十六条第一款第一项规定的情形致使劳动合同无效的；⑥被依法追究刑事责任的。

《劳动合同法》第四十条规定，有下列情形之一的，用人单位提前三十日以书面形式通知劳动者本人或者额外支付劳动者一个月工资后，可以解除劳动合同：①劳动者患病或者非因工负伤，在规定的医疗期满后不能从事原工作，也不能从事由用人单位另行安排的工作的；②劳动者不能胜任工作，经过培训或者调整工作岗位，仍不能胜任工作的；③劳动合同订立时所依据的客观情况发生重大变化，致使劳动合同无法履行，经用人单位与劳动者协商，未能就变更劳动合同内容达成协议的。

《劳动合同法》第四十一条规定，有下列情形之一，需要裁减人员20人以上或者裁减不足20人但占企业职工总数百分之十以上的，用人单位提前30日向工会或者全体职工说明情况，听取工会或者职工的意见后，裁减人员方案经向劳动行政部门报告，可以裁减人员：①依照《企业破产法》规定进行重整的；②生产经营发生严重困难的；③企业转产、重大技术革新或者经营方式调整，经变更劳动合同后，仍需裁减人员的；④其他因劳动合同订立时所依据的客观经济情况发生重大变化，致使劳动合同无法履行的。

裁减人员时，应当优先留用下列人员：①与本单位订立较长期限的固定期限劳动合同的；②与本单位订立无固定期限劳动合同的；③家庭无其他就业人员，有需要扶养的老人或者未成年人的。

用人单位依照本条第一款规定裁减人员，在6个月内重新招用人员的，应当通知被裁减的人员，并在同等条件下优先招用被裁减的人员。

用人单位单方解除劳动合同，应当事先将理由通知工会。用人单位违反法律、行政法规规定或者劳动合同约定的，工会有权要求用人单位纠正。用人单位应当研究工会的意见，并将处理结果书面通知工会。

3）用人单位不得依照《劳动合同法》第四十条、第四十一条的规定解除劳动合同的情形：①从事接触职业病危害作业的劳动者未进行离岗前职业健康检查，或者疑似职业病病人在诊断或者医学观察期间的；②在本单位患职业病或者因工负伤并被确认丧失或者部分丧失劳动能力的；③患病或者非因工负伤，在规定的医疗期内的；④女职工在孕期、产期、哺乳期的；⑤在本单位连续工作满15年，且距法定退休年龄不足五年的；⑥法律、行政法规规定的其他情形。

（2）劳动合同的终止

《劳动合同法》第四十四条规定，有下列情形之一的，劳动合同终止：①劳动合同期满的；②劳动者开始依法享受基本养老保险待遇的；③劳动者死亡，或者被人民法院宣告死亡或者宣告失踪的；④用人单位被依法宣告破产的；⑤用人单位被吊销营业执照、责令关闭、撤销或者用人单位决定提前解散的；⑥法律、行政法规规定的其他情形。

10.8.3　劳动安全卫生规定

1. 劳动安全卫生规程的概念

劳动安全卫生规程是指国家为了保护职工在生产和工作过程中的健康，防止、消除职业病和各种职业危害而制定的各种法律规范。其主要内容：防止粉尘危害的规定，防止有毒有害物质危害的规定，防止噪声和强光的规定，防暑降温和防寒的规定，通风照明的规定，个人防护用品的规定，职工健康管理的规定。

劳动安全技术规程是指以防止和消除伤亡事故的技术规则为基本内容，旨在保护劳动者安全的法律规范。我国现行的安全技术规程的主要内容有：建筑物和通道的安全，机器设备的安全，电器设备的安全，动力锅炉和气瓶的安全，建筑工程的安全，矿山安全。

劳动卫生规程指国家为了改善劳动条件，保护职工在生产过程中的健康，防止、消除职业病和职业中毒而规定的各种法律规范。它包括技术、组织和医疗预防措施的规定。如《工厂安全卫生规程》、《关于防止沥青中毒的办法》、《关于防止厂矿企业中矽尘危害的决定》、《工业企业噪声卫生标准》、《工业企业设计卫生标准》、《关于加强防尘防毒工作的决定》

等等。

2. 劳动安全卫生规程的主要内容

(1)用人单位必须建立健全劳动安全卫生制度,严格执行国家劳动安全卫生规程和标准,对劳动者进行劳动安全卫生教育,防止劳动过程中的事故,减少职业危害。

(2)劳动安全卫生设施必须符合国家规定的标准。新建、改建、扩建工程的劳动安全卫生设施必须与主体工程同时设计、同时施工、同时投入生产和使用。

(3)用人单位必须为劳动者提供符合国家规定的劳动安全卫生条件和必要的劳动防护用品,对从事有职业危害作业的劳动者应当定期进行健康检查。

(4)从事特种作业的劳动者必须经过专门培训并取得特种作业资格。

(5)劳动者在劳动过程中必须严格遵守安全操作规程。劳动者对用人单位管理人员违章指挥、强令冒险作业,有权拒绝执行;对危害生命安全和身体健康的行为,有权提出批评、检举和控告。

(6)国家建立伤亡事故和职业病统计报告和处理制度。县级以上各级人民政府劳动行政部门、有关部门和用人单位应当依法对劳动者在劳动过程中发生的伤亡事故和劳动者的职业病状况,进行统计、报告和处理。

10.8.4　女职工和未成年工特殊保护的规定

女职工和未成年工的特殊保护在各国劳动法及劳动保护工作中是一个重要的组成部分。对女职工与未成年工的劳动给予特殊保护的主要原因,是由女工和未成年工本身的特点所决定的。

妇女在生理上与男子有不同的特点和差别,妇女有月经、怀孕、生育、哺乳等生理特点。如果在劳动中对妇女的这些特点不研究、不保护,使其从事劳动强度过大或有毒有害劳动,就会损伤女职工的生理机能,不仅会影响女职工本身的安全和健康,而且还会影响到下一代的正常发育。未成年工是我国劳动法律制度规定的年满 16 周岁、但未满 18 周岁的工人。由于他们正在长身体,发育尚未完全定型,因此,在劳动过程中也必须给予特殊保护。在我国对女职工和未成年工实行特殊保护,是我国劳动立法的一项重要内容,充分体现了社会主义制度的优越性。

女职工和未成年工特殊保护的主要内容如下:

(1)根据妇女生理特点组织劳动就业,实行男女同工同酬。

(2)禁止安排女职工从事矿山井下、国家规定的第四级体力劳动强度的劳动和其他禁忌从事的劳动。

(3)不得安排女职工在经期从事高处、低温、冷水作业和国家规定的第三级体力劳动强度的劳动。

(4)不得安排女职工在怀孕期间从事国家规定的第三级体力劳动强度的劳动和孕期禁忌从事的劳动。对怀孕 7 个月以上的女职工,不得安排其延长工作时间和夜班劳动。

(5)女职工生育享受不少于 90 天的产假。

(6)不得安排女职工在哺乳未满一周岁的婴儿期间从事国家规定的第三级体力劳动强度的劳动和哺乳期禁忌从事的其他劳动,不得安排其延长工作时间和夜班劳动。

(7)不得安排未成年工从事矿山井下、有毒有害、国家规定的第四级体力劳动强度的劳动和其他禁忌从事的劳动。

（8）用人单位应当对未成年工定期进行健康检查。

10.8.5　职业培训的规定

（1）国家通过各种途径，采取各种措施，发展职业培训事业，开发劳动者的职业技能，提高劳动者素质，增强劳动者的就业能力和工作能力。

（2）各级人民政府应当把发展职业培训纳入社会经济发展的规划，鼓励和支持有条件的企业、事业组织、社会团体和个人进行各种形式的职业培训。

（3）用人单位应当建立职业培训制度，按照国家规定提取和使用职业培训经费，根据本单位实际，有计划地对劳动者进行职业培训。从事技术工种的劳动者，上岗前必须经过培训。

（4）国家确定职业分类，对规定的职业制定职业技能标准，实行职业资格证书制度，由经过政府批准的考核鉴定机构负责对劳动者实施职业技能考核鉴定。

10.8.6　劳动争议的处理

用人单位与劳动者发生劳动争议，当事人可以依法申请调解、仲裁、提起诉讼，也可以协商解决。解决劳动争议，应当根据合法、公正、及时处理的原则，依法维护劳动争议当事人的合法权益。

在用人单位内，可以设立劳动争议调解委员会。劳动争议调解委员会由职工代表、用人单位代表和工会代表组成。劳动争议调解委员会主任由工会代表担任。调解原则适用于仲裁和诉讼程序。

劳动争议仲裁委员会由劳动行政部门代表、同级工会代表、用人单位方面的代表组成。劳动争议仲裁委员会主任由劳动行政部门代表担任。

劳动争议发生后，当事人可以向本单位劳动争议调解委员会申请调解；调解不成，当事人一方要求仲裁的，可以向劳动争议仲裁委员会申请仲裁。当事人一方也可以直接向劳动争议仲裁委员会申请仲裁。对仲裁裁决不服的，可以向人民法院提起诉讼。

劳动争议经调解达成协议的，当事人应当履行。

提出仲裁要求的一方应当自劳动争议发生之日起60日内向劳动争议仲裁委员会提出书面申请。仲裁裁决一般应在收到仲裁申请的60日内作出。对仲裁裁决无异议的，当事人必须履行。

劳动争议当事人对仲裁裁决不服的，可以自收到仲裁裁决书之日起15日内向人民法院提起诉讼。一方当事人在法定期限内不起诉又不履行仲裁裁决的，另一方当事人可以申请人民法院强制执行。

因签订集体合同发生争议，当事人协商解决不成的，当地人民政府劳动行政部门可以组织有关各方协调处理。因履行集体合同发生争议，当事人协商解决不成的，可以向劳动争议仲裁委员会申请仲裁；对仲裁裁决不服的，可以自收到仲裁裁决书之日起15日内向人民法院提起诉讼。

【思考题】

1. 建设工程监理的依据是什么？我国实行强制性工程建设监理的范围有哪些？

2. 城乡规划的内容是什么？什么是"一书两证"制度？违反《城乡规划法》所应承担的法律责任有哪些？

3. 土地使用权出让的最高年限，国家是怎样规定的？

4. 违反《国有土地上房屋征收与补偿条例》的法律责任有哪些？

5. 工程建设标准的种类有哪些？违反工程建设强制标准的法律责任有哪些？

6. 什么是企业所得税？什么是城镇土地使用税？什么是土地增值税？什么是房产税？什么是契税？什么是印花税？

7. 工程建设中应当采取的消防安全措施有哪些？

8. 女工和未成年工特殊保护的主要内容有那些？

职业资格考试习题汇编

一、单项选择题

1. 关于施工企业法人与项目经理部法律关系的说法,正确的是(　　)。

A. 项目经理部具备法人资格

B. 项目经理是企业法定代表人授权在建设工程施工项目上的管理者

C. 项目经理部行为的法律后果由自己承担

D. 项目经理部是施工企业内部常设机构

2. 从 1999 年 11 月 1 日起,对个人在中国境内储蓄机构取得的人民币、外币储蓄存款利息,按 20% 税率征收个人所得税。某居民 2003 年 4 月 1 日在我国境内某储蓄机构取得 1998 年 4 月 1 日存入的 5 年期储蓄存款利息 5000 元,若该居民被征收了 1000 元的个人所得税,则这种处理违背了下列哪一项法的效力原则? (　　)

A. 法律优先原则　　　B. 新法优于旧法原则　　　C. 法不溯既往原则　　　D. 特别法优于普通法原则

3. 在委托代理法律关系中,如果因为授权不明确而给第三人造成损失,(　　)。

A. 由被代理人独自承担责任　　　　　　　　B. 由代理人独自承担责任

C. 由被代理人和代理人按照约定各自承担赔偿责任

D. 被代理人要向第三人承担责任,代理人承担连带责任

4. 在建工程的建筑物、构筑物或者其他设施倒塌造成他人损害的,由建设单位与施工企业承担连带责任。该责任在债的产生根据中属于(　　)之债。

A. 侵权　　　　　　　B. 合同　　　　　　　C. 无因管理　　　　　　　D. 不当得利

5. 下列民事行为中,属于民事法律行为的是(　　)。

A. 投标人之间相互约定抬高投标报价

B. 投标人在提交投标文件截止日前撤回了投标文件

C. 施工人员按照低于强制性国家标准的合同要求进行施工

D. 承接分包工程的建筑公司将专业工程再分包

6. 表见代理的法律后果应该由(　　)承担。

A. 代理人　　　　　　B. 被代理人　　　　　　C. 第三人　　　　　　D. 代理人和第三人

7. 债权人无正当理由拒绝接受履行,致使债务人难以履行债务时,债务人可以采取的消灭债务的方式是(　　)。

A. 抵消　　　　　　　B. 提存　　　　　　　C. 混同　　　　　　　D. 免除

8. 甲公司租用乙公司脚手架,合同约定每月底支付当月租金,但甲公司到期后拒付乙公司的,诉讼时效期间应从应付之日起算(　　)年。

A. 1　　　　　　　　B. 2　　　　　　　　C. 4　　　　　　　　D. 20

9. 根据《物权法》规定,一般情况下动产物权的转让,自(　　)起发生效力。

A. 买卖合同生效　　　B. 转移登记　　　　　C. 交付　　　　　　　D. 买方占有

10. 根据施工合同,甲建设单位应于 2009 年 9 月 30 日支付乙建筑公司工程款。2010 年 6 月 1 日,乙单位向甲单位提出支付请求,则就该项款额的诉讼时效(　　)

A. 中断　　　　　　　B. 中止　　　　　　　C. 终止　　　　　　　D. 届满

11. 法人必须要能够承担民事责任, 其前提是(　　　)。

A. 依法成立　　　　　　　　　　　　B. 有必要的财产和经费

C. 有自己的名称和组织机构　　　　　D. 有固定的生产经营场所

12. 法律关系变更中的主体变更包括主体数目发生变化和主体改变。主体改变也称为(　　　), 由另一个新主体代替原主体享有权利、承担义务。

A. 权利移交　　　　B. 义务分担　　　　C. 合同变更　　　　D. 合同转让

13. 民事法律行为, 是指公民或者法人设立、变更、终止民事权利和民事义务的合法行为, 下列属于民事法律行为的是(　　　)。

A. 某施工企业被迫与工程所在地的一家劳务公司订立一份高于市场价的砂子运输合同

B. 某施工单位委托一工程咨询公司负责项目的索赔服务

C. 为了谋取中标, 某施工单位与一开发企业订立一份合作开发合同

D. 某分包单位在未征得总包单位同意的情况下, 将工程再次分包

14. 法律规定合同的诉讼时效为 2 年。若某合同的诉讼时效进行到 18 个月时发生持续时间为 5 个月的中止事由, 则该事由消除后, 诉讼时效还有(　　　)。

A. 8 个月　　　　B. 6 个月　　　　C. 3 个月　　　　D. 1 个月

15. 下面说法正确的是(　　　)。

A. 法律关系的主体只能是人　　　　B. 法律关系的客体只能是物

C. 法律关系的内容只能是权利和义务　D. 法律关系的产生只能是通过签订合同

16. 他物权是指(　　　)。

A. 对他人所有物使用和收益的权利　　B. 在他人的所有物上设定权利

C. 为了担保债的履行所设定的权利　　D. 所有权人享有的占有、使用、收益和处分的权利

17. 甲不慎落水, 乙奋勇抢救, 抢救过程中致甲面部受伤, 同时乙丢失手机一部。下列表述中正确的是(　　　)。

A. 乙应赔偿甲面部受伤的损失, 甲不应赔偿乙失落手机的损失

B. 乙应赔偿甲面部受伤的损失, 甲应赔偿乙失落手机的损失

C. 乙不应赔偿甲面部受伤的损失, 甲不应赔偿乙失落手机的损失

D. 乙不应赔偿甲面部受伤的损失, 甲应赔偿乙失落手机的损失

18. 下列行为中, 不能引起债的法律关系产生的是(　　　)。

A. 乙建设单位向若干施工企业发出招标公告

B. 某企业在银行取款时, 由于工作人员疏忽, 多支付其 2 万元

C. 某施工企业塔式起重机倒塌将附近一超市砸毁

D. 建设单位将施工企业遗留的施工设备代为保管

19. 甲为一乘客(老烟民, 熟知烟的价格), 乙为一小贩。乙在火车车厢叫卖: "红塔山香烟, 10 元钱一条。" 甲欣然买之。经查, 该烟为假烟, 甲与乙之间的行为性质应如何认定? (　　　)

A. 无效民事行为, 理由为欺诈　　　　B. 可撤销民事行为, 理由为欺诈

C. 无效民事行为, 理由是违反法律规定　D. 有效民事行为, 理由是双方达成合意

20. 某施工企业未完成施工之际, 恰好遭遇地震, 导致在建工程坍塌, 从而引起工程纠纷。在这一事件中, 引起法律关系产生的情况属于(　　　)。

A. 社会事件　　　B. 法律事件　　　C. 法律行为　　　D. 意外事件

21. 根据《建造师执业资格制度暂行规定》, 二级建造师执业划分为 10 个专业, 注册建造师应在相应的岗位上执业, 但国家鼓励和提倡(　　　)。

A. 多种经营　　　B. 一岗多师　　　C. 一师多岗　　　D. 多种兼职

22. 在对二级建造师的执业技术能力的规定中, 要求(　　　)。

A. 接受继续教育，更新知识，不断提高业务水平　　B. 有丰富的施工管理专业知识

C. 具有一定的工程技术、工程管理理论水平

D. 熟练掌握和运用与施工管理业务相关的法律、法规

23. 建筑工程从业人员实行执业资格制度，取得建造师资格，（　　）不得以建造师名义从事建设工程施工项目的管理工作。

A. 未经上级主管部门审核的　　　　　　　　　　B. 未经注册的

C. 未取得注册建筑师资格的　　　　　　　　　　D. 未取得注册结构工程师资格的

24. 根据相关行政法规的规定，下列不属于建造师的执业范围的是（　　）。

A. 从事其他施工活动的管理工作

B. 法律、行政法规或国务院建设行政主管部门规定的其他业务

C. 开展工程建设项目的监督检查工作　　　　　　D. 担任建设工程项目施工的项目经理

25. 凡遵纪守法并具备工程类或工程经济类中等专科以上学历，并从事建设工程项目施工管理工作满（　　）年，可报名参加二级建造师执业资格考试。

A. 1　　　　　　　　B. 2　　　　　　　　C. 3　　　　　　　　D. 4

26. 王先生通过了一级注册建造师考试，则下面说法正确的是（　　）

A. 他肯定可以成为项目经理了

B. 他取得的这个执业资格只能用于担任项目经理

C. 经注册后，他就可以建造师名义执业了

D. 只要所在单位聘任，他现在就可以成为项目经理了

27. 建设单位申领施工许可证时，建设资金应当已经落实。按照规定，建设工期不足一年的，到位资金原则上不少于工程合同价款的（　　）。

A. 10%　　　　　　　B. 30%　　　　　　　C. 50%　　　　　　　D. 80%

28. 关于注册建造师的执业活动，下列说法中正确的是（　　）。

A. 施工单位的注册建造师，最多只能同时担任两个项目施工的负责人

B. 可以从事项目总承包管理、施工管理、建设工程项目管理服务、建设工程技术经济咨询

C. 经受聘单位同意，临时出借注册证书的执业印章

D. 在保证执业成果质量的前提下，以建造师名义从事第二职业

29. 取得建造师资格证书并经（　　）后，方有资格以建造师名义担任建设工程项目施工的项目经理。

A. 登记　　　　　　　B. 注册　　　　　　　C. 备案　　　　　　　D. 所在单位考核合格

30. 二级注册建造师注册证书有效期为（　　）年。

A. 1　　　　　　　　B. 2　　　　　　　　C. 3　　　　　　　　D. 4

31. 下列选项中，不属于我国建造师注册类型的是（　　）。

A. 初始注册　　　　　B. 年检注册　　　　　C. 变更注册　　　　　D. 增项注册

32. 我国建筑业企业资质分为（　　）三个序列。

A. 工程总承包、施工总承包和专业承包　　　　　B. 工程总承包、专业分包和劳务分包

C. 施工总承包、专业分包和劳务分包　　　　　　D. 施工总承包、专业承包和劳务分包

33. 在依法必须进行招标的工程范围内，对于委托监理合同，其单项合同估算价最低金额在（　　）万元人民币以上的，必须进行招标。

A. 50　　　　　　　　B. 100　　　　　　　C. 150　　　　　　　D. 200

34. 按照《招标投标法》及相关规定，必须进行施工招标的工程项目是（　　）。

A. 施工企业在其施工资质许可范围内自建自用的工程

B. 属于利用扶贫资金实行以工代赈需要使用农民工的工程

C. 施工主要技术采用特定的专利或者专有技术的工程

D. 经济适用住房工程

35. 根据《工程建设项目施工招标投标办法》规定，在招标文件要求提交投标文件的截止时间前，投标人（   ）。

A. 可以补充修改或者撤回已经提交的投标文件，并书面通知招标人

B. 不得补充、修改、替代或者撤回已经提交的投标文件

C. 须经过招标人的同意才可以补充、修改、替代已经提交的投标文件

D. 撤回已经提交的投标文件的，其投标保证金将被没收

36. 甲、乙、丙、丁四家公司组成联合体进行投标，则下列联合体成员的行为中正确的是（   ）。

A. 该联合体成员甲公司又以自己名义单独对该项目进行投标

B. 该联合体成员应签订共同投标协议

C. 该联合体成员乙公司和丙公司又组成一个新联合体对该项目进行投标

D. 甲、乙、丙、丁四家公司设立一个新公司作为该联合体投标的牵头人

37. 根据《招标投标法》规定，投标联合体（   ）。

A. 可以牵头人的名义提交投标保证金   B. 必须由相同专业的不同单位组成

C. 各方应在中标后签订共同投标协议   D. 是各方合并后组建的投标实体

38. 按照《建筑法》及相关规定，投标人之间（   ）不属于串通投标的行为。

A. 相互约定抬高或者降低投标报价

B. 约定在招标项目中分别以高、中、低价位报价

C. 相互探听对方投标报价

D. 先进行内部竞价，内定中标人后再参加投标

39. 根据《招标投标法》规定，在工程建设招标投标过程中，开标的时间应在招标文件规定的（   ）公开进行。

A. 任意时间   B. 投标有效期内

C. 提交投标文件截止时间的同一时间   D. 提交投标文件截止时间之后3日内

40. 在评标委员会组建过程中，下列做法符合法律规定的是（   ）。

A. 评标委员会成员的名单仅在评标结束前保密

B. 评标委员会七个成员中，招标人的代表为三名

C. 项目评标专家从招标代理机构的专家库内的相关专家名单中随机抽取

D. 评标委员会成员由三人组成

41. 某工程采用公开招标的方式选择承包商，在开标过程中主持人发现，某投标文件计算过程中总价金额与单价金额不一致的，此时主持人的处理方式为（   ）。

A. 以单价金额为准   B. 以总价金额为准   C. 由投标人确认   D. 由招标人确认

42. 书面评标报告作出后，中标人应由（   ）确定。

A. 评标委员会   B. 招标人   C. 招标代理机构   D. 招标投标管理机构

43. 招标人以招标公告的方式邀请不特定的法人或者组织来投标，这种招标方式称为（   ）。

A. 公开招标   B. 邀请招标   C. 议标   D. 定向招标

44. 招标人采取招标公告的方式对某工程进行施工招标，于2007年3月3日开始发售招标文件，3月6日停售；招标文件规定投标保证金为100万元；3月22日招标人对已发出的招标文件作了必要的澄清和修改，投标截止日期为同年3月25日。上述事实中的错误有（   ）处。

A. 1   B. 2   C. 3   D. 4

45. 下列选项中不属于招标代理机构的工作事项是（   ）。

A. 审查投标人资格   B. 编制标底   C. 组织开标   D. 进行评标

46. 对投标人采取资格预审的，招标人应在（   ）中载明资格预审的条件、标准和办法。招标人不得改

变载明的资格条件或者以没有载明的资格条件对潜在的投标人进行资格预审。

    A.招标通知   B.招标文件   C.招标说明   D.资格预审文件

47.邀请招标中,邀请对象的数目不应少于(　　)家。

    A.2   B.3   C.5   D.7

48.在招标投标活动中,(　　)属于违反《招标投标法》的行为。

    A.没有编制标底   B.委托代理机构进行招标

    C.在招标文件中规定不允许外省施工单位参与   D.委托评标委员会定标

49.招标单位在评标委员会中人员不得超过三分之一,其他人员应来自(　　)。

    A.参与竞争的投标人   B.招标单位的董事会

    C.上级行政主管部门   D.省、市政府部门提供的专家名册

50.招标人没有明确地将定标的权利授予评标委员时,应由(　　)决定中标人。

    A.招标人   B.评标委员会   C.招标代理机构   D.建设行政主管部门

51."评标价"是指(　　)。

    A.标底价格   B.中标的合同价格

    C.投标书中标明的报价   D.以价格为单位对各投标书优劣进行比较的量化值

52.招标人在中标通知书中写明的中标合同价应是(　　)。

    A.初步设计编制的概算价   B.施工图设计编制的预算价

    C.投标书中标明的报价   D.评标委员会算出的评标价

53.工程设计招标的评标过程中,主要考虑的因素是(　　)。

    A.设计取费高低   B.设计单位的资历   C.设计方案的优劣   D.设计任务的完成进度

54.招标人与中标人应当自中标通知发出之日(　　)内,按招标文件和中标人的投标文件订立书面合同。

    A.40天   B.30天   C.50天   D.20天

55.评标委员会推荐的中标候选人应当限定在(　　),并标明排列顺序。

    A.1~2人   B.1~3人   C.1~4人   D.1~5人

56.招标人与中标人签订合同后(　　)个工作日内,应当向中标人和未中标的投标人退还投标保证金。

    A.2   B.3   C.5   D.6

57.按照我国《建筑法》规定,大型建筑工程或者结构复杂的建筑工程,可以由两个以上的承包单位联合共同承包。共同承包的各方对承包合同的履行承担的责任为(　　)。

    A.按份承担   B.连带承担

    C.由联合体主办方承担   D.由联合体各方共同承担

58.合同当事人一方对另一方发来的要约,在要约有效期限内,作出完全同意要约条款的意思表示,该意思表示是(　　)。

    A.新要约   B.承诺   C.同意   D.成立

59.当事人订立合同时,对价款或者报酬不明确的,应当按照(　　)履行。

    A.履行时履行地市场价格   B.履行时订立合同地市场价格

    C.订立合同时的订立合同地市场价格   D.订立合同时的履行地市场价格

60.合同中定金的数额由当事人约定,但不得超过主合同标的额的(　　)。

    A.5%   B.10%   C.15%   D.20%

61.一方以欺诈、胁迫的手段订立合同,损害国家利益,这样的合同是(　　)。

    A.无效合同   B.可变更合同   C.可撤销合同   D.效力待定合同

62.下列关于当事人依法就合同的主要条款经过要约、承诺方式协商一致依法成立后,合同效力的表述,正确的是(　　)。

A. 该合同自成立时生效　　　　　　　　　　　B. 该合同须公证后生效

C. 该合同须上级主管部门批准后生效　　　　　D. 该合同须有关部门鉴证后生效

63. 按照《合同法》规定,合同履行中如果价款或报酬不明确,应按照(　　)履行。

A. 订立合同时履行地的政府定价　　　　　　　B. 订立合同时履行地的市场价格

C. 履行合同时履行地的政府定价　　　　　　　D. 履行合同时履行地的市场价格

64. 债权人行使撤销权的必要费用,由(　　)负担。

A. 债权人　　　　B. 债务人　　　　C. 债权人和债务人共同　　D. 第三方

65. 当事人对保证方式没有约定或约定不明的,按照(　　)保证承担保证责任的。

A. 一般　　　　　　　　B. 特殊　　　　　　　C. 常规　　　　　　　D. 连带

66. 《担保法》规定,因(　　)发生的债权,债务人不履行债务的,债权人有权留置。

A. 加工承揽合同　　　B. 买卖合同　　　　　C. 仓储合同　　　　　D. 建设工程合同

67. 定金合同自(　　)之日起生效。

A. 当事人签字盖章　　B. 实际交付定金　　　C. 登记　　　　　　　D. 公证

68. 下列合同生效的要件中,错误的是(　　)。

A. 合同当事人具有完全的民事行为能力和民事权利能力

B. 意思表示真实

C. 不违反法律、行政法规的强制性规定,不损害社会公共利益

D. 具备法律所要求的形式

69. 撤销权自债权人知道或应当知道撤销事由之日起(　　)内行使。自债务人的行为发生之日起(　　)内没有行使撤销权的,该撤销权消灭。

A. 1 年, 5 年　　　　B. 2 年, 5 年　　　　C. 2 年, 10 年　　　　D. 1 年, 20 年

70. 合同履行中,如遇条款不明确,按照《合同法》的约定,下列表述正确的是(　　)。

A. 质量要求不明确的,可按照国家标准、地方标准履行

B. 履行地点不明确,给付货币的,在履行义务一方所在地履行

C. 履行期限不明确的,债务人可以随时履行,但应给对方必要的准备时间

D. 履行费用负担不明确的,由双方共同负担

71. 当事人一方违约时,该合同是否继续履行,取决于(　　)。

A. 违约方是已经承担违约金　　　　　　　　　B. 违约方是否已经赔偿损失

C. 对方是否要求继续履行　　　　　　　　　　D. 违约方是否愿意继续履行

72. 违约金的根本属性是(　　)。

A. 补偿性　　　　　B. 制裁性　　　　　　C. 对等性　　　　　D. 合理性

73. 当事人既约定违约金,又约定定金的,一方违约时,这两种违约责任(　　)。

A. 只能选择其一　　B. 可合并使用　　　　C. 使用数值较大者　　D. 使用数值较小者

74. 依据《合同法》的规定,受要约人超过承诺期限发出承诺的,除要约人及时通知受要约人该承诺有效的以外,应视为(　　)。

A. 违约　　　　　　B. 缔约过失　　　　　C. 要约邀请　　　　　D. 新要约

75. 当事人对履行期限约定不明,又不能达成补充协议且无相应交易习惯时,(　　)。

A. 债权人可随时要求履行,债务人不可随时履行　B. 债权人不可随时要求履行,债务人可随时履行

C. 债权人可随时要求履行,债务人可随时履行　　D. 债权人不可随时要求履行,债务人不可随时履行

76. 担保方式中,必须由第三人提供担保的是(　　)。

A. 保证　　　　　　B. 抵押　　　　　　　C. 留置　　　　　　　D. 定金

77. 甲、乙双方签订合同时,丙方向甲方提供合同担保。履行过程中,甲、乙双方通过协商对合同作了重要变更,但甲方未将变更事项通知丙方。合同部分履行后,甲方的严重违约行为导致与乙方解除合同。

则对变更事项中损失部分的处理原则是由于(　　)。

　　A.甲方未将变更事项通知丙方,该损失由甲、乙双方承担

　　B.甲方未将变更事项通知丙方,丙方赔偿该部分损失的一半

　　C.丙方提供了合同担保,应承担全部赔偿责任

　　D.甲方未将变更事项通知丙方,丙方对该部分损失不承担保证责任

78.按照《担保法》的规定,出质人可以提供(　　)办理质押担保。

　　A.建筑物　　　　　　B.构筑物　　　　　　C.依法可以转让的股票　D.土地

79.某工程项目材料供应合同中约定,供货方支付订购的材料后,采购方再行支付货款,合同履行过程中,由供货方交付的材料质量不符合约定标准,采购方拒付货款,采购方行使的是(　　)。

　　A.同时履行抗辩权　　B.后履行抗辩权　　　C.先诉抗辩权　　　　D.不安抗辩权

80.根据《合同法》有关合同转让的规定,下列关于债权转让的说法中,正确的是(　　)。

　　A.债权人应当通知债务人　　　　　　　　B.债权人应当经债务人同意才可转让

　　C.主权利转让后从权利并不随之转让　　　D.无论何种情形合同债权都可以转让

81.下列解决建设工程合同争议方式,具有强制执行法律效力的是(　　)。

　　A.和解　　　　　　　B.调解　　　　　　　C.行政复议　　　　　D.仲裁

82.监理公司以其所有的房屋作为抵押物,与银行签订抵押合同,该抵押合同的生效日期为(　　)之日。

　　A.当事人签字　　　　B.抵押物登记　　　　C.转移产权证　　　　D.转移房屋占有

83.下列关于留置担保的说法中,正确的是(　　)。

　　A.留置不以合法占有对方财产为前提　　　B.可以留置的财产仅限于动产

　　C.留置担保可适用于建设工程合同　　　　D.留置以合法占有对方固定资产为前提

84.某工程项目的发包人代表只有30万元变更确认权,但施工企业并不知道具体的确认权限,某日,施工企业提交发包人代表签字确认了一项工程款为50万元的变更工程,该50万元工程款的确认应该由(　　)。

　　A.发包人承担责任　　　　　　　　　　　B.发包人代表承担责任

　　C.承包人与发包人代表承担法律责任　　　D.施工企业决定责任承担人

85.某工程材料供应合同被确认无效,双方具有同等过错,购买方有4万元损失,供应方有2万元损失,下列关于双方损失责任承担的说法中,正确的是(　　)。

　　A.各自承担自己的损失　　　　　　　　　B.分别承担对方的损失

　　C.供应方承担购方1万元损失　　　　　　D.供应方承担购方2万元损失

86.某钢材供应合同在甲市订立,在乙市履行。合同中未对某型号钢材的价格作出规定,事后也没有达成补充协议。该型号钢材的价格:订立合同时,甲市每吨4200元,乙市每吨4 150元;履行合同时,甲市每吨4 300元,乙市每吨4 250元。该型号钢材的结算价格应为每吨(　　)元。

　　A.4 300　　　　　　B.4 250　　　　　　C.4 200　　　　　　D.4 150

87.某商店橱窗内展示的衣服上标明"正在出售",并且标示了价格,则"正在出售"的标示视为(　　)。

　　A.要约　　　　　　　B.承诺　　　　　　　C.要约邀请　　　　　D.既是要约又是承诺

88.债务人欲将合同的义务全部或者部分转移给第三人,则(　　)。

　　A.应当通知债权人　　B.应当经债权人同意　C.不必经债权人同意　D.不必通知债权人

89.合同权利和义务的概括转移(　　)。

　　A.是合同当事人一方将其合同权利和义务一并转移给第三人,由该第三人概括地继受之

　　B.只能转移全部合同权利和义务

　　C.只能基于当事人之间的合同行为发生　　　D.不包括企业合并的情形

90.债权人吴某下落不明,债务人王某难以履行债务,遂将标的物提存,王某将标的物提存后,该标的物如果意外毁损灭失,其损失应由(　　)。

A. 吴某承担 　　　　B. 王某承担 　　　　C. 吴某和王某共同承担 　D. 提存机关承担

91. 合同权利义务的终止是指( )。

A. 合同的变更 　　　　B. 合同的消灭 　　　　C. 合同效力的中止 　　　　D. 合同的解释

92. 甲公司与乙公司签订买卖合同。合同约定甲公司先交货。交货前夕, 甲公司派人调查乙公司的偿债能力, 有确切材料证明乙公司负债累累, 根本不能按时支付货款。甲公司遂暂时不向乙公司交货。甲公司的行为是( )。

A. 违约行为 　　　B. 行使同时履行抗辩权 　　C. 行使先诉抗辩权 　　D. 行使不安抗辩权

93. 《建筑法》规定, 建筑物在合理使用寿命内, 必须确保( )的质量。

A. 建筑和安装工程 　　　　　　　　　B. 地基基础和主体结构工程

C. 建筑和装饰工程 　　　　　　　　　D. 主体结构和屋面防水工程

94. 根据《建设工程质量管理条例》规定, 在工程设计文件中, ( )。

A. 设计单位不得指定生产厂家和材料供应商

B. 设计单位不得指定材料的品种、规格和型号

C. 除特殊要求外, 设计单位不得指定生产厂家和材料供应商

D. 除特殊要求外, 设计单位可以指定生产厂家和材料供应商

95. 《建筑法》规定: 建设单位领取施工许可证后, 因故不能按期开工的, 应向发证机关申请延期; 延期以( )为限, 每次不超过 3 个月。

A. 1 次 　　　　　B. 2 次 　　　　　C. 3 次 　　　　　D. 4 次

96. 建设工程承包单位对房屋建筑主体结构工程的最低保修期限是( )。

A. 5 年 　　　　　　　　　　　　　　B. 2 年

C. 产权年限 　　　　　　　　　　　　D. 设计文件规定的合理使用年限

97. 违反《建设工程质量管理条例》规定, 建设单位将建设工程发包给不具有相应资质等级的勘察、设计、施工单位或者委托给不具有相应资质等级的工程监理单位的, 责令改正, 并处罚款, 罚款额度为( )。

A. 10 万元以上 50 万元以下 　　　　　B. 15 万元以上 50 万元以下

C. 20 万元以上 50 万元以下 　　　　　D. 50 万元以上 100 万元以下

98. 对在保修期限内和保修范围内发生的质量问题, ( )。

A. 由质量缺陷的责任方履行保修义务, 由建设单位承担保修费用

B. 由质量缺陷的责任方履行保修义务并承担保修费用

C. 由施工单位履行保修义务并承担保修费用

D. 由施工单位履行保修义务, 由质量缺陷责任方承担保修费用

99. 根据《建设工程质量管理条例》规定, 下列要求不属于建设单位质量责任与义务的是( )。

A. 建设单位应当依法对工程建设项目的勘察、设计、施工、监理以及工程建设有关的重要设备、材料等的采购进行招标

B. 涉及建筑主体和承重结构变动的装修工程, 建设单位要有设计方案

C. 施工人员对涉及结构安全的试块、试件以及有关材料, 应在建设单位或工程监理企业监督下现场取样, 并送具有相应资质等级的质量检测单位进行检测

D. 建设单位应按照国家有关规定组织竣工验收, 建设工程验收合格的, 方可交付使用

100. 建设单位应当在工程竣工验收合格后的( )内到县级以上人民政府建设主管部门或其他有关部门备案。

A. 14 天 　　　　　B. 15 天 　　　　　C. 28 小时 　　　　　D. 1 个月

101. 建设单位在领取施工许可证之前, 应当按照有关规定( )。

A. 办理工程质量监督手续 　　　　　　B. 签订工程施工合同

C. 办理保证安全施工措施的备案手续 　D. 委托具有相应资质监理企业实施监理

102. 施工人员对涉及结构安全的试块、试件及有关材料,应在(　　)监督下现场取样,并送具有相应资质等级的质量检测单位进行检测。

A. 监督机构　　　　　　　　　　　　　　B. 工程监理企业或建设单位

C. 工程监理企业或上级主管部门　　　　　D. 施工管理人员

103. 根据《建设工程质量管理条例》规定,在正常使用条件下,下列关于建设工程最低保修期限正确的表述是(　　)。

A. 基础设施工程、房屋建筑的地基基础和主体结构工程为 70 年

B. 屋面防水工程、有防水要求的卫生间、房间和外墙面的防渗漏为 5 年

C. 电气管线、给排水管道、设备安装和装修工程为 5 年

D. 基础设施工程为 100 年,房屋建筑的地基基础和主体结构工程为 70 年

104. 建设单位有对不合格的建设工程按照合格工程验收行为的,责令改正,处工程合同价款(　　)的罚款,造成损失的,依法承担赔偿责任。

A. 1% ~ 3%　　　　B. 2% ~ 4%　　　　C. 3% ~ 5%　　　　D. 4% ~ 6%

105.《建设工程质量管理条例》强调了工程质量必须实行(　　)监督管理。

A. 政府　　　　　B. 企业　　　　　C. 社会　　　　　D. 行业

106. 关于施工图设计文件,下面说法正确的是(　　)。

A. 施工图设计文件与施工组织设计文件都是设计单位编制

B. 施工图设计文件与施工组织设计文件都是施工单位编制

C. 施工图设计文件与施工组织设计文件必须经过监理工程师审查方可使用

D. 施工图设计文件必须经过建设行政主管部门审查通过后,建设单位才可以交给施工单位使用

107. 建筑业企业必须按照工程设计图纸和施工技术标准施工,不得偷工减料。工程设计的修改由(　　)负责。

A. 建设单位　　　　B. 原设计单位　　　　C. 施工技术管理人员　　D. 监理单位

108. 根据相关司法解释的规定,建设工程未经竣工验收,发包人擅自使用后,又以使用后的(　　)工程质量不符合约定为由主张权利的,法院应予以支持。

A. 主体结构　　　　B. 电气　　　　　C. 装饰　　　　　D. 暖通

109.《建设工程质量管理条例》规定,施工单位的质量责任和义务有(　　)。

A. 总承包单位与分包单位对分包工程的质量承担连带责任

B. 施工单位有权改正施工过程中发现的设计图纸差错

C. 施工单位可以将工程转包给符合资质条件的其他单位

D. 施工单位可以将主体工程分包给具有资质的分包单位

110.《建筑法》规定,建筑活动应当确保建筑工程的安全,符合国家的建筑工程安全标准。施工现场安全由(　　)负责。

A. 建设单位　　　　　　　　　　　　　　B. 工程所在地安全监督管理部门

C. 监理单位　　　　　　　　　　　　　　D. 建筑施工企业

111. 下列行为中没有违反《建设工程安全生产管理条例》的是(　　)。

A. 施工单位没有为作业人员提供安全防护用具,要求自备

B. 施工单位向作业人员口头告知了危险岗位以及违章操作的危害

C. 施工中发生危及人身安全的紧急情况,作业人员撤离危险区域

D. 施工单位没有及时将用于工程的材料进行检测,导致工程事故

112.《建设工程安全生产管理条例》规定,工程监理单位和监理工程师应当按照法律、法规和(　　)实施监理,并对建设工程安全生产承担监理责任。

A. 建设工程承包合同　　　　　　　　　　B. 监理大纲

C. 项目管理规范 　　　　　　　　　　D. 工程建设强制性标准

113.《建设工程安全生产管理条例》规定，由施工单位对达到一定规模的危险性较大的分部分项工程编制的专项施工方案，应当由(　　)签字后实施。

A. 施工单位技术负责人、监理工程师 　　B. 施工单位项目经理、监理工程师

C. 施工项目技术负责人、总监理工程师 　D. 施工单位技术负责人、总监理工程师

114. 实行工程总承包的，施工现场从事危险作业的人员，其意外伤害保险费由(　　)支付。

A. 工程项目的总承包单位 　　　　　　B. 作业本人

C. 作业人员所在的工程项目部 　　　　D. 作业人员所在的劳务分包单位

115.《建筑法》规定：作业人员对危及生命安全和人身健康的行为有权提出(　　)。

A. 检举和控告　　B. 控告和投诉　　C. 批评、检举和控告　　D. 批评、检举和投诉

116.《建筑法》规定：建筑施工企业在编制施工组织设计时，应当根据(　　)制定相应的安全技术措施。

A. 施工图纸 　　　　　　　　　　　　B. 施工现场情况

C. 建筑工程的特点 　　　　　　　　　D. 工程建设强制性标准

117. 国家对严重危及生产安全的工艺、设备实行(　　)。

A. 淘汰制度　　　B. 严格审批制度　　C. 报告制度　　　D. 登记备案制度

118. 安全生产许可证的有效期为(　　)年。

A. 1　　　　　　　B. 2　　　　　　　C. 3　　　　　　　D. 5

119. 在建筑生产中最基本的安全管理制度是(　　)。

A. 安全生产责任制度　B. 安全生产检查制度　C. 安全生产教育制度　D. 安全生产宣传制度

120.《建设工程安全生产管理条例》规定，建设单位应当自开工报告批准之日起(　　)日内，将保证安全施工的措施报送建设工程所在地的县级以上人民政府建设行政主管部门或者其他有关部门备案。

A. 30　　　　　　　B. 15　　　　　　　C. 10　　　　　　　D. 7

121. 施工单位的安全生产费用不应该用于(　　)。

A. 购买施工安全防护用具 　　　　　　B. 安全设施更新

C. 安全施工措施的落实 　　　　　　　D. 职工安全事故赔偿

122. 根据《建设工程安全生产管理条理》，总承包单位应当自行完成建设工程(　　)的施工。

A. 整体结构　　　B. 主要结构　　　C. 所有结构　　　D. 主体结构

123. 自事故发生之日起(　　)内，事故造成的伤亡人数发生变化，应当及时补报。

A. 5 日　　　　　　B. 15 日　　　　　C. 20 日　　　　　D. 30 日

124. 事故发生单位负责人接到事故报告后，应当(　　)启动事故相应应急预案，或者采取有效措施，组织抢救，防止事故扩大，减少人员伤亡和财产损失。

A. 立即　　　　　　B. 1 小时内　　　C. 2 小时内　　　D. 3 小时内

125. 事故调查组应当自事故发生之日起(　　)提交事故调查报告。

A. 15 日内　　　　B. 20 日内　　　　C. 30 日内　　　　D. 60 日内

126. 监理单位重新检查已隐蔽部位，检查结果合格，说法正确的是(　　)。

A. 费用由施工企业承担 　　　　　　　B. 工期不予顺延

C. 视为建设单位违约 　　　　　　　　D. 施工企业可主张合同利润

127. 工程建设单位的(　　)对本单位的安全生产工作全面负责。

A. 主要负责人　　B. 安全部门负责人　C. 生产负责人　　D. 安全事故当事人

128. 下列关于安全生产的说法中正确的是(　　)。

A. 工程建设单位主要负责人必须具备与本单位所从事生产经营活动相应的资格证书

B. 工程建设单位的主要负责人可以不具备与本单位所从事的生产经营活动相应的资格证书，但必须具

备相应的安全生产知识和管理能力

C.特种作业人员的范围由特种行业的主管部门确定

D.工程建设单位必须为从业人员提供符合企业标准的劳动防护用品

129.建设项目的安全设施投资应当纳入( )。

A.年度预算 B.企业的建设基金 C.企业年度决算 D.建设项目概算

130.《安全生产法》对于生产、经营、储存、使用危险品的车间、商店、仓库与员工宿舍的要求是( )。

A.可以在同一座建筑物内，但必须保持安全距离

B.可以在同一座建筑物内，但禁止封闭、堵塞生产经营场所或者员工宿舍的出口

C.不得在同一座建筑物内，并应当保持安全距离

D.只要不在同一座建筑物内即可

131.当从业人员发现直接危及人身安全的紧急情况时，有权停止作业或在采取可能的应急措施后撤离作业场所，这里的权是( )。

A.拒绝权 B.批评权和检举、控告权 C.紧急避险权 D.自我保护权

132.安全生产中的从业人员发现事故隐患或其他不利安全因素时，应当立即向( )报告。

A.生产安全部门 B.国家安全生产监管部门

C.工会组织 D.现场安全生产管理人员或本单位负责人

133.安全监督检查人员可以进入工程建设单位进行现场调查，单位不得拒绝，有权向被审查单位调阅资料并向有关人员了解情况的权利，被称为( )。

A.现场处理权 B.现场调查取证权

C.查封、扣押行政强制措施 D.行政处罚权

134.建筑施工单位的生产经营规模较小的，可以不建立生产事故应急救援组织，但应当( )。

A.指定专职的应急救援人员 B.指定兼职的应急救援人员

C.建立应急救援体系 D.配备应急救援器材、设备

135.工程建设单位的决策机构、主要负责人、个人经营的投资人不依照《安全生产法》规定保证安全生产所必需的资金投入，致使工程建设单位不具备安全生产条件的，( )。

A.责令限期改正，提供必需的资金 B.提出警告，并处以罚款

C.提出警告，并限期改正 D.未按期改正的，吊销其营业执照

136.根据《建设工程安全生产管理条例》，下列说法中正确的是( )。

A.建设单位不得向施工单位提出不符合安全生产法律、法规和强制性标准规定的要求，但可以压缩合同约定的工期

B.建设工程安全作业环境及安全施工措施所需费用由建设单位进行工程决算时确定

C.依法批准开工的工程，建设单位应当在开工报告批准之日起30日内将保证安全施工的措施报送有关部门备案

D.进行大型爆破作业，或在居民区其他重要工程设施附近进行控制爆破作业时，施工单位必须事先将爆破施工方案，报县、市以上主管部门批准，并征得所在地县、市公安局同意，方可爆破作业

137.对于一定规模的危险性较大的分部分项工程要编制专项施工方案，并附安全验算结果，经( )签字后方可实施。

A.施工单位的项目负责人 B.施工单位的项目负责人和技术负责人

C.施工单位的项目负责人和总监理工程师 D.施工单位的技术负责人和总监理工程师

138.建设单位有下列行为之一的，经责令限期改正后逾期未改正的，应责令该建设工程停止施工的是( )。

A.建设单位未提供建设工程安全生产作业环境及安全施工措施所需费用的

B.对勘察、设计、施工、工程监理等单位提出不符合安全生产法律、法规和强制性标准规定的要求的

C. 要求施工单位压缩合同约定的工期的

D. 将拆除工程发包给不具有相应资质等级的施工单位的

139. 施工单位未根据不同施工阶段和周围环境及季节、气候的变化，在施工现场采取相应的安全施工措施，或者在城市市区内的建设工程的施工现场未实行封闭围挡的(　　)。

A. 责令限期改正，逾期未改正，责令停业整顿，并处 10 万元以上 30 万元以下罚款

B. 责令限期改正，逾期未改正，责令停业整顿，并处 5 万元以上 10 万元以下罚款

C. 造成重大安全事故，对直接责任人员，依照刑法有关规定追究刑事责任

D. 造成重大安全事故，对直接责任人员，处以 10 万元以上 30 万元以下的罚款

140. 某住宅小区工程，2006 年 3 月由发、承包双方授权的现场代表李某对现场某分项工程进行了现场签证，并明确了相关费用，2006 年 12 月，李某调离该项目，下列说法中正确的是(　　)。

A. 应在工程竣工结算中如实办理，不得因现场代表的中途变更改变其有效性

B. 因现场代表的变更，需发、承包双方重新签证

C. 该签证需李某亲自办理方可有效　　　　D. 该签证无效，发包方可拒绝结算

141.《湖南省建设工程造价管理办法》中规定，建设工程勘察、设计、施工、监理、造价咨询、招标代理、造价管理及重点建设项目、房地产开发、建设代理等单位，其工程造价计价、评估、审核、控制等关键岗位，应当配备(　　)。

A. 造价员　　　　B. 监理工程师　　　　C. 计量工程师　　　　D. 造价工程师

142. 某施工合同约定以《建设工程价款结算暂行办法》作为结算依据，该工程结算价约 4000 万元，发包人应从接到承包人竣工结算报告和完整的竣工结算资料之日起(　　)天内核对(审查)完毕并提出审查意见。

A. 20　　　　B. 30　　　　C. 60　　　　D. 45

143. 施工企业合理利润属于下列哪项费用(　　)。

A. 建筑安装工程费用　　　　　　　　　　B. 设备及工器具购置费用

C. 工程建设其他费用　　　　　　　　　　D. 预备费

144. 采用工料单价法计价，分部分项工程量的单价为(　　)

A. 直接费 + 间接费　　　　　　　　　　B. 间接费

C. 直接费　　　　　　　　　　　　　　　D. 直接费 + 间接费 + 利润 + 税金

145. 某项目工期为 10 个月，投资总价为 8500 万元，下列哪种合同价款的订立方式比较合适(　　)。

A. 固定总价　　　　B. 固定单价　　　　C. 可调价格　　　　D. 成本加酬金

146. 对没有注册造价工程师的单位，下列说法正确的是(　　)。

A. 可以自行编制工程造价成果文件

B. 应委托具有相应资质的工程造价咨询机构编制工程造价成果文件

C. 不能参与工程造价活动

D. 可以自行编制工程造价成果文件，但必须委托有注册的造价工程师签字盖章

147. 工程建设过程中，对政府采购范围内的项目应当实行(　　)。

A. 招标采购　　　　B. 建设单位采购　　　　C. 政府采购　　　　D. 直接采购

148. 非招标工程的合同价款订立的依据是(　　)。

A. 审定的工程预(概)算书，由发、承包人在合同中约定

B. 参照类似工程的单价，由发、承包人在合同中约定

C. 政府批准的合同价款

D. 工程完工后，根据所发生的金额约定

149. 全部使用国有资金投资或者以国有资金投资为主的建设项目，承包人应当在建设工程施工合同签订之日起的 30 日内将合同副本送相应(　　)备案。

A. 建设行政主管部门　B. 工商行政管理部门　　　C. 工程造价管理机构　D. 工程质量监督站

150. 承包人应当在合同规定的调整情况发生后( )内,将调整原因、金额以书面形式通知发包人,发包人确认调整金额后将其作为追加合同价款。

　　A. 7 天　　　　　　　B. 14 天　　　　　　　C. 21 天　　　　　　　D. 28 天

151. 2008 年 5 月 6 日,某项目发生了工程变更,承包人将调整的原因及金额以书面形式通知发包人,2008 年 5 月 10 日收到该通知,则发包人最迟在( )必须给予答复,否则视为已经同意该项调整。

　　A. 2008 年 5 月 10 日　　B. 2008 年 5 月 6 日　　　C. 2008 年 5 月 23 日　　D. 2008 年 6 月 9 日

152. 某项目由原来的 C25 条形基础变更为 C25 混凝土桩基础,原合同中 C30 的混凝土桩基础单价为 450 元/m³,则对此变更项目的合同价款的确定方法是( )。

　　A. 按原合同单价　　　　　　　　　　　　B. 在 450 元/m³ 的基础上适当调整

　　C. 按 450 元/m³　　　　　　　　　　　　D. 重新预算单价

153. 确认增(减)的工程变更价款作为追加(减)合同价款在( )支付。

　　A. 竣工决算中　　　B. 年度结算中　　　C. 双方约定的时间　　　D. 与工程进度款同期

154. 对合同中没有适用或类似于变更工程的价格,且双方不能达成一致的,则双方可提请( )或按合同约定的争议或纠纷解决程序办理。

　　A. 人民法院进行审理　　　　　　　　　　B. 工程所在地工程造价管理机构进行咨询

　　C. 建设行政主管部门协调　　　　　　　　D. 监理工程师进行确定

155. 包工包料工程的预付款按合同约定拨付,原则上预付比例不低于合同金额的( ),不高于合同金额的( )。

　　A. 10% ,20%　　　B. 20% ,10%　　　C. 10% ,30%　　　D. 30% ,50%

156. 在具备施工条件的前提下,发包人应在双方签订合同后的一个月内或不迟于约定的开工日期前的( )天内预付工程款。

　　A. 10　　　　　　　B. 5　　　　　　　C. 14　　　　　　　D. 7

157. 某项目的发包人在接到承包人提交的已完工程量报告后,没有通知承包人,自行对已完工程的工程量进行了核实,则有关说法正确的是( )

　　A. 因承包人未能参加核实,核实结果无效

　　B. 直接按设计图纸的工程量即可,无须再进行核实

　　C. 承包人已提交已完工程量报告,所以核实结果有效

　　D. 只有承包人同意,才可视为有效

158. 某建设单位建一锅炉房,预计工期为 4 个月,土建工程合同价款为 50 万元,该工程采用( )方式较为合理。

　　A. 按月结算　　　B. 按目标价款结算　　　C. 实际价格调整法结算 D. 竣工后一次结算

159. 建设工程施工单价合同在履行中需要注意的问题是( )。

　　A. 设计图纸必须准确详细　　　　　　　　B. 双方对工程单价的确定

　　C. 双方对实际工程量计量的确认　　　　　D. 工程风险的承担方式的确认

160. 《建筑法》规定:除国务院建设行政主管部门确定的限额以下的小型工程外,建筑工程开工前,建设单位应当按照国家有关规定申请领取施工许可证。此处"限额以下的小型工程"是指( )。

　　A. 工程投资额 30 万元以下或者建筑面积 300 平方米以下的建筑工程

　　B. 工程投资额 30 万元以下且建筑面积 300 平方米以下的建筑工程

　　C. 工程投资额 300 万元以下或者建筑面积 300 平方米以下的建筑工程

　　D. 工程投资额 300 万元以下且建筑面积 300 平方米以下的建筑工程

161. 按承发包合同约定,一般由承发包双方代表就施工过程中涉及合同价款之外的责任事件所作的签认证明为( )

A. 施工日志   B. 工程签证   C. 设计变更   D. 技术交底

162. 规模较小、工期较短的工程其合同类型的选择为(　　)

A. 一次性包干   B. 总价合同、单价合同及成本加酬金合同

C. 固定总价   D. 不宜采用总价合同

163. 工程造价软件有其特殊性,有关单位及其造价工程师编制工程造价成果文件,应当使用符合《建设工程工程量清单计价规范》和《湖南省建设工程造价管理办法》规定的计价依据的计算机软件。不符合的,(　　)应当要求其停止使用或者予以修改。

A. 部、省级造价机构   B. 建设行政主管部门   C. 建设单位   D. 省、市级建设部门

164. 下列工程量应当予以计量(　　)。

A. 变更工程量   B. 损耗工程量   C. 返工工程量   D. 超出设计图纸工程量

165. 某项目,承包人提出的支付工程进度款申请金额为 2500 万,发包人在 14 天内应支付的最少工程进度款为(　　)。

A. 2500 万   B. 1250 万   C. 1500 万   D. 2250 万

166. 工程预付款应当在(　　)扣回。

A. 承包人递交的投标保证金中   B. 工程进度款

C. 承包人递交的履约保证金中   D. 竣工结算款中

167. 发包人不按合同约定支付工程进度款,双方又未达成延期付款协议,导致施工无法进行,下列说法正确的是(　　)

A. 承包人不能停止施工,发包人必须支付工程进度款及利息

B. 承包人可以停止施工,发包人不承担由此产生的后果

C. 承包人不能停止施工,发包人必须给予适当补偿

D. 承包人可以停止施工,发包人承担违约责任

168. 单位工程竣工结算由(　　)编制,(　　)审查。

A. 承包人,总监理工程师   B. 发包人,总监理工程师

C. 发包人,承包人   D. 承包人,发包人

169. 政府投资项目竣工总结算,由(　　)审查。

A. 工程造价咨询机构   B. 同级财政部门   C. 建设行政主管部门   D. 人民政府

170. 建设项目竣工总结算在最后一个单项工程竣工结算审查确认后(　　)天内汇总,送发包人后(　　)天内审查完成。

A. 15,30   B. 14,28   C. 30,60   D. 28,56

171. 质量保证金,待工程交付使用(　　)后清算,质保期内如有返修,发生费用应在质量保证金内扣除。

A. 半年   B. 1 年   C. 2 年   D. 5 年

172. 对发包人要求承包人完成合同以外零星项目,承包人向发包人提出施工签证,发包人签证后施工,如发包人未签证,承包人施工后发生争议的,责任由(　　)承担。

A. 发包人   B. 发包人和承包人共同

C. 承包人   D. 责任方

173. 投标报价的依据包括市场价格信息和(　　),并按照国务院和省、自治区、直辖市人民政府建设行政主管部门发布的工程造价计价办法进行编制。

A. 施工定额   B. 行业定额   C. 国家定额   D. 企业定额

174. 发包人、承包人应当在合同条款与工程价款结算的无关的条款是(　　)。

A. 工程施工中发生变更时,工程价款的调整方法、索赔方式、时限要求及金额支付方式

B. 争议解决的方式   C. 约定承担风险的范围及幅度以及超出约定范围和幅度的调整办法

D. 工期及工期提前或延后的奖惩办法

175. 采用工程量清单计价方法计价的建筑安装工程,(   )应当根据施工设计文件及《建设工程工程量清单计价规范》规定的项目名称、项目编码、计量单位、计量规则编制工程量清单,并作为招标文件的组成部分提供给投标人。

A. 建设单位   B. 设计单位   C. 监理单位   D. 工程造价咨询单位

176. 建设项目竣工决算应包括(   )全过程的全部实际支出费用。

A. 从开工到竣工   B. 从筹划到竣工   C. 从筹划到竣工投产   D. 从开工到竣工投产

177. 施工中对政府投资项目所发生的重大变更,下列说法正确的是(   )

A. 可继续施工,但需重新编制造价文件   B. 需经发、承包方协商同意后方可施工

C. 需按基本建设程序报批后方可施工   D. 可继续施工,但必须对变更部分重新设计

178. 全部使用国有资金投资或者以国有资金投资为主的建设项目,其投资的最高限额是(   )。

A. 投资估算   B. 设计概算   C. 投资估算或设计概算   D. 施工图预算

179. 采用工程量清单计价方法计价的建筑安装工程,建设单位应当根据施工图设计文件,按照(   )规定的项目名称、项目编码、计量单位、计量规则编制工程量清单。

A. 施工定额   B. 预算定额

C.《建设工程消耗量标准》   D.《建设工程工程量清单计价规范》

180. 对于抢险救灾工程,可以优选采用(   )合同方式。

A. 固定单价   B. 固定总价   C. 可调价格   D. 成本加酬金

181. 工程造价咨询机构应当于收到发包人交付的全部竣工结算文件之日起完成审核的期限,下列表述正确的是(   )。

A. 500 万元以下(含 500 万元)的工程项目,10 日

B. 500 万元以上 2000 万元以下(含 2000 万元)的工程项目,20 日

C. 2000 万元以上 5000 万元以下(含 5000 万元)的工程项目,40 日

D. 5000 万元以上 1 亿元以下(含 1 亿元)的工程项目,60 日

182. 发包人接到承包人提交已完工程量的报告后(   )天内核实已完工程量,并在核实前(   )天通知承包人,承包人应提供条件并派人参加核实。

A. 14,1   B. 14,2   C. 28,1   D. 28,2

183. 实行总承包工程的单位工程竣工结算,由(   )编制。

A. 具体承包人   B. 总承包人   C. 发包人   D. 中介机构

184. 发包人根据确认的竣工结算报告向承包人支付工程竣工结算价款,保留(   )左右的质量保证(保修)金。

A. 1%   B. 3%   C. 5%   D. 10%

185. 未取得工程造价咨询单位资质证书的单位从事工程造价咨询活动的,由建设行政主管部门责令停止活动,可以处以(   )罚款。

A. 2 万元以上 5 万元以下   B. 5 万元以上 10 万元以下

C. 1 万元以上 5 万元以下   D. 1 万元以上 3 万元以下

186. 造价工程师在两个或者两个以上单位执业的,由建设行政主管部门予以不良行为记录,责令改正,可以处以(   )罚款。

A. 2000 元以上 2 万元以下   B. 1000 元以上 2 万元以下

C. 1000 元以上 1 万元以下   D. 2000 元以上 5 万元以下

187. 建设行政主管部门及其工程造价管理机构、专业造价管理机构工作人员在建设工程造价管理中玩忽职守、徇私舞弊、滥用职权的,依法给予(   )。

A. 行政处分   B. 刑事处罚   C. 经济处罚   D. 警告处分

188. 民用建筑节能项目依法享受(　　)优惠。

A. 税收　　　　　　B. 工程造价　　　　　C. 能源价格　　　　　D. 以上都不对

189. 建设单位组织竣工验收,应当对民用建筑是否符合民用建筑节能(　　)进行查验。

A. 设计文件　　　　B. 强制性标准　　　　C. 推荐性标准　　　　D. 国家标准

190. 对不符合民用建筑节能强制性标准的,建设工程规划许可证(　　)颁发。

A. 不得　　　　　　B. 可以　　　　　　　C. 应当　　　　　　　D. 延期

191. 按照合同约定由建设单位采购墙体材料、保温材料、门窗、采暖制冷系统和照明设备的,建设单位应当保证其符合(　　)要求。

A. 施工图设计文件　B. 国家标准　　　　　C. 企业标准　　　　　D. 施工单位

192. 施工单位未按照民用建筑节能强制性标准进行施工的,由(　　)级以上地方人民政府建设主管部门责令改正。

A. 省　　　　　　　B. 县　　　　　　　　C. 乡　　　　　　　　D. 地区

193. 对于可能造成重大环境影响的建设项目,应当编制环境影响(　　)。

A. 报告书　　　　　B. 报告表　　　　　　C. 登记书　　　　　　D. 登记表

194. 涉及水土保持的建设项目除按要求编制建设项目的环境影响报告书外,还必须取得经由水行政主管部门审查同意的(　　)。

A. 水土保持方案　　B. 水土安全规划　　　C. 水利用方案　　　　D. 水土利用标准

195. 从事建设项目环境影响评价工作的单位,必须取得(　　)颁发的资格证书,按照资格证书规定的等级和范围,从事建设项目环境影响评价工作,并对评价结论负责。

A. 国务院建设行政主管部门　　　　　　　B. 国务院发展与改革委员会

C. 省级环境保护行政主管部门　　　　　　D. 国务院环境保护行政主管部门

196. 建设项目环境影响评价文件自批准之日起满5年,方决定该项目开工建设的,其环境影响评价文件应当报原审批机关重新审核。原审批机关应当自收到建设项目环境影响评价文件之日起(　　)内,将审核意见书面通知建设单位;逾期未通知的,视为审核同意。

A. 10 日　　　　　　B. 15 日　　　　　　　C. 30 日　　　　　　D. 90 日

197. 环境保护设施竣工验收,应当与主体工程竣工验收同时进行。需要进行试生产的建设项目,建设单位应当自建设项目投入试生产之日起(　　)内,向审批该建设项目环境影响报告书、环境影响报告表或者环境影响登记表的环境保护行政主管部门,申请该建设项目需要配套建设的环境保护设施竣工验收。

A. 1 个月　　　　　　B. 2 个月　　　　　　C. 3 个月　　　　　　D. 6 个月

198. 分期建设、分期投入生产或者使用的建设项目,其相应的环境保护设施应当(　　)验收。

A. 分期　　　　　　B. 最终一次性　　　　C. 同时　　　　　　　D. 分阶段

199. 环境保护行政主管部门应当自收到(　　)之日起30日内,完成验收。

A. 竣工结论　　　　　　　　　　　　　　B. 环境保护设施竣工验收申请

C. 竣工验收申请　　　　　　　　　　　　D. 建设项目竣工验收合格证书

200. 由于某建设项目建成后可能产生环境噪声污染,建设单位编制了环境影响报告书,制定相应环境噪声污染防治措施,按照规定该报告书须报(　　)的批准。

A. 城市规划管理部门　B. 环境保护行政部门　　C. 工商行政管理部门　D. 建设行政管理部门

201. 某建筑工程在城市住宅区内,主体结构施工阶段建筑公司拟进行混凝土浇筑,使用的机械设备可能产生噪声污染,建筑公司必须在浇筑施工(　　)日以前向工程所在地县级以上地方人民政府环境保护行政主管部门申报该工程的相关情况。

A. 3　　　　　　　　B. 5　　　　　　　　C. 10　　　　　　　　D. 15

202. 按照《建筑施工场界环境噪声排放》(GB12523—2011),某施工单位在城市市区范围内施工,晚上19 点~21 点期间使用物料提升机运输装修材料,由此而产生的噪声限值应为(　　)分贝。

A. 55　　　　　　　　B. 62　　　　　　　　C. 70　　　　　　　　D. 75

203. 根据《环境噪声污染防治法》规定，产生环境噪声污染的企事业单位在拆除或(　　)环境噪声污染防治设施时，必须事先经所在地县级以上地方民政府环境保护行政主管部门批准。

A. 维修　　　　　　　B. 检测　　　　　　　C. 闲置　　　　　　　D. 使用

204. 根据《水污染防治法》规定，排放水污染物超过国家或者地方规定的水污染物排放标准的，由县级以上人民政府环境保护主管部门按照权限责令限期治理，限期治理的期限最长不超过(　　)。

A. 3 个月　　　　　　B. 6 个月　　　　　　C. 1 年　　　　　　D. 2 年

205. 根据《节约能源法》规定，以下不属于用能单位能源消费方式的是(　　)。

A. 分类计量　　　　　B. 包费制　　　　　　C. 分类统计　　　　　D. 利用状况分析

206. 根据《循环经济促进法》规定，以下不属于国家鼓励推广使用的工程建筑材料的是(　　)。

A. 预拌混凝土　　　　B. 袋装水泥　　　　　C. 预拌砂浆　　　　　D. 散装水泥

207. 某建筑设计注册执业人员在施工图纸设计过程中，严重违反民用建筑节能强制性标准的规定，造成严重后果，按照《民用建筑节能条例》的规定，可由颁发资格证书的部门吊销执业资格证书，(　　)内不予注册。

A. 1 年　　　　　　　B. 2 年　　　　　　　C. 3 年　　　　　　　D. 5 年

208. 某房地产开发商拖欠施工企业部分工程款，在多次催要未果的情形下，施工企业决定采用诉讼方式解决问题。起诉前，施工企业欲对开发商所有的一处房产进行保全，则以下说法正确的是(　　)。

A. 人民法院在接受申请后，必须在 3 日内作出裁定

B. 开发商不服人民法院财产保全裁定的，可申请复议一次，复议期间停止裁定的执行

C. 申请人在人民法院采取保全措施后 15 日内不起诉的，人民法院应当解除财产保全

D. 申请有错误的，人民法院应当赔偿被申请人因财产保全所遭受的损失

209. 仲裁协议一经有效成立，即对当事人产生法律约束力。关于仲裁协议的效力，说法错误的是(　　)。

A. 当事人只能通过向仲裁协议中所约定的仲裁机构申请仲裁的方式解决该纠纷

B. 仲裁委员会只能对当事人在仲裁协议中约定的争议事项进行仲裁

C. 一方向人民法院起诉未声明有仲裁协议，另一方在首次开庭前提交仲裁协议的，人民法院应当驳回起诉

D. 仲裁协议是争议合同的附属协议，合同无效则仲裁协议无效

210. 建设工程纠纷诉讼解决的特点之一是(　　)。

A. 判决的终局性　　　　　　　　　　　B. 体现当事人的意思自治

C. 公正性　　　　　　　　　　　　　　D. 程序和实体判决严格依法

211. 返还财产和恢复原状应属于(　　)。

A. 民事责任　　　　　B. 行政责任　　　　　C. 刑事责任　　　　　D. 侵权责任

212. 下列属于行政处罚的是(　　)。

A. 停止侵害　　　　　B. 记大过　　　　　　C. 罚金　　　　　　　D. 责令停产停业

213. 暂扣或者吊销许可证、执照及有关证照属于(　　)。

A. 民事责任　　　　　B. 行政处分　　　　　C. 刑事责任　　　　　D. 行政处罚

214. 民事诉讼的参与人不包括(　　)。

A. 证人　　　　　　　B. 第三人　　　　　　C. 审判长　　　　　　D. 鉴定人

215. 下列关于解决合同纠纷方式的说法中，正确的是(　　)。

A. 对仲裁裁决不服可以再向人民法院起诉

B. 协商是解决纠纷的重要方式，和解协议具有强制执行的效力

C. 当事人可以经调解程序解决合同争议

D. 对法院一审判决不服，可向仲裁机构申请仲裁

216.下列民事纠纷中,属于人身关系民事纠纷的是( )。

A.继承权纠纷 B.工程监理合同纠纷

C.工程设计合同纠纷 D.损害赔偿纠纷

217.有关行政复议基本特点的表述中,有误的是( )。

A.当事人提出行政复议,必须是在行政机关作出行政决定之前

B.当事人对行政机关的行政决定不服,只能按照法律规定向有行政复议权的行政机关申请复议

C.行政复议以书面审查为主,以不调解为原则。行政复议的结论作出后,即具有法律效力

D.提出行政复议的,必须是认为行政机关行使职权的行为侵犯其合法权益的公民、法人和其他组织

218.下列关于建设工程纠纷解决方式的说法,正确的是( )。

A.和解是纠纷解决的必经程序,所有纠纷都必须先通过和解的方式解决

B.如果纠纷当事人未在合同中订立仲裁条款,纠纷发生后就不能通过仲裁的方式解决纠纷

C.和解与仲裁是相互排斥的,一旦选择了仲裁,在仲裁过程中不能再采用和解的方式解决纠纷

D.诉讼与仲裁是相互排斥的,一旦进入了仲裁程序,就不能再通过诉讼的方式解决纠纷

219.某钢筋工张某在作业时不慎将手压断,在项目经理调解下,张某与雇主达成协议:雇主一次性支付张某1万元作为补偿,张某放弃诉讼的权利。事后张某反悔,下列说法正确的是( )。

A.该协议无效 B.该协议具有强制约束力

C.张某可起诉 D.人民法院不予受理

220.当事人依法向人民法院申请保全证据的,不得迟于举证期限届满前( )日。

A.7 B.14 C.28 D.56

221.关于和解的说法,错误的是( )。

A.和解可以发生在民事诉讼的任何阶段

B.当事人在申请仲裁或提起民事诉讼后仍然可以和解

C.和解协议具有强制执行的效力

D.当事人和解后可以请求法院调解,制作调解书

222.施工单位与物资供应单位因采购的防水材料质量问题发生争议,双方多次协商,但没有达成和解,则关于此争议的处理,下列说法中,正确的是( )。

A.双方依仲裁协议申请仲裁后,仍可以和解

B.如果双方在申请仲裁后达成了和解协议,该和解协议即具有法律强制执行力

C.如果双方通过诉讼方式解决争议,不能再和解

D.如果在人民法院执行中,双方当事人达成和解协议,则原判决书终止执行

223.用人单位必须为劳动者提供符合国家规定的劳动安全卫生条件和必要的劳动防护用品,对从事有职业危害作业的劳动者应当( )。

A.多发放劳动防护用品 B.定期进行健康检查

C.建立健康档案 D.统计职业病状况

224.某施工企业与女工小王签订了为期3年的劳动合同,合同尚未到期,小王欲解除劳动合同,小王应当提前( )日以书面形式通知用人单位。

A.60 B.30 C.20 D.10

225.劳动合同约定的试用期最长不超过( )。

A.1个月 B.3个月 C.6个月 D.1年

226.关于消防设计图纸的审核,应由( )将消防设计图纸报送公安消防机构审核。

A.建设单位 B.设计单位 C.施工单位 D.监理单位

227.消防工作的方针是( )。

A.预防为主,防消结合 B.安全第一,预防为主

C. 预防为主, 齐抓共管   D. 百年大计, 安全第一

228. 建设单位应当将建筑工程的消防设计图纸及有关资料报送( )审核。

  A. 市政管理委员会   B. 建筑工程所在地人民政府

  C. 公安消防机构   D. 市政工程管理局

229. 劳动者发生( )情形时, 用人单位无权解除劳动合同。

  A. 在试用期间内被证明不符合录用条件的   B. 严重违反劳动纪律或者用人单位规章制度的

  C. 严重失职, 对用人单位利益造成重大损害的   D. 因酒后驾车被行政拘留的

230. 下列不属于城镇体系规划审批主体的是( )。

  A. 全国城镇体系规划, 由国务院城市规划行政主管部门报国务院批准

  B. 省域城镇体系规划, 由省或自治区人民政府报经国务院同意后, 由国务院城市规划行政主管部门批复

  C. 市辖市域、其他市域、县域城镇体系规划, 纳入城市和县级人民政府驻地镇的总体规划, 按照总体规划审批权限审批

  D. 国务院审批直辖市、省和自治区人民政府所在地城市、城市人口在 100 万以上的

231. ( )要注意对城市市政交通和市政基础设施规划用地的保护。

  A. 城市总体规划   B. 城市详细规划   C. 建设项目的选址   D. 建设项目的用地

232. 按《城市房地产管理法》的规定, 土地使用权出让法定最高年限, 根据出让土地的( )不同而不同。

  A. 用途   B. 方式   C. 面积   D. 类型

233. 以出让方式取得土地使用权, 超过出让合同约定的动工开发期满 1 年未动工开发的, 可以征收土地使用权出让金( )以下的土地闲置费。

  A. 20%   B. 30%   C. 40%   D. 25%

234. 土地使用权出让合同约定的使用年限届满, 土地使用者未申请续期, ( )。

  A. 可由代表国家签订出让合同的县级土地管理部门通知使用者续期

  B. 可由国家无偿收回土地使用权

  C. 由土地管理部门与使用者协商确定使用权

  D. 可由国家给予适当补偿后收回土地使用权

235. 土地使用权出让, 可以采取( )或者双方协议三种方式。

  A. 出售、招标   B. 拍卖、招标   C. 出售、拍卖   D. 出售、出租

236. 土地使用者应在签订土地使用权出让合同后( )内, 支付全部土地使用权出让金。

  A. 30 日   B. 60 日   C. 90 日   D. 120 日

237. 根据《工程建设标准强制性条文》, 对工程建设强制性标准实施情况进行监督检查的方式中, 采用随机方法, 在全体工程或某类工程中抽取一定数量进行检查是( )。

  A. 重点检查   B. 突击检查   C. 抽查   D. 专项检查

238. 根据我国对标准级别的划分, 对需要在全国范围内统一的技术要求制定的标准是( )。

  A. 国家标准   B. 行业标准   C. 地方标准   D. 企业标准

239. 下列选项中, ( )不符合《工程建设标准强制性条文》规定的对工程建设强制性标准监督检查的内容。

  A. 对建设单位、设计单位、施工单位和监理单位是否组织有关工程技术人员对工程建设强制性标准的学习和考核进行监督检查

  B. 对本行政区域内的建设工程项目, 根据各建设工程项目实施的不同阶段, 分别对其规划、勘察、设计、施工和验收等阶段监督检查

  C. 对建设工程项目采用的建筑材料和设备, 必须按强制性标准的规定进行进场验收, 以符合合同约定

和设计要求

D. 在建设工程项目的整个建设过程中,严格执行工程建设强制性标准,确保工程项目的按期和质量,施工单位作为责任主体,负责对工程建设各个环节的综合管理工作

240. 根据我国对标准级别的划分,对没有国家标准而又需要在全国某个行业范围内统一的技术要求所制定的标准是(   )。

A. 国家标准　　　　　B. 行业标准　　　　　C. 地方标准　　　　　D. 企业标准

241. 协调城乡空间布局、改善人居环境是《城乡规划法》的(   )。

A. 直接目的　　　　　B. 根本目的　　　　　C. 主要目的　　　　　D. 终极价值目标

242. 城市规划、镇规划分为(   )和(   )。

A. 控制性详规、修建性详规　　　　　　　　B. 总体规划、建设规划

C. 总体规划、详细规划　　　　　　　　　　D. 分区规划、详细规划

243. 建设单位应当在竣工验收后(   )个月内向城乡规划主管部门报送有关竣工验收资料。

A. 3　　　　　　　　　B. 5　　　　　　　　　C. 6　　　　　　　　　D. 8

244. 城市总体规划、镇总体规划的规划期限一般为(   )年。近期建设规划的规划期限为(   )年。

A. 10,5　　　　　　　B. 15,10　　　　　　　C. 20,5　　　　　　　D. 20,10

245. 乡、镇人民政府组织编制乡规划、村庄规划,报(   )审批。

A. 乡、镇人民代表大会　　　　　　　　　　B. 村民大会

C. 县(市)人大常委会　　　　　　　　　　D. 上一级人民政府

246. 城乡规划组织编制机关应委托其具有(   )的单位承担城乡规划的具体编制工作。

A. 规划行政等级　　　B. 相应资质等级　　　C. 技术资质等级　　　D. 规划编制经历

247. 按照国家规定需要有关部门批准或者核准的建设项目,以划拨方式提供国有土地使用权的,建设单位在报送有关部门批准或者核准前,应当向城乡规划主管部门申请核发(   )。

A. 选址意见书　　　　　　　　　　　　　　B. 建设用地规划许可证

C. 建设工程规划许可证　　　　　　　　　　D. 规划条件通知书

248. 对未取得(   )的建设单位批准用地的,由(   )撤销有关批准文件。

A. 选址意见书　　　县级以上人民政府　　　B. 建设用地规划许可证　　县级以上人民政府

C. 建设工程规划许可证　所在地市、县人民政府　D. 施工许可证　　　　所在地市、县人民政府

249. 《城乡规划法》所称规划区,是指(   )。

A. 城市市区、近郊区以及因城乡建设和发展需要,必须实行规划控制的区域

B. 城市市区、镇区以及因城乡建设和发展需要,必须实行规划控制的区域

C. 城市、镇和村庄的建成区以及因城乡建设和发展需要,必须实行规划控制的区域

D. 城市、镇和村庄的建成区以及因城乡建设和发展需要,必须实行规划控制的行政区域

250. 在临时用地上建永久性建筑物、构筑物和其他设施,按《城乡规划法》的规定应当(   )。

A. 允许　　　　　　　B. 禁止　　　　　　　C. 可以　　　　　　　D. 视具体情况而定

二、多项选择题

1. 关于法的作用,下列说法正确的是(   )。

A. 法是由人创制的,人们在立法时受社会条件的制约

B. 法律人在处理法律问题时没有自己的价值立场

C. 法具有概括性,能够涵盖社会生活的所有方面

D. 法律不能要求人们去从事难以做到的事情

2. 以下关于债的发生根据的表述中,正确的有(   )。

A. 合同　　　　　　　B. 侵权行为　　　　　C. 不当得利　　　　　D. 无因管理

3. 民事法律行为成立条件中,行为内容合法表现为(   )。

A. 不违反法律   B. 不违背社会公德

C. 不存在认识错误等外在因素   D. 不与第三人利益相冲突

4. 下列各选项中，属于民事法律关系客体的是(   )。

A. 建设工程施工合同中的工程价款   B. 建设工程施工合同中的建筑物

C. 建材买卖合同中的建筑材料   D. 建设工程勘察合同中的勘察行为

5. 下列国家机关中，有权制定地方性法规的有(   )。

A. 省、自治区、直辖市的人民代表大会及其常委会

B. 省、自治区、直辖市的人民政府

C. 省级人民政府所在地的市级人民代表大会及其常委会

D. 省级人民政府所在地的市级人民政府

E. 国务院各部委

6. 代理的种类有(   )。

A. 委托代理   B. 约定代理   C. 法定代理   D. 指定代理

E. 授权代理

7. 债因以下事实而消灭，(   )。

A. 不可抗力   B. 履行   C. 意外事件   D. 提存   E. 混同

8. 限制民事行为能力人订立的以下合同是有效的(   )。

A. 买卖合同   B. 无偿合同

C. 经过法定代理人追认的合同   D. 纯获利益的合同

E. 与其年龄、智力、精神健康状况相适应而订立的合同

9. 下列关于债权与物权区分的说法中，正确的是(   )。

A. 债权与物权的主体不同，债权的权利主体和义务主体都是特定的，是对人权；物权的权利主体是特定的，义务主体则为不特定的，是对事权

B. 债权与物权的内容不同，债权的实现需要义务主体的积极行为的协助，是相对权；物权的实现则不需要他人的协助，是绝对权

C. 债权与物权发生的原因不同，债权的发生主要是根据当事人的意志，而物权的发生则主要是根据法律的规定

D. 债权与物权的客体不同，债权的客体可以是物、行为和智力成果，物权的客体则只能是物

E. 债权的法律关系有主体、客体和内容，而物权的法律关系只涉及客体和内容

10. 依据国家法律规定或行为性质必须由本人亲自进行的行为不能代理，包括(   )。

A. 立遗嘱   B. 婚姻登记   C. 商业演出   D. 约稿

E. 签订合同

11. 根据有关法律的规定，下列选项中，属于无效民事行为的有(   )。

A. 不满 10 周岁的丫丫自己决定将压岁钱 500 元捐赠给希望工程

B. 李某因认识上的错误为其儿子买回一双不能穿的鞋

C. 甲企业的业务员黄某自己得到乙企业给予的回扣款 1000 元而代理甲企业向乙企业购买了 10 吨劣质煤

D. 丙公司向丁公司转让一辆无牌照的走私

E. 14 周岁的刘某因学习成绩突出，被学校奖励 500 元

12. 下列各项中，可以作为民事法律关系客体的有(   )。

A. 阳光   B. 房屋   C. 经济决策行为   D. 非专利技术

E. 空气

13. 二级建造师应具备(   )等执业能力。

A. 有丰富的施工管理专业知识   B. 具有一定的工程技术水平

C.一定的施工组织能力   D.了解工程建设强制性标准

E.接受继续教育,更新知识,不断提高业务水平

14.已取得建造师执业资格申请注册的人员必须具备的条件包括( )。

A.取得建造师执业资格证书   B.无犯罪记录

C.身体健康,能坚持在建造师岗位上工作   D.经所在单位考核合格

E.主持过大型工程项目的施工管理工作

15.经注册的建造师有下列情况之一的,将由原注册管理机构注销注册( )。

A.不具有完全民事行为能力的   B.受到警告或罚款处罚的

C.因过错发生工程建设重大质量安全事故或有建筑市场违法违规行为的

D.脱离建设工程施工管理及其相关工作岗位连续 2 年(含 2 年)以上的

E.同时在 2 个及以上建筑施工企业执业的

16.《建筑法》规定的"建筑许可"应包括( )几个方面。

A.建筑工程施工许可   B.安全生产许可   C.从业单位资质   D.从业人员资格

17.建设单位申请领取施工许可证应当具备的条件有( )。

A.建设资金已经落实   B.已经办理该建筑工程用地批准手续

C.已确定建筑施工企业   D.有与其从事的建筑活动相适应的专业技术人员

18.申请建造师注册人员必须同时具备下列条件( )。

A.取得建造师执业资格证书   B.无犯罪记录

C.无行政处罚记录   D.身体健康,能坚持在建造师岗位上工作

E.经所在单位考核合格

19.未经注册,擅自以注册建设工程勘察、设计人员的名义从事建设工程勘察设计活动的,( )。

A.责令停止违法行为   B.没收违法所得

C.处违法所得 2 倍以上 5 倍以下罚款   D.给他人造成损失的,依法承担赔偿责任

E.追究刑事责任

根据场景,回答下列问题。(20～24 题)

甲建设单位将宾馆改建工程直接发包给乙施工单位,约定工期 10 个月,由丙监理公司负责监理。甲指定丁建材公司为供货商,乙施工单位不得从其他供应商处另行采购建筑材料。乙施工单位具有房屋建筑工程总承包资质,为完成施工任务,招聘了几名具有专业执业资格的人员。在征得甲同意的情况下,乙施工单位将电梯改造工程分包给戊公司。在取得施工许可证后,改建工程顺利。

20.下列关于施工许可证申请的表述正确的有( )

A.施工许可证应由乙施工单位申请领取   B.申请用地已办理建设工程规划许可证

C.改建设计图已按规定进行了审查   D.到位资金不得少于工程价款的 50%

E.宾馆建设消防设计图纸已通过公安消防机构审核

21.下列关于工程包发、承包的表述正确的有( )。

A.乙单位与戊单位就电梯改造部分向甲单位承担连带责任

B.建筑工程应该招标发包,对不适用招标发包的可以直接发包

C.乙单位只能从丁公司采购建筑材料,否则构成违约

D.甲单位可以将电梯改造与其他改建工程分别发包

E.该工程施工合同无效,即使竣工验收合格,甲单位也可拒付工程价款

22.乙施工单位的企业资质可能是( )。

A.特级   B.一般   C.二级   D.三级

23.目前我国主要的建筑业专业技术人员执业资格种类包括( )。

A.注册土木(岩土)工程师   B.注册房地产估价师

C. 注册土地估价师　　　　　　　　　　D. 注册资产评估师

24. 丙监理单位在改建过程中，其监理内容包括(　　　　　)。

A. 进度控制　　　　B. 质量控制　　　　　　C. 成本控制　　　　　　D. 合同管理

25. 根据《建设工程施工许可管理办法》，下列工程项目无须申请施工许可证的是(　　　　　)。

A. 北京故宫修缮工程　B. 长江汛期抢险工程　　C. 工地上的工人宿舍　D. 某私人投资工程

E. 部队导弹发射塔

26. 申领施工许可证时，建设单位应当提供的有关安全施工措施的资料包括(　　　　　)。

A. 安全防护设施搭设计划　　　　　　　　B. 专项安全施工组织设计方案建设工程教育网

C. 书面委托监理合同　　　　　　　　　　D. 安全施工组织计划

E. 安全措施费用计划

27. 建筑业企业申请资质升级、资质增项，在申请之日起的前一年内出现下列情形，资质许可机关对其申请不予批准的有(　　　　　)。

A. 与建设单位或者企业之间相互串通投标的　　B. 未取得施工许可证擅自施工的

C. 将承包的工程转包或者违法分包的　　　　　D. 发生过安全事故的

E. 恶意拖欠分包企业工程款或者农民工工资的

28. 投标有效期内，投标人有(　　　　　)等行为的，其投标保证金应当被没收。

A. 撤回投标文件　　　　B. 补正投标文件　　　　C. 放弃中标

D. 澄清投标文件　　　　E. 说明投标文件

29. 下列属于投标人之间串通投标的行为是(　　　　　)。

A. 招标人在开标前开启投标文件，并将投标情况告知其他投标人

B. 投标人之间相互约定，在招标项目中分别以高、中、低价位报价

C. 投标人在投标时递交虚假业绩证明

D. 投标人与招标人商定，在投标时压低标价，中标后再给投标人额外补偿

E. 投标人之间先进行内部竞价，内定中标人后再参加投标

30. 按照《招标投标法》及相关规定，在建筑工程投标过程中，下列应当作为废标处理的情形是(　　　　　)。

A. 联合体共同投标，投标文件中没有附共同投标协议

B. 交纳投标保证金超过规定数额

C. 投标人是响应招标，参加投标竞争的个人

D. 投标人在开标后修改补充投标文件

E. 投标人未对招标文件的实质性内容和条件作出响应

31. 公开招标设置资格预审程序的目的是(　　　　　)。

A. 选取中标人　　　　　　　　　　　　　B. 减少评标工作量

C. 优选最有实力的承包商参加投标　　　　D. 迫使投标单位降低投标报价

E. 了解投标人准备实施招标项目的方案

32. 设计招标的特点主要表现在(　　　　　)。

A. 开标时仅公布报价金额　　　　　　　　B. 在投标书内写明设计构思方案及实施计划

C. 按照工程量清单中的规定工程量填报单价　D. 评标时主要侧重于设计方案的科学性和合理性

E. 要求投标单位在预期的投资限额内提出设计方案

33. 构成对投标单位有约束力的招标文件，其组成内容包括(　　　　　)。

A. 招标广告　　　　B. 合同条件　　　　　　C. 技术规范

D. 工程量清单　　　E. 图纸和技术资料

34.《招标投标法》规定，招标方式可分为(　　　　　)。

A. 公开招标　　　　B. 行业内招标　　　　　C. 地区内招标　　　　D. 邀请招标　　　　E. 议标

35. 建设工程施工招标的必备条件有（　　　　　）。

A. 招标人已经依法成立或有相应的资金或资金来源已经落实

B. 初步设计及概算应当履行审批手续，已经批准

C. 招标范围、招标方式和招标组织形式等应当履行核准手续的，已经核准

D. 有招标所需的设计图纸及技术资料

E. 相应资金中有部分资金已经落实

36. 投标保证金的形式有（　　　　　）。

A. 交付现金、支票　　　　　　　　　　B. 银行汇票、不可撤销信用证

C. 银行保函　　　　　　　　　　　　　D. 由保险公司或者担保公司出具投标保证书

E. 延期付款

37. 银行履约保函的内容有（　　　　　）。

A. 承包人违约时，由工程担保人代为完成工程建设的担保方式，有利于工程顺利进行

B. 银行履约保函是由商业银行开具的担保证明，通常为合同总额的10%左右

C. 在承包人没有实施合同或者未履行合同义务时，由发包人或监理工程师出具证明说明情况，并由担保人对已执行的合同部分和未执行部分加以鉴定，确认后才能收兑银行保函，由招标人得到保函中的款项

D. 无条件保函的情形，是在承包人没有实施合同或者未履行合同义务时，发包人不需要出具任何证明和理由

E. 当承包人在履约合同中违约时，开出担保书的担保公司或者保险公司用该项担保金去完成施工任务或者向发包人支付该项保证金

38. 在下列情形中，经批准可以进行邀请招标的有（　　　　　）。

A. 项目技术复杂或有特殊要求，只有少量几家潜在投标人可供选择的

B. 涉及国家安全、国家秘密或者抢险救灾，适宜招标但不宜公开招标的

C. 拟公开招标的费用与项目的价值相比，不值得的

D. 受自然地域环境限制的　　　　　　　E. 法规规定不准公开招标的

39. 招标文件澄清与修改过程中（　　　　　）。

A. 招标人应当按招标公告或者投标邀请书规定的时间、地点出售招标文件或资格预审文件

B. 招标人对已发出的招标文件进行必要的澄清或者修改的，应当在招标文件要求提交投标文件截止时间至少15日前，以书面形式通知所有招标文件收受人

C. 招标人应保管好证明澄清或修改通知已发出的有关文件；投标单位在收到澄清或修改通知后，应书面予以确认，该确认双方均应妥善保管

D. 对招标文件或者资格预审文件的收费应当合理，不得以营利为目的

E. 开标应当在招标文件确定的提交投标文件截止时间的同一时间公开进行

40. 根据《合同法》诚实信用的原则，当事人应当根据合同的性质、目的和交易习惯履行（　　　　　）等附随义务。

A. 偿付　　　　　　　B. 通知　　　　　　　C. 协助　　　　　　　D. 保密

41. 承诺具有法律约束力的条件包括（　　　　　）。

A. 由受要约人向要约人作出　　　　　　B. 以书面形式作出

C. 由承诺人向受要约人作出　　　　　　D. 对要约完全同意

E. 在要约有效期限内作出

42. 在下列关于合同变更的表述中，正确的是（　　　　　）。

A. 合同变更须经当事人协商一致　　　　B. 合同变更可由政府部门作出

C. 合同变更是对合同内容的变更　　　　D. 合同变更是对合同当事人的变更

E. 内容约定不明的，推定为未变更

43. 在委托监理合同中，监理人相对于委托人享有的权利有（   ）。

A. 完成监理任务后获得酬金　　　　　　　B. 变更委托监理工作范围

C. 监督委托人执行法规政策　　　　　　　D. 委托人严重违约时解除监理合同

E. 协调委托人与设计单位的关系

44. 根据《建设工程施工合同(示范文本)》，下列工作中，应由发包人完成的工作有（   ）。

A. 从施工现场外部接通施工用电线路　　　B. 施工现场的安全保卫

C. 已完工程的保护　　　　　　　　　　　D. 办理爆破作业行政许可手续

E. 施工现场邻近建筑物的保护

45. 工程师依据施工现场的下列情况向承包人发布暂停施工指令时，其中应顺延合同工期的情况有（   ）。

A. 地基开挖遇到勘察资料未标明的断层，需要重新确定基础处理方案

B. 发包人订购的设备未能按时到货　　　　C. 施工作业方法存在重大安全隐患

D. 后续施工现场未能按时完成移民拆迁工作

E. 施工中遇到有考古价值的文物需要采取保护措施予以保护

46. 下列关于合同订立过程的说法中，正确的有（   ）。

A. 发布招标公告是要约邀请　　　　　　　B. 发布招标公告是要约

C. 投标是要约　　　　　　　　　　　　　D. 发出中标通知书是承诺

E. 发出中标通知书是新要约

47. 根据《合同法》，下列合同中属于可撤销合同的有（   ）的合同。

A. 因重大误解而订立　　　　　　　　　　B. 一方以欺诈、胁迫的手段订立

C. 以合法形式掩盖非法目的　　　　　　　D. 订立合同时显失公平

E. 损害社会公共利益

48. 根据《合同法》，合同被确认无效后，当事人因履行产生的财产应当（   ）。

A. 返还财产　　　　B. 赔偿损失　　　　　C. 没收财产

D. 上缴法院所有　　E. 追缴收归国库

49. 建设单位以无资金为由拖欠施工单位工程款，而建设单位在其他单位有已到期的债权却不积极行使，施工单位（   ）。

A. 可以行使代位权　　　　　　　　　　　B. 可以行使撤销权

C. 可以建设单位名义行使权利　　　　　　D. 可以自己的名义行使权利

E. 只能对建设单位行使权利

50. 根据《合同法》，下列关于违约赔偿损失的说法中，正确的有（   ）。

A. 损失赔偿额应相当于因违约所造成的损失

B. 损失赔偿额不应包括合同履行后可以获得的利益

C. 损失赔偿额不以合同当事人订立合同时预见的违约损失为限

D. 损失赔偿额不包括未采取适当措施致使扩大的损失

E. 损失赔偿额包括当事人因防止损失扩大而支出的合理费用

51. 在总投资为2000万元的使用国有资金的一个建设项目中，必须通过招标签订合同的有（   ）。

A. 单项合同估算价为1000万元的施工项目　　B. 单项合同估算价为170万元的材料采购项目

C. 单项合同估算价为30万元的设计项目　　　D. 单项合同估算价为20万元的勘察项目

E. 单项合同估算价为20万元的监理项目

52. 在《担保法》规定的五种担保方式中，既允许债务人用自己的财产也可以用第三人财产向债权人提供担保的方式有（   ）。

A. 保证　　　　　B. 抵押　　　　　C. 动产质押　　　　D. 留置　　　　E. 定金

53. 有下列情形（   ）之一的，合同无效。

A. 恶意串通，损害国家、集体或者第三人利益　　　B. 以合法形式掩盖非法目的

C. 违反法律、行政法规的强制性规定　　　D. 在订立合同时显失公平的

54. 有下列情形之一的，撤销权消灭（　　　　　）。

A. 具有撤销权的当事人自知道或应当知道撤销事由之日起半年内没有行使撤销权

B. 具有撤销权的当事人自知道或应当知道撤销事由之日起一年内没有行使撤销权

C. 具有撤销权的当事人自知道或应当知道撤销事由之日起二年内没有行使撤销权

D. 具有撤销权的当事人知道撤销事由后明确表示放弃撤销权

55. 根据《建设工程质量管理条例》的规定，违法分包是指（　　　　　）。

A. 施工总包单位将部分工程分包

B. 施工总包单位将部分工程分包给不具备相应资质条件的单位

C. 施工总承包单位将主体结构分包给其他单位

D. 分包单位将其承包的建设工程再次分包

56. 建设单位办理工程竣工验收备案一般应提交以下材料（　　　　　）。

A. 工程竣工验收备案表　　　　　　　　B. 工程竣工验收报告

C. 由规划、公安消防、环保等部门出具的认可文件或者准许使用文件

D. 施工单位签署的工程质量保修书　　　E. 建设工程规划批准书

57. 工程质量监督机构的基本职责包括对（　　　　）进行检查。

A. 建设工程的地基基础、主体结构的质量　　B. 建筑材料、构配件、商品混凝土的质量

C. 工程建设参与各方主体的质量行为　　　D. 工程建设参与各方主体的资质

E. 工程质量文件

58. 违反《建设工程质量管理条例》规定，有下列（　　　　　）行为之一的，责令改正，处 10 万元以上 30 万元以下的罚款。

A. 勘察单位未按照工程建设强制性标准进行勘察的

B. 设计单位未根据勘察成果文件进行工程设计的

C. 设计单位指定建筑材料、建筑构配件的生产厂、供应商的

D. 设计单位未按照工程建设强制性标准进行设计的

E. 施工图设计文件未经审查或者审查不合格，擅自施工的

59. 根据《建设工程质量管理条例》，法定的质量保修范围有（　　　　　）。

A. 土石方工程　　　B. 地基基础工程　　　C. 电气管线工程

D. 景观绿化工程　　　E. 屋面防水工程

60. 违反《建设工程质量管理条例》规定，施工单位在施工中偷工减料的，使用不合格的建筑材料、建筑构配件和设备的，或者有不按照工程设计图纸或者施工技术标准施工的其他行为的，（　　　　　）。

A. 责令改正，处工程合同价款 2% 以上 4% 以下的罚款

B. 责令改正，处 20 万元以上 50 万元以下的罚款

C. 造成损失的，依法承担赔偿责任　　　D. 造成损失的，依法承担连带赔偿责任

E. 情节严重的，责令停业整顿，降低资质等级或者吊销资质证书

61.《建设工程质量管理条例》规定的质量责任主体，包括（　　　　　）。

A. 县级以上建设主管部门　　　　　　B. 建设单位

C. 勘查、设计单位　　　D. 施工单位　　　E. 工程监理单位

62.《建设工程质量管理条例》规定，建设单位不得（　　　　　）。

A. 委托该工程的设计单位进行施工监理　　B. 任意压缩合理工期

C. 要求设计单位或施工单位违反工程建设强制性标准，降低建设工程质量

D. 迫使承包方以低于成本的价格竞争

63.工程质量监督机构对建设单位组织的竣工验收实施的监督主要是察看其(　　　　)。

A.是否通过了规划、消防、环保主管部门的验收

B.程序是否合法　　　　　　　　　　　　C.资料是否齐全

D.工程质量是否满足合同的要求　　　　　E.实体质量是否存有严重缺陷

64.《建设工程质量管理条例》关于施工单位对建筑材料、建筑构配件、设备和商品混凝土进行检验的具体规定有(　　　　)。

A.检验必须按照工程设计要求、施工技术标准和合同约定进行

B.检验结果未经监理工程师签字，不得使用

C.检验结果未经施工单位质量负责人签字，不得使用

D.未经检验或者检验不合格的，不得使用

E.检验应当有书面记录和专人签字

65.《建设工程质量管理条例》所称违法分包，是指(　　　　)的行为。

A.总承包合同中未有约定，又未经建设单位认可，承包单位将其所承包的部分工程交由其他单位完成

B.施工总承包单位将建设工程主体结构的施工分包给其他单位

C.施工总承包单位将建设工程半数以上工程内容的施工分包给其他单位

D.分包单位将其承包的建设工程不再分包

E.承包单位将其承包的全部工程肢解以后以分包的名义转给其他单位承包

66.按照《建设工程安全生产管理条例》的规定，以下说法正确的是(　　　　)。

A.作业人员只有进入危险岗位才需要安全生产教育培训

B.作业人员在使用新材料时应当接受安全生产教育培训

C.作业人员在进入新的施工现场前应当接受安全生产教育培训

D.施工单位应当对作业人员每两年至少进行一次安全生产教育培训

67.《建设工程安全生产管理条例》规定，施工单位的主要负责人对本单位生产工作负有(　　　　)的职责。

A.建立健全本单位安全生产责任制　　　　B.确保安全生产费用的有效使用

C.组织制定本单位安全生产规章制度和操作制度　　D.及时、如实报告生产安全事故

68.《建设工程安全生产管理条例》适用于(　　　　)。

A.建设工程的新建　　B.建设工程的改建　　C.建设工程的扩建　　D.救灾工程

69.建设单位在编织工程预算时，应当确定(　　　　)所需费用。

A.现场施工　　　　B.建设工程安全作业环境　　C.工程施工　　　　D.安全施工措施

70.根据《建设工程安全生产管理条例》，出租的机械设备、施工机具及配件，应当具有(　　　　)。

A.生产(制造)许可证　　B.产品合格证　　　　C.生产日期　　　　D.生产厂家

71.安装、拆卸施工起重机械和整体提升脚手架、模板等自升式架设设施时(　　　　)。

A.应当编织拆装方案　　　　　　　　　　B.制定安全施工措施

C.由专业技术人员现场监督　　　　　　　D.可以由非专业人员进行

72.施工单位在使用承租的机械设备及配件的，由(　　　　)共同进行验收。

A.建设单位　　　　B.施工总承包单位　　C.分包单位　　　　D.出租单位

73.施工单位在采用(　　　　)时，应当对作业人员进行相应的安全生产教育培训。

A.新工艺　　　　　B.新材料　　　　　　C.新结构　　　　　D.新设备

74.建设项目需要配套建设的安全生产设施，必须与主体工程(　　　　)。

A.同时设计　　　　B.同时施工　　　　　C.同时投产使用　　D.同时报废

75.事故报告应当及时、准确、完整，任何单位和个人对事故不得(　　　　)。

A.迟报　　　　　　B.漏报　　　　　　　C.谎报　　　　　　D.通报

288

76. 根据《建设工程安全生产管理条例》的规定,属于施工单位主要负责人安全生产方面的职责的是( )。

A. 建立健全安全生产责任制度和安全生产教育制度

B. 保证本单位安全生产条件所需资金的投入

C. 确保安全生产费用的有效使用

D. 根据工程特点组织制定安全施工措施,消除安全事故隐患

77. 施工单位采购、租赁的安全防护用具、机械设备、施工机具及配件的,应当具有( )。

A. 生产(制造)许可证　　B. 生产合格证　　　　C. 准入许可证　　　　D. 产品合格证

78. 根据《建设工程安全生产管理条例》的规定,施工现场"应设置明显的、符合国家标准的安全警示标志"的危险部位包括( )。

A. 出入通道口　　　　B. 孔洞口　　　　　　C. 基坑边沿　　　　D. 生活区

79.《建设工程安全生产管理条例》制定的基本法律依据包括( )。

A.《建筑法》　　　　B.《劳动法》　　　　C.《安全生产法》　　D.《合同法》

80. 根据《建设工程安全生产管理条理》的规定,应编制专项施工方案,并附具安全验算结果的分部分项工程包括( )。

A. 深基坑　　　　　B. 脚手架工程　　　　C. 楼地面工程　　　D. 高大模板工程

81.《安全生产法》规定,安全生产中从业人员的权利有( )。

A. 知情权　　　　　B. 请求赔偿权　　　　C. 危险报告权

D. 紧急避险权　　　E. 控告权

82. 根据《安全生产法》的规定,生产经营单位的主要负责人对本单位安全生产工作负有的职责包括( )。

A. 建立健全本单位安全生产责任制　　　　B. 及时、如实报告生产安全事故

C. 组织制定本单位安全生产规章制度和操作规程　　D. 处理具体安全事务

E. 督促、检查本单位的安全生产工作,及时消除生产安全事故隐患

83. 建设工程开工前,建设单位应当向施工单位提供的资料包括( )。

A. 施工现场及毗邻区域的供排水、供电、通信等地下管线资料

B. 施工现场及相邻区域地下工程的施工方案　　C. 气象和水文资料

D. 相邻建筑物和构筑物的有关资料　　　　　E. 地下工程的有关资料

84. 工程建设单位的安全生产投入包括( )。

A. 安全设施与工程建设项目同时投入生产使用

B. 建筑施工单位应当设置安全生产管理机构或者配备专职安全生产管理人员

C. 安排进行安全生产培训的经费

D. 对安全设备进行经常性维护、保养,并定期检测

E. 进行爆破、吊装等危险作业,安排专门人员进行现场安全管理

85. 依法取得工程造价咨询单位资质证书的工程造价咨询机构,可以在核定的范围内接受委托从事的业务有( )。

A. 编制可行性研究报告　　　　　　　B. 编制建设项目投资估算

C. 编制投标报价　　　　　　　　　　D. 审核工程结算

86. 工程造价咨询机构在承揽业务过程中,下列哪些行为是违法的( )。

A. 在资质证书核定的范围从事造价咨询活动

B. 转让工程造价咨询业务

C. 为建设项目编制施工图预算、招标标底后,又为该建设项目的投标人编制投标报价

D. 为同一建设项目的同一单位工程的两个或者两个以上投标人编制投标报价

87. 建设工程施工发、承包计价活动应遵循的原则是( )

A. 公平　　　　　　B. 公正　　　　　　C. 合法　　　　　D. 诚实信用

88. 投标报价由哪些费用构成( )。

A. 直接费 + 间接费   B. 直接费 + 措施费   C. 利润 + 税金   D. 风险费 + 税金

89. 某项目采用可调价格合同,双方应在合同中约定综合单价和措施费的调整方法,则下列哪些因素可作为调整合同价格的合理因素( )。

A. 法律、行政法规和国家有关政策变化影响合同价款

B. 工程造价管理机构的价格调整   C. 经批准的设计变更

D. 承包人更改经审定批准的施工组织设计(修正错误除外)造成费用增加

90. 工程进度款结算的方式有( )。

A. 按月结算与支付   B. 按年度结算与支付

C. 竣工后一次性结算与支付   D. 分段结算与支付

91. 下列属于工程建设其他费用的是( )。

A. 土地使用费   B. 研究试验费   C. 施工企业管理费   D. 勘察设计费

92. 基本预备费包括( )。

A. 设计变更、地基局部处理等增加的费用   B. 利率、汇率调整等增加的费用

C. 自然灾害造成的损失和预防灾害所采取的措施费用

D. 竣工验收时为鉴定工程质量,对隐蔽工程进行必要的挖掘和修复费用

93. 根据《湖南省建设工程计价办法》,综合单价包括分部分项工程的( )

A. 直接工程费   B. 规费   C. 税金   D. 预留金

94. 依据《湖南省建设工程造价管理办法》,在随招标文件下发的分部分项工程量清单中,由招标单位填写的是( )。

A. 项目编码   B. 总金额   C. 单价   D. 工程数量

95. 在工程量清单计价方式中,清单项目的工程量正确的是( )。

A. 一般按实体工程量计算   B. 与定额的工程量计算规则没有差别

C. 一般按实体工程量 + 损耗工程量计算   D. 与定额的工程量计算规则有差别

96. 工程竣工结算方式有( )。

A. 单位工程竣工结算   B. 单项工程竣工结算

C. 建设项目竣工总结算   D. 分项工程竣工结算

97. 国家推广使用民用建筑节能的材料和设备,国务院节能工作主管部门、建设主管部门应当制定、公布并及时更新( )目录。

A. 推广使用   B. 限制使用   C. 禁止使用

D. 有条件的限制使用   E. 鼓励使用

98. 若建筑工程不符合建筑节能标准,则建筑主管部门对建设方可能的处罚措施有( )。

A. 不得批准开工建设   B. 可以批准开工建设,但是需要责令其限期改正

C. 已经开工建设的,应当责令停止施工、限期改正   D. 已经开工建设的,限期改正,但不需要停止施工

E. 已经建成的,不得销售或者使用

99. 建设单位有( )行为之一的,由县级以上地方人民政府建设主管部门责令改正,处 20 万元以上 50 万元以下的罚款。

A. 暗示施工单位违反民用建筑节能强制性标准进行施工的

B. 暗示施工单位使用不符合施工图设计文件要求的墙体材料的

C. 采购不符合施工图设计文件要求的保温材料的

D. 使用列入禁止使用目录的技术、工艺、材料和设备的

E. 对不符合民用建筑节能强制性标准的民用建筑项目出具竣工验收合格报告的

100. 依据《民用建筑节能管理规定》,下列属于鼓励发展的建筑节能技术和产品的有( )。

A. 节能门窗的保温隔热和密闭技术　　　　B. 集中供热和热、电、冷联产联供技术

C. 建筑照明节能技术与产品　　　　　　　D. 燃气节能技术与产品

E. 给水、排水节能技术与产品

101. 下列关于民用建筑节能的表述中，正确的有(　　　　　　)。

A. 达不到合理用能标准和节能设计规范要求的项目，依法审批的机关不得批准建设

B. 项目建成后，达不到合理用能标准和节能设计规范要求的，验收结论为不合格

C. 建设单位不得以任何理由要求设计单位擅自修改经审查合格的节能设计文件，降低建筑节能标准

D. 施工图设计文件不符合建筑节能强制性标准的，施工图设计文件审查结论应当定为不合格

E. 监理单位应当依照法律、法规以及建筑节能标准、节能设计文件、建设工程承包合同及监理合同对节能工程建设实施监理

102. 环境保护"三同时"制度是指建设项目需要配套建设的环境保护设施，必须与主体工程(　　　　　　)。

A. 同时立项　　　　B. 同时设计　　　　　C. 同时施工

D. 同时竣工　　　　E. 同时投产使用

103. 对于建设工程项目环境影响评价制度的说法正确的是(　　　　　　)。

A. 建设单位应当依法组织编制相应的环境影响评价文件

B. 环境影响评价是指对规划和建设项目实施后可能造成的环境影响进行分析、预测和评估

C. 环境影响评价可以有效预防因规划建设项目实施后对环境造成的不良影响

D. 环境影响评价促进了经济、社会和环境的协调发展

E. 建设项目的环境影响评价文件由建设单位按国务院的规定报有审批权的环境保护行政主管部门审批

104. 某钢厂拟在市城区的轧制分厂扩建一条冲压生产线，考虑到可能产生环境噪声污染，该钢厂编制了建设项目环境影响报告书，其中报告书中应有(　　　　　　)的意见。

A. 建设项目所在地规划部门　　　　　　　B. 建设项目所在地工商部门

C. 建设项目所在地单位　　　　　　　　　D. 建设项目所在地居民

E. 建设项目所在地建设行政管理部门

105. 某施工单位在某学院教学楼扩建项目施工中，为保证工程进度，拟在夜间进行连续施工作业，根据《环境噪声污染防治法》规定，必须满足以下(　　　　　　)条件，方可进行。

A. 取得建设单位同意　　　　　　　　　　B. 取得县级以上人民政府或有关主管部门的证明

C. 征得附近居民的同意　　　　　　　　　D. 公告附近居民

E. 征得城管部门同意

106. 某施工单位在土方施工作业过程中，为有效防治扬尘大气污染，施工现场采取比较得当的措施包括(　　　　　　)。

A. 运送土方车辆封闭严密　　　　　　　　B. 施工现场出口设置洗车槽

C. 堆放的土方洒水、覆盖　　　　　　　　D. 建筑垃圾分类堆放

E. 地面硬化处理

107. 根据《大气污染防治法》的规定，排污单位排放大气污染物的(　　　　　　)有重大改变的，应当及时申报。

A. 种类　　　　　　B. 数量　　　　　　　C. 温度

D. 湿度　　　　　　E. 浓度

108. 根据施工现场固体废物的减量化和回收再利用的要求，施工单位应采取的有效措施包括(　　　　　　)。

A. 生活垃圾袋装化　　　　　　　　　　　B. 建筑垃圾分类化

C. 建筑垃圾及时清运　　　　　　　　　　D. 设置封闭式垃圾容器

E. 建筑垃圾集中化

109. 根据《节约能源法》规定，国家对固定资产投资项目实行(　　　　　　)制度，不符合强制性节能标准

的项目，依法负责审批或者批准的机关不得批准或者核准建设。

　　A.节能评估　　　　　　B.节能复查　　　　　　C.节能审查

　　D.节能审核　　　　　　E.节能测试

110.以下属于《绿色施工导则》规定提高用水效率的措施是(　　　　　)。

　　A.混凝土养护过程中应采取必要措施

　　B.将节水定额指标纳入分包或劳务合同中进行计量考核

　　C.对现场各个分包生活区合计统一计量用水量

　　D.临时用水采用节水型产品，安装计量装置　　　　E.现场车辆冲洗设立循环用水装置

111.按照《节约能源法》、《循环经济促进法》的规定，我国目前主要采取的节能激励措施包括(　　　　　)。

　　A.安排专项节能财政资金　　　　　　　　　　B.给予节能产业税收优惠

　　C.对节能项目信贷支持　　　　　　　　　　　D.节能价格策略

　　E.限制高能耗进口

112.绿色施工中"四节一环保"中的"四节"是指(　　　　　)

　　A.节能　　　　　　　　B.节地　　　　　　　C.节水　　　　D.节材　　　　E.节电

113.下列纠纷，当事人可以申请仲裁的有(　　　　　)。

　　A.孙某与某建设集团公司之间的劳动争议　　　　B.张某与村民委员会之间土地承包经营合同纠纷

　　C.王某的房屋被李某倒车时撞坏的侵权纠纷　　　D.王某与其家人的遗产纠纷

　　E.甲乙之间的运输合同纠纷

114.诉讼管辖分为(　　　　　)。

　　A.级别管辖　　　　　　B.地域管辖　　　　　　C.指定管辖

　　D.移送管辖　　　　　　E.专属管辖

115.在审查与受理仲裁申请过程中，以下说法正确的是(　　　　　)。

　　A.仲裁委员会认为仲裁申请不符合受理条件的，应当书面通知当事人

　　B.仲裁委员会应在收到仲裁申请书之日起10日内确认是否受理

　　C.申请人经书面通知，无正当理由不到庭可以缺席裁决

　　D.被申请人经书面通知，无正当理由不到庭可以缺席裁决

　　E.仲裁委员会受理仲裁申请后，应当将仲裁规则和仲裁员名册送达申请人

116.建设工程纠纷发生后，当事人申请仲裁应当符合下列条件(　　　　　)。

　　A.有仲裁协议　　　　　　　　　　　　B.有和解协议

　　C.有具体的仲裁请求、事实和理由　　　　D.属于仲裁委员会的受理范围

　　E.得到法院的许可

117.下列情形中，可以视为撤回仲裁申请的是(　　　　　)。

　　A.仲裁申请人经书面通知，无正当理由拒不到庭　　B.被申请人与申请人达成调解协议

　　C.仲裁申请人未经仲裁庭许可中途退庭　　　　　　D.被申请人与申请人自行和解

　　E.申请人无理取闹，扰乱仲裁秩序的

118.人民法院审理民事案件，除(　　　　　)以外，应当公开进行。

　　A.离婚案件　　　　　　　　　　　　　　B.涉及国家秘密的案件

　　C.涉及个人隐私的案件　　　　　　　　　D.当事人申请再审的案件

　　E.涉及商业秘密的案件

119.当事人对已经发生法律效力的判决、裁定，认为有错误的，(　　　　　)

　　A.只能向原审法院申请再审　　　　　　　B.只能向上一级法院申请再审

　　C.可以向原审法院申请再审　　　　　　　D.可以向上一级法院申请再审

　　E.可以同时向原审法院和上一级法院申请再审

120. 有下列情形中(　　　　)的，法院应当裁定中止执行。

A. 申请人表示可以延期执行的　　　　　　　　B. 申请人撤销申请的

C. 案外人对执行标的提出确有理由的异议的

D. 作为一方当事人的公民死亡，需要等待继承人继承权利或者承担义务的

E. 作为一方当事人的法人或者其他组织终止，尚未确定权利义务承受人的

121. 建设工程中常见的施工合同主体纠纷一般包括(　　　　　　)。

A. 因承包商资质不够导致的纠纷　　　　　　　B. 因无权代理与表见代理导致的纠纷

C. 因联合体承包导致的纠纷　　　　　　　　　D. 因"挂靠"问题而产生的纠纷

E. 因履约范围不清而产生的纠纷

122. 下列行政责任的承担方式中，属于行政处分的有(　　　　　　)。

A. 记过　　　　　　　B. 降职　　　　　　　C. 撤职

D. 留用察看　　　　　E. 责令停产停业

123. 在建设工程领域，行政机关易引发行政纠纷的具体行政行为主要有(　　　　　　)。

A. 行政许可　　　　　　　　　　　　　　　　B. 行政裁决

C. 行政处罚　　　　　D. 行政处分　　　　　E. 行政奖励

124. 民事诉讼的基本特征包括(　　　　　　)。

A. 公权性　　　　B. 强制性　　　　C. 任意性　　　　D. 程序性　　　　E. 保密性

125. 行政机关的行政行为的特征体现在(　　　　　　)。

A. 行政行为是执行法律的行为　　　　　　　　B. 行政行为具有一定的裁量性

C. 行政行为以有偿为原则，以无偿为例外　　　D. 行政行为是以国家强制力保障实施的，带有强制性

E. 行政主体在实施行政行为时具有单方意志性，不必与行政相对方协商或征得其同意，便可依法自主作出

126. 以下各项纠纷中，属于《仲裁法》调整范围的是(　　　　　　)。

A. 某建筑公司与某设备安装公司之间的借款合同纠纷

B. 村民王某与村委会的耕地承包合同纠纷

C. 某施工单位和某商品混凝土厂家的供货合同纠纷

D. 建设单位和施工单位之间的施工合同纠纷

E. 钢筋工赵某和所供职施工单位之间的劳动纠纷

127. 下列关于仲裁与诉讼特点的表述，正确的有(　　　　　　)。

A. 仲裁的程序相对灵活，诉讼的程序较严格

B. 仲裁以不公开审理为原则，诉讼则以不公开审理为例外

C. 仲裁实行一裁终局制，诉讼实行两审终审制

D. 仲裁机构由双方协商确定，管辖人民法院则不能由双方约定

E. 仲裁和诉讼是两种独立的争议解决方式

128. 某装饰公司与蒋某之间因工资待遇问题发生了劳动争议，依据《劳动法》的规定，双方当事人可以通过(　　　　)方式解决。

A. 申请调解　　　　B. 双方协商　　　　C. 投诉上访　　　　D. 申请仲裁

129. 用人单位不得解除劳动合同的情形包括(　　　　　　)。

A. 劳动者在规定的医疗期内患病　　　　　　　B. 女职工在产假期内

C. 上班途中负伤　　　　　　　　　　　　　　D. 未成年职工在试用期内

E. 女职工在婚假期内

130. 根据《消防法》的规定，下列选项中，消防产品的质量必须符合的标准有(　　　　　　)。

A. 国际标准　　　　　B. 国家标准　　　　　C. 行业标准

D. 地方标准　　　　　E. 企业标准

131. 下列关于劳动安全卫生，正确的是（　　　　　　　）。

A. 新建、改建、扩建工程的劳动安全卫生设施必须与主体工程同时设计、同时施工、同时投入生产和使用

B. 用人单位必须为劳动者提供符合国家规定的劳动安全卫生条件和必要的劳动防护用品

C. 用人单位必须对从事有职业危害作业的劳动者应当随时进行健康检查

D. 从事特种作业的劳动者应当经过专门培训并取得特种作业资格

E. 劳动者在劳动过程中必须严格遵守安全操作规程

132. 根据《劳动法》规定，用人单位应当支付劳动者经济补偿金的情况有（　　　　　　　）。

A. 劳动合同因合同当事人双方协商一致而由用人单位解除

B. 劳动合同因合同当事人双方约定的终止条件出现而终止

C. 劳动者在试用期内被证明不符合录用条件的

D. 劳动者不能胜任工作，经过培训或者调整工作岗位仍不能胜任工作，由用人单位解除劳动合同的

E. 用人单位濒临破产进行法定整顿期间确需裁减人员的

133. 以出让方式取得的土地使用权，（　　　　　　　）。

A. 必须按出让合同约定的土地用途、动工开发期限开发土地

B. 超过出让合同约定的动工开发日期6个月未动工开发的，可以征收土地出让金20%以下的土地闲置费

C. 超过出让合同约定的动工开发日期1年未动工开发的，可以征收土地出让金20%以下的土地闲置费

D. 满2年未动工开发的，可无偿收回土地使用权

134. 划拨土地使用权需转让，（　　　　　　　）。

A. 应由转让方补交土地使用权出让金　　　　　　B. 应由受让方补交土地使用权出让金

C. 以转让所获收益抵交土地使用权出让金　　　　D. 经省以上土地管理部门批准

135. 工程建设标准根据属性不同可分为（　　　　　　　）。

A. 管理标准　　　　　　B. 财务标准　　　　　　C. 技术标准

D. 经济标准　　　　　　E. 工作标准

136. 工程建设标准根据级别不同可分为（　　　　　　　）。

A. 国家标准　　　　　　B. 部门标准　　　　　　C. 行业标准

D. 地方标准　　　　　　E. 企业标准

137. 工程建设标准根据标准的约束性不同可分为（　　　　　　　）。

A. 强制性标准　　　　　B. 鼓励性标准　　　　　C. 强行性标准

D. 推荐性标准　　　　　E. 规约性标准

138. 根据《城乡规划法》，申请办理建设工程规划许可证时，需建设单位编制修建性详细规划的建设项目应同时提交（　　　　　　　）。

A. 使用土地的有关证明文件　　　　　　　　　　B. 建设条件评价

C. 建设工程设计方案　　D. 控制性详细规划　　　E. 修建性详细规划

139. 根据《城乡规划法》，城乡规划可进行修改的情况有（　　　　　　　）。

A. 上级人民政府制定的城乡规划发生变更，提出修改规划要求的

B. 应当地某大型工程需要修改规划的　　　　　　C. 行政区划调整确需修改规划的

D. 经评估确需修改规划的　　　　　　　　　　　E. 城乡规划的审批机关认为应当修改规划的其他情形

140. 根据《城市居住区规划设计规范》有关绿地内容，下列选项错误的是（　　　　　　　）。

A. 居住区内绿地应包括公共绿地、宅旁绿地两类　B. 新区绿地率不应低于30%

C. 旧区改造绿地率不应低于20%　　　　　　　　D. 小区公共绿地指标不少于1 m²/人

E. 居住区公共绿地指标不少于2.5 m²/人

141. 在城市总体规划的编制中，应充分听取（　　　　　　　）等多方面意见。

A. 城市主要房地产开发商　　　　　　　　　　　B. 政府有关部门

C. 军事机关　　　　　　D. 公众　　　　　　　　E. 专家

142. 根据《城乡规划法》，城市总体规划、镇总体规划以及乡规划和村庄规划的编制，应当根据（　　　　），并与（　　　　）相衔接。

A. 生态规划　　　　　B. 环境规划　　　　　　C. 区域规划

D. 国民经济和社会发展规划　　　　　　E. 土地利用总体规划

143. 国有土地上房屋征收的程序包括（　　　　　）。

A. 货币补偿　　　　B. 作出房屋征收决定　　　C. 征求意见及修改

D. 房屋征收的实施　　E. 房屋产权调换

144. 下列关于国有土地上房屋征收与补偿的法律责任描述正确的是（　　　　　）

A. 市县级人民政府及房屋征收部门工作人员滥用职权、玩忽职守的，由下级人民政府责令改正，通报批评

B. 房地产价格评估机构出具虚假评估报告的，处 10 万元以上 20 万元以下罚款

C. 采取暴力、威胁或者违反规定中断供水、供热、供气、供电和道路通行等非法方式迫使被征收人搬迁，造成损失的，依法承担赔偿责任

D. 房地产价格评估机构出具重大差错的评估报告，情节严重的，吊销资质证书、注册证书

145. 国有土地上房屋征收补偿的方式有（　　　　　）。

A. 货币补偿　　　　B. 保障安置　　　　　　C. 异地移民安置

D. 农业生产安置　　　　　　E. 房屋产权调换

146. 甲乙双方签订买卖合同，丙为乙的债务提供保证，但担保合同为约定担保方式及保证期间。关于该保证合同的说法，正确的有（　　　　　）。

A. 保证期间与买卖合同的诉讼时效相同　　　B. 丙的保证方式为连带责任保证

C. 保证期间为主债务履行期届满之日起 12 个月内

D. 甲在保证期内未经丙书面同意将主债务转让给丁，丙不再承担责任

E. 甲在保证期间未要求丙承担保证责任，则丙免除保证责任

147. 下列情形导致要约失效的有（　　　　　）。

A. 拒绝要约的通知到达要约人　　　　　　B. 要约人依法撤销要约

C. 要约人依法撤回要约　　　　　　D. 承诺期限届满，受要约人未作出承诺

E. 受要约人对要约的内容作出实质性变更

148. 建设工程竣工前，当事人对工程质量发生争议，经鉴定工程质量合格，关于竣工日期的说法，正确的有（　　　　　）。

A. 应当以合同约定的竣工日期作为竣工日期　　B. 应当以鉴定合格日期为竣工日期

C. 鉴定日期为顺延工期的期间　　　　　　D. 应当以申请鉴定日期作为竣工日期

E. 应当以提交竣工验收报告的日期为竣工日期

149. 某县人民法院审理其管辖范围内的行政诉讼案件，应当依据和参照的规范性法律文件包括（　　　　　）。

A. 各地的地方法规　　　　　　B. 法律、行政法规

C. 案件所在县人民政府公开发布的规定　　　D. 案件所在地省、自治区、直辖市人民政府规章

E. 案件所在地省、自治区、直辖市所在地的市人民政府规章

150. 根据《劳动合同法》，用人单位有权实施经济性裁员的情形有（　　　　　）。

A. 依照《企业破产法》规定进行重整的　　　B. 生产经营发生严重困难的

C. 股东会意见严重分歧导致董事会主要成员交换的

D. 企业转产、重大技术革新或者经营方式调整，经变更劳动合同后，仍需裁减人员的

E. 因劳动合同订立时所依据的客观经济情况发生重大变化，致使劳动合同无法履行的

参考文献

[1] 李海霞，屈红梅.建设工程法规[M].南京：南京大学出版社，2013

[2] 生青杰.建设工程法[M].武汉：武汉理工大学出版社，2007

[3] 黄国铨，朱国红.工程建设法规与实务[M].北京：中国传媒大学出版社，2011

[4] 马文婷.建筑法规[M].北京：人民交通出版社，2007

[5] 徐广舒.建设法规[M].北京：机械工业出版社，2008

[6] 高玉兰.建设工程法规[M].北京：北京大学出版社，2013

[7] 唐茂华.工程建设法律与制度[M].北京：北京大学出版社，2008

[8] 陈东佐.建筑法规概论[M].北京：中国建筑工业出版社，2013

[9] 王先恕.建设工程法规[M].北京：北京大学出版社，2012.

[10] 高玉兰，江怒.建设工程法规[M].北京：中国建筑工业出版社，2009

[11] 叶胜川，刘平.工程建设法规[M].武汉：武汉理工大学出版社，2011

[12] 杨陈慧，杨甲奇.建筑工程法规实务[M].北京：北京大学出版社，2011

[13] 赵承雄，蒋成太.建筑工程法律法规及相关知识[M].哈尔滨：哈尔滨工程大学出版社，2011

[14] 朱宏亮.建设法规[M].北京：武汉理工大学出版社，2006

[15] 全国一级建造师执业资格考试用书编写委员会编.建设工程法规及相关知识[M].北京：中国建筑工业出版社，2011

[16] 生青杰.工程建设法规[M].北京：科学出版社，2003

[17] 张文显.法理学[M].北京：高等教育出版社，2001

[18] 郭明瑞.民法学[M].北京：北京大学出版社，2001

[19] 崔建远.合同法[M].北京：法律出版社，2000

[20] 王召东.建设法规[M].武汉：武汉理工大学出版社，2005

[21] 住房和城乡建设部工程质量安全监管司编.建筑施工安全事故案例分析[M].北京：中国建筑工业出版社，2010

[22] 陈东佐.建设工程法规[M].北京：化学工业出版社，2010

[23] http：//wenku. baidu. com/view/4755c8bf960590c69ec3767f. html

[24] http：//wenku. baidu. com/view/fffd3e1fc5da50e2524d7fa9. html

[25] http：//www. jianshe99. com/new/64_151_/2009_9_22_pa879201926612299002300. shtml

[26] http：//wenku. baidu. com/view/2f9369718e9951e79b8927e2. html

[27] http：//wenku. baidu. com/view/b458eed476a20029bd642de5. html

[28] http：//wenku. baidu. com/view/754c882a453610661ed9f476. html

[29] http：//wenku. baidu. com/view/546fab91dd88d0d233d46a8f. html

[30] http：//www. zgdcs. com/main/2006 - 05/2034. htm

[31] http：//www. 110. com/panli/panli_10205828. html

[32] http：//www. powersafety. com. cn/default/Article/aqgl/glzd/200705/22418. html

[33] http：//wenku. baidu. com/view/20d4ac46b307e87101f696fd. html

[34] http：//wenku. baidu. com/view/d761dc6da98271fe910ef974. html

［35］http：//wenku. baidu. com/view/26453b3c0912a21614792926. html

［36］http：//www. exam8. com/gongcheng/jianli/fudao/alfx/200802/940699. html

［37］http：//wenku. baidu. com/view/04fa6adfce2f0066f53322fa. html

［38］http：//wenku. baidu. com/view/694b0f82ec3a87c24028c44b. html

［39］http：//www. hbj. hunan. gov. cn/new/hjyxpj/jsxmspqgs/content_35709. html

［40］http：//www. mohurd. gov. cn/dfxx/201304/t20130402_213316. html

［41］http：//www. xzzp. net/hr－msbd/article－20262. html

［42］http：//baike. baidu. com/view/5614243. htm

［43］http：//wenku. baidu. com/view/6ef8026d25c52cc58bd6be8f. html

［44］http：//wenku. baidu. com/view/a12ce8858762caaedd33d4ad. html

［45］http：//www. 110. com/panli/panli_30784768. html

［46］http：//baike. baidu. com/view/11790441. htm？ fr＝aladdin

［47］http：//www. jianshe99. com/new/64_75__/2009_3_19_pa105010203991390026020. shtml

［48］http：//www. jianshe99. com/new/64_75__/2009_3_19_pa978834539913900218748. shtml

［49］http：//baike. baidu. com/view/322936. htm？ fr＝aladdin

［50］http：//wenku. baidu. com/view/96f3d84ffe4733687e21aae9. html

［51］http：//www. yuanlin365. com/construct/40302/

［52］http：//www. exam8. com/wangxiao/shiting/w_jiangyi. asp？ jiangyiID＝6391

［53］http：//baike. sogou. com/v148957. htm

［54］http：//baike. sogou. com/v424811. htm

［55］http：//wenku. baidu. com/view/8415e1c59ec3d5bbfd0a7416. html

［56］http：//wenku. baidu. com/view/a69977e3524de518964b7d41. html